面向新工科普通高等教育系列教材

电磁学与近代物理基础教程

姜文龙　付艳清　杨中雨　李　华　张云琦　编著

机械工业出版社

本书的基本内容包括电磁学课程的前期数学基础知识、电磁学基础、近代物理学基础。前期数学基础知识包括矢量运算，梯度、旋度、散度的微积分形式。电磁学基础包括静电场和稳恒磁场的基本规律，电磁场的统一性以及麦克斯韦方程组和电磁波。近代物理学基础包括相对论时空观、相对论动力学基础、光和实物粒子的波粒二象性、能量量子化和量子力学简介，包括微观粒子的测不准关系、隧道贯穿原理、氢原子光谱、多电子原子的壳层结构等。

本书注重数学理论与物理概念的密切衔接，有利于读者顺利学会用高等数学思想解释物理学问题，尤其是电磁场问题；并且重视电磁学有关规律的应用，特意介绍了一些在工程技术和日常生活中的应用；此外，对近代物理学思想进行了简单化抽象，有利于学生避开烦琐的数学推导，形象地理解有关重要概念。

本书可作为应用型高等院校理工科电子、电气、通信、交通、元器件工程类专业的物理课程教材，也可作为电子、电气相关工程技术人员的参考书。

本书配有授课电子课件、习题答案等配套资源，需要的教师可登录 www. cmpedu. com 免费注册，审核通过后下载，或联系编辑索取（微信：18515977506，电话：010-88379753）。

图书在版编目（CIP）数据

电磁学与近代物理基础教程 / 姜文龙等编著. 北京 : 机械工业出版社, 2025. 1. --（面向新工科普通高等教育系列教材）. --ISBN 978-7-111-77206-4

Ⅰ. O441; O41

中国国家版本馆 CIP 数据核字第 20255BF533 号

机械工业出版社（北京市百万庄大街 22 号　邮政编码 100037）

策划编辑：汤　枫　　责任编辑：汤　枫　周海越

责任校对：李小宝　李　婷　　责任印制：常天培

固安县铭成印刷有限公司印刷

2025 年 1 月第 1 版第 1 次印刷

184mm×260mm · 14. 25 印张 · 351 千字

标准书号：ISBN 978-7-111-77206-4

定价：59. 00 元

电话服务

客服电话：010-88361066

010-88379833

010-68326294

网络服务

机　工　官　网：www. cmpbook. com

机　工　官　博：weibo. com/cmp1952

金　书　网：www. golden-book. com

机工教育服务网：www. cmpedu. com

前言

党的二十大报告中对科技和教育发展提出了明确要求：到 2035 年，要提高国家科技实力，实现高水平科技自立自强，进入创新型国家前列；建成教育强国、科技强国、人才强国。这就要求广大教育工作者，要在教学中提高效率，在培养人上加大改革力度，为实现上述奋斗目标做出应有的贡献。

“大学物理”课程是理工科的重要基础课，包括力、热、电、光、近代物理等，一般授课学时不低于 160 学时。随着应用型高校与研究型高校的分离，对于“大学物理”课程的改革也就显得尤为重要。对于应用型高校的电子信息类、电气工程类专业，精简大学物理内容，精准适应后续课程以及未来社会的专业发展需要，因此把“大学物理”课程改为“电磁学与近代物理基础”。除基本的电磁场理论之外，还适当增加相对论时空观、相对论动力学基础、光与实物粒子的波粒二象性及其量子力学的结论性基础等内容，以拓宽学科视野，了解客观世界的基本现象及其规律，有利于学生毕业参加工作后同化新知识、新技术、新原理，也减少了“大学物理”的总体教学学时，达到事半功倍的效果。

在编写本书的过程中，为进一步深化校企合作，实施产教融合探索人才培养模式，提高专业人才培养质量，经过长春电子科技学院电子工程学院、北京恒成华安科技集团有限公司和北京华录高诚科技有限公司三方的多次研究与讨论，本着“优势互补、资源共享、互惠互利、共同发展”的原则，共同建设智慧交通产业学院。在这个过程中，联合开发适应教学需要的《电磁学与近代物理基础教程》也是任务之一。

为满足应用型高校重应用、强实践、练能力的基本要求，本书的基本内容包括以下三个方面：电磁学课程的前期基础知识、电磁学基础、近代物理学基础。

本书共分 9 章，课时计划 72 学时。第 1 章为绪论，主要概括性地讨论了经典物理学的基本内容和规律，目的是在中学学习的基础上进一步升华有关知识体系。

第 2 章为矢量运算基础知识，包括矢量运算，梯度、散度、旋度的微积分形式，为电磁学的学习奠定数学基础。

第 3 章为真空中的静电场，包括电场和电场强度，真空中静电场的高斯定理，静电场力做功，真空中静电场的环路定理，电势、电势能，电场强度和电势的关系。

第 4 章为静电场中的导体与电介质，包括静电场中的导体、电容及电容器、静电场中的电介质、静电场的能量。

第 5 章为真空中的稳恒磁场，包括恒定电流和电动势、恒定磁场、毕奥-萨伐尔定律、真空中磁场的高斯定理、真空中恒定磁场的安培环路定理、磁场对运动电荷和载流导线的作用、磁力的功。

第 6 章为磁介质中的稳恒磁场，包括磁介质及其磁化、磁介质中的高斯定理和安培环路定理、铁磁质。

第7章为电磁场与麦克斯韦方程组，包括电磁感应定律、动生电动势、感生电动势、磁场的能量、位移电流与电磁场、麦克斯韦方程组和电磁波。

第8章为光和实物粒子的波粒二象性，包括光的波粒二象性、实物粒子的波动性、微观粒子的测不准关系和隧穿原理、氢原子的能级结构和氢原子光谱、多电子原子的壳层结构和元素周期表。

第9章为爱因斯坦时空观和相对论动力学基础，包括质量与运动的关系、相对论时空观、能量与质量之间的关系等相对论动力学基础。

姜文龙统稿全书，并编写了第1、2、8、9章；第3、4章由付艳清编写；第5章由杨中雨编写；第6章由李华编写；第7章由张云琦编写。张云琦还参加了第8章的修改。

在编写本书过程中，参考了国内外有关论著、教材、文章等资料，在此谨向这些文献的作者表示衷心的感谢。本书的出版，得到了长春电子科技学院教学主管部门的支持，以及机械工业出版社的大力帮助，在此一并表示衷心的感谢。

由于编者学识水平有限，本书难免会出现疏漏和欠妥之处，敬请读者予以指正。

编　者

目录

第1章 绪论

本书是针对电气工程和电子信息类专业的特殊性，在对传统大学物理课程教学内容进行改革的基础上而编写的。本书的主要特色是在电磁学基本内容的基础上，增加了近代物理学的有关原理介绍，目的在于用较少的学时，普及近代物理学的重要思想。在这里，用较少的文字把大学物理的其他分支进行概括性的介绍和描述，使读者对物理知识的整体有个比较初步的认识。

1.1 经典力学的基本规律

力学的学习是从质点的运动学和质点的动力学开始的。运动从广义上讲，是一个哲学概念，自然界中所有物质都在永不停息地运动。这里的运动至少应该包括物理运动、化学运动、生物运动以及社会运动等。运动形式由低级到高级。本书重点讨论的是物理运动，其他运动在有关资料中都有相应的专门讨论。物理运动又分为机械运动、分子热运动、电磁运动、原子和原子核运动以及微观粒子的运动等。力学主要研究物体之间位置的相对变化以及物体运动状态的改变所遵循的规律。

力学是人们最早建立的学科之一，英国物理学家牛顿（Newton，1642—1727）总结分析了亚里士多德（Aristotle，公元前384年—前322年）、伽利略（Galileo，1564—1642）、开普勒（Kepler，1571—1630）、笛卡儿（Descartes，1596—1650）和惠更斯（Huygens，1629—1695）等的实验和理论分析后，提出了著名的运动三定律和万有引力定律。牛顿总结的三个定律描述了物体不受力、受力的运动规律以及作用力和反作用力之间的关系，分别构成了第一、第二和第三定律。以这三个定律为基础，从动量和冲量的角度以及做功与动能之间的关系分别研究了力对时间的累积和力对空间的累积，在此基础上得到了三大守恒定律，即能量守恒定律、动量守恒定律和角动量守恒定律。研究对象由质点、质点系、刚体到连续介质，逐步揭示了机械运动的客观规律。牛顿力学虽然有它的局限性，但在宏观低速的情况下，反映了客观事实。到20世纪初，随着研究高速运动物体的爱因斯坦狭义相对论和研究微观客体运动规律的量子力学的诞生，牛顿力学获得了修正和扩展。

1.2 经典热学的基本规律

热学部分主要包括热力学与经典统计物理学。热力学是研究热现象的宏观理论、基本概念，主要形成于 19 世纪，焦耳（Joule，1811—1889）、卡诺（Carnot，1796—1832）、克劳修斯（Clausius，1822—1888）、开尔文（Kelvin，1824—1907）等做出了重要贡献。热力学主要包括热力学状态方程、热力学第零、第一、第二和第三定律。以系统的变化过程为线索，从做功与做功效率的角度得到了与热现象有关的宏观规律。第零定律为温标的定义奠定了基础，第一定律反映的是能量守恒定律在热力学系统的表现，第二定律反映的是热力学过程进行的方向，最直观的描述分别为第一类永动机和第二类永动机不可能实现，第三定律揭示了热力学温标的绝对零度是不可能实现的。而经典统计物理学的理论根源是用经典力学的概念如动量、动能等思想，用统计学的方法讨论了大量微观粒子运动所遵循的宏观规律，包括宏观量与微观量之间的统计关系。温度、压强、理想气体的内能的微观本质等。这部分内容也被称作气体分子运动论。在这部分内容中引入了非常重要的热力学概念——熵和焓。

1.3 人们对光的本质的认识

光学是研究光的本质，发射、传播与接收及其与物质的相互作用的科学。光是人们最熟悉的物理现象之一，光学（optics）是物理学科中发展较早的学科，但是在很长一段时间内，人们对光的认识仅停留在与视觉有关的自然现象和简单的成像规律的了解上。直到 17 世纪上半叶，在研究、制造光学仪器的过程中形成了以光线为基础、用几何学的方法探讨了光在透明介质中传播规律的几何光学。这部分内容在中学有过讨论，在光学仪器工程中有重要应用，读者可参考其他文献。

在研究光的本质的过程中，历史上有两种典型的学说，一个是微粒说，另一个是波动说。在 17 世纪，以牛顿为代表的一些学者认为光是微粒，而以惠更斯为代表的另一些学者则认为，光是机械振动，在被称为以太的特殊介质中的传播。这两种学说在解释光的折射现象时，发生了严重的对立，表明了他们对光的本质的认识都有明显的欠缺。从 19 世纪开始，真正意义上的光的波动说逐步得以确立。1801 年杨氏（Young，1773—1829）用干涉（interference）原理解释了阳光下薄膜的颜色，首次通过实验测定了光的波长。后来人们又发现了光的衍射现象，证明了光的波动性。通过光的偏振现象证明了光波是横波。1860 年前后，英国物理学家麦克斯韦（Maxwell，1831—1879）的电磁波动方程预言了光是一种电磁波，后来赫兹（Hertz，1857—1894）在 1888 年用实验证实了电磁波的存在。光是一种电磁波的结论得到了充分的肯定。

19 世纪末到 20 世纪初，光的电磁波动理论在解释黑体辐射（blackbody radiation）、光电效应（photoelectric effect）和原子光谱等问题时遇到了困难。1900 年，普朗克（Planck，1858—1947）在研究黑体辐射规律的过程中，提出了能量量子化假说，推导出了黑体辐射定律。1905 年，爱因斯坦（Einstein，1879—1955）受普朗克能量量子化假说的影响，提出了光量子的假说，并成功地解释了光电效应和康普顿效应等问题，间接证明了爱因斯坦光量子假说的科学性。光在传播过程中所表现出来的波动性和光与物质相互作用过程中所表现出来的粒子性，说明了光具有波粒二象性。关于光的量子性问题将在近代物理基础上进行更深入的讨论。

1.4 电磁学理论概述

电磁学（electromagnetism）是研究电荷（electric charge）、电场（electric field）和磁场（magnetic field）的基本性质、基本规律以及它们之间相互联系的科学。

在1820年以前，人们对电现象和磁现象是分别进行研究的，直到丹麦物理学家奥斯特（Oersted，1777—1851）发现了电流的磁效应后，人们才发现了电现象和磁现象之间的联系。1831年，英国物理学家法拉第（Faraday，1791—1867）发现了电磁感应定律，把人类关于电和磁之间的联系推到了一个新高度。1865年，麦克斯韦总结了前人的研究成果，提出了感生电场和位移电流的假说，建立了完整的电磁场理论——麦克斯韦方程组，预言了电磁波的存在，计算了电磁波在真空中的传播速度等于光在真空中的传播速度。1888年，德国物理学家赫兹（Hertz，1857—1894）从实验上证实了电磁波的存在。

原子物理学这部分内容，将在近代物理基础的有关章节中进行比较深入的探讨，这里不做介绍。近代物理基础这部分内容注重让学生用较少的时间掌握近代物理学的基本观点。熟悉和理解这些观点在当代工程技术中的应用，使学生适应未来高新技术发展。如航天工程、超大规模集成电路、智能传感器、其他半导体器件工程中的应用等高科技领域对未来应用型人才的需求也是广泛的。

1.5 关于电磁学和近代物理基础的学习方法

学习电磁学的基本理念是：首先，掌握基本概念和基本规律，学会用高等数学方法求解基本物理问题。在听课的过程中要认真做好笔记，学会归纳、总结、概括的基本科学方法；其次，在学习理论中深入思考每条规律在工程实践中的应用；最后，掌握基本概念和基本规律的简捷方法是要认真做好书后习题，只有认真把习题做好才能逐步养成用数学方法解决实际问题的基本技能。

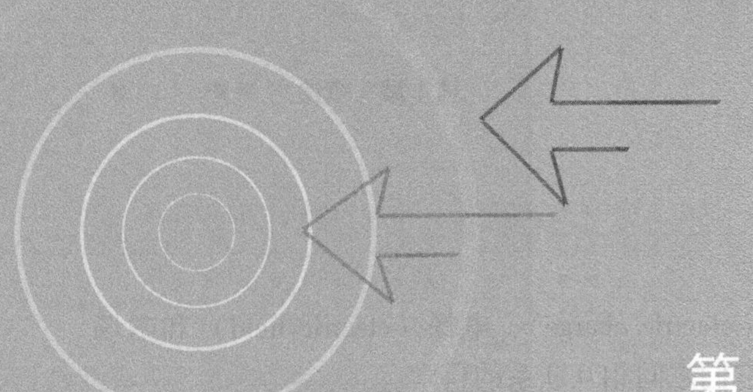

第2章 矢量运算基础知识

高等数学是学习大学物理的基础，物理学规律的描述和物理问题的解决是离不开数学的，高等数学涵盖的内容是极其丰富的，在大学阶段都有专门的课程，这里就不一一讨论了。但是矢量运算对学生来讲接受起来有很大的困难，在使用矢量来描述物理问题时，经常会出现各种各样的错误，主要原因是学生对矢量运算的方法和规律理解得不深，掌握得不牢。所以在这里专门用一定的篇幅来讨论有关矢量运算的基本内容。关于梯度、旋度和散度的定义在讨论麦克斯韦电磁场理论过程中起到决定性作用，由于学生理解起来有一定困难，所以这里从数学与物理规律密切衔接中来讨论这几个量的物理意义，帮助学生理解电磁场规律宏观与微观、电磁量在点和有限空间之间的关系属性。

2.1 矢量运算

在数学中，任一代数量 a 都可称为标量。在物理学中，任一代数量一旦被赋予“物理单位”，则称为一个具有物理意义的标量，即所谓的物理量，如电压 U、电荷量 Q、质量 m、能量 E 等都是标量。

一般的三维空间内某一点 P 处存在的一个既有大小又有方向特性的量称为矢量。本书中用黑体字母表示矢量，例如 $\boldsymbol{A}$，而用 A 来表示矢量 $\boldsymbol{A}$ 的大小（或 $\boldsymbol{A}$ 的模)。矢量一旦被赋予“物理单位”，则成为一个具有物理意义的矢量，如电场强度矢量 $\boldsymbol{E}$、磁场强度矢量 $\boldsymbol{H}$、作用力矢量 $\boldsymbol{F}$、速度矢量$\boldsymbol{v}$等。

一个矢量 $\boldsymbol{A}$ 可用一条有方向的线段来表示，线段的长度表示矢量 $\boldsymbol{A}$ 的模 A，箭头指向表示矢量 $\boldsymbol{A}$ 的方向，如图 2-1 所示。

图 2-1　P 点处的矢量

矢量运算包括矢量的加减法和矢量的乘法。

2.1.1 矢量加减法

两矢量 $\boldsymbol{A}$ 和 $\boldsymbol{B}$ 相加，可采用平行四边形法则，如图 2-2 所示。两矢量 $\boldsymbol{A}$ 和 $\boldsymbol{B}$ 的始端重合，以 $\boldsymbol{A}$ 和 $\boldsymbol{B}$ 为邻边做平行四边形，其对角线即为和矢量 $\boldsymbol{A}+\boldsymbol{B}$；或把 $\boldsymbol{B}$ 矢量的起点放在 $\boldsymbol{A}$ 矢量的末端，从 $\boldsymbol{A}$ 矢量的起点到 $\boldsymbol{B}$ 矢量的末端的连线即为和矢量。矢量的减法是矢量加法的特殊情况，因有 $\boldsymbol{A}-\boldsymbol{B}=\boldsymbol{A}+(-\boldsymbol{B})$，其中 $-\boldsymbol{B}$ 是与 $\boldsymbol{B}$ 大小相等、方向相反的矢量，同样可以利用平行四边形法则做加法运算，即可得到差矢量 $\boldsymbol{A}-\boldsymbol{B}$，如图 2-3 所示。矢量加法服从加

法的交换律和结合律，即

$$\boldsymbol{A}+\boldsymbol{B}=\boldsymbol{B}+\boldsymbol{A} \tag{2-1}$$

$$(\boldsymbol{A}+\boldsymbol{B})+\boldsymbol{C}=\boldsymbol{A}+(\boldsymbol{B}+\boldsymbol{C}) \tag{2-2}$$

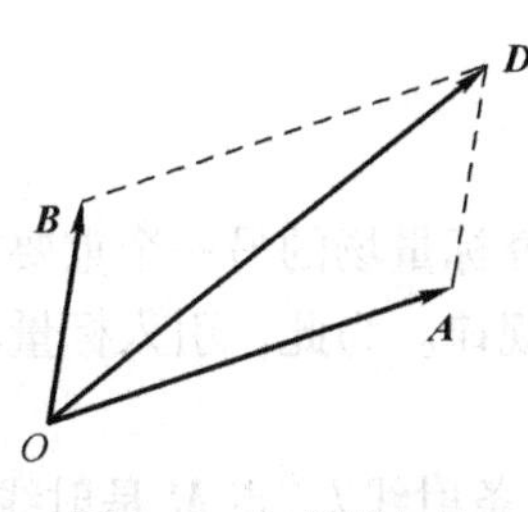

图 2-2 矢量的加法

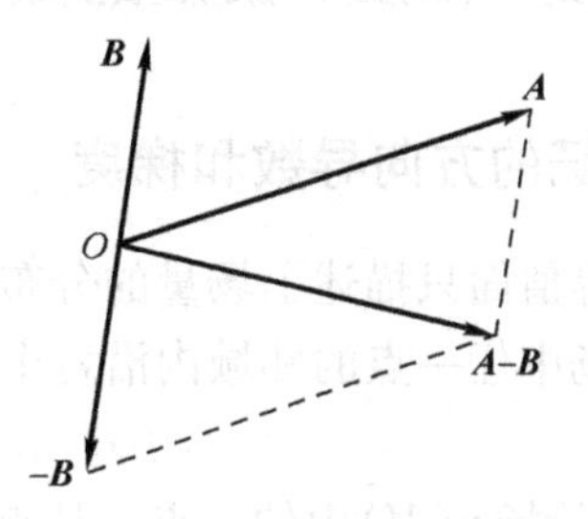

图 2-3 矢量的减法

2.1.2 矢量的乘法

一个标量 k 与一个矢量 $\boldsymbol{A}$ 的乘积 $k\boldsymbol{A}$ 仍为一个矢量，其大小为 kA。若 $k>0$，则 $k\boldsymbol{A}$ 与 $\boldsymbol{A}$ 同方向；若 $k<0$，则 $k\boldsymbol{A}$ 与 $\boldsymbol{A}$ 反方向。

两个矢量 $\boldsymbol{A}$ 与 $\boldsymbol{B}$ 的乘法有两种：点乘 $\boldsymbol{A}\cdot\boldsymbol{B}$ 和叉乘 $\boldsymbol{A}\times\boldsymbol{B}$。

两个矢量 $\boldsymbol{A}$ 与 $\boldsymbol{B}$ 的点乘 $\boldsymbol{A}\cdot\boldsymbol{B}$ 是一个标量，定义为矢量 $\boldsymbol{A}$ 和 $\boldsymbol{B}$ 的大小与它们之间较小的夹角 $\theta(0\leqslant\theta\leqslant\pi)$ 的余弦之积，如图 2-4 所示，即

$$\boldsymbol{A}\cdot\boldsymbol{B}=AB\cos\theta \tag{2-3}$$

矢量的点乘服从交换律和分配律：

$$\boldsymbol{A}\cdot\boldsymbol{B}=\boldsymbol{B}\cdot\boldsymbol{A} \tag{2-4}$$

$$\boldsymbol{A}\cdot(\boldsymbol{B}+\boldsymbol{C})=\boldsymbol{A}\cdot\boldsymbol{B}+\boldsymbol{A}\cdot\boldsymbol{C} \tag{2-5}$$

两个矢量 $\boldsymbol{A}$ 与 $\boldsymbol{B}$ 的叉乘 $\boldsymbol{A}\times\boldsymbol{B}$ 是一个矢量，它垂直于包含矢量 $\boldsymbol{A}$ 与 $\boldsymbol{B}$ 的平面，其大小定义为 $AB\sin\theta$，$\boldsymbol{e}_n$ 为单位矢量，方向为当右手四指从矢量 $\boldsymbol{A}$ 到 $\boldsymbol{B}$ 旋转 θ 时大拇指的方向，如图 2-5 所示。

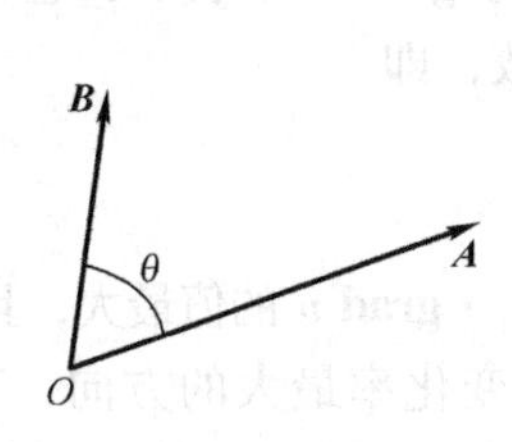

图 2-4 矢量 $\boldsymbol{A}$ 与 $\boldsymbol{B}$ 的夹角

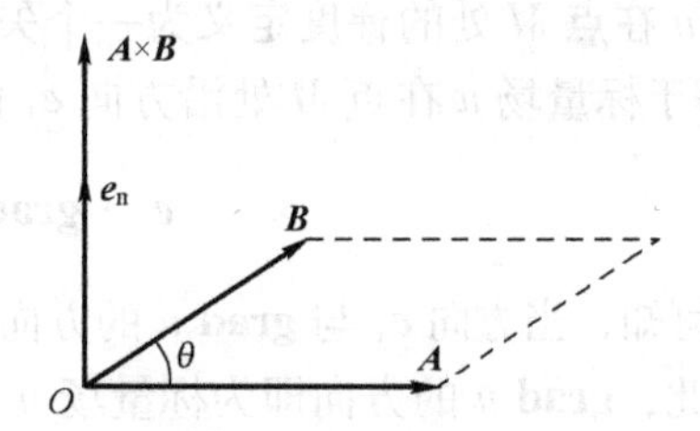

图 2-5 矢量 $\boldsymbol{A}$ 与 $\boldsymbol{B}$ 的叉乘

根据叉乘的定义，显然有

$$\boldsymbol{A}\times\boldsymbol{B}=-\boldsymbol{B}\times\boldsymbol{A} \tag{2-6}$$

因此，叉乘不服从交换律，但叉乘服从分配律

$$\boldsymbol{A}\times(\boldsymbol{B}+\boldsymbol{C})=\boldsymbol{A}\times\boldsymbol{B}+\boldsymbol{A}\times\boldsymbol{C} \tag{2-7}$$

矢量 $\boldsymbol{A}$ 与矢量 $\boldsymbol{B}\times\boldsymbol{C}$ 的点乘 $\boldsymbol{A}\cdot(\boldsymbol{B}\times\boldsymbol{C})$ 称为标量三重积，它具有如下运算性质：

$$\boldsymbol{A}\cdot(\boldsymbol{B}\times\boldsymbol{C})=\boldsymbol{B}\cdot(\boldsymbol{C}\times\boldsymbol{A})=\boldsymbol{C}\cdot(\boldsymbol{A}\times\boldsymbol{B}) \tag{2-8}$$

矢量 $\boldsymbol{A}$ 与矢量 $\boldsymbol{B}\times\boldsymbol{C}$ 的叉乘 $\boldsymbol{A}\times(\boldsymbol{B}\times\boldsymbol{C})$ 称为矢量三重积，它具有如下运算性质：

$$\boldsymbol{A}\times(\boldsymbol{B}\times\boldsymbol{C})=\boldsymbol{B}(\boldsymbol{A}\cdot\boldsymbol{C})-\boldsymbol{C}(\boldsymbol{A}\cdot\boldsymbol{B}) \tag{2-9}$$

2.2 梯度、散度、旋度的微积分形式

2.2.1 标量场的方向导数和梯度

标量场的等值面只描述了场量的分布状况，而研究标量场的另一个重要方面，就是还要研究标量场在场中任一点的邻域内沿各个方向的变化规律。为此，引入标量场的方向导数和梯度的概念。

设 M_0为标量场 $u(M)$ 中的一点，从点 M_0出发引一条射线 l，点 M 是射线 l 上的动点，到点 M_0的距离为 Δl，如图 2-6 所示。标量场 u 在 M_0点沿 l 方向的方向导数定义为

$$\frac{\partial u}{\partial l}=\lim_{\Delta l\to 0}\frac{u(M)-u(M_0)}{\Delta l} \tag{2-10}$$

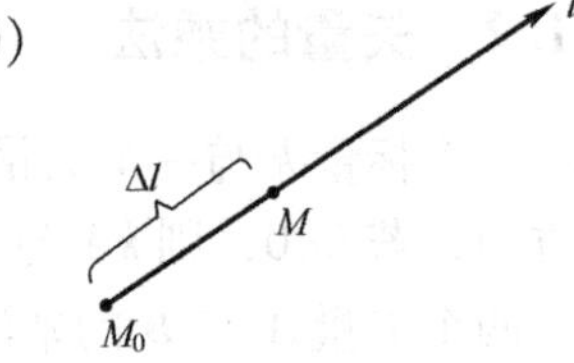

图 2-6 从点 M_0发出的射线 l

在直角坐标系中

$$\frac{\partial u}{\partial l}=\frac{\partial u}{\partial x}\frac{\partial x}{\partial l}+\frac{\partial u}{\partial y}\frac{\partial y}{\partial l}+\frac{\partial u}{\partial z}\frac{\partial z}{\partial l}$$

若射线 l 与 x、y、z 轴的夹角分别为 α、β、γ，则有

$$\frac{\partial x}{\partial l}=\cos\alpha,\frac{\partial y}{\partial l}=\cos\beta,\frac{\partial z}{\partial l}=\cos\gamma$$

式中，$\cos\alpha$、$\cos\beta$、$\cos\gamma$ 为 l 的方向余弦。于是，得到直角坐标系中方向导数的计算公式为

$$\frac{\partial u}{\partial l}=\frac{\partial u}{\partial x}\cos\alpha+\frac{\partial u}{\partial y}\cos\beta+\frac{\partial u}{\partial z}\cos\gamma \tag{2-11}$$

在标量场中，从一个给定点出发有无穷多个方向。一般来说，标量场在同一点 M 处沿不同的方向上的变化率是不同的，在某个方向上，变化率可能最大。那么，标量场在什么方向上的变化率最大、其最大的变化率又是多少？为了描述这个问题，引入了梯度的概念。

将标量场 u 在点 M 处的梯度定义为一个矢量，以符号 $\mathbf{grad}\ u$ 来表示，它在点 M 处沿方向 $\boldsymbol{e}_1$ 的分量等于标量场 u 在点 M 处沿方向 $\boldsymbol{e}_1$ 的方向导数，即

$$\boldsymbol{e}_1\cdot\mathbf{grad}\ u=\frac{\partial u}{\partial l} \tag{2-12}$$

由此定义可知，当方向 $\boldsymbol{e}_1$ 与 $\mathbf{grad}\ u$ 的方向相同时，$\boldsymbol{e}_1\cdot\mathbf{grad}\ u$ 的值最大，且 $\boldsymbol{e}_1\cdot\mathbf{grad}\ u=|\mathbf{grad}\ u|$。因此，$\mathbf{grad}\ u$ 的方向即为标量场 u 在点 M 处变化率最大的方向，其模即为最大的变化率。若以 $\boldsymbol{e}_\mathrm{n}$表示变化率最大的方向的单位矢量，则

$$\mathbf{grad}\ u=\frac{\partial u}{\partial n}\boldsymbol{e}_\mathrm{n} \tag{2-13}$$

在直角坐标系中

$$\mathbf{grad}\ u=\boldsymbol{e}_x\frac{\partial u}{\partial x}+\boldsymbol{e}_y\frac{\partial u}{\partial y}+\boldsymbol{e}_z\frac{\partial u}{\partial z} \tag{2-14}$$

在矢量分析中，经常用到哈密顿算符“∇”（读作“nabla”），在直角坐标系中

$$\nabla=\boldsymbol{e}_x\frac{\partial}{\partial x}+\boldsymbol{e}_y\frac{\partial}{\partial y}+\boldsymbol{e}_z\frac{\partial}{\partial z} \tag{2-15}$$

算符∇具有矢量和微分的双重性质，故又称为矢量微分算符。因此，标量场 u 的梯度可用哈密顿算符∇表示为

$$\mathbf{grad}\ u=\nabla u \tag{2-16}$$

这表明，标量场 u 的梯度可认为是算符∇作用于标量函数 u 的一种运算。

从以上分析可知，标量场的梯度具有以下特点：

1）标量场 u 的梯度是一个矢量场，通常称 ∇u 为标量场 u 所产生的梯度场。

2）标量场 u 在给定点 M 处沿任意方向 $\boldsymbol{e}_1$ 的方向导数等于该点的梯度 ∇u 在方向 $\boldsymbol{e}_1$ 上的投影。

3）标量场 u 在点 M 处的梯度垂直于过该点的等值面，且指向 $u(M)$ 增加的方向。

2.2.2　矢量场的通量和散度

若研究的物理量是一个矢量，则该物理量所确定的场称为矢量场。例如，力场、速度场、电场等都是矢量场。在矢量场中，各点的场量是随空间位置变化的矢量。因此，一个矢量场 $\boldsymbol{F}$ 可以用一个矢量函数来表示。在直角坐标系中可表示为

$$\boldsymbol{F}=\boldsymbol{F}(x,y,z,t) \tag{2-17}$$

或用位置矢量表示为

$$\boldsymbol{F}=\boldsymbol{F}(\boldsymbol{r},t) \tag{2-18}$$

对于与时间无关的矢量场，则表示为

$$\boldsymbol{F}=\boldsymbol{F}(\boldsymbol{r}) \tag{2-19}$$

一个矢量场 $\boldsymbol{F}$ 可以分解为3个分量场，在直角坐标系中

$$\boldsymbol{F}(x,y,z)=\boldsymbol{e}_x\boldsymbol{F}_x+\boldsymbol{e}_y\boldsymbol{F}_y+\boldsymbol{e}_z\boldsymbol{F}_z \tag{2-20}$$

式中，$\boldsymbol{F}_x$、$\boldsymbol{F}_y$、$\boldsymbol{F}_z$ 为 $\boldsymbol{F}=\boldsymbol{F}(x,y,z)$ 分别沿 x、y、z 方向的3个分量。

对于矢量场 $\boldsymbol{F}(\boldsymbol{r})$，可用一些有向曲线来形象地描述矢量在空间的分布。如图2-7所示，如果有向曲线上任一点的切线方向都与矢量场 $\boldsymbol{F}(\boldsymbol{r})$ 在该点的方向相同，则将此有向曲线定义为矢量场 $\boldsymbol{F}(\boldsymbol{r})$ 的矢量线。例如，静电场中的电场线、磁场中的磁场线等，都是矢量线。

一般地，矢量场中的每一点都有矢量线通过，所以矢量线也充满矢量场所在的空间。按照定义绘制出矢量线，既能根据矢量线确定矢量场中各点矢量的方向，又可根据各处矢量线的疏密程度，判别出各处矢量的大小及变化趋势。

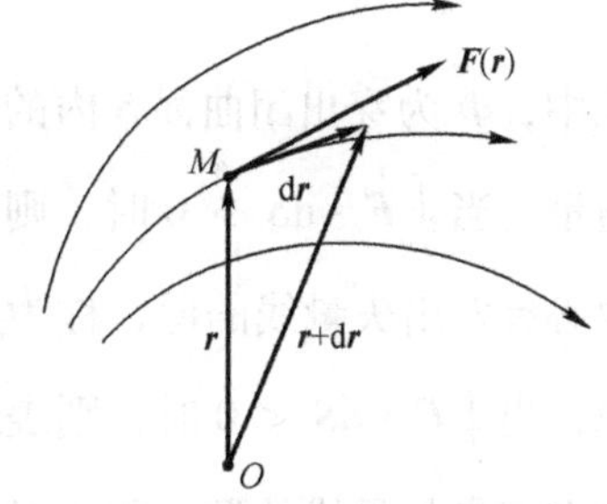

图2-7　矢量场的矢量线

设 M 是矢量线上任一点，位置矢量为 $\boldsymbol{r}$，则其微分矢量 $\mathrm{d}\boldsymbol{r}$ 在点 M 处与矢量线相切。根据矢量线的定义可知，在点 M 处 $\mathrm{d}\boldsymbol{r}$ 与 $\boldsymbol{F}$ 共线，故

$$\mathrm{d}\boldsymbol{r}\times\boldsymbol{F}=\boldsymbol{0} \tag{2-21}$$

在分析和描绘矢量场的性质时，矢量场穿过一个曲面的通量是一个重要的基本概念。设 S 为一空间曲面，$\mathrm{d}S$ 为曲面 S 上的面元，取一个与此面元相垂直的单位矢量 $\boldsymbol{e}_\mathrm{n}$，则称矢量 $\mathrm{d}\boldsymbol{S}$ 为面元矢量，有

$$\mathrm{d}\boldsymbol{S}=\boldsymbol{e}_\mathrm{n}\mathrm{d}S \tag{2-22}$$

$\boldsymbol{e}_\mathrm{n}$ 的取法有两种情形：一是 $\mathrm{d}\boldsymbol{S}$ 为开曲面 S 上的一个面元，这个开曲面由一条闭合曲

线 C 围成，选择闭合曲线 C 的绕行方向后，按右手螺旋法则规定 $\boldsymbol{e}_n$的方向，如图 2-8 所示；另一种情形是 $\mathrm{d}\boldsymbol{S}$ 为闭合曲面上的一个面元，则一般取 $\boldsymbol{e}_n$的方向为闭合曲面的外法线方向。

在矢量场 $\boldsymbol{F}$ 中，任取一面元矢量 $\mathrm{d}\boldsymbol{S}$，矢量 $\boldsymbol{F}$ 与面元矢量 $\mathrm{d}\boldsymbol{S}$ 的标量积 $\boldsymbol{F}\cdot\mathrm{d}\boldsymbol{S}$ 定义为矢量 $\boldsymbol{F}$ 穿过面元矢量 $\mathrm{d}\boldsymbol{S}$ 的通量。将曲面 S 上各面元的 $\boldsymbol{F}\cdot\mathrm{d}\boldsymbol{S}$ 相加，则得到矢量 $\boldsymbol{F}$ 穿过曲面 S 的通量，即

$$\Phi=\int_S \boldsymbol{F}\cdot\mathrm{d}\boldsymbol{S}=\int_S \boldsymbol{F}\cdot\boldsymbol{e}_n\mathrm{d}S \tag{2-23}$$

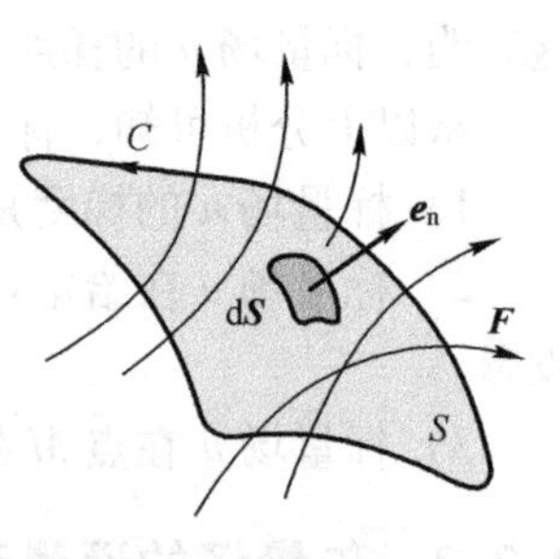

图 2-8 矢量 $\boldsymbol{F}$ 穿过曲面 S 的通量

例如在电场中，电位移矢量 $\boldsymbol{D}$ 在某一曲面 S 上的面积分 $\int_S \boldsymbol{D}\cdot\mathrm{d}\boldsymbol{S}$ 就是矢量 $\boldsymbol{D}$ 通过该曲面的电通量；在磁场中，磁感应强度 $\boldsymbol{B}$ 在某一曲面 S 上的面积分 $\int_S \boldsymbol{B}\cdot\mathrm{d}\boldsymbol{S}$ 就是矢量 $\boldsymbol{B}$ 通过该曲面的磁通量。

在直角坐标系中，$\mathrm{d}\boldsymbol{S}=\boldsymbol{e}_x\mathrm{d}S+\boldsymbol{e}_y\mathrm{d}S+\boldsymbol{e}_z\mathrm{d}S$，于是式（2-23）可表示为

$$\begin{aligned}\Phi&=\int_S(\boldsymbol{e}_xF_x+\boldsymbol{e}_yF_y+\boldsymbol{e}_zF_z)\cdot(\boldsymbol{e}_x\mathrm{d}S_x+\boldsymbol{e}_y\mathrm{d}S_y+\boldsymbol{e}_z\mathrm{d}S_z)\\&=\int_S(F_x\mathrm{d}S_x+F_y\mathrm{d}S_y+F_z\mathrm{d}S_z)\end{aligned} \tag{2-24}$$

由通量的定义不难看出，若 $\boldsymbol{F}$ 从面元矢量 $\mathrm{d}\boldsymbol{S}$ 的负侧穿到 $\mathrm{d}\boldsymbol{S}$ 的正侧时，$\boldsymbol{F}$ 与 $\boldsymbol{e}_n$相交成锐角，则通过 $\mathrm{d}\boldsymbol{S}$ 的通量为正值；反之，若 $\boldsymbol{F}$ 从面元矢量 $\mathrm{d}\boldsymbol{S}$ 的正侧穿到 $\mathrm{d}\boldsymbol{S}$ 的负侧时，$\boldsymbol{F}$ 与 $\boldsymbol{e}_n$相交成钝角，则通过 $\mathrm{d}\boldsymbol{S}$ 的通量为负值。

如果 S 是一闭合曲面，则通过闭合曲面的总通量表示为

$$\Phi=\oint_S \boldsymbol{F}\cdot\mathrm{d}\boldsymbol{S}=\oint_S \boldsymbol{F}\cdot\boldsymbol{e}_n\mathrm{d}S \tag{2-25}$$

式中，Φ 为穿出闭曲面 S 内的正通量与进入闭曲面 S 的负通量的代数和，即穿出曲面 S 的净通量。当 $\oint_S \boldsymbol{F}\cdot\mathrm{d}\boldsymbol{S}>0$ 时，则表示穿出闭合曲面 S 的通量多于进入的通量，此时闭合曲面 S 内必有发出矢量线的源，称为正通量源。例如，静电场中的正电荷就是发出电场线的正通量源；当 $\oint_S \boldsymbol{F}\cdot\mathrm{d}\boldsymbol{S}<0$ 时，则表示穿出闭合曲面 S 的通量少于进入的通量，此时闭合曲面 S 内必有汇集矢量线的源，称为负通量源。例如，静电场中的负电荷就是汇聚电场线的负通量源；当 $\oint_S \boldsymbol{F}\cdot\mathrm{d}\boldsymbol{S}=0$ 时，则表示穿出闭合曲面 S 的通量等于进入的通量，此时闭合曲面 S 内正通量源与负通量源的代数和为 0，或闭合曲面 S 内无通量源。

矢量场穿过闭合曲面的通量是一个积分量，不能反映场域内每一点的通量特性。为了研究矢量场在一个点附近的通量特性，需要引入矢量场的散度。

在矢量场 $\boldsymbol{F}$ 中的任一点 M 处作一个包围该点的任意闭合曲面 S，当曲面 S 以任意方式收缩至点 M 时，所限定的体积 ΔV 将趋近于 0，若比值 $\dfrac{\oint_S \boldsymbol{F}\cdot\mathrm{d}\boldsymbol{S}}{\Delta V}$ 极限存在，则将此极限称为矢

量场 $\boldsymbol{F}$ 在点 M 处的散度，并记作 div $\boldsymbol{F}$，即

$$\operatorname{div} \boldsymbol{F} = \lim_{\Delta V \to 0} \frac{\oint \boldsymbol{F} \cdot \mathrm{d}\boldsymbol{S}}{\Delta V} \tag{2-26}$$

由散度的定义可知，div $\boldsymbol{F}$ 表示在点 M 处的单位体积内散发出来的矢量 $\boldsymbol{F}$ 的通量，所以 div $\boldsymbol{F}$ 描述了通量源的密度。若 div $\boldsymbol{F}>0$，则该点有发出矢量线的正通量源，如图 2-9a 所示；若 div $\boldsymbol{F}<0$，则该点有汇聚矢量线的负通量源，如图 2-9b 所示；若 div $\boldsymbol{F}=0$，则该点无通量源，如图 2-9c 所示。

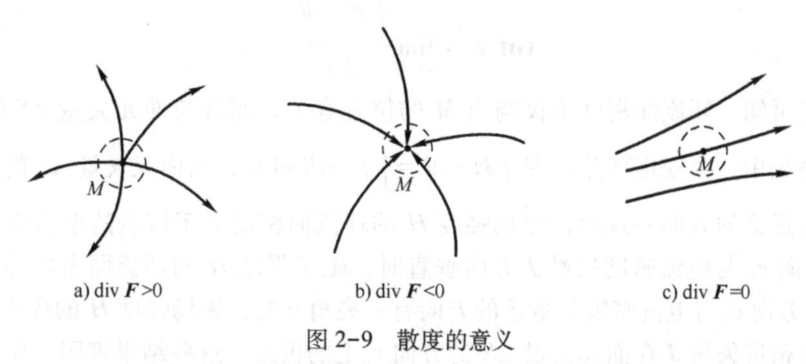

图 2-9 散度的意义

根据式（2-26），得到散度在直角坐标系中的表达式为

$$\operatorname{div} \boldsymbol{F} = \lim_{\Delta V \to 0} \frac{\oint \boldsymbol{F} \cdot \mathrm{d}\boldsymbol{S}}{\Delta V} = \frac{\partial \boldsymbol{F}}{\partial x} + \frac{\partial \boldsymbol{F}}{\partial y} + \frac{\partial \boldsymbol{F}}{\partial z} \tag{2-27}$$

利用算符∇，可将 div $\boldsymbol{F}$ 表示为

$$\operatorname{div} \boldsymbol{F} = \nabla \cdot \boldsymbol{F} \tag{2-28}$$

2.2.3 矢量场的环量和旋度

矢量场的散度描述了通量源的分布情况，反映了矢量场的一个重要性质。反映矢量场的空间变化规律的另一个重要概念是矢量场的旋度。

矢量场 $\boldsymbol{F}$ 沿场中的一条有向闭合路径 C 的曲线积分称为矢量场 $\boldsymbol{F}$ 沿闭合路径 C 的环流，其中 $\mathrm{d}\boldsymbol{l}$ 是路径上的线元矢量，其大小为 $\mathrm{d}l$，方向沿路径 C 的切线方向，如图 2-10 所示。

$$\Gamma = \oint_C \boldsymbol{F} \cdot \mathrm{d}\boldsymbol{l} \tag{2-29}$$

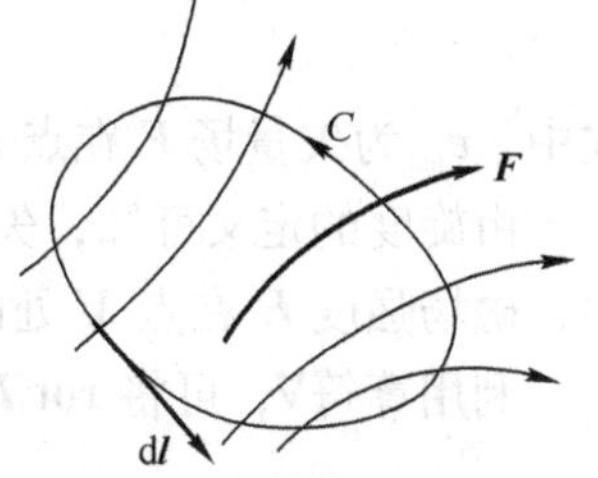

图 2-10 有向闭合路径

与矢量场穿过闭合曲面的通量一样，矢量场沿闭合路径的环流也是描述矢量场性质的一个重要概念。例如在电磁学中，根据安培环路定理 $\oint_C \boldsymbol{H} \cdot \mathrm{d}\boldsymbol{l} = \int_S \boldsymbol{J} \cdot \mathrm{d}\boldsymbol{S}$ 可知，磁场强度 $\boldsymbol{H}$ 沿闭合路径 C 的环流等于穿过以路径 C 为边界的曲面 S 的电流。因此，可以认为矢量场的环流也描述了矢量场的一种源，但这种源与通量源不同，它既不发出矢量线也不汇聚矢量线。也就是说，这种源产生的矢量场的矢量线是闭合曲线，通常将这种源称为涡旋源。

从矢量分析的要求来看，希望知道在每一点附近的环流状态。为此，在矢量场 $\boldsymbol{F}$ 中的点 M 处选取一个方向 $\boldsymbol{e}_n$，并以 $\boldsymbol{e}_n$ 为法向矢量作一面元矢量 $\Delta\boldsymbol{S}$，其边界为有向闭合路径 C，且 C 的环绕方向与面元 $\Delta\boldsymbol{S}$ 的法向矢量 $\boldsymbol{e}_n$ 成右螺旋关系，如图 2-10 所示。当面元 $\Delta\boldsymbol{S}$ 保持以 $\boldsymbol{e}_n$ 为法线方向以任意方式收缩至点 M 处时，若极限 $\lim\limits_{\Delta S\to 0}\dfrac{\oint_C \boldsymbol{F}\cdot \mathrm{d}\boldsymbol{l}}{\Delta S}$ 存在，则称 $\lim\limits_{\Delta S\to 0}\dfrac{\oint_C \boldsymbol{F}\cdot \mathrm{d}\boldsymbol{l}}{\Delta S}$ 为矢量场 $\boldsymbol{F}$ 在点 M 处沿方向 $\boldsymbol{e}_n$ 的环流面密度，并记作 $\mathbf{rot}_n\boldsymbol{F}$，即

$$\mathbf{rot}_n\boldsymbol{F} = \lim_{\Delta S\to 0}\frac{\oint_C \boldsymbol{F}\cdot \mathrm{d}\boldsymbol{l}}{\Delta S} \tag{2-30}$$

由此定义可知，环流面密度不仅与点 M 的位置有关，而且与面元矢量 $\Delta\boldsymbol{S}$ 的法向 $\boldsymbol{e}_n$ 有关。例如在磁场中，由安培环路定理 $\oint_C \boldsymbol{H}\cdot \mathrm{d}\boldsymbol{l} = \int_S \boldsymbol{J}\cdot \mathrm{d}\boldsymbol{S}$ 可知，当面元矢量 $\Delta\boldsymbol{S}$ 的法向矢量 $\boldsymbol{e}_n$ 与电流密度矢量 $\boldsymbol{J}$ 的方向一致时，磁场强度 $\boldsymbol{H}$ 的环流面密度等于该点的电流密度；当面元矢量 $\Delta\boldsymbol{S}$ 的方向 $\boldsymbol{e}_n$ 与电流密度矢量 $\boldsymbol{J}$ 方向垂直时，磁场强度 $\boldsymbol{H}$ 的环流面密度等于零；当面元矢量 $\Delta\boldsymbol{S}$ 的方向 $\boldsymbol{e}_n$ 与电流密度矢量 $\boldsymbol{J}$ 的方向有一夹角 θ 时，磁场强度 $\boldsymbol{H}$ 的环流面密度就等于该点的电流密度矢量 $\boldsymbol{J}$ 在面元矢量 $\Delta\boldsymbol{S}$ 的方向 $\boldsymbol{e}_n$ 上的投影。这些结果表明，矢量场在点 M 处沿方向 $\boldsymbol{e}_n$ 的环流面密度就是该点的涡旋源密度（即通过单位横截面积的涡旋源）在方向 $\boldsymbol{e}_n$ 上的投影。

由于矢量场在点 M 处的环流面密度与面元 $\Delta\boldsymbol{S}$ 的法线方向 $\boldsymbol{e}_n$ 有关，因此在矢量场中，一个给定点 M 处沿不同方向 $\boldsymbol{e}_n$ 其环流面密度的值一般是不同的。在某一个确定的方向上，环流面密度可能取得最大值。为了描述这个问题，引入了旋度的概念。

矢量场 $\boldsymbol{F}$ 在点 M 处的旋度定义为一个矢量，以符号 $\mathbf{rot}\,\boldsymbol{F}$ 来表示，它在点 M 处沿方向 $\boldsymbol{e}_n$ 的分量等于矢量场 $\boldsymbol{F}$ 在点 M 处沿方向 $\boldsymbol{e}_n$ 的环流面密度，即

$$\boldsymbol{e}_n\cdot\mathbf{rot}\,\boldsymbol{F}=\mathbf{rot}_n\boldsymbol{F} \tag{2-31}$$

由此定义可知，当方向 $\boldsymbol{e}_n$ 与 $\mathbf{rot}\,\boldsymbol{F}$ 的方向相同时，$\boldsymbol{e}_n\cdot\mathbf{rot}\,\boldsymbol{F}$ 的值最大。因此，$\mathbf{rot}\,\boldsymbol{F}$ 的方向是使矢量场 $\boldsymbol{F}$ 在点 M 处取得最大环流面密度的方向，其模 $|\mathbf{rot}\,\boldsymbol{F}|$ 等于该最大环流面密度，即

$$\mathbf{rot}_n\boldsymbol{F} = \boldsymbol{e}_{nm}\left(\lim_{\Delta S\to 0}\frac{1}{\Delta S}\oint_C \boldsymbol{F}\cdot \mathrm{d}\boldsymbol{l}\right)_{\max} \tag{2-32}$$

式中，$\boldsymbol{e}_{nm}$ 为矢量场 $\boldsymbol{F}$ 在点 M 处取得最大环流面密度的方向的单位矢量。

由旋度的定义可知，矢量场 $\boldsymbol{F}$ 在点 M 处的旋度就是在该点的旋涡源密度。例如在磁场中，磁场强度 $\boldsymbol{H}$ 在点 M 处的旋度就是在该点的电流密度 $\boldsymbol{J}$。

利用算符 ∇，可将 $\mathbf{rot}\,\boldsymbol{F}$ 表示为

$$\begin{aligned}\mathbf{rot}\,\boldsymbol{F}&=\left(\boldsymbol{e}_x\frac{\partial}{\partial x}+\boldsymbol{e}_y\frac{\partial}{\partial y}+\boldsymbol{e}_z\frac{\partial}{\partial z}\right)\times(\boldsymbol{e}_x\boldsymbol{F}_x+\boldsymbol{e}_y\boldsymbol{F}_y+\boldsymbol{e}_z\boldsymbol{F}_z)\\&=\nabla\times\boldsymbol{F}\end{aligned} \tag{2-33}$$

旋度与散度的比较如下：

1）一个矢量场的旋度是一个矢量函数，而一个矢量场的散度是一个标量函数。

2）矢量场散度和旋度描述了产生矢量场的两种不同性质的源，散度描述的是标量源，

即散度源；而旋度描述的是矢量源，即涡旋源。不同性质的源产生的矢量场也具有不同的性质，仅由散度源产生的矢量场的旋度处处为$\mathbf{0}$，是无旋场，其矢量线起、止于散度源，是非闭合曲线；而仅由涡旋源产生的矢量场的散度处处为0，是无散场，其矢量线是闭合曲线。

3）在旋度公式（2-33）中，矢量场$\boldsymbol{F}$的场分量$\boldsymbol{F}_x$、$\boldsymbol{F}_y$、$\boldsymbol{F}_z$分别只对与其垂直方向的坐标变量求偏导数，所以矢量场的旋度描述了场分量在与其垂直的方向上的变化情况；而在散度公式（2-27）中，矢量场$\boldsymbol{F}$的场分量$\boldsymbol{F}_x$、$\boldsymbol{F}_y$、$\boldsymbol{F}_z$分别只对x、y、z求偏导数，所以矢量场的散度描述了场分量沿着各自方向上的变化情况。

2.3 本章小结与教学要求

本章重点问题是矢量的定义和矢量的运算以及梯度、旋度、散度的定义和物理内涵，要求学生掌握矢量运算法则，尤其是矢量的点乘与叉乘。

习 题

2-1 一质量为m的质点以与地的仰角$\theta=30°$的初速度$\boldsymbol{v}_0$从地面抛出，若忽略空气阻力，求质点落地时相对抛射时的动量的增量。

2-2 作用在质量为10kg的物体上的力为$\boldsymbol{F}=(10+2t)\boldsymbol{i}$(N)，式中$t$的单位是s。(1) 求4s后，该物体的动量和速度的变化，以及力给予物体的冲量；(2) 为了使这力的冲量为200N·s，该力应在这物体上作用多久？

2-3 设$\boldsymbol{F}_{合}=7\boldsymbol{i}-6\boldsymbol{j}$(N)。当一质点从原点运动到$\boldsymbol{r}=-3\boldsymbol{i}+4\boldsymbol{j}+16\boldsymbol{k}$(m)时，求 (1) $\boldsymbol{F}$所做的功；(2) 如果质点到$\boldsymbol{r}$处时需0.6s，试求平均功率；(3) 如果质点的质量为1kg，试求动能的变化。

2-4 一质量为m的质点位于(x_1,y_1)处，速度为$\boldsymbol{v}=v_x\boldsymbol{i}+v_y\boldsymbol{j}$，质点受到一个沿$x$负方向的力$\boldsymbol{f}$的作用，求相对于坐标原点的角动量以及作用于质点上的力的力矩。

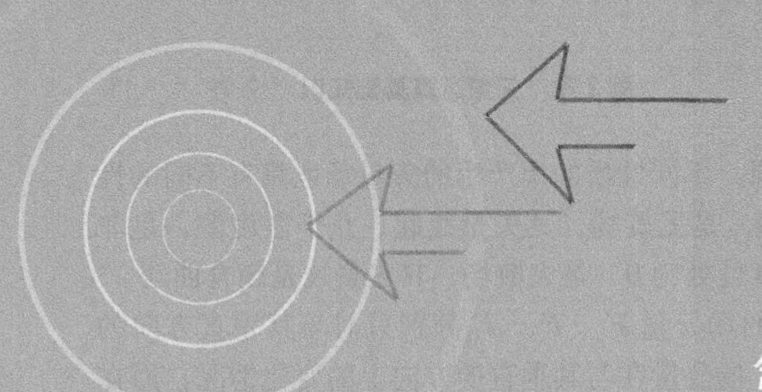

第 3 章 真空中的静电场

电磁运动是物质的一种基本运动形式。电磁相互作用是自然界已知的 4 种基本相互作用之一，也是人们认识得较深入的一种相互作用。在日常生活和生产活动中，在对物质结构的深入认识过程中，都要涉及电磁运动。因此，理解和掌握电磁运动的基本规律，在理论上和实践上都有极重要的意义。

一般来说，运动电荷将同时激发出电场和磁场，电场和磁场是相互关联的。但是在某种情况下，例如当我们所研究的电荷相对某参考系静止时，电荷在这个静止参考系中就只激发电场，而无磁场。这个电场就是本章所要讨论的静电场。

本章的主要内容有静电场的基本定律——库仑定律，静电场的两条基本定理——高斯定理和环路定理，描述静电场的两个基本物理量——电场强度和电势等。

3.1 电荷

按照原子理论，在每个原子里，电子环绕由中子和质子组成的原子核运动，这些电子的状况可视为如图 3-1 所示的电子云。原子核的线度比电子云的线度要小得多。一般来说，原子核的线度约为 5×10^{-15} m，电子云的线度（即原子的直径）约为 2×10^{-10} m。这就是说，原子的线度约为原子核线度的 10^5 倍。原子中的中子不带电，质子带正电，电子带负电，质子与电子所具有的电荷量（简称电荷）的绝对值是相等的。在正常情况下，每个原子中的电子数与质子数相等，故物体呈电中性。当物体经受摩擦等作用而造成物体中的电子过多或不足时，就说物体带了电。

原子核 $\approx5\times10^{-15}$m
电子云
$\approx2\times10^{-10}$m

图 3-1 电子云

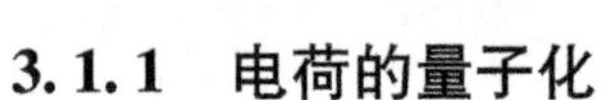

3.1.1 电荷的量子化

1897 年，汤姆孙（Thomson）从实验中测量阴极射线粒子的电荷值与质量之比时，得出阴极射线粒子的电荷值与质量之比约为氢离子的 2 000 倍。这种粒子后来被称为电子。所以，一般认为汤姆孙是电子的发现者。电子的电荷 $-e$ 与质量 m 之比称为电子的比荷（$-e/m$）。通过数年努力，1913 年密立根（Millikan，1868—1953）终于从实验中得出带电体的电荷是“$\pm e$”的整数倍的结论，即 $q=\pm ne$，$n=1,2,3,\cdots$。这是自然界存在不连续性的又一个例子。电荷的这种只能取离散、不连续量值的性质，称为电荷的量子化。电子的电荷绝对值 e 称为元电荷，或称为电荷的量子。

电荷的单位为库仑，简称库，符号为 C，在通常的计算中，电子电荷的绝对值的近似值为

$$e=1.602\times10^{-19}\ \mathrm{C}$$

现在知道的自然界中的微观粒子，包括电子、质子、中子在内，已有几百种，其中带电粒子所具有的电荷是$+e$、$-e$ 或者是它们的整数倍。因此可以说，电荷量子化是一个普遍的规则。量子化是近代物理学中的一个基本概念，当研究的范围达到原子线度大小时，很多物理量如角动量、能量等也都是量子化的。这些内容将在光的量子性、原子结构等章节中再加以介绍。

3.1.2 电荷守恒定律

在正常状态下，物体是电中性的，物体里正、负电荷的代数和为零。如果在一个孤立系统中有两个电中性的物体，由于某些原因使一些电子从一个物体移到另一个物体上，则前者带正电，后者带负电，但两物体正、负电荷的代数和仍为零。总之，无论系统中的电荷如何迁移，系统的电荷的代数和保持不变，这就是电荷守恒定律。电荷守恒定律就像能量守恒定律、动量守恒定律和角动量守恒定律那样，也是自然界的基本守恒定律。无论是在宏观领域里，还是在原子、原子核和粒子等微观领域范围内，电荷守恒定律都是成立的。

3.1.3 库仑定律

1785 年，法国物理学家库仑（Coulomb）用扭秤实验测定了两个带电球体之间相互作用的电力。库仑在实验的基础上提出了两个点电荷之间相互作用的规律，即库仑定律。“点电荷”是一个抽象的模型。当两带电体本身的线度 d 比问题中所涉及的距离 r 小很多，即 $d\ll r$ 时，带电体就可近似当成“点电荷”。库仑定律的表述为：

在真空中，两个静止的点电荷之间的相互作用力，其大小与它们电荷的乘积成正比，与它们之间距离的二次方成反比；作用力的方向沿着两点电荷的连线，同号电荷相斥，异号电荷相吸。

如图 3-2 所示，两个点电荷分别为 q_1 和 q_2，由电荷 q_1 指向电荷 q_2 的矢量用 $\boldsymbol{r}$ 表示，那么电荷 q_1 受到电荷 q_2 的作用力 $\boldsymbol{F}$ 为

$$\boldsymbol{F}=\frac{1}{4\pi\varepsilon_0}\frac{q_1q_2}{r^2}\boldsymbol{e}_r \tag{3-1}$$

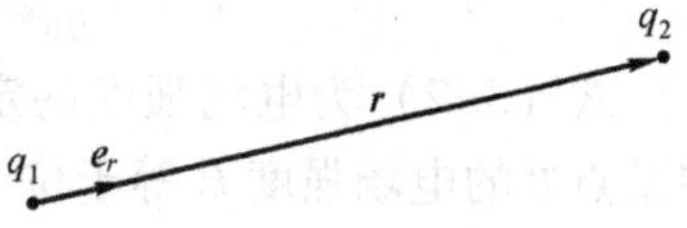

图 3-2 库仑定律

式中，$\boldsymbol{e}_r$ 为从电荷 q_1 指向电荷 q_2 的单位矢量，即 $\boldsymbol{e}_r=\boldsymbol{r}/r$；$\varepsilon_0$ 为真空电容率，是电学中常用到的一个物理量，一般计算时其值为

$$\begin{aligned}\varepsilon_0&=8.85\times10^{-12}\mathrm{C}^2\cdot\mathrm{N}^{-1}\cdot\mathrm{m}^{-2}\\&=8.85\times10^{-12}\ \mathrm{F/m}\end{aligned}$$

由上式可以看出，当 q_1 和 q_2 同号时，$q_1q_2>0$，q_2 将受到斥力作用；当 q_1 和 q_2 异号时，$q_1q_2<0$，q_2 受到引力作用。静止电荷间的作用力，又称为库仑力。应当指出，静止点电荷之间的库仑力遵守牛顿第三定律。由于我们所研究的电荷处于静止或是其速率非常小（$v\ll c$），

都属于低速的情况，牛顿三个定律所导出的结论，也都适用于库仑力作用的情形。

3.2 电场强度

3.2.1 静电场

任何电荷在其周围都存在电场，电荷间的相互作用是通过电场来实现的。场是一种特殊形态的物质，它和物质的另一种形态——实物一起，构成了物质世界多彩的图景。静电场存在于静止电荷的周围，并分布在一定的空间。场和实物的最明显区别在于：场分布范围非常广泛，具有分散性，而实物则聚集在有限范围内，具有集中性。所以对场的描述需要逐点进行，不像实物那样只需做整体描述。我们知道，处于万有引力场中的物体要受到万有引力的作用，并且当物体移动时，引力要对它做功。同样，处于静电场中的电荷也要受到电场力的作用，并且当电荷在电场中运动时电场力也要对它做功。现从施力和做功这两方面来研究静电场的性质，分别引出描述电场性质的两个物理量——电场强度和电势。

3.2.2 电场强度

为了表述电场对处于其中的电荷施以作用力的性质，把一个试验电荷 q_0放到电场中不同位置，观察电场对试验电荷 q_0的作用力情况。试验电荷必须满足如下要求：①必须是点电荷；②它的电荷量应足够小，以致把它放进电场中时，对原有的电场几乎没有什么影响。为叙述方便，取试验电荷为正电荷$+q_0$。

如图 3-3 所示，在静止电荷 Q 周围的静电场中，先后将试验电荷$+q_0$放到电场中 A、B 和 C 三个不同的位置处。可以发现，试验电荷$+q_0$在电场中不同位置处所受到的电场力 $\boldsymbol{F}$ 的值和方向均不相同。另一方面，就电场中某一点而言，试验电荷$+q_0$在该处所受的电场力 $\boldsymbol{F}$ 与 q_0的大小有关；但 $\boldsymbol{F}$ 与 q_0之比，则与 q_0无关，为一不变的矢量。显然，这个不变的矢量只与该点处的电场有关，所以称该矢量为电场强度，用符号 $\boldsymbol{E}$ 表示，有

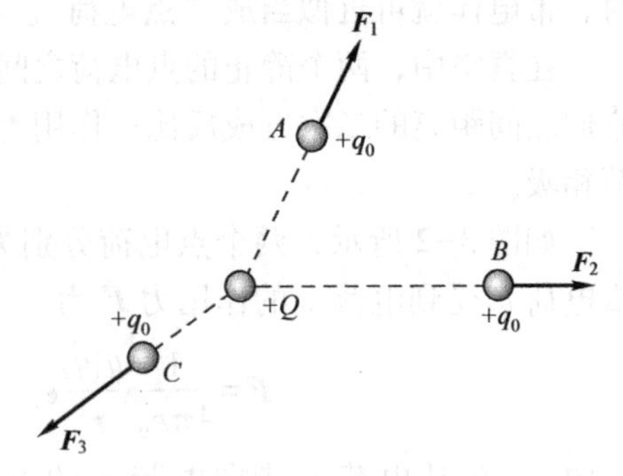

图 3-3　试验电荷在电场中不同位置受电场力的情况

$$\boldsymbol{E}=\frac{\boldsymbol{F}}{q_0} \tag{3-2}$$

式（3-2）为电场强度的定义式。它表明，电场中某点处的电场强度 $\boldsymbol{E}$ 等于位于该点处的单位试验电荷所受的电场力。电场强度是空间位置的函数。由于取试验电荷为正电荷，故 $\boldsymbol{E}$ 的方向与正试验电荷所受力 $\boldsymbol{F}$ 的方向相同。

在国际单位制中，电场强度的单位为牛顿/库仑，符号为 N/C，也为伏特/米，符号为 V/m。

应当指出，在已知电场强度分布的电场中，若某点的电场强度为 $\boldsymbol{E}$，那么由式（3-2）可知，电荷 q 在该点所受的电场力 $\boldsymbol{F}$ 为

$$\boldsymbol{F}=q\boldsymbol{E}$$

3.2.3　点电荷的电场强度

由库仑定律及电场强度定义式，可求得真空中点电荷周围电场的电场强度。

如图 3-4a 所示，在真空中，点电荷 Q 位于直角坐标系的原点 O，由原点 O 指向场点 P 的位矢为 $\boldsymbol{r}$。若把试验电荷 q_0置于场点 P，由库仑定律式（3-1）和电场强度定义式（3-2）可得场点 P 的电场强度为

$$\boldsymbol{E}=\frac{\boldsymbol{F}}{q_0}=\frac{1}{4\pi\varepsilon_0}\frac{Q}{r^2}\boldsymbol{e}_r \tag{3-3}$$

式中，$\boldsymbol{e}_r$为位矢 $\boldsymbol{r}$ 的单位矢量。式（3-3）是在真空中点电荷 Q 所激发的电场中，任意点 P 处的电场强度表示式。从式（3-3）可以看出，如果点电荷为正电荷（即 $Q>0$），$\boldsymbol{E}$ 的方向与 $\boldsymbol{e}_r$的方向相同；如果点电荷为负电荷（即 $Q<0$），则 $\boldsymbol{E}$ 的方向与 $\boldsymbol{e}_r$的方向相反（见图 3-4b）。

若将正点电荷 Q 放在原点 O，并以 r 为半径做一球面，则球面上各处 $\boldsymbol{E}$ 的大小相等，$\boldsymbol{E}$ 的方向均沿径矢 $\boldsymbol{r}$，故真空中点电荷的电场是具有对称性的非均匀场，如图 3-5 所示。

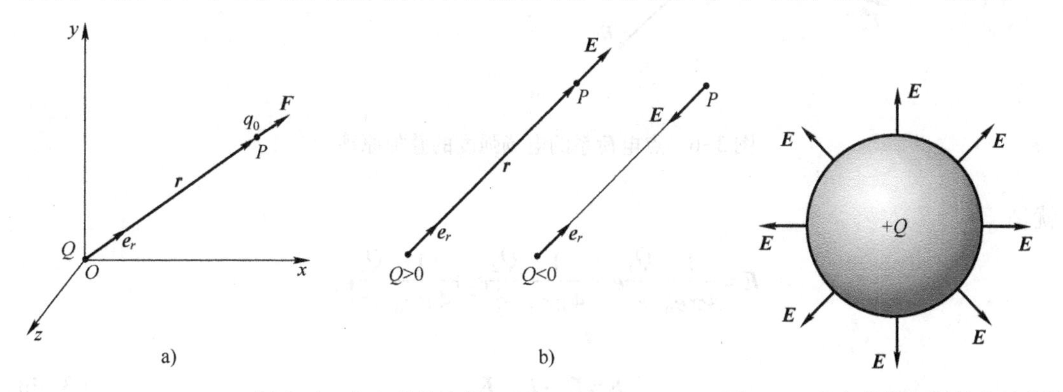

图 3-4　点电荷的电场　　图 3-5　点电荷的电场具有对称性

3.2.4　电场强度叠加原理

一般来说，空间可能存在由许多个点电荷组成的点电荷系，那么点电荷系的电场强度如何计算呢？下面先介绍由力的叠加原理所得到的电场强度叠加原理。

设真空中一点电荷系由 Q_1、Q_2和 Q_3 3 个点电荷组成（见图 3-6a），在场点 P 处放置一试验电荷 q_0，且 Q_1、Q_2和 Q_3到点 P 的矢量为 $\boldsymbol{r}_1$、$\boldsymbol{r}_2$和 $\boldsymbol{r}_3$，试验电荷 q_0受到 Q_1、Q_2和 Q_3的作用力分别为 $\boldsymbol{F}_1$、$\boldsymbol{F}_2$和 $\boldsymbol{F}_3$，根据力的叠加原理可得作用在试验电荷 q_0上的力 $\boldsymbol{F}$ 为

$$\boldsymbol{F}=\boldsymbol{F}_1+\boldsymbol{F}_2+\boldsymbol{F}_3$$

由库仑定律可知 $\boldsymbol{F}_1$、$\boldsymbol{F}_2$和 $\boldsymbol{F}_3$分别为

$$\boldsymbol{F}_1=\frac{1}{4\pi\varepsilon_0}\frac{q_0Q_1}{r_1^2}\boldsymbol{e}_1,\quad \boldsymbol{F}_2=\frac{1}{4\pi\varepsilon_0}\frac{q_0Q_2}{r_2^2}\boldsymbol{e}_2,\quad \boldsymbol{F}_3=\frac{1}{4\pi\varepsilon_0}\frac{q_0Q_3}{r_3^2}\boldsymbol{e}_3$$

式中，$\boldsymbol{e}_1$、$\boldsymbol{e}_2$和 $\boldsymbol{e}_3$分别为矢量 $\boldsymbol{r}_1$、$\boldsymbol{r}_2$和 $\boldsymbol{r}_3$的单位矢量。

另外，按照电场强度定义式（3-2），可得 P 点处的电场强度为

$$\boldsymbol{E}=\frac{\boldsymbol{F}}{q_0}=\frac{\boldsymbol{F}_1}{q_0}+\frac{\boldsymbol{F}_2}{q_0}+\frac{\boldsymbol{F}_3}{q_0}$$

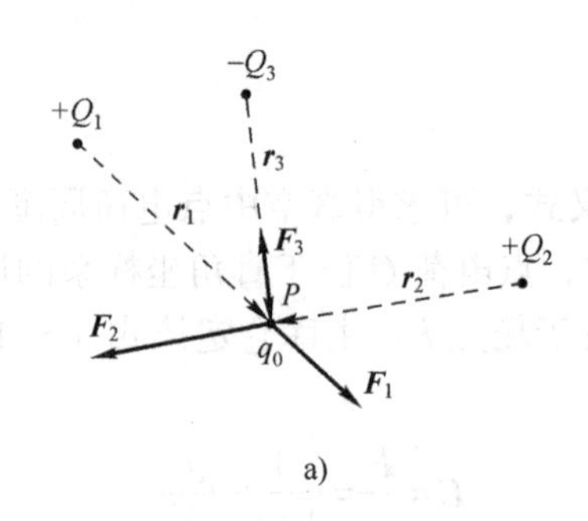

a)

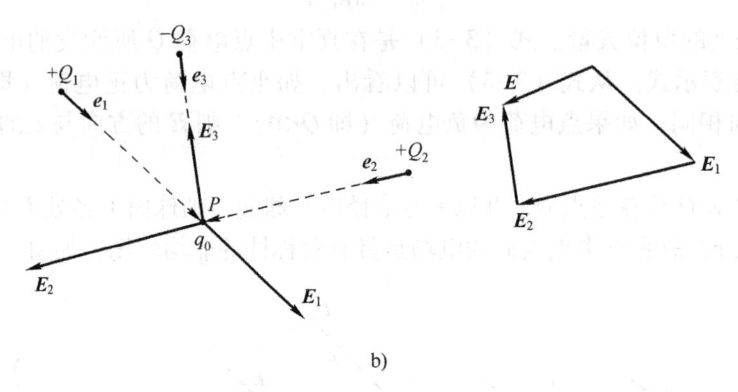

b)

图 3-6 点电荷系的电场强度的叠加原理

也就是

$$E=\frac{1}{4\pi\varepsilon_0}\frac{Q_1}{r_1^2}e_1+\frac{1}{4\pi\varepsilon_0}\frac{Q_2}{r_2^2}e_2+\frac{1}{4\pi\varepsilon_0}\frac{Q_3}{r_3^2}e_3$$

有

$$E=E_1+E_2+E_3 \tag{3-4a}$$

式（3-4a）表明，3 个点电荷在点 P 处激起的电场强度等于各个点电荷单独存在时该处电场强度的矢量和。电场强度之间的关系如图 3-6b 所示。上述结论虽是从 3 个点电荷组成的点电荷系得出的，显然不难推广至由任意数目点电荷所组成的点电荷系，得出普遍结论如下：在点电荷系所激发的电场中，某点处的电场强度等于各个点电荷单独存在时在该点所激起的电场强度的矢量和。这就是电场强度的叠加原理，其数学表达式为

$$E=\sum_{i=1}^{n}E_i=\frac{1}{4\pi\varepsilon_0}\sum_{i=1}^{n}\frac{Q_i}{r_i^2}e_i \tag{3-4b}$$

根据电场强度叠加原理，可以计算电荷连续分布的电荷系的电场强度。这只是计算电场强度的一种方法，还有其他的方法，以后再陆续介绍。

如图 3-7 所示，有一体积为 V、电荷连续分布的带电体，现在来计算点 P 处的电场强度。首先，在带电体上取一电荷元 dq，其线度相对于 V 可视为无限小，从而可将 dq 作为一个点电荷对待。于是，dq 在点 P 的电场强度为

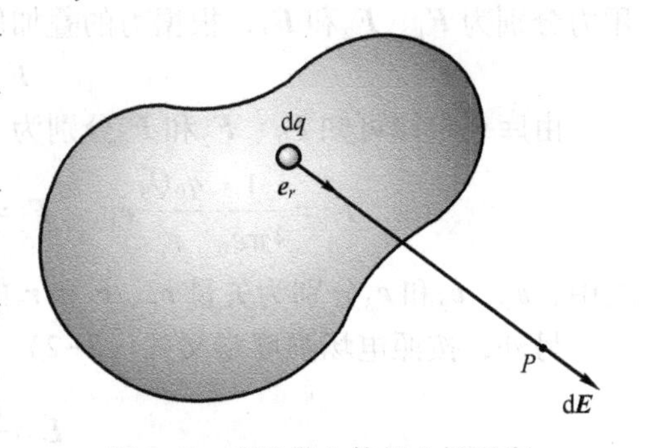

图 3-7 连续带电体的电场强度

$$\mathrm{d}\boldsymbol{E}=\frac{1}{4\pi\varepsilon_0}\frac{\mathrm{d}q}{r^2}\boldsymbol{e}_r$$

式中，$\boldsymbol{e}_r$为由 dq 指向 P 的单位矢量。其次，取各电荷元在 P 处的电场强度，并求矢量积分，于是可得电荷系在点 P 处的电场强度 $\boldsymbol{E}$ 为

$$\boldsymbol{E}=\int_V \mathrm{d}\boldsymbol{E}=\int_V \frac{1}{4\pi\varepsilon_0}\frac{\mathrm{d}q}{r^2}\boldsymbol{e}_r \tag{3-5}$$

若 dV 为电荷元 dq 的体积元，ρ 为其电荷体密度，则 dq=ρdV。于是，式（3-5）可写成

$$\boldsymbol{E}=\int_V \frac{1}{4\pi\varepsilon_0}\frac{\rho \mathrm{d}V}{r^2}\boldsymbol{e}_r \tag{3-6a}$$

顺便指出，对于连续分布的线带电体和面带电体来说，电荷元所带的电量分别为 dq=λdl 和 dq=σdS，其中，λ 为电荷线密度，σ 为电荷面密度，则由式（3-5）可得它们的电场强度分别为

$$\boldsymbol{E}=\int_l \frac{1}{4\pi\varepsilon_0}\frac{\lambda \mathrm{d}l}{r^2}\boldsymbol{e}_r,\quad \boldsymbol{E}=\int_S \frac{1}{4\pi\varepsilon_0}\frac{\sigma \mathrm{d}S}{r^2}\boldsymbol{e}_r \tag{3-6b}$$

3.2.5　电偶极子的电场强度

由两个电荷量相等、符号相反、相距为 r_0的点电荷+q 和−q 构成的电荷系称为电偶极子。从−q 指向+q 的矢量 $\boldsymbol{r}_0$为电偶极子的轴，$q\boldsymbol{r}_0$称为电偶极子的电偶极矩（简称电矩），用符号 $\boldsymbol{p}$ 表示，有 $\boldsymbol{p}=q\boldsymbol{r}_0$。在研究电介质的极化等问题时，常要用到电偶极子的概念，以及电偶极子对电场的影响。下面分别讨论：①电偶极子轴线延长线上一点的电场强度；②电偶极子轴线的中垂线上一点的电场强度。

1）如图 3-8 所示，取电偶极子轴线的中点为坐标原点 O，极轴的延长线为 Ox 轴，轴上任意点 A 距原点 O 的距离为 x。由式（3-3）可得点电荷+q 和−q 在点 A 激发的电场强度分别为

$$\boldsymbol{E}_+=\frac{1}{4\pi\varepsilon_0}\frac{q}{(x-r_0/2)^2}\boldsymbol{i}$$

$$\boldsymbol{E}_-=\frac{1}{4\pi\varepsilon_0}\frac{q}{(x+r_0/2)^2}\boldsymbol{i}$$

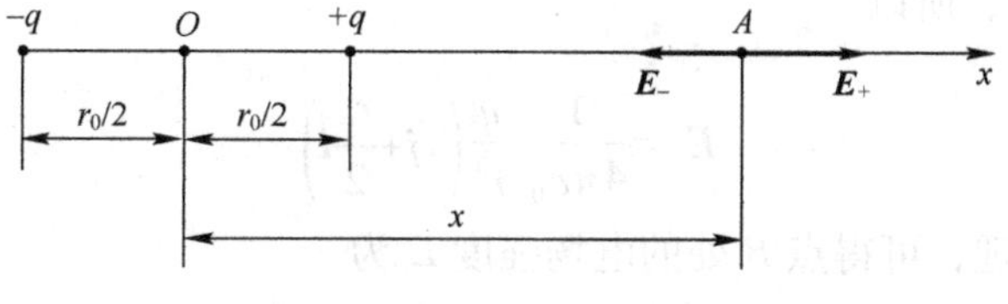

图 3-8　电偶极子延长线上电场强度分布

上两式表明，$\boldsymbol{E}_+$和 $\boldsymbol{E}_-$的方向都与 Ox 轴平行，但方向相反。由电场强度叠加原理可知，点 A 处的 $\boldsymbol{E}$ 为

$$\boldsymbol{E}=\boldsymbol{E}_++\boldsymbol{E}_-=\frac{q}{4\pi\varepsilon_0}\frac{2xr_0}{(x^2-r_0^2/4)^2}\boldsymbol{i}$$

当场点 A 到电偶极子的距离比电偶极子中−q 和+q 之间的距离大得多时，即 $x\gg r_0$时，则

$x^2-r_0^2/4\approx x^2$，于是上式可写为

$$\boldsymbol{E}=\frac{1}{4\pi\varepsilon_0}\frac{2r_0q}{x^3}\boldsymbol{i}$$

由于电矩 $\boldsymbol{p}=q\boldsymbol{r}_0$，所以上式改为

$$\boldsymbol{E}=\frac{1}{4\pi\varepsilon_0}\frac{2\boldsymbol{p}}{x^3} \tag{3-7}$$

式（3-7）表明，在电偶极子轴线的延长线上任意点 A 处的电场强度 $\boldsymbol{E}$ 的大小与电偶极子的电矩 $\boldsymbol{p}$ 的大小成正比，与电偶极子中点 O 到点 A 的距离 x 的三次方成反比；电场强度 $\boldsymbol{E}$ 的方向与电矩 $\boldsymbol{p}$ 的方向相同。

2）以电偶极子轴线中点为坐标原点 O，并取 Ox 轴和 Oy 轴如图 3-9 所示。由式（3-3）可得点电荷 $+q$ 和 $-q$ 对中垂线上任意点 B 的电场强度分别为

$$\boldsymbol{E}_+=\frac{1}{4\pi\varepsilon_0}\frac{q}{r_+^2}\boldsymbol{e}_+$$

$$\boldsymbol{E}_-=\frac{1}{4\pi\varepsilon_0}\frac{q}{r_-^2}\boldsymbol{e}_-$$

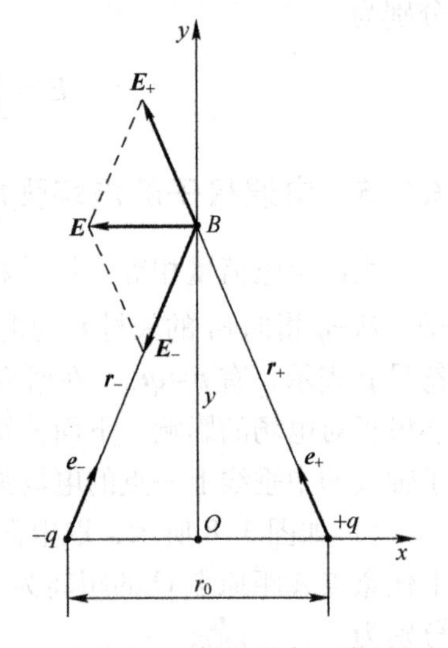

图 3-9 电偶极子中垂线上电场强度分布

式中，r_+ 和 r_- 分别为 $+q$ 和 $-q$ 与点 B 间的距离；$\boldsymbol{e}_+$ 和 $\boldsymbol{e}_-$ 分别为从 $+q$ 和 $-q$ 指向点 B 的单位矢量。从图 3-9 中可以看出：$r_-=r_+$，且令其为 r，即有

$$r_+=r_-=r=\sqrt{y^2+\left(\frac{r_0}{2}\right)^2}$$

而单位矢量 $\boldsymbol{e}_+=\boldsymbol{r}_+/r_+=\boldsymbol{r}_+/r$，其中

$$\boldsymbol{r}_+=-\frac{r_0}{2}\boldsymbol{i}+y\boldsymbol{j}$$

所以，单位矢量 $\boldsymbol{e}_+=\left(-\frac{r_0}{2}\boldsymbol{i}+y\boldsymbol{j}\right)/r$，于是

$$\boldsymbol{E}_+=\frac{1}{4\pi\varepsilon_0}\frac{q}{r^3}\left(y\boldsymbol{j}-\frac{r_0}{2}\boldsymbol{i}\right)$$

同理，$\boldsymbol{e}_-=\left(\frac{r_0}{2}\boldsymbol{i}+y\boldsymbol{j}\right)/r$，所以

$$\boldsymbol{E}_-=\frac{1}{4\pi\varepsilon_0}\frac{q}{r^3}\left(y\boldsymbol{j}+\frac{r_0}{2}\boldsymbol{i}\right)$$

根据电场强度叠加原理，可得点 B 处的电场强度 $\boldsymbol{E}$ 为

$$\boldsymbol{E}=\boldsymbol{E}_++\boldsymbol{E}_-=-\frac{1}{4\pi\varepsilon_0}\frac{qr_0\boldsymbol{i}}{r^3}$$

将式（3-3）代入上式，且电偶极矩 $\boldsymbol{p}=qr_0\boldsymbol{i}$，故有

$$\boldsymbol{E}=-\frac{1}{4\pi\varepsilon_0}\frac{\boldsymbol{p}}{\left(y^2+\frac{r_0^2}{4}\right)^{3/2}}$$

当 $y\gg r_0$ 时，$y^2+(r_0/2)^2\approx y^2$，于是上式为

$$E=-\frac{1}{4\pi\varepsilon_0}\frac{\boldsymbol{p}}{y^3} \tag{3-8}$$

式（3-8）表明，在电偶极子的中垂线上任意点 B 处的电场强度 $\boldsymbol{E}$ 的大小与电矩 $\boldsymbol{p}$ 的大小成正比，与电偶极子的中点到点 B 的距离 y 的三次方成反比；电场强度 $\boldsymbol{E}$ 的方向与电矩 $\boldsymbol{p}$ 的方向相反。

例 3-1 如图 3-10 所示，正电荷 q 均匀地分布在半径为 R 的圆环上。计算通过环心点 O，并垂直圆环平面的轴线上任一点 P 处的电场强度。

解： 坐标原点与环心相重合，点 P 与环心 O 的距离为 x。由题意知圆环上的电荷是均匀分布的，故其电荷线密度 $\lambda=q/(2\pi R)$。在环上取线元 $\mathrm{d}l$，其电荷 $\mathrm{d}q=\lambda\mathrm{d}l$，此电荷对点 P 处激起的电场强度为

$$\mathrm{d}\boldsymbol{E}=\frac{1}{4\pi\varepsilon_0}\frac{\lambda\mathrm{d}l}{r^3}\boldsymbol{e}_r$$

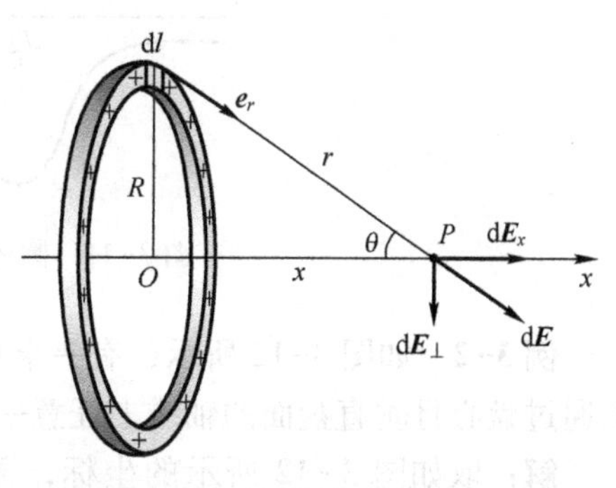

图 3-10 圆环轴线上的电场强度

由于电荷分布的对称性，圆环上各电荷元对点 P 处激起的电场强度 $\mathrm{d}\boldsymbol{E}$ 的分布也具有对称性，且它们在垂直于 x 轴方向上的分量 $\mathrm{d}\boldsymbol{E}_\perp$ 将互相抵消，即 $\int\mathrm{d}\boldsymbol{E}_\perp=0$；而各电荷元在点 P 的电场强度 $\mathrm{d}\boldsymbol{E}$ 沿 x 轴的分量 $\mathrm{d}\boldsymbol{E}_x$ 都具有相同的方向，且 $\mathrm{d}\boldsymbol{E}_x=\mathrm{d}\boldsymbol{E}\cos\theta$。故点 P 的电场强度为

$$\boldsymbol{E}=\int_l\mathrm{d}\boldsymbol{E}_x=\int_l\mathrm{d}\boldsymbol{E}\cos\theta=\frac{\lambda x}{4\pi\varepsilon_0 r^3}\int_0^{2\pi R}\mathrm{d}\boldsymbol{l}$$

式中，$r=(x^2+R^2)^{1/2}$，$\lambda=q/(2\pi R)$，于是有

$$E=\frac{1}{4\pi\varepsilon_0}\frac{\lambda x}{(x^2+R^2)^{3/2}}2\pi R$$

即

$$E=\frac{1}{4\pi\varepsilon_0}\frac{qx}{(x^2+R^2)^{3/2}}$$

上式表明，均匀带电圆环轴线上任意点处的电场强度，是该点到环心 O 的距离 x 的函数，即 $E=E(x)$。下面对几个特殊点处的情况做一些讨论。

1）若 $x\gg R$，则 $(x^2+R^2)^{3/2}\approx x^3$，这时有

$$E\approx\frac{1}{4\pi\varepsilon_0}\frac{q}{x^2}$$

即在远离圆环的地方，可把带电圆环看成点电荷。这与前面对点电荷的论述相一致。

2）若 $x\approx0$，$E\approx0$，这表明环心处的电场强度为零。

3）由 $\mathrm{d}E/\mathrm{d}x=0$ 可求得电场强度最大的位置，故有

$$\frac{\mathrm{d}}{\mathrm{d}x}\left[\frac{1}{4\pi\varepsilon_0}\frac{qx}{(x^2+R^2)^{3/2}}\right]=0$$

得

$$x=\pm\frac{\sqrt{2}}{2}R$$

这表明，圆环轴线上具有最大电场强度的位置，位于原点 O 两侧的$\frac{\sqrt{2}}{2}R$ 和$-\frac{\sqrt{2}}{2}R$ 处。图 3-11 所示为带电圆环轴线上电场强度沿 x 轴的分布。

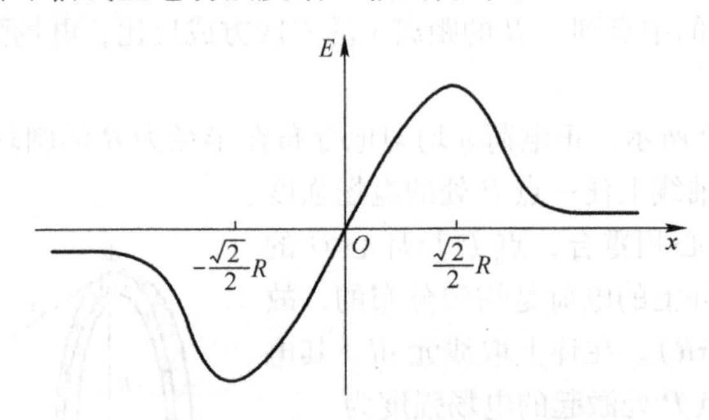

图 3-11　圆环轴线上电场强度沿 x 轴的分布

例 3-2　如图 3-12 所示，有一半径为 R、电荷均匀分布的薄圆盘，其电荷面密度为 σ，求通过盘心且垂直盘面的轴线上任意一点处的电场强度。

解：取如图 3-12 所示的坐标，薄圆盘的平面在 yz 平面内，盘心位于坐标原点 O。由于圆盘上的电荷分布是均匀的，故圆盘上的电荷为 $q=\sigma\pi R^2$。

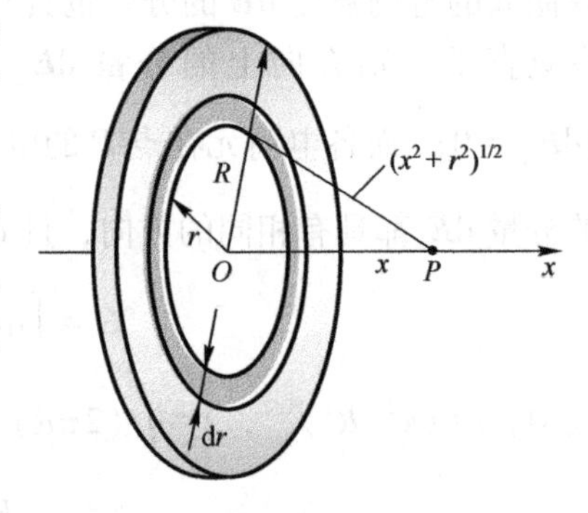

图 3-12　带电薄圆盘轴线上的电场强度

把圆盘分成许多细圆环带，其中半径为 r、宽度为 $\mathrm{d}r$ 的环带面积为 $2\pi r\mathrm{d}r$，此环带上的电荷为 $\mathrm{d}q=\sigma\cdot 2\pi r\mathrm{d}r$。由例 3-1 可知，环带上的电荷对 x 轴上点 P 处激起的电场强度为

$$\mathrm{d}E_x=\frac{x\mathrm{d}q}{4\pi\varepsilon_0(x^2+r^2)^{3/2}}=\frac{\sigma}{2\varepsilon_0}\frac{xr\mathrm{d}r}{(x^2+r^2)^{3/2}}$$

由于圆盘上所有带电的环带在点 P 处的电场强度都沿 x 轴同一方向，故由上式可得带电圆盘的轴线上点 P 处的电场强度为

$$E=\int\mathrm{d}E_x=\frac{\sigma x}{2\varepsilon_0}\int_0^R\frac{r\mathrm{d}r}{(x^2+r^2)^{3/2}}=\frac{\sigma x}{2\varepsilon_0}\left(\frac{1}{\sqrt{x^2}}-\frac{1}{\sqrt{x^2+R^2}}\right)$$

讨论　如果 $x\ll R$，带电圆盘可看作是“无限大”的均匀带电平面，这时

$$\frac{1}{\sqrt{x^2}}-\frac{1}{\sqrt{x^2+R^2}}\approx\frac{1}{\sqrt{x^2}}$$

于是

$$E=\frac{\sigma}{2\varepsilon_0}$$

上式表明，很大的均匀带电平面附近的电场强度 $\boldsymbol{E}$ 的值是一个常量，$\boldsymbol{E}$ 的方向与平面垂直。因此，很大的均匀带电平面附近的电场可看作均匀电场。

此外，若有两个相互平行、彼此相隔很近的平面，它们的电荷面密度各为$\pm\sigma$，利用上述结论及电场强度的叠加原理，很容易求得两平行带电平面中部的电场强度为 $E=\sigma/\varepsilon_0$。这是获得均匀电场的一种常用方法。我们还将在电容器中提及，均匀电场又称匀强电场，在这

种电场中 $\boldsymbol{E}$ 处处相等。

如果薄圆盘上的电荷面密度是不均匀的，但遵守以下规律 $\sigma=\sigma_0 r/R$，式中，r 是盘上一点距盘心的距离，那么，通过盘心且垂直于盘面的轴线上任意点 P 的电场强度又是多少呢？读者如有兴趣，可自己计算。

3.3 电场强度通量和高斯定理

3.2 节讨论了描述电场性质的一个重要物理量——电场强度，并从叠加原理出发讨论了点电荷系和连续带电体的电场强度。为了更形象地描述电场，这一节将在介绍电场线的基础上，引入电场强度通量的概念，并导出静电场的重要定理——高斯定理。

3.3.1 电场线

图 3-13 所示为几种带电系统的电场线。在电场线上每一点处电场强度 $\boldsymbol{E}$ 的方向沿着该点的切线，并以电场线箭头的指向表示电场强度的方向。例如，在图 3-13a、b 所示的点电荷附近，电场线呈径向分布，电场线是从正电荷出发汇聚于负电荷；图 3-13d 是电偶极子的电场线，图中 M、N 两点处 $\boldsymbol{E}$ 的方向都与该点电场线的切线方向相同。

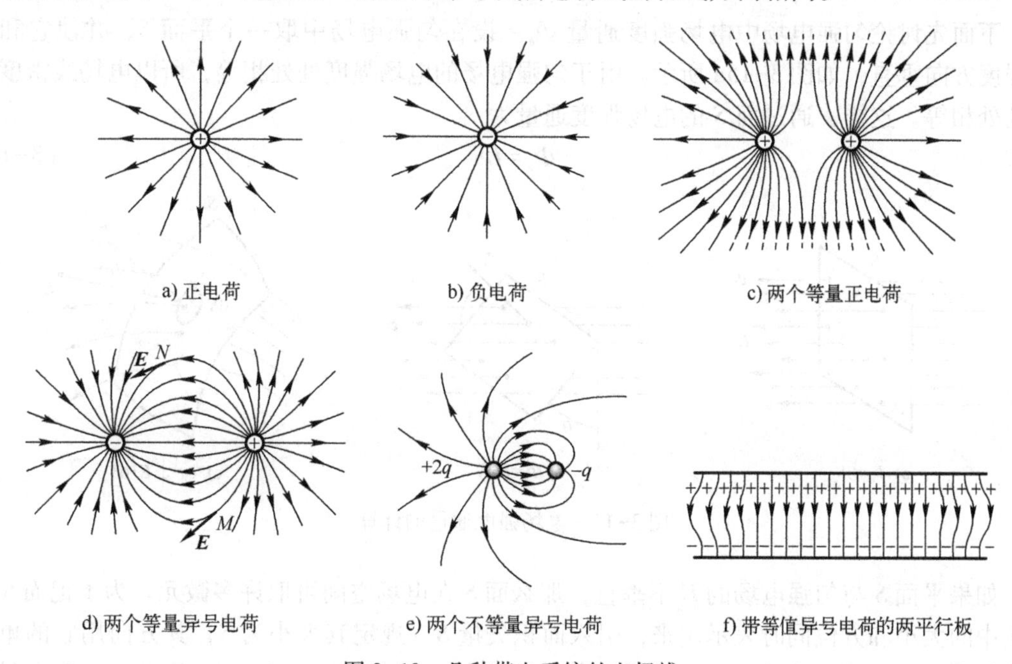

图 3-13 几种带电系统的电场线

静电场的电场线有如下特点：①电场线总是始于正电荷，终止于负电荷，不形成闭合曲线；②任何两条电场线都不能相交，这是因为电场中每一点处的电场强度只能有一个确定的方向。

电场线不仅能表示电场强度的方向，而且电场线在空间的密度分布还能表示电场强度的大小。在某区域内，电场线的密度较大，该处 $\boldsymbol{E}$ 也较强；电场线的密度较小，则该处 $\boldsymbol{E}$ 也较弱。

为了给出电场线密度和电场强度间的数量关系，对电场线的密度做如下规定：在电场中任一点，想象地做一个面积元 dS，并使它与该点的 $\boldsymbol{E}$ 垂直（见图 3-14），dS 面上各点的 $\boldsymbol{E}$ 可认为是相同的，则通过面积元 dS 的电场线数 dN 与该点的 $\boldsymbol{E}$ 的大小关系为

$$\frac{\mathrm{d}N}{\mathrm{d}S}=E \tag{3-9}$$

这就是说，通过电场中某点垂直于 $\boldsymbol{E}$ 的单位面积的电场线数等于该点处电场强度 $\boldsymbol{E}$ 的大小。dN/dS 也称为电场线密度。

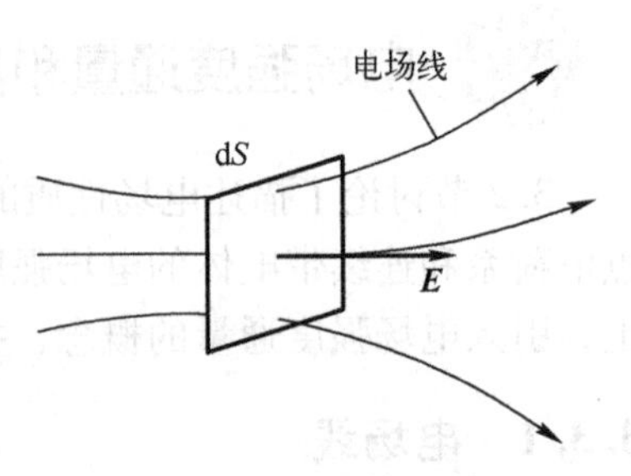

图 3-14　电场线密度与电场

虽然电场中并不存在电场线，但引入电场线的概念可以形象地描绘出电场的总体情况，对于分析某些实际问题很有帮助。在研究某些复杂的电场时，常用模拟的方法把它们的电场线画出来，这对研究电子管内部的电场、高压电器设备附近的电场分布等是非常直观有用的。

3.3.2　电场强度通量

把通过电场中某一个面的电场线数目，叫作通过这个面的电场强度通量，用符号 Φ_e 表示。下面先讨论匀强电场中电场强度通量 Φ_e。设在匀强电场中取一个平面 S，并使它和电场强度方向垂直，如图 3-15a 所示。由于匀强电场的电场强度处处相等，所以电场线密度也应处处相等。这样，通过面 S 的电场强度通量为

$$\Phi_e=ES \tag{3-10}$$

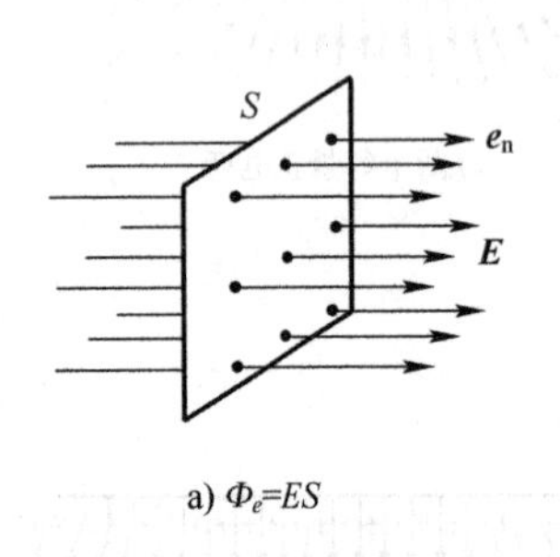

a) $\Phi_e=ES$

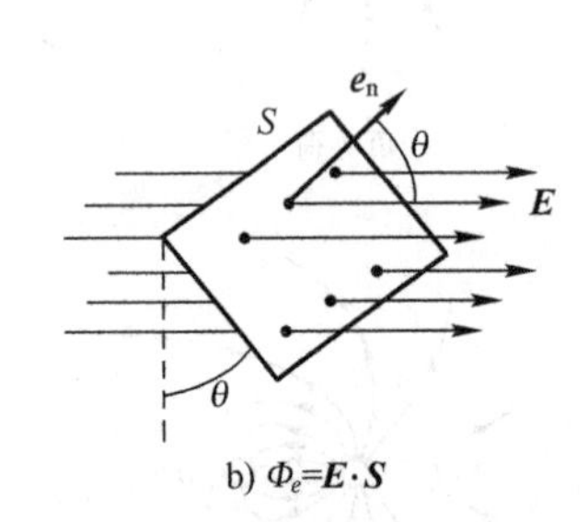

b) $\Phi_e=\boldsymbol{E}\cdot\boldsymbol{S}$

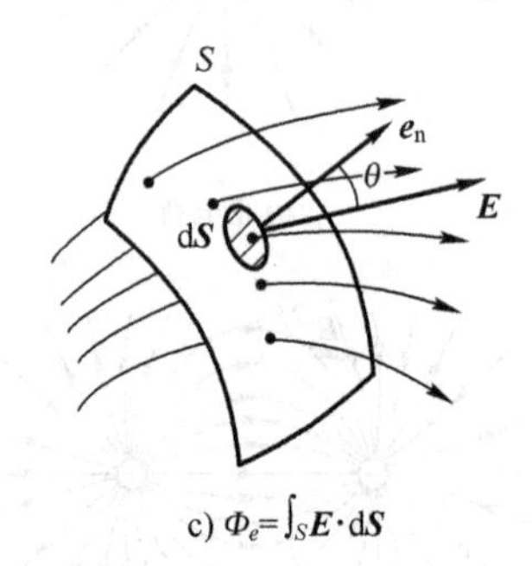

c) $\Phi_e=\int_S\boldsymbol{E}\cdot\mathrm{d}\boldsymbol{S}$

图 3-15　电场强度通量的计算

如果平面 S 与匀强电场的 $\boldsymbol{E}$ 不垂直，那么面 S 在电场空间可取许多微元。为了把面 S 在电场中的大小和方位同时表示出来，引入面积矢量 $\boldsymbol{S}$，规定其大小为 S，其方向用它的单位法线矢量 $\boldsymbol{e}_n$ 来表示，有 $\boldsymbol{S}=S\boldsymbol{e}_n$。在图 3-15b 中，$\boldsymbol{e}_n$ 与 $\boldsymbol{E}$ 之间的夹角为 θ。因此，这时通过面 S 的电场强度通量为

$$\Phi_e=ES\cos\theta \tag{3-11a}$$

由矢量标积的定义可知，$ES\cos\theta$ 为矢量 $\boldsymbol{E}$ 和 $\boldsymbol{S}$ 的标积，故式（3-11a）可用矢量表示为

$$\Phi_e=\boldsymbol{E}\cdot\boldsymbol{S}=\boldsymbol{E}\cdot\boldsymbol{e}_nS \tag{3-11b}$$

如果电场是非匀强电场，并且面 S 是任意曲面，如图 3-15c 所示，则可以把曲面分成无限多个面积元 d$\boldsymbol{S}$，每个面积元 d$\boldsymbol{S}$ 都可看成是一个小平面，在面积元 d$\boldsymbol{S}$ 上，$\boldsymbol{E}$ 也处处相等。仿照上面的办法，若 $\boldsymbol{e}_n$ 为面积元 dS 的单位法线矢量，则 $\boldsymbol{e}_n$dS= d$\boldsymbol{S}$。如 $\boldsymbol{e}_n$ 与 $\boldsymbol{E}$ 夹角为 θ，于

是，通过面积元 d$\boldsymbol{S}$ 的电场强度通量为

$$d\Phi_e = E dS\cos\theta = \boldsymbol{E} \cdot d\boldsymbol{S} \tag{3-12}$$

所以通过曲面 S 的电场强度通量 Φ_e，就等于通过面 S 上所有面积元 d$\boldsymbol{S}$ 电场强度通量 dΦ_e的总和，即

$$\Phi_e = \int_S d\Phi_e = \int_S E\cos\theta dS = \int_S \boldsymbol{E} \cdot d\boldsymbol{S} \tag{3-13}$$

如果曲面是闭合曲面，式（3-13）中的曲面积分应换成对闭合曲面积分，闭合曲面积分用 $\oint_S$ 表示，故通过闭合曲面的电场强度通量为

$$\Phi_e = \oint_S E\cos\theta dS = \oint_S \boldsymbol{E} \cdot d\boldsymbol{S} \tag{3-14}$$

一般来说，通过闭合曲面的电场线，有些是“穿进”的，有些是“穿出”的。这也就是说，通过曲面上各个面积元的电场强度通量 dΦ_e有正有负。为此规定：曲面上某点的法线矢量的方向是垂直指向曲面外侧的。依照这个规定，如图 3-16 所示，在曲面的 A 处，电场线从外穿进曲面里，$\theta>\pi/2$，所以 dΦ_e为负；在 B 处，电场线从曲面里向外穿出，$\theta<\pi/2$，所以 dΦ_e为正；而在 C 处，电场线与曲面相切，$\theta=\pi/2$，所以 dΦ_e为零。

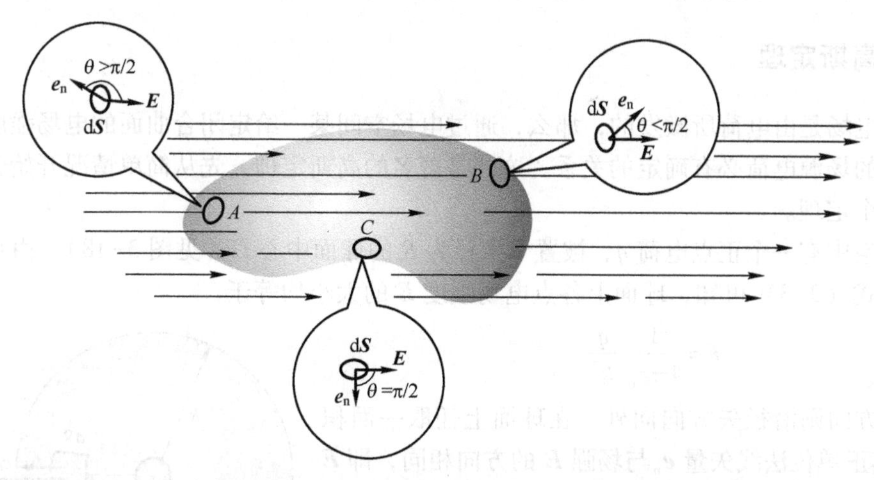

图 3-16　通过闭合曲面上不同位置处面积元的电场强度通量正负的判别

例 3-3　三棱柱体放在如图 3-17 所示的匀强电场中，求通过此三棱柱体的电场强度通量。

解：三棱柱体的表面为一闭合曲面，由 5 个平面构成。其中 $MNPOM$ 所围的面积为 S_1，$MNQM$ 和 $OPRO$ 所围的面积为 S_2和 S_3，$MORQM$ 和 $NPRQN$ 所围的面积为 S_4和 S_5。那么，在此匀强电场中通过 S_1、S_2、S_3、S_4和 S_5的电场强度通量分别为 Φ_{e1}、Φ_{e2}、Φ_{e3}、Φ_{e4}和 Φ_{e5}，故通过闭合曲面的电场强度通量为

$$\Phi_e = \Phi_{e1} + \Phi_{e2} + \Phi_{e3} + \Phi_{e4} + \Phi_{e5}$$

由式（3-13）可求得通过 S_1的电场强度通

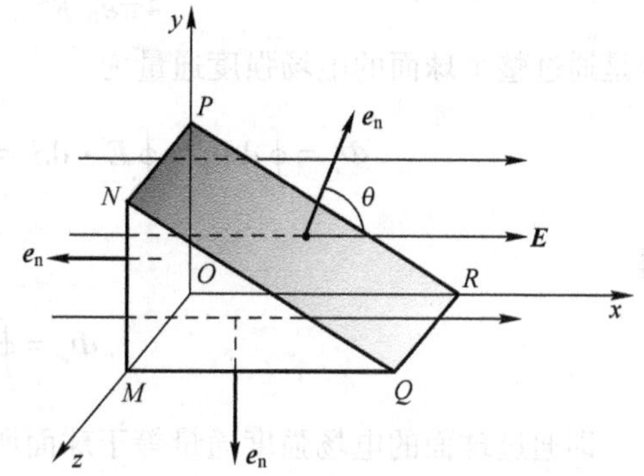

图 3-17　三棱柱体表面示意图

量为

$$\Phi_{e1}=\int_{S_1}\boldsymbol{E}\cdot\mathrm{d}\boldsymbol{S}$$

从图 3-17 中可见，面 S_1的正法线矢量 $\boldsymbol{e}_\mathrm{n}$的方向与 $\boldsymbol{E}$ 的方向之间夹角为 π，故

$$\Phi_{e1}=ES_1\cos\pi=-ES_1$$

而 S_2、S_3和 S_4的正法线矢量 $\boldsymbol{e}_\mathrm{n}$均与 $\boldsymbol{E}$ 垂直，故

$$\Phi_{e2}=\Phi_{e3}=\Phi_{e4}=\int_S\boldsymbol{E}\cdot\mathrm{d}\boldsymbol{S}=0$$

对于 S_5，其正法线矢量 $\boldsymbol{e}_\mathrm{n}$与 $\boldsymbol{E}$ 的夹角 $0<\theta<\pi/2$，故

$$\Phi_{e5}=\int_{S_5}\boldsymbol{E}\cdot\mathrm{d}\boldsymbol{S}=E\cos\theta S_5$$

而 $S_5\cos\theta=S_1$，所以

$$\Phi_{e5}=ES_1$$

$$\Phi_e=\Phi_{e1}+\Phi_{e2}+\Phi_{e3}+\Phi_{e4}+\Phi_{e5}=-ES_1+ES_1=0$$

上述结果表明，在匀强电场中穿入三棱柱体的电场线与穿出三棱柱体的电场线相等，即穿过闭合曲面（三棱柱体表面）的电场强度通量为零。

3.3.3 高斯定理

既然电场是由电荷所激发的，那么，通过电场空间某一给定闭合曲面的电场强度通量与激发电场的场源电荷必有确定的关系。这就是著名的高斯定理。先从简单情况开始分析，逐步导出这个定理。

设真空中有一个正点电荷 q，被置于半径为 R 的球面中心 O（见图 3-18）。由点电荷电场强度公式（3-3）可知，球面上各点电场强度 $\boldsymbol{E}$ 的大小均等于

$$E=\frac{1}{4\pi\varepsilon_0}\frac{q}{R^2}$$

$\boldsymbol{E}$ 的方向则沿径矢方向向外。在球面上任取一面积元 $\mathrm{d}S$，其正单位法线矢量 $\boldsymbol{e}_\mathrm{n}$与场强 $\boldsymbol{E}$ 的方向相同，即 $\boldsymbol{E}$ 与面积元垂直。根据式（3-12），通过 $\mathrm{d}S$ 的电场强度通量为

$$\mathrm{d}\Phi_e=\boldsymbol{E}\cdot\mathrm{d}\boldsymbol{S}=E\mathrm{d}S=\frac{1}{4\pi\varepsilon_0}\frac{q}{R^2}\mathrm{d}S$$

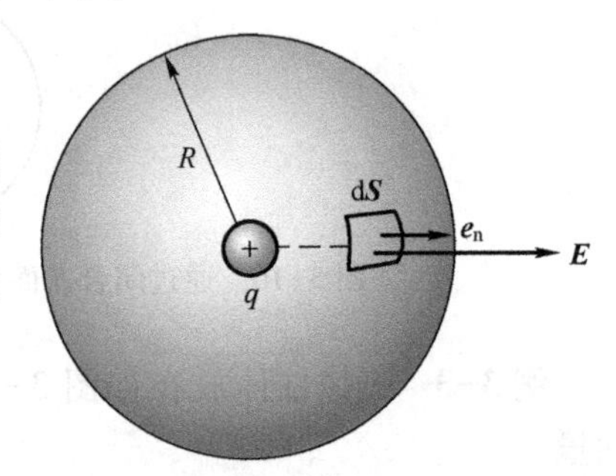

图 3-18 点电荷置于半径为 R 的球心

于是通过整个球面的电场强度通量为

$$\Phi_e=\oint_S\mathrm{d}\Phi_e=\oint_S\boldsymbol{E}\cdot\mathrm{d}\boldsymbol{S}=\frac{1}{4\pi\varepsilon_0}\frac{q}{R^2}\oint_S\mathrm{d}S=\frac{1}{4\pi\varepsilon_0}\frac{q}{R^2}4\pi R^2$$

得

$$\Phi_e=\oint_S\boldsymbol{E}\cdot\mathrm{d}\boldsymbol{S}=\frac{q}{\varepsilon_0}\tag{3-15}$$

即通过球面的电场强度通量等于球面所包围的电荷 q 除以真空电容率。于是，从电场线的观点看来，若 q 为正电荷，从 $+q$ 穿出球面的电场线数为 q/ε_0；若 q 为负电荷，则穿入球

面并会聚于$-q$的电场线数为q/ε_0。

上面讨论的是一种很特殊的情况，包围点电荷的闭合曲面是以点电荷为球心的球面。如果包围点电荷的闭合曲面形状是任意的，式（3-15）仍能成立，下面予以证明。

如图3-19所示，点电荷$+q$放在O处，它被任意形状的闭合曲面所包围。将此闭合曲面分成许多面积元。设点电荷$+q$至某一面积元$\mathrm{d}S$的矢量为$\boldsymbol{r}$，此面积元的正法线矢量$\boldsymbol{e}_n$与面积元所在处电场强度$\boldsymbol{E}$之间的夹角为θ。由式（3-12）可知，穿过面积元$\mathrm{d}S$的电场强度通量为

$$\mathrm{d}\Phi_e=\boldsymbol{E}\cdot\mathrm{d}\boldsymbol{S}=E\mathrm{d}S\cos\theta$$

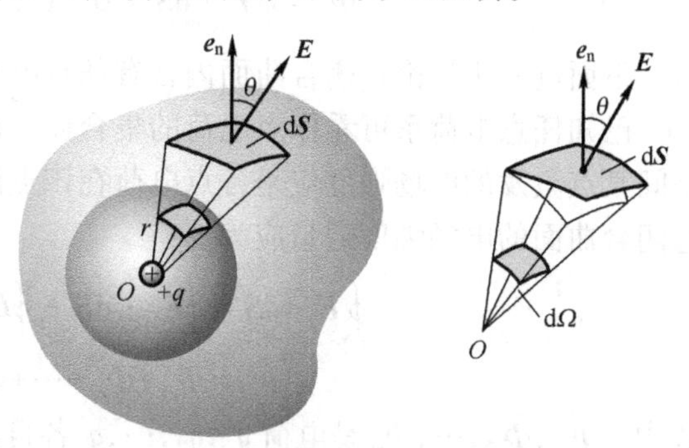

图3-19 穿过包围点电荷的任意闭合曲面的电场强度通量

将点电荷的电场强度公式（3-3）代入上式，有

$$\mathrm{d}\Phi_e=\frac{q}{4\pi\varepsilon_0}\frac{\mathrm{d}S\cos\theta}{r^2}=\frac{q}{4\pi\varepsilon_0}\frac{\mathrm{d}S'}{r^2}$$

从数学上可知，$\mathrm{d}S\cos\theta/r^2$为面积元$\mathrm{d}S$对点$O$所张开的立体角$\mathrm{d}\Omega$，即$\mathrm{d}\Omega=\mathrm{d}S\cos\theta/r^2$，故上式为

$$\mathrm{d}\Phi_e=\frac{q}{4\pi\varepsilon_0}\mathrm{d}\Omega$$

由上式可以看出，在点电荷的电场中，通过任意面积元$\mathrm{d}S$的电场强度通量，只与点电荷q以及面积元$\mathrm{d}S$对q所在点张开的立体角的大小有关。于是包围q的任意闭合曲面的电场强度通量为

$$\Phi_e=\oint_S\mathrm{d}\Phi_e=\oint_S\boldsymbol{E}\cdot\mathrm{d}\boldsymbol{S}=\frac{q}{4\pi\varepsilon_0}\oint_S\mathrm{d}\Omega$$

式中，立体角对闭合曲面的积分为

$$\oint_S\mathrm{d}\Omega=4\pi$$

于是上式为

$$\Phi_e=\oint_S\boldsymbol{E}\cdot\mathrm{d}\boldsymbol{S}=\frac{q}{\varepsilon_0}$$

这与式（3-15）是相同的。

从以上讨论中可以看出，在点电荷q的电场中，通过包围q的闭合曲面的电场强度通量与闭合曲面的形状无关，其值都等于q/ε_0。当$q>0$时，$\Phi_e>0$，这表示电场线从闭合曲面内向外穿出，或者说电场线从正电荷发出；当$q<0$时，$\Phi_e<0$，这表示电场线从外面穿进闭合曲面，或者说电场线汇聚于负电荷。

如果点电荷位于闭合曲面之外，如图3-20所示。那么通过此闭合曲面的电场强度通量又将为多少呢？从图中可以看出，进入闭合曲面的电场线数与穿出闭合曲面的电场线数相等，故穿过闭合曲面的电场强度通量为零。

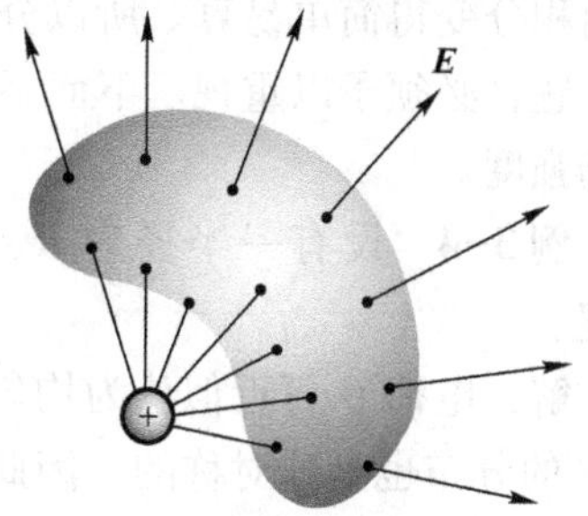

图3-20 点电荷在闭合曲面之外的情况

由此不难推断，若在电场中所取的闭合曲面内不含有电荷，或者所含电荷的代数和为零时，穿过此闭合曲面的电场强度通量必为零，即

$$\Phi_e = \oint_S \boldsymbol{E} \cdot \mathrm{d}\boldsymbol{S} = 0 \quad (\text{闭合曲面内不含净电荷})$$

下面进一步讨论在闭合曲面内含有任意电荷系时，穿过闭合曲面的电场强度通量。

已知任意电荷系可看作点电荷的集合体，而由电场强度的叠加原理知道，点电荷在电场空间某点激发的电场强度应是各点电荷在该点激发的电场强度的矢量和，因此穿过电场中任意闭合曲面的电场强度通量应为

$$\begin{aligned}\oint_S \boldsymbol{E} \cdot \mathrm{d}\boldsymbol{S} &= \oint \boldsymbol{E}_1 \cdot \mathrm{d}\boldsymbol{S} + \oint \boldsymbol{E}_2 \cdot \mathrm{d}\boldsymbol{S} + \cdots + \oint \boldsymbol{E}_n \cdot \mathrm{d}\boldsymbol{S} \\ &= \Phi_{e1} + \Phi_{e2} + \cdots + \Phi_{en}\end{aligned}$$

式中，$\Phi_{e1}, \Phi_{e2}, \cdots, \Phi_{en}$是电荷$q_1, q_2, \cdots, q_n$各自激发的电场穿过闭合曲面的电场强度通量。由上面的讨论已知，当电荷q_i在闭合曲面内时，电场强度通量$\Phi_{ei}>0$；当电荷q_i在闭合曲面外时，电场强度通量$\Phi_{ei}=0$。所以，穿过闭合曲面的电场强度仅与此闭合曲面内的电荷有关。于是，有

$$\oint \boldsymbol{E} \cdot \mathrm{d}\boldsymbol{S} = \frac{1}{\varepsilon_0}\sum_{i=1}^{n} q_i^{\mathrm{in}} \tag{3-16}$$

式中，$\sum_{i=1}^{n} q_i^{\mathrm{in}}$是闭合曲面内所含电荷的代数和。式（3-16）表明，在真空静电场中，穿过任意闭合曲面的电场强度通量等于该闭合曲面所包围的所有电荷的代数和除以ε_0，这就是真空中静电场的高斯定理。在高斯定理中，常把所选取的闭合曲面称为高斯面，所以穿过任意高斯面的电场强度通量只与高斯面所包围的电荷系有关，而与高斯面的形状无关，也与电荷系的电荷分布情况无关。

应当指出，虽然高斯定理是在库仑定律的基础上得出的，但库仑定律是通过电荷间的作用来反映静电场的性质，而高斯定理则是从场和场源电荷间的关系反映静电场的性质。从场的研究方面来看，高斯定理比库仑定律更基本，应用范围更广泛。库仑定律只适用于静电场，而高斯定理不但适用于静电场，而且对变化的电场也是适用的，它是电磁场理论的基本方程之一。关于这一点，将在电磁感应中进行论述。

3.3.4 高斯定理应用举例

高斯定理的一个应用就是计算带电体周围电场的电场强度。如所论及的电场是均匀的电场，或者电场的分布是对称的，就为选取合适的闭合曲面（即高斯面）提供了条件，从而使面积分变得简单易算。所以分析电场的对称性是应用高斯定理求电场强度的一个十分重要的问题，必须予以重视。下面举几个例子，说明如何应用高斯定理来计算对称分布的电场的电场强度。

例3-4 设有一半径为R、均匀带电为Q的球面。求球面内部和外部任意点的电场强度。

解：电荷Q可近似认为均匀分布在半径为R的球面上。由于电荷分布是球对称的，所以$\boldsymbol{E}$的分布也是球对称的。因此，如以半径r做一球面，则在同一球面上各点$\boldsymbol{E}$的大小相等，且$\boldsymbol{E}$与球面上各处的面积微元相垂直。

取P点在如图3-21a所示的球面内部，以球心到点P的距离为$r(r<R)$，以r为半径做的球面——高斯面内没有电荷，即$\Sigma q=0$。由高斯定理式（3-16）可得

$$\oint_S \boldsymbol{E}\cdot \mathrm{d}\boldsymbol{S}=E\cdot 4\pi r^2=0$$

有

$$E=0 \quad (r<R)$$

上式表明，均匀带电球面内部的电场强度为零。

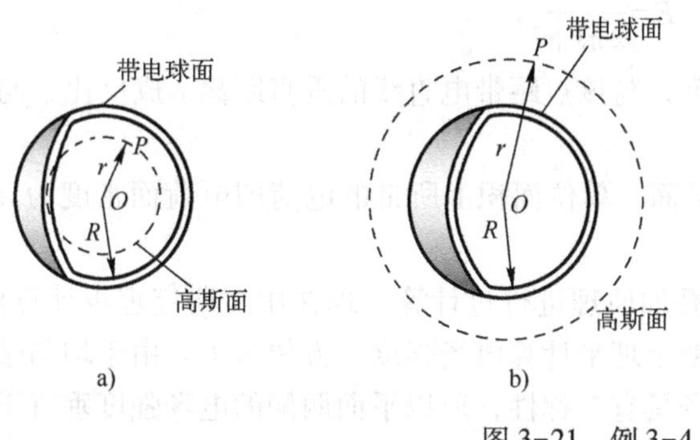

图3-21 例3-4图

如图3-21b所示，因为电荷Q均匀分布在半径为R的球面上，所以以球心到球面外部P点的距离$r(>R)$为半径做一球面。球面上的电场强度$\boldsymbol{E}$对称分布，故可取此球面为高斯面，它所包围的电荷为Q。由高斯定理可得

$$\oint_S \boldsymbol{E}\cdot \mathrm{d}\boldsymbol{S}=E\cdot 4\pi r^2=\frac{Q}{\varepsilon_0}$$

于是P点的电场强度为

$$E=\frac{1}{4\pi\varepsilon_0}\frac{Q}{r^2}(r>R)$$

上式表明，均匀带电球面在其外部的电场强度，与等量电荷全部集中在球心时的电场强度相同。

由以上计算结果可做图3-21c所示的$E-r$曲线。从曲线上可以看出，球面内（$r<R$）的E为零，球面外（$r>R$）的E与r^2成反比，球面处（$r=R$）的电场强度有跃变。

例3-5 设有一无限长均匀带电直线，单位长度上的电荷，即电荷线密度为λ，求到直线的垂直距离为r处的电场强度。

解： 由于带电直线无限长，且电荷分布是均匀的，所以其电场$\boldsymbol{E}$沿垂直于该直线的径矢方向，而且在距直线等距离处各点的$\boldsymbol{E}$的大小相等。这就是说，无限长均匀带电直线的电场是轴对称的。如图3-22所示，直线沿z轴放置；点P在xy平面上，距z轴为r。取以z轴为轴线的正圆柱面为高斯面，它的高度为h，底面

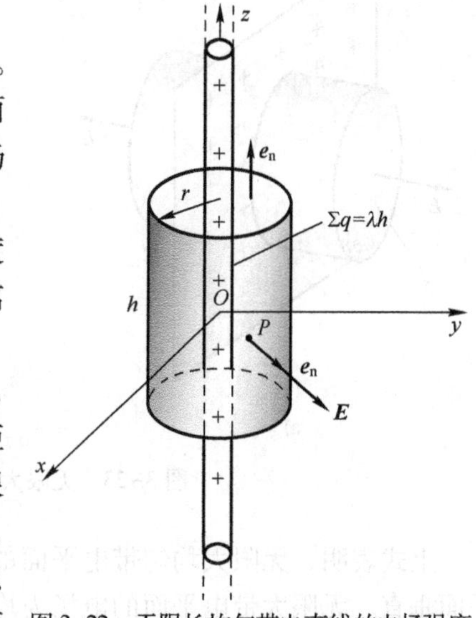

图3-22 无限长均匀带电直线的电场强度

半径为 r。由于 $\boldsymbol{E}$ 与上、下底面的法线垂直，所以通过圆柱两个底面的电场强度通量为零，而通过圆柱侧面的电场强度通量为 $E\cdot 2\pi rh$。此高斯面所包围的电荷为 λh。所以，根据高斯定理有

$$E\cdot 2\pi rh=\frac{\lambda h}{\varepsilon_0}$$

由此可得

$$E=\frac{\lambda}{2\pi\varepsilon_0 r}$$

即无限长均匀带电直线外一点的电场强度，与该点距带电直线的垂直距离 r 成反比，与电荷线密度 λ 成正比。

例 3-6 设有一无限大的均匀带电平面，单位面积上所带的电荷即电荷面密度为 σ。求距离该平面为 r 处某点的电场强度。

解： 本题曾在例 3-2 中用电场强度叠加原理进行过计算。现在用高斯定理再计算此题，就能体会到对具有对称性的电场，用高斯定理来计算电场强度要方便多了。由于均匀带电平面是无限大的，带电平面两侧附近的电场具有对称性，所以平面两侧的电场强度垂直于该平面，如图 3-23a 所示。取如图所示的高斯面，此高斯面是个圆柱面，它穿过带电平面，且对带电平面是对称的。其侧面的法线与电场强度垂直，所以通过侧面的电场强度通量为零。而底面的法线与电场强度平行，且底面上电场强度大小相等，所以通过两底面的电场强度通量各为 ES，此处 S 是底面的面积。已知带电平面的电荷面密度为 σ，根据高斯定理可有

$$2ES=\frac{\sigma S}{\varepsilon_0}$$

得

$$E=\frac{\sigma}{2\varepsilon_0}$$

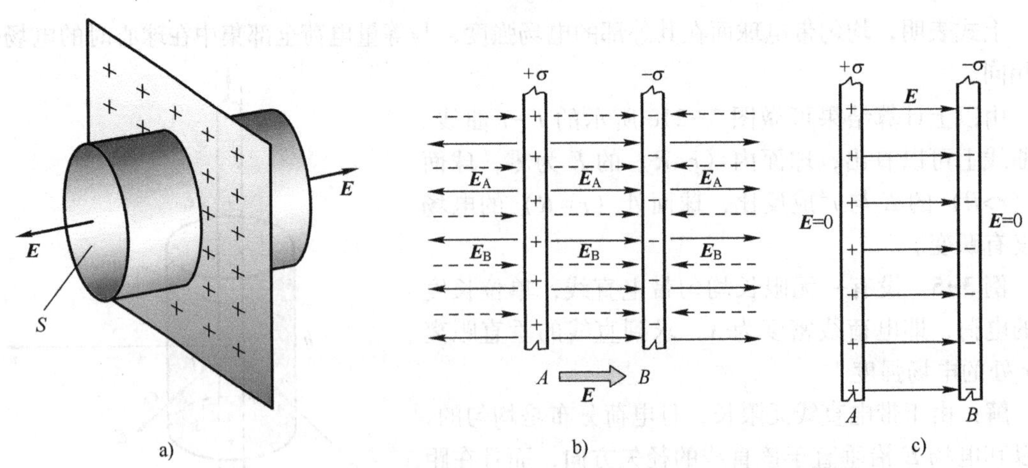

图 3-23 无限大的均匀带电平面电场强度分布情况

上式表明，无限大均匀带电平面的 $\boldsymbol{E}$ 与场点到平面的距离无关，而且 $\boldsymbol{E}$ 的方向与带电平面垂直。无限大带电平面的电场为均匀电场。

利用上述结果，可求得两带等量异号电荷的无限大平行平面之间的电场强度。设两无限大平行平面 A 和 B 的电荷面密度分别为 $+\sigma$ 和 $-\sigma$。它们所建立的电场强度分别为 $\boldsymbol{E}_A$ 和 $\boldsymbol{E}_B$，大小均为 $\sigma/(2\varepsilon_0)$；而它们的方向，在两个平面之间是相同的，在两平面之外则相反，如图 3-23b 所示。由电场强度叠加原理可得两无限大均匀带电平面之外的电场强度 $E=0$；而两带电平面之间的电场强度 $\boldsymbol{E}$ 的大小为

$$E=\frac{\sigma}{\varepsilon_0}$$

$\boldsymbol{E}$ 的方向由带正电的平面指向带负电的平面。由上述结果可以看出，两无限大均匀带电平面之间的电场是均匀电场。

从上面所举的几个例子以及其他类似的问题可以看出，在应用高斯定理求电场强度时，高斯面上的电场分布必须具有对称性。只有在这种情况下，才能用高斯定理较简便地求得电场强度分布。

3.4 密立根测定电子电荷的实验

在历史上，电子的电荷最早是美国物理学家密立根领导的小组于 1907—1913 年从实验中测得的。为此，他于 1923 年获诺贝尔物理学奖。这个实验是观察均匀电场中带电油滴的运动。实验装置如图 3-24 所示。油滴从喷雾器喷出，并通过平板顶上一个小孔落到两个水平放置的平行平板之间的空间。由于喷嘴处的摩擦作用，或由于油滴受到 X 射线、γ 射线等的作用，会使得一些油滴带电。设一油滴带的电荷为 $-q$，如果两板间没有电场，则油滴将在重力作用下下落。在下落过程中，油滴速度逐渐增加，此时它除受到向下的重力作用外，还要受到两板间的流体（即空气）对它的黏性力作用，黏性力方向是竖直向上的，因此油滴将很快地达到以恒定的速度（即终极速度）v_1 下落。终极速度 v_1 依赖于油滴的尺寸、油质和流体的性质等因素。如以 P 代表油滴所受的重力，F_r 代表油滴在空气中所受的黏性力，当没有外电场作用，且油滴达到终极速度时，有

$$P+F_r=0$$

其中，$F_r=6\pi\eta r v_1$，r 为油滴的半径，η 为气体的黏度。如以 m 代表油滴的质量，于是有

$$v_1=\frac{mg}{6\pi\eta r} \tag{3-17}$$

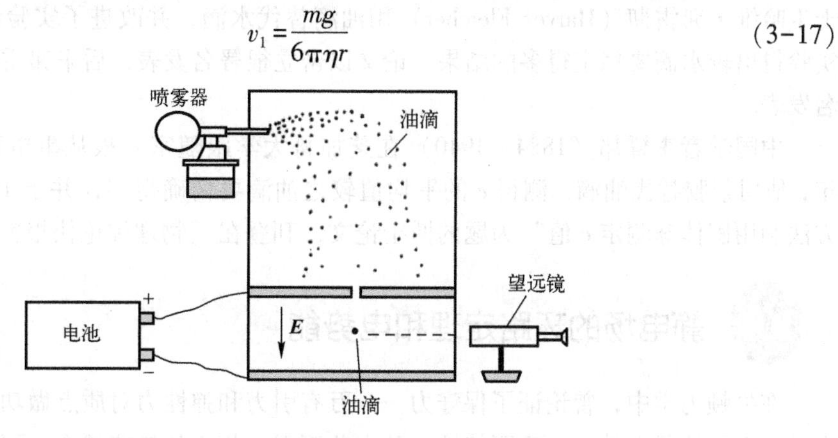

图 3-24　测定电子电荷的密立根油滴实验装置示意图

油滴的质量 m 很小，不能从实验直接测得，但是油滴的终极速度 v_1 和半径 r 可由显微镜测得，η 是已知的，所以由式（3-17）可算出油滴的质量。

当两板间加以如图 3-24 所示的给定电压时，两板间就存在电场强度大小为 E、方向竖直向下的静电场。这时带电的油滴又要受到 $F_e=-qE$ 的电场力作用。在这种情况下，油滴将受到重力 P、黏性力 F_r 和电场力 F_e 3 个力的作用。改变两板间的电压，即改变两板间的 E，可使油滴达到新的终极速度 v_2。此时，作用在油滴上的合力又为零，有

$$P+F_r+F_e=0$$

即

$$mg-6\pi\eta rv_2-qE=0$$

于是有

$$v_2=\frac{-qE+mg}{6\pi\eta r} \tag{3-18}$$

从式（3-17）和式（3-18）中消去 mg，可求得油滴的电荷为

$$q=\frac{6\pi\eta r(v_1-v_2)}{E} \tag{3-19}$$

由于 r、v_1、v_2 和 E 均可由实验测定，η 是已知的，故可由式（3-19）求出油滴的电荷。

应当指出，各个油滴所带电荷的符号和多少是很不相同的，所以在实验过程中，必须改变加在两平行板间的电压，测出具有不同电荷的油滴的终极速度 v_1 和 v_2 以及相应的电场强度，就可以算出油滴具有的电荷了。1907—1913 年，密立根及其合作者经过长时期的实验研究，得出了所测电荷 q 是电子电荷的绝对值 $e=1.602\times10^{-19}$ C 的整数倍的结论，即

$$q=ne(n=1,2,3,\cdots)$$

在这以后，人们还做了很多其他实验，都得出了与密立根实验相同的结果。因此，可以认为在自然界中所观察到的电荷均为电子电荷的绝对值 e 的整数倍。这也是自然界中一条基本的定律，它表明电荷是量子化的。在粒子物理学的研究中，从现有的理论认识上提出了一种叫作夸克（quark）的粒子，它的电荷可为 $2e/3e$ 或 $e/3$，虽然可以通过实验手段观察到夸克的存在和它的一些行为，但自由状态下的夸克至今尚未在实验中观测到。

密立根在实验早期是用水滴进行测量的，但实验结果很不稳定。1913 年，密立根的博士生哈维 · 弗雷彻（Harvey Fletcher）用油滴替代水滴，并改进了实验设备。他们一起进行实验得出较水滴要稳定得多的结果。论文以密立根署名发表，后来弗雷彻以博士论文单独署名发表。

中国学者李耀邦（1884—1940）在芝加哥大学跟随密立根从事电荷的测定工作。1914 年，他用紫胶替代油滴，测得 e 的平均值较之油滴要精确得多，并于 1914 年以“以密立根方法利用固体球测定 e 值”为题的博士论文，刊登在《物理评论快报》上。

3.5 静电场的环路定理和电势能

在牛顿力学中，曾论证了保守力——万有引力和弹性力对质点做功只与起始和终了位置有关，而与路径无关这一重要特性，并由此而引入相应的势能概念。那么静电场力——库仑力的情况怎样呢？是否也具有保守力做功的特性而可引入电势能的概念？

3.5.1 静电场力所做的功

如图 3-25 所示，有一正点电荷 q 固定于原点 O，试验电荷 q_0在 q 的电场中由点 A 沿任意路径 ACB 到达点 B。在路径上点 C 处取位移元 $\mathrm{d}\boldsymbol{l}$ 从原点 O 到点 C 的位矢为 $\boldsymbol{r}$。

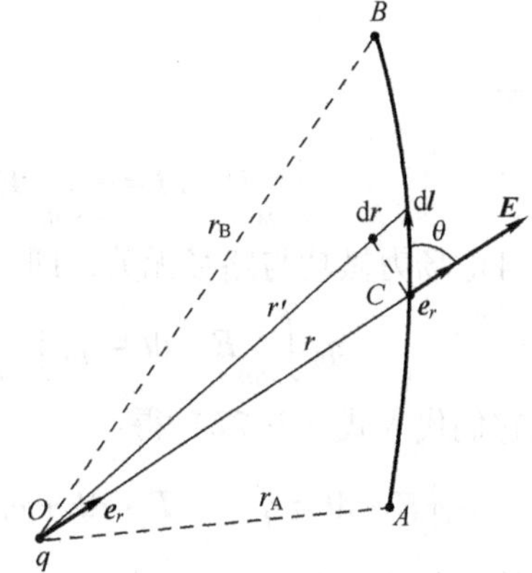

图 3-25 非匀强电场中电场力所做的功

电场力对 q_0做的元功为

$$\mathrm{d}W=q_0\boldsymbol{E}\cdot\mathrm{d}\boldsymbol{l}$$

已知点电荷的电场强度为

$$\boldsymbol{E}=\frac{1}{4\pi\varepsilon_0}\frac{q}{r^2}\boldsymbol{e}_r$$

式中，$\boldsymbol{e}_r$为 $\boldsymbol{r}$ 的单位矢量，于是元功可写为

$$\mathrm{d}W=\frac{1}{4\pi\varepsilon_0}\frac{qq_0}{r^2}\boldsymbol{e}_r\cdot\mathrm{d}\boldsymbol{l}$$

从图 3-25 可以看出，$\boldsymbol{e}_r\cdot\mathrm{d}\boldsymbol{l}=\mathrm{d}l\cos\theta=\mathrm{d}r$。式中，$\theta$ 是 $\boldsymbol{E}$ 与 $\mathrm{d}\boldsymbol{l}$ 之间的夹角，所以上式可写成

$$\mathrm{d}W=\frac{1}{4\pi\varepsilon_0}\frac{qq_0}{r^2}\mathrm{d}r$$

于是，在试验电荷 q_0从 A 点移至 B 点的过程中，电场力所做的功为

$$W=\int\mathrm{d}W=\frac{qq_0}{4\pi\varepsilon_0}\int_{r_A}^{r_B}\frac{\mathrm{d}r}{r^2}=\frac{qq_0}{4\pi\varepsilon_0}\left(\frac{1}{r_A}-\frac{1}{r_B}\right)\tag{3-20}$$

式中，r_A和 r_B分别为试验电荷移动时的起点和终点距点电荷 q 的距离。式（3-20）表明，在点电荷 q 的非匀强电场中，电场力对试验电荷 q_0所做的功，只与其移动时的起始和终了位置有关，与所经历的路径无关。

任意带电体都可看成由许多点电荷组成的点电荷系。由电场强度叠加原理已知，点电荷系的电场强度 $\boldsymbol{E}$ 为各点电荷电场强度的叠加，即 $\boldsymbol{E}=\boldsymbol{E}_1+\boldsymbol{E}_2+\cdots$，因此任意点电荷系的电场力对试验电荷 q_0所做的功，等于组成此点电荷系的各点电荷的电场力所做功的代数和，即

$$W=q_0\int_1^2\boldsymbol{E}\cdot\mathrm{d}\boldsymbol{l}=q_0\int_1^2\boldsymbol{E}_1\cdot\mathrm{d}\boldsymbol{l}+q_0\int_1^2\boldsymbol{E}_2\cdot\mathrm{d}\boldsymbol{l}+\cdots$$

上式中每一项都与路径无关，所以它们的代数和也必然与路径无关。由此得出如下结论：一试验电荷 q_0在静电场中从一点沿任意路径运动到另一点时，静电场力对它所做的功，仅与试验电荷 q_0及路径的起点和终点的位置有关，而与该路径的形状无关。

3.5.2 静电场的环路定理

在静电场中，试验电荷 q_0沿闭合路径移动一周，电场力做的功可表示为

$$W=\oint_l q_0\boldsymbol{E}\cdot\mathrm{d}\boldsymbol{l}=q_0\oint_l\boldsymbol{E}\cdot\mathrm{d}\boldsymbol{l}$$

由电场力做功与路径无关，只与起始和终了位置有关这一性质出发，可以得到试验电荷沿闭合路径移动一周，电场力的功为零的结论，即

$$q_0\oint_l\boldsymbol{E}\cdot\mathrm{d}\boldsymbol{l}=0\tag{3-21}$$

如图 3-26 所示，设试验电荷 q_0在静电场中运动，经历的闭合路径为 $ABCDA$，电场力的功为

$$W = q_0\oint_l \boldsymbol{E} \cdot \mathrm{d}\boldsymbol{l} = q_0 \int_{ABC} \boldsymbol{E} \cdot \mathrm{d}\boldsymbol{l} + q_0 \int_{CDA} \boldsymbol{E} \cdot \mathrm{d}\boldsymbol{l} \tag{3-22}$$

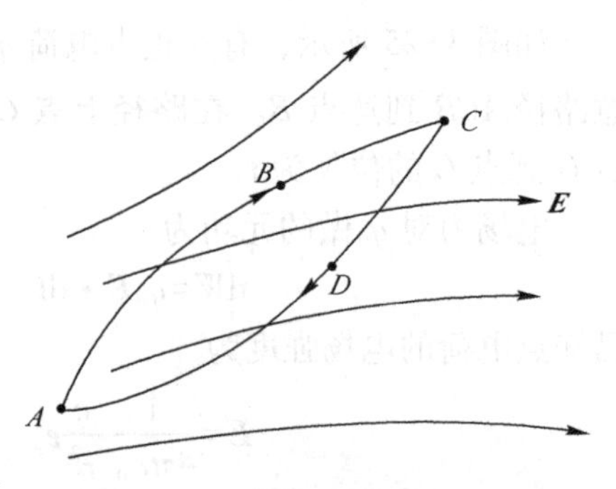

图 3-26 q_0 沿闭合路径移动一周电场力做功为零

由于

$$\int_{CDA} \boldsymbol{E} \cdot \mathrm{d}\boldsymbol{l} = -\int_{ADC} \boldsymbol{E} \cdot \mathrm{d}\boldsymbol{l}$$

而且电场力做功与路径无关，即

$$q_0 \int_{ADC} \boldsymbol{E} \cdot \mathrm{d}\boldsymbol{l} = q_0 \int_{ABC} \boldsymbol{E} \cdot \mathrm{d}\boldsymbol{l}$$

把它们代入式（3-22）得

$$q_0\oint_l \boldsymbol{E} \cdot \mathrm{d}\boldsymbol{l} = q_0 \int_{ABC} \boldsymbol{E} \cdot \mathrm{d}\boldsymbol{l} + q_0 \int_{CDA} \boldsymbol{E} \cdot \mathrm{d}\boldsymbol{l} = 0$$

此结果与式（3-21）相同。

在表达式（3-21）中，由于 q_0不为零，故式（3-21）成立的条件必须为

$$\oint_l \boldsymbol{E} \cdot \mathrm{d}\boldsymbol{l} = 0 \tag{3-23}$$

式（3-23）表明，在静电场中，电场强度 $\boldsymbol{E}$ 沿任意闭合路径的线积分为零。$\boldsymbol{E}$ 沿任意闭合路径的线积分又叫作 $\boldsymbol{E}$ 的环流，故式（3-23）也表明，在静电场中电场强度 $\boldsymbol{E}$ 的环流为零，这叫作静电场的环路定理。它与高斯定理一样，也是表述静电场性质的一个重要定理。

至此，我们明白了静电场力与万有引力、弹力一样，也都是保守力；静电场是保守场。

3.5.3 电势能

在力学中，由于重力、弹力这一类保守力做功具有与路径无关的特点，曾引入重力势能和弹性势能。从上面的讨论中知道，静电场力也是保守力，它对试验电荷所做的功也具有与路径无关的特性，因此电荷在静电场中的一定位置上具有一定的电势能，这个电势能是属于电荷-电场系统的。这样静电场力对电荷所做的功就等于电荷电势能的改变量。如果以 E_{pA} 和 E_{pB}分别表示试验电荷 q_0在电场中点 A 和点 B 处的电势能，则试验电荷从 A 移动到 B，静电场力对它做的功为

$$W_{\mathrm{AB}} = E_{\mathrm{pA}} - E_{\mathrm{pB}} = -(E_{\mathrm{pB}} - E_{\mathrm{pA}})$$

或

$$q_0\int_{AB} \boldsymbol{E} \cdot \mathrm{d}\boldsymbol{l} = E_{\mathrm{pA}} - E_{\mathrm{pB}} = -(E_{\mathrm{pB}} - E_{\mathrm{pA}}) \tag{3-24}$$

电势能也和重力势能一样，是一个相对的量。因此，要确定电荷在电场中某一点电势能的值，也必须先选择一个电势能参考点，并设该点的电势能为零。这个参考点的选择是任意的，处理问题时怎样方便就怎样选取。在式（3-24）中，若选 q_0在点 B 处的电势能为零，即 $E_{\mathrm{pB}}=0$，则有

$$E_{\mathrm{pA}} = q_0\int_{AB} \boldsymbol{E} \cdot \mathrm{d}\boldsymbol{l}(E_{\mathrm{pB}} = 0) \tag{3-25}$$

这表明，试验电荷 q_0 在电场中某点处的电势能，就等于把它从该点移到零势能处静电场力所做的功。

在国际单位制中，电势能的单位是焦耳，符号为 J。

3.6 电势

3.6.1　电势的概念

电势是描述静电场性质的另一个重要物理量。在式（3-24）中，如取

$$V_A = E_{pA}/q_0, \quad V_B = E_{pB}/q_0$$

V_A 和 V_B 分别称为点 A 和点 B 的电势。那么式（3-24）可写成

$$V_A = \int_{AB} \boldsymbol{E} \cdot \mathrm{d}\boldsymbol{l} + V_B \tag{3-26}$$

从式（3-26）可以看出，要确定点 A 的电势，不仅要知道将单位正试验电荷从点 A 移至点 B 时电场力所做的功，而且还要知道点 B 的电势，所以点 B 的电势 V_B 常叫作参考电势。原则上参考电势 V_B 可取任意值，但是为方便起见，对电荷分布在有限空间的情况来说，通常取点 B 在无限远处，并令无限远处的电势能和电势为零，即 $E_{p\infty}=0$、$V_\infty=0$。于是，电场中点 A 的电势为

$$V_A = \int_{A\infty} \boldsymbol{E} \cdot \mathrm{d}\boldsymbol{l} \tag{3-27}$$

式（3-27）表明，电场中某一点 A 的电势 V_A，在数值上等于把单位正试验电荷从点 A 移到无限远处时，静电场力所做的功。式（3-27）也可写成

$$V_A = -\int_{\infty A} \boldsymbol{E} \cdot \mathrm{d}\boldsymbol{l}$$

这样，电场中某一点 A 的电势，在数值上也等于把单位正试验电荷从无限远处移到点 A 时，电场力所做功的负值。

电势是标量。在国际单位制中，电势的单位是伏特，简称伏，符号为 V。

电场中 A 和 B 两点间的电势差用符号 U_{AB} 来表示。式（3-26）可写成

$$U_{AB} = V_A - V_B = -(V_B - V_A) = \int_{AB} \boldsymbol{E} \cdot \mathrm{d}\boldsymbol{l} \tag{3-28}$$

这就是说，静电场中 A、B 两点的电势差 U_{AB}，在数值上等于把单位正试验电荷从点 A 移到点 B 时，静电场力做的功。因此，如果知道了 A、B 两点间的电势差 U_{AB}，就可以很方便地求得把电荷 q 从点 A 移到点 B 时，静电场力做的功 W_{AB}，即

$$W_{AB} = q\int_{AB} \boldsymbol{E} \cdot \mathrm{d}\boldsymbol{l} = qU_{AB} = q(V_A - V_B) = -q(V_B - V_A) \tag{3-29}$$

顺便指出，在原子物理、核物理中，电子、质子等粒子的能量常以电子伏（符号为 eV）为单位，1 eV 表示电子通过 1 V 电势差时所获得的能量。eV 与 J 间的关系为

$$1\ \mathrm{eV} = 1.602\times10^{-19}\ \mathrm{J}$$

在实践中，常取大地的电势为零。这样，任何导体接地后，就认为它的电势也为零。如某点相对于大地的电势差为 380 V，那么该点的电势就为 380 V。在电子仪器中，常取机壳或公共地线的电势为零，各点的电势值就等于它们与公共地线（或机壳）之间的电势差；只

要测出这些电势差的数值，就很容易判定仪器工作是否正常。日常生活中几种常见的电势差见表 3-1。

表 3-1　几种常见的电势差

类　型	电 势 差	类　型	电 势 差
生物电	10^{-3} V	特高压交流输电	已达 10×10^5 V
普通干电池	1.5 V	特高压直流输电	已达 8×10^5 V
汽车电源	12 V	闪电	$10^8\sim10^9$ V
家用电源	110 或 220 V		

3.6.2　点电荷电场的电势

设在点电荷 q 的电场中，点 A 到点电荷 q 的距离为 r，由式（3-27）和式（3-3）可得 A 点的电势为

$$V_A = \int_r^{\infty} \boldsymbol{E} \cdot \mathrm{d}\boldsymbol{l} = \frac{q}{4\pi\varepsilon_0}\frac{1}{r} \tag{3-30}$$

式（3-30）表明，当 $q>0$ 时，电场中各点的电势都是正值，随 r 的增加而减小；但当 $q<0$ 时，电场中各点的电势则是负值，而在无限远处的电势虽为零，但电势最高。

3.6.3　电势的叠加原理

如图 3-27 所示，真空中有一点电荷系，各电荷分别为 $q_1,q_2,\cdots,q_i,\cdots,q_n$，其中有的是正电荷，有的是负电荷。这个点电荷系所激发的电场中某点的电势如何计算呢？

从电场强度叠加原理知道，点电荷系的电场中某点的电场强度 E，等于各个点电荷独立存在时在该点建立的电场强度的矢量和，即

$$\boldsymbol{E}=\boldsymbol{E}_1+\boldsymbol{E}_2+\cdots+\boldsymbol{E}_i+\cdots+\boldsymbol{E}_n$$

于是，根据电势的定义式（3-27），可得点电荷系电场中点 A 的电势为

$$V_A = \int_A^{\infty} \boldsymbol{E} \cdot \mathrm{d}\boldsymbol{l} = V_1 + V_2 + \cdots + V_n$$

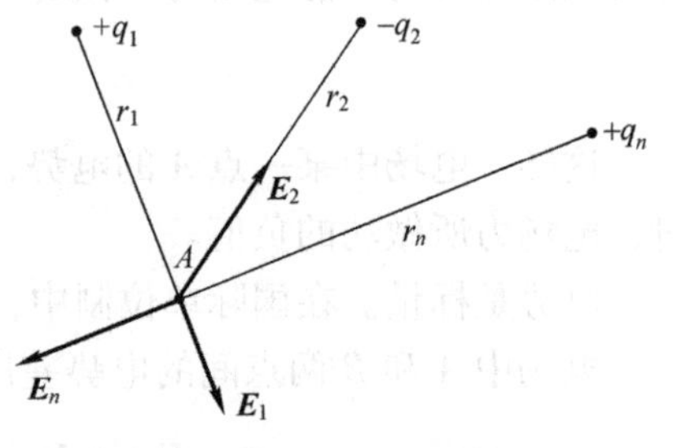

图 3-27　点电荷系的电势

式中，$V_1,V_2,\cdots,V_n$ 分别为点电荷 $q_1,q_2,\cdots,q_n$ 在点 A 激发的电势。由点电荷电势的计算式（3-30），上式可写成

$$V_A = \sum_{i=1}^{n}\frac{1}{4\pi\varepsilon_0}\frac{q_i}{r_i} \tag{3-31}$$

式（3-31）表明，点电荷系所激发的电场中某点的电势，等于各点电荷单独存在时在该点建立的电势的代数和。这一结论叫作静电场的电势叠加原理。

若一带电体上的电荷是连续分布的，则可把它分成如图 3-28 所示的无限多个电荷元，其中电荷 $\mathrm{d}q$ 在电场中点 A 的电势为

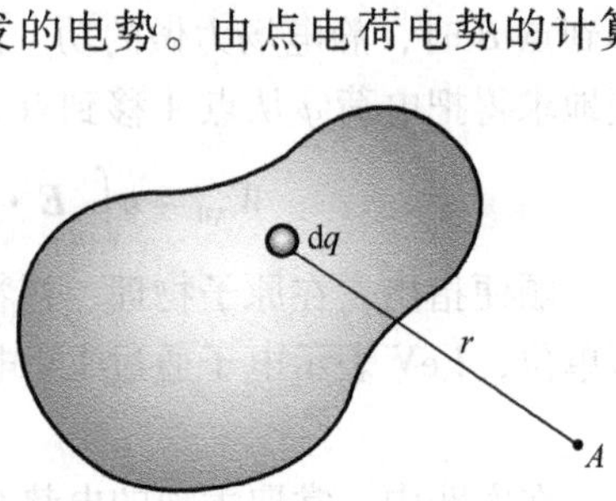

图 3-28　电荷连续分布带电体的电势

$$dV=\frac{1}{4\pi\varepsilon_0}\frac{dq}{r}$$

而该点的电势则为这些电荷元电势的叠加，即

$$V=\frac{1}{4\pi\varepsilon_0}\int\frac{dq}{r} \tag{3-32}$$

在真空中，当电荷系的电荷分布已知时，计算电势的方法有两种。

1）利用式（3-26）计算点 A 的电势。但应注意参考点 B 的电势的选取，只有电荷分布在有限空间里，才能选点 B 在无限远处，且其电势为零（$V_\infty=0$）；还应注意，在积分路径上 $\boldsymbol{E}$ 的函数表达式必须是知道的。

2）利用式（3-32）所表达的点电荷电势的叠加原理计算。

下面举几个用上述两种方法计算电势的例子，供大家分析比较。

例 3-7 如图 3-29 所示，正电荷 q 均匀地分布在半径为 R 的细圆环上。计算在环的轴线上与环心 O 相距为 x 处 P 点的电势。

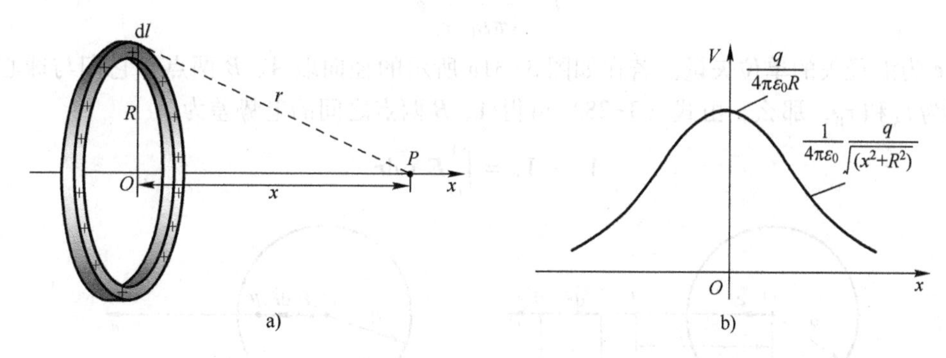

图 3-29 正电荷 q 均匀地分布在细圆环上电势的分布

解： 设圆环在如图 3-29a 所示的垂直平面上，坐标原点与环心 O 重合。在圆环上取一线元 dl，其电荷线密度为 λ，故电荷元 $dq=\lambda dl=\frac{q}{2\pi R}dl$。把它代入式（3-32），有

$$V_P=\frac{1}{4\pi\varepsilon_0}\int_l\frac{q}{2\pi R}\frac{1}{r}dl=\frac{1}{4\pi\varepsilon_0}\frac{q}{r}=\frac{1}{4\pi\varepsilon_0}\frac{q}{\sqrt{x^2+R^2}}$$

图 3-29b 给出了 x 轴上的电势 V 随坐标 x 变化的曲线。

利用上述结果，很容易计算出通过一均匀带电圆平面中心且垂直平面的轴线上任意点的电势。

如图 3-30 所示，圆平面的半径为 R，其中心与坐标原点 O 重合，点 P 距原点为 x。圆平面的电荷面密度为 $\sigma=Q/(\pi R^2)$。把圆平面分成许多个小圆环，图中画出了一个半径为 r、宽为 dr 的小圆环，该圆环的电荷为 $dq=\sigma\cdot 2\pi r dr$。

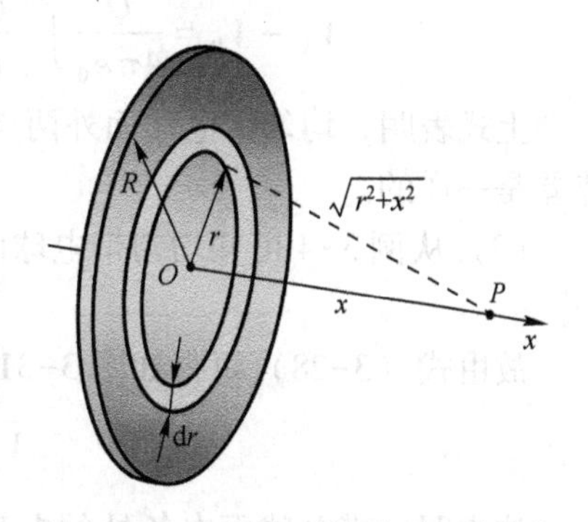

图 3-30 半径为 R 的圆平面的电势

利用本例的结果，可得带电圆平面在点 P 的电势为

$$V=\frac{1}{4\pi\varepsilon_0}\int_0^R\frac{\sigma\cdot 2\pi r\mathrm{d}r}{\sqrt{x^2+y^2}}=\frac{\sigma}{2\varepsilon_0}\int_0^R\frac{r\mathrm{d}r}{\sqrt{x^2+y^2}}=\frac{\sigma}{2\varepsilon_0}(\sqrt{x^2+y^2}-x)$$

显然，当 $x\gg R$ 时，$\sqrt{x^2+R^2}\approx x+\frac{R^2}{2x}$。代入上式得

$$V\approx\frac{\sigma}{2\varepsilon_0}\frac{R^2}{2x}=\frac{1}{4\pi\varepsilon_0}\frac{\sigma\pi R^2}{x}=\frac{1}{4\pi\varepsilon_0}\frac{Q}{x}\quad(x\gg R)$$

式中，$Q=\sigma\pi R^2$ 为圆平面所带的电荷。由这个结果可以看出，场点 P 距场源很远时，可以把带电圆平面视为点电荷。

例 3-8 在真空中，有一带电为 Q、半径为 R 的均匀带电球面。试求：(1) 球面外两点间的电势差；(2) 球面内任意两点间的电势差；(3) 球面外任意点的电势；(4) 球面内任意点的电势。

解：(1) 从例 3-4 知均匀带电球面外一点的场强为

$$\boldsymbol{E}=\frac{1}{4\pi\varepsilon_0}\frac{Q^2}{r^2}\boldsymbol{e}_r$$

式中，$\boldsymbol{e}_r$ 为沿径矢的单位矢量。若在如图 3-31a 所示的径向取 A、B 两点，它们与球心的距离分别为 r_A 和 r_B，那么，由式 (3-28) 可得 A、B 两点之间的电势差为

$$V_A-V_B=\int_{r_A}^{r_B}\boldsymbol{E}\cdot\mathrm{d}\boldsymbol{r}$$

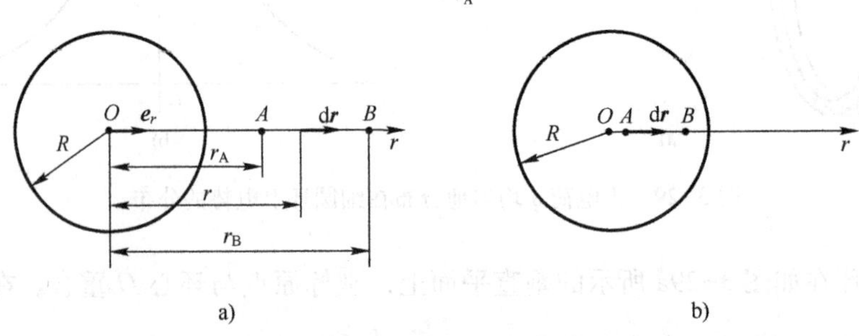

图 3-31 带电为 Q、半径为 R 的均匀带电球面

从图 3-31a 中可见 $\mathrm{d}\boldsymbol{r}=\mathrm{d}r\boldsymbol{e}_r$，把 $\boldsymbol{E}$ 代入上式，积分后得

$$V_A-V_B=\frac{Q}{4\pi\varepsilon_0}\int_{r_A}^{r_B}\frac{\mathrm{d}r}{r^2}\boldsymbol{e}_r\cdot\boldsymbol{e}_r=\frac{Q}{4\pi\varepsilon_0}\int_{r_A}^{r_B}\frac{\mathrm{d}r}{r^2}=\frac{Q}{4\pi\varepsilon_0}\left(\frac{1}{r_A}-\frac{1}{r_B}\right)$$

上式表明，均匀带电球面外两点的电势差，与球面上电荷全部集中于球心时该两点的电势差是一样的。

(2) 从例 3-4 可知均匀带电球面内部任意点的电场强度为

$$E=0$$

故由式 (3-28) 可得如图 3-31b 所示的球面内 A、B 两点间的电势差为

$$V_A-V_B=\int_{r_A}^{r_B}\boldsymbol{E}\cdot\mathrm{d}\boldsymbol{r}=0$$

这表明，带电球面内各处的电势均相等，为一等势体。至于这个等电势的值，下面将给出。

(3) 若取 $r_B\approx\infty$ 时，$V_\infty=0$，那么均匀带电球面外一点的电势为

$$V(r)=\frac{Q}{4\pi\varepsilon_0 r}\quad (r\geqslant R)$$

上式表明，均匀带电球面外一点的电势，与球面上电荷全部集中于球心时的电势是一样的。

(4) 由于带电球面为一等势体，球面内的电势应与球面上的电势相等，故球面的电势为

$$V(R)=\frac{Q}{4\pi\varepsilon_0 R}$$

均匀带电球面内、外的电势分布曲线如图3-32所示。

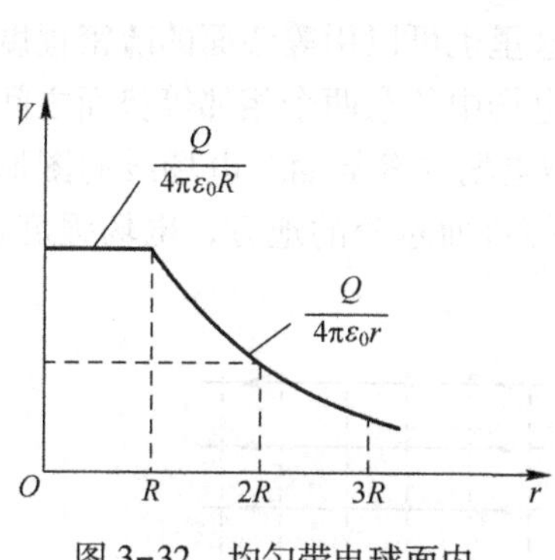

图3-32 均匀带电球面内、外的电势分布曲线

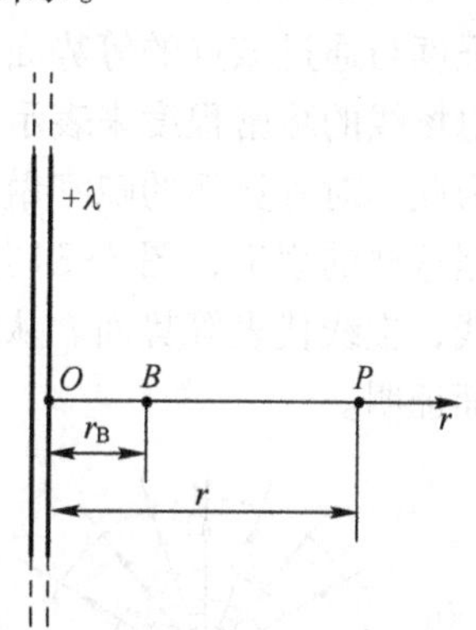

图3-33 “无限长”带电直线的电势

例3-9 “无限长”带电直线的电势。前面曾用高斯定理计算了电荷线密度为λ的“无限长”均匀带电直导线的电场强度。这里计算该带电直导线的电势。

解： 根据式(3-26)，要确定电场中点A的电势，必须要选定参考点B的电势V_B。前面在计算电荷分布在有限空间（如带电球面、电偶极子等）的电势时，曾选取“无限远”处作为电势为零的参考点，这种选取也是符合实际的。但是，对“无限长”带电直导线所建立的电场，其中任意点的电势是否仍能选取“无限远”为零电势的参考点呢？显然这是不能允许的。这是因为，不能使带电直导线伸至“无限远”的同时，又把“无限远”选定为电势为零的参考点，所以必须另选零电势的参考点。从原则上来说，除“无限远”外，其他地方都可选。但就本题而言，应选取图3-33中点B处的电势V_B为零电势的参考点，即$V_B=0$，则点P的电势为

$$V_P=\int_r^{r_B}\boldsymbol{E}\cdot \mathrm{d}\boldsymbol{r}$$

“无限长”均匀带电直导线的电场强度为

$$\boldsymbol{E}=\frac{\lambda}{2\pi\varepsilon_0 r}\boldsymbol{e}_r$$

把它代入V_P，选点B为零电势的参考点时，点P的电势为

$$V_P=\frac{\lambda}{2\pi\varepsilon_0}\int_r^{r_B}\frac{\mathrm{d}r}{r}=\frac{\lambda}{2\pi\varepsilon_0}\ln\frac{r_B}{r}\quad (V_B=0)$$

3.7 电场强度与电势梯度

3.7.1 等势面

前面曾用电场线来形象地描绘电场中电场强度的分布。这里，将用等势面来形象地描绘电场中电势的分布，并指出两者的联系。

电场中电势相等的点所构成的面叫作等势面。当电荷 q 沿等势面运动时，电场力对电荷不做功，即 $q\boldsymbol{E}\cdot \mathrm{d}\boldsymbol{l}=0$，由于 q、$\boldsymbol{E}$ 和 $\mathrm{d}\boldsymbol{l}$ 均不为零，故上式成立的条件是 $\boldsymbol{E}$ 必须与 $\mathrm{d}\boldsymbol{l}$ 垂直，即某点的电场强度与通过该点的等势面垂直。

前面曾用电场线的疏密程度来表示电场的强弱，这里也可以用等势面的疏密程度来表示电场的强弱。为此，对等势面的疏密做这样的规定：电场中任意两个相邻等势面之间的电势差都相等。根据这样的规定，图 3-34 给出了一些典型电场的等势面与电场线的图形。图中实线代表电场线，虚线代表等势面。从图可以看出，等势面越密的地方，电场强度也越大，这一点将在下面证明。

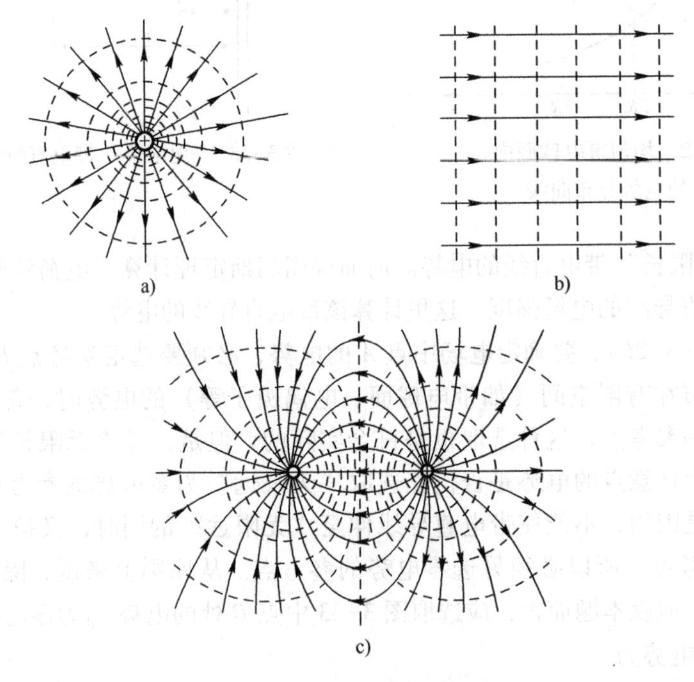

图 3-34 等势面与电场线

在实践中，由于电势差易于测量，所以常常是先测出电场中等电势的各点，并把这些点连起来，画出电场的等势面，再根据某点的电场强度与通过该点的等势面相垂直的特点而画出电场线，从而对电场有较形象的定性的直观了解。

3.7.2 电场强度与电势梯度的关系

如图 3-35 所示，设想在静电场中有两个靠得很近的等势面 Ⅰ 和 Ⅱ，它们的电势分别为

V 和 $V+\Delta V$。在两等势面上分别取点 A 和点 B，这两点非常靠近，间距为 Δl，因此，它们之间的电场强度 $\boldsymbol{E}$ 可以认为是不变的。设 $\Delta\boldsymbol{l}$ 与 $\boldsymbol{E}$ 之间的夹角为 θ，则将单位正电荷由点 A 移到点 B，电场力所做的功由式（3-28）得

$$-\Delta V=\boldsymbol{E}\cdot\Delta\boldsymbol{l}=E\Delta l\cos\theta \tag{3-33}$$

而电场强度 $\boldsymbol{E}$ 在 $\Delta\boldsymbol{l}$ 上的分量为 $E\cos\theta=E_l$，所以有

$$E_l=-\frac{\Delta V}{\Delta l} \tag{3-34}$$

式中，$\Delta V/\Delta l$ 为电势沿 Δl 方向的电势变化率。

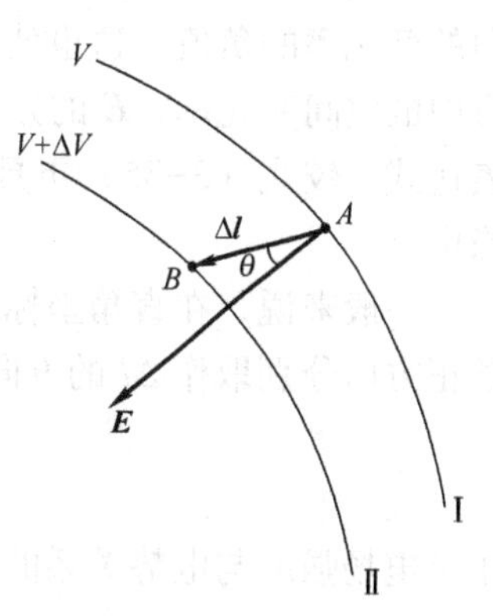

图 3-35　E 和 V 的关系

从式（3-34）可以看出，等势面密集处的电场强度大，等势面稀疏处的电场强度小。所以，从等势面的分布可以定性地看出电场强度的强弱分布情况。

若把 Δl 取得极小，则 $\Delta V/\Delta l$ 的极限值可写作

$$\lim_{\Delta l\to 0}\frac{\Delta V}{\Delta l}=\frac{\mathrm{d}V}{\mathrm{d}l}$$

于是，式（3-34）为

$$E_l=-\frac{\mathrm{d}V}{\mathrm{d}l} \tag{3-35}$$

$\mathrm{d}V/\mathrm{d}l$ 是沿 l 方向单位长度的电势变化率。式（3-35）表明，电场中某一点的电场强度沿任一方向的分量，等于这一点的电势沿该方向的电势变化率的负值。这就是电场强度与电势的关系。

显然，电势沿不同方向的单位长度变化率是不同的。这里，只讨论电势沿两个有代表性方向的单位长度的变化率。等势面上各点的电势是相等的，因此电场中某一点的电势在沿等势面上任一方向的 $\mathrm{d}V/\mathrm{d}l_1=0$。这说明，等势面上任一点电场强度的切向分量为零，即 $E_l=0$。此外，如图 3-36 所示，由于两等势面相距很近，且两等势面法线方向的单位法线矢量为 $\boldsymbol{e}_n$，它的方向通常规定由低电势指向高电势。于是由式（3-35）可知，电场强度沿法线的分量 E_n 为

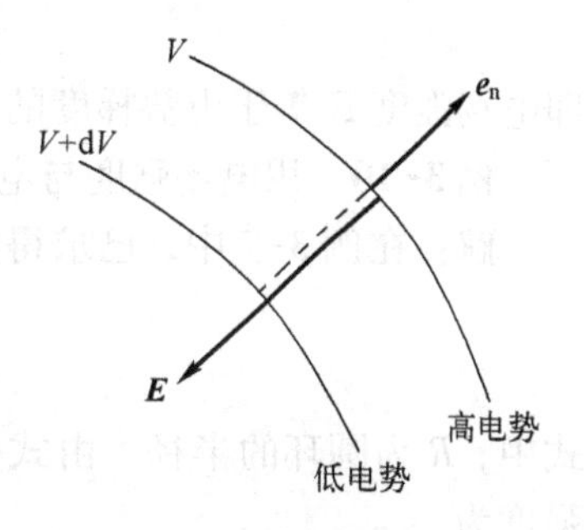

图 3-36　电场中场强方向与等势面法线方向相反

$$E_n=-\frac{\mathrm{d}V}{\mathrm{d}l_n}$$

式中，$\mathrm{d}V/\mathrm{d}l_n$ 是沿法线方向上电势的变化率；而且不难明白，它比任何方向上的空间变化率都大，是电势空间变化率的最大值。此外，因为等势面上任一点电场强度的切向分量为零，所以电场中任意点 $\boldsymbol{E}$ 的大小就是该点 $\boldsymbol{E}$ 的法向分量 $\boldsymbol{E}_n$。

于是，有

$$E=-\frac{\mathrm{d}V}{\mathrm{d}l_n}$$

当 $\frac{\mathrm{d}V}{\mathrm{d}l_n}<0$ 时，$E>0$，即 $\boldsymbol{E}$ 的方向总是由高电势指向低电势，$\boldsymbol{E}$ 的方向与 $\boldsymbol{e}_n$ 的方向相反。写成矢量式，则有

$$E=-\frac{\mathrm{d}V}{\mathrm{d}l_n}e_n \tag{3-36}$$

式（3-36）表明，在电场中任意一点的电场强度 $\boldsymbol{E}$，等于该点的电势沿等势面法线方向的变化率的负值。这也就是说，在电场中任一点 $\boldsymbol{E}$ 的大小，等于该点电势沿等势面法线方向的空间变化率，$\boldsymbol{E}$ 的方向与法线方向相反。式（3-36）是电场强度与电势关系的矢量表达式，较式（3-35）更具普遍性。式（3-36）也是电场强度常用 V/m 作为其单位名称的缘由。

一般来说，在直角坐标系中，电势 V 是坐标 x、y 和 z 的函数。因此，如果把 x、y 和 z 轴正方向分别取作 Δl 的方向，由式（3-35）可得，电场强度在这 3 个方向上的分量分别为

$$E_x=-\frac{\partial V}{\partial x},\quad E_y=-\frac{\partial V}{\partial y},\quad E_z=-\frac{\partial V}{\partial z} \tag{3-37}$$

于是电场强度与电势关系的矢量表达式可写成

$$\boldsymbol{E}=-\left(\frac{\partial V}{\partial x}\boldsymbol{i}+\frac{\partial V}{\partial y}\boldsymbol{j}+\frac{\partial V}{\partial z}\boldsymbol{k}\right)=-\frac{\mathrm{d}V}{\mathrm{d}l_n}\boldsymbol{e}_n \tag{3-38}$$

应当指出，电势 V 是标量，与矢量 $\boldsymbol{E}$ 相比，V 比较容易计算，所以在实际计算时，常是先计算电势 V，然后用式（3-38）来求出电场强度 $\boldsymbol{E}$。

在数学上，常把标量函数 $f(x,y,z)$ 的梯度 **grad** f 定义为

$$\mathbf{grad}\,f=\frac{\partial f}{\partial x}\boldsymbol{i}+\frac{\partial f}{\partial y}\boldsymbol{j}+\frac{\partial f}{\partial z}\boldsymbol{k}$$

grad f 是坐标 x、y、z 的矢量函数，也可以写成∇f。因此式（3-38）可写为

$$\boldsymbol{E}=-\mathbf{grad}V=-\nabla V$$

即电场强度 $\boldsymbol{E}$ 等于电势梯度的负值。

例 3-10 用电场强度与电势的关系，求均匀带电细环轴线上一点的电场强度。

解：在例 3-7 中，已求得在 x 轴上点 P 的电势为

$$V=\frac{1}{4\pi\varepsilon_0}\frac{q}{(x^2+R^2)^{1/2}}$$

式中，R 为圆环的半径。由式（3-37）可得点 P 的电场强度为

$$E=E_x=-\frac{\partial V}{\partial x}=-\frac{\partial}{\partial x}\left[\frac{1}{4\pi\varepsilon_0}\frac{q}{(x^2+R^2)^{1/2}}\right]$$

$$=\frac{1}{4\pi\varepsilon_0}\frac{qx}{(x^2+R^2)^{3/2}}$$

这个结果虽与例 3-1 的结果相同，但要简便得多。

例 3-11 求电偶极子电场中任意一点 A 的电势和电场强度。

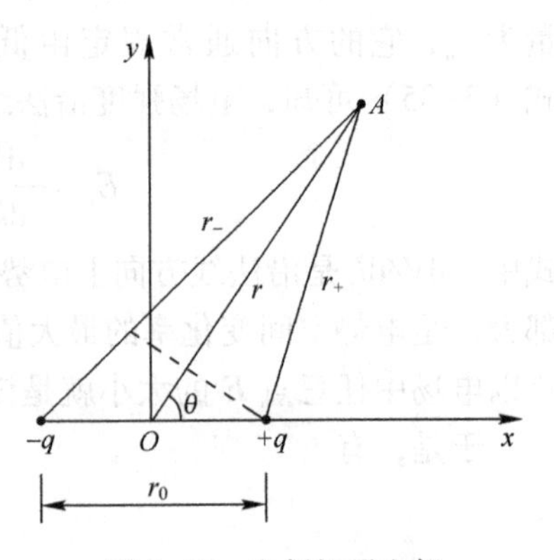

图 3-37 电偶极子电场中点 A 的电势

解：图 3-37 所示的电偶极子的电偶极矩为 $\boldsymbol{p}=q\boldsymbol{r}_0$。设点 A 与 $-q$ 和 $+q$ 均在 Oxy 平面内，点 A 到 $-q$ 和 $+q$ 的距离分别为 r_- 和 r_+，点 A 到偶极子中心点 O 的距离为 r。$+q$ 和 $-q$ 在点 A 的电势分别为

$$V_+=\frac{1}{4\pi\varepsilon_0}\frac{q}{r_+}$$

和

$$V_-=\frac{1}{4\pi\varepsilon_0}\frac{q}{r_-}$$

根据电势的叠加原理，点 A 的电势为

$$V=V_-+V_+=\frac{1}{4\pi\varepsilon_0}\left(\frac{1}{r_+}-\frac{1}{r_-}\right)=\frac{q}{4\pi\varepsilon_0}\left(\frac{r_--r_+}{r_+r_-}\right)$$

对电偶极子来说，$r_0\ll r$，所以 $r_--r_+\approx r_0\cos\theta$，$r_-r_+\approx r^2$。于是，上式可写成

$$V\approx\frac{q}{4\pi\varepsilon_0}\frac{r_0\cos\theta}{r^2}=\frac{1}{4\pi\varepsilon_0}\frac{p\cos\theta}{r^2}$$

这表明，在电偶极子的电场中，远离电偶极子一点的电势与电偶极矩 p 的大小成正比，与 p 和 r 之间夹角的余弦成正比，而与 r 的二次方成反比。

上式也可用点 A 的坐标 x、y 写成

$$V=\frac{p}{4\pi\varepsilon_0}\frac{x}{(x^2+y^2)^{3/2}}$$

故由上式和式（3-37）可得 A 点的电场。

E 在 x、y 轴的分量分别为

$$E_x=-\frac{\partial V}{\partial x}=-\frac{p}{4\pi\varepsilon_0}\frac{y^2-2x^2}{(x^2+y^2)^{5/2}}$$

$$E_y=-\frac{\partial V}{\partial y}=\frac{p}{4\pi\varepsilon_0}\frac{2xy}{(x^2+y^2)^{5/2}}$$

于是，点 A 的电场强度 E 的值为

$$E_x=\frac{p}{4\pi\varepsilon_0}\frac{(4x^2+y^2)^{1/2}}{(x^2+y^2)^2}$$

当 $y=0$ 时，即点 A 在电偶极矩 p 的延长线上，有

$$E=\frac{2p}{4\pi\varepsilon_0}\frac{1}{x^3}$$

当 $x=0$ 时，即点 A 在电偶极矩 p 的中垂线上，有

$$E=\frac{p}{4\pi\varepsilon_0}\frac{1}{y^3}$$

这些结果与前面所得到的结果也是相同的。

3.8 静电场中的电偶极子

在研究电介质的极化机理、电场对有极分子的作用等问题时，电场对电偶极子的作用，以及电偶极子对电场的影响都是十分重要的问题。

3.8.1 外电场对电偶极子的力矩和取向作用

如图 3-38 所示，在电场强度为 $\boldsymbol{E}$ 的均匀电场中，放置一电偶极矩为 $\boldsymbol{p}=q\boldsymbol{r}_0$ 的电偶极

子。电场作用在$+q$和$-q$上的力分别为$\boldsymbol{F}_+=q\boldsymbol{E}$和$\boldsymbol{F}_-=-q\boldsymbol{E}$。于是作用在电偶极子上的合力为

$$\boldsymbol{F}=\boldsymbol{F}_++\boldsymbol{F}_-=q\boldsymbol{E}-q\boldsymbol{E}=0$$

这表明，在均匀电场中，电偶极子不受电场力的作用。但是，由于力$\boldsymbol{F}_+$和$\boldsymbol{F}_-$的作用线不在同一直线上，它们构成力矩。根据力矩的定义，电偶极子所受的力矩为

$$M=qr_0E\sin\theta=pE\sin\theta \tag{3-39}$$

式（3-39）的矢量形式为

$$\boldsymbol{M}=\boldsymbol{p}\times\boldsymbol{E} \tag{3-40}$$

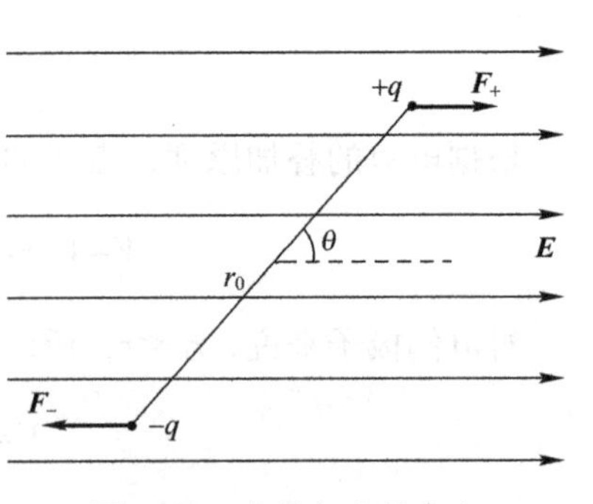

图 3-38　在均匀电场中电偶极子所受的力矩

在力矩作用下，电偶极子将在图示情况下做顺时针转动。当$\theta=0$，即电偶极子的力矩$\boldsymbol{p}$的方向与电场强度$\boldsymbol{E}$的方向相同时，电偶极子所受力矩为零，这个位置是电偶极子的稳定平衡位置。应当指出，当$\theta=\pi$，即$\boldsymbol{p}$的方向与$\boldsymbol{E}$的方向相反时，电偶极子所受的力矩虽也为零，但这时电偶极子处于非稳定平衡，只要θ稍微偏离这个位置，电偶极子将在力矩作用下，使$\boldsymbol{p}$的方向转至与$\boldsymbol{E}$的方向相一致。关于这一点，下面还将从电势能的角度做些讨论。

如果电偶极子放在不均匀电场中，这时作用在$+q$和$-q$上的力的大小为

$$F=F_++F_-=qE_+-qE_-\neq0$$

所以，在非均匀电场中，电偶极子不仅要转动，而且会在电场力作用下发生移动。

3.8.2 电偶极子在电场中的电势能和平衡位置

如图 3-38 所示，电矩为$\boldsymbol{p}=q\boldsymbol{r}_0$的电偶极子处于电场强度为$\boldsymbol{E}$的均匀电场中。设$+q$和$-q$所在处的电势分别为$V_+$和$V_-$。此电偶极子的电势能为

$$E_p=qV_+-qV_-=-q\left(-\frac{V_+-V_-}{r_0\cos\theta}\right)r_0\cos\theta=-qr_0E\cos\theta$$

有

$$E_p=-\boldsymbol{p}\cdot\boldsymbol{E} \tag{3-41}$$

式（3-41）表明，在均匀电场中电偶极子的电势能与电偶极矩在电场中的方位有关。当电偶极子的电偶极矩$\boldsymbol{p}$的方向与$\boldsymbol{E}$一致时（$\theta=0$），其电势能$E_p=-pE$，此时，电势能最低；当$\boldsymbol{p}$与$\boldsymbol{E}$垂直时（$\theta=\pi/2$），其电势能为零；当$\boldsymbol{p}$的方向与$\boldsymbol{E}$的方向相反时（$\theta=\pi$），其电势能$E_p=pE$，此时电势能最大。从能量的观点来看，能量越低，系统的状态越稳定。由此可见，电偶极子电势能最低的位置，即为稳定平衡位置。这就是说，在电场中的电偶极子，一般情况下总具有使自己的电偶极矩转向$\theta=0$的趋势。电偶极子的这个特性对理解电介质中有极分子的极化现象是非常重要的。

3.9 本章小结与教学要求

1）理解描述电场性质的两个基本物理量——电场强度和电势。

2）掌握静电场的两个基本规律——高斯定理和环路定理。

3）学会用叠加原理和高斯定理求解电场强度。

4）掌握电势、电势能的定义和计算方法。

5）理解电势和电场强度之间的关系。

习　题

3-1　电荷面密度均为$+\sigma$的两块“无限大”均匀带电的平行平板如图 3-39 所示放置，其周围空间各点电场强度$\boldsymbol{E}$（设电场强度方向向右为正、向左为负）随位置坐标x变化的关系曲线为（　　）。

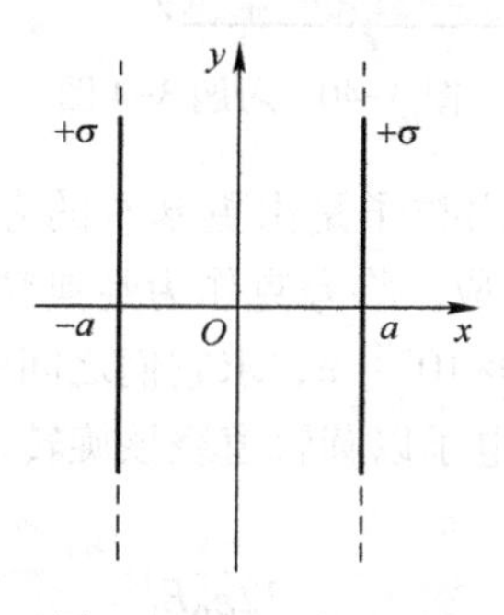

图 3-39　习题 3-1 图

A.
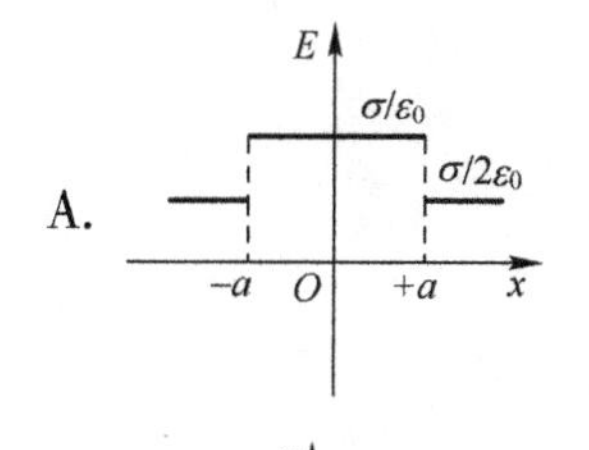

B.
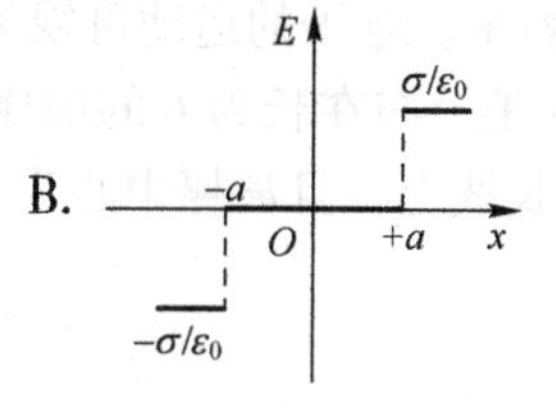

C.
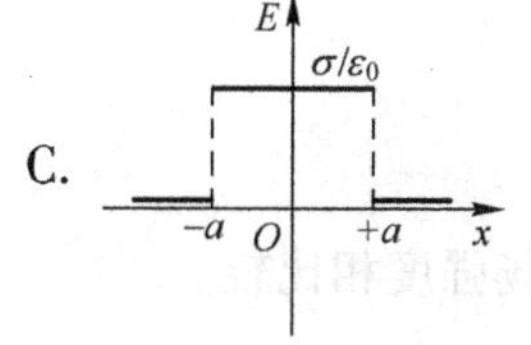

D.
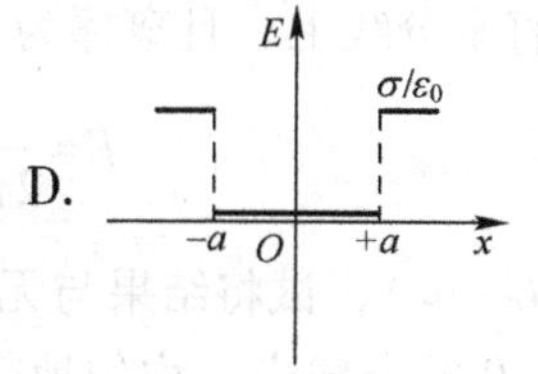

3-2　下列说法正确的是（　　）。

A. 闭合曲面上各点电场强度都为零时，曲面内一定没有电荷

B. 闭合曲面上各点电场强度都为零时，曲面内电荷的代数和必定为零

C. 闭合曲面的电场强度通量为零时，曲面上各点的电场强度必定为零

D. 闭合曲面的电场强度通量不为零时，曲面上任意一点的电场强度都不可能为零

3-3　下列说法正确的是（　　）。

A. 电场场强为零的点，电势也一定为零

B. 电场强度不为零的点，电势也一定不为零

C. 电势为零的点，电场强度也一定为零

D. 电势在某一区域内为常量，则电场强度在该区域内必定为零

3-4　在一个带负电的带电棒附近有一个电偶极子，其电偶极矩$\boldsymbol{p}$的方向如图 3-40 所

示。当电偶极子被释放后，该电偶极子将（　）。

A. 沿逆时针方向旋转直到电偶极矩 $\boldsymbol{p}$ 水平指向尖端而停止

B. 沿逆时针方向旋转至电偶极矩 $\boldsymbol{p}$ 水平指向尖端，同时沿电场线方向朝着尖端移动

C. 沿逆时针方向旋转至电偶极矩 $\boldsymbol{p}$ 水平指向尖端，同时逆电场线方向朝远离尖端移动

D. 沿顺时针方向旋转至电偶极矩 $\boldsymbol{p}$ 水平方向尖端朝外，同时沿电场线方向朝着尖端移动

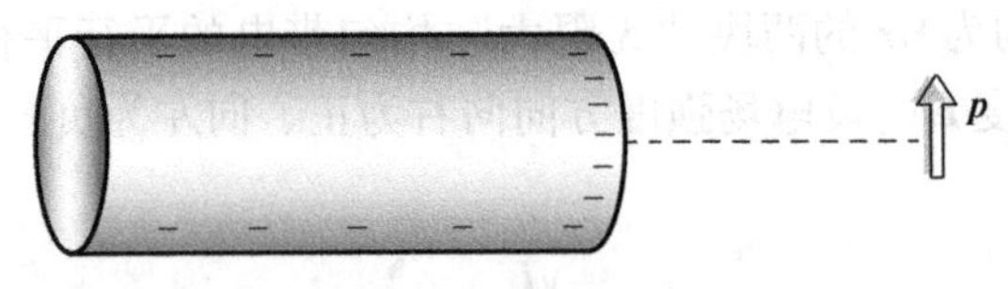

图 3-40　习题 3-4 图

3-5　1964 年，盖尔曼等人提出粒子是由更基本的夸克构成，中子就是由一个带 $2e/3$ 的上夸克和两个带 $-e/3$ 的下夸克构成。将夸克作为经典粒子处理（夸克线度约为 10^{-20} m），中子内的两个下夸克之间相距 2.60×10^{-15} m，求它们之间的相互作用力。

3-6　质量为 m，电荷为 $-e$ 的电子以圆轨道绕核旋转，其动能为 E_k。证明电子的旋转频率满足

$$\nu^2=\frac{32\varepsilon_0^2E_k^3}{me^4}$$

其中，ε_0 是真空电容率。电子的运动可视为遵守经典力学定律。

3-7　电荷均匀地分布在长为 L 的细棒上，求证：

（1）在棒的延长线上，且离棒中心为 r 处的电场强度为

$$E=\frac{1}{\pi\varepsilon_0}\frac{Q}{4r^2-L^2}$$

（2）在棒的垂直平分线上，且离棒为 r 处的电场强度为

$$E=\frac{1}{2\pi\varepsilon_0 r}\frac{Q}{\sqrt{4r^2-L^2}}$$

若棒为无限长（即 $L\to\infty$），试将结果与无限长均匀带电直线的电场强度相比较。

3-8　一半径为 R 的半球壳，均匀地带有电荷，电荷面密度为 σ，求球心处电场强度的大小。

3-9　水分子（H_2O）中氧原子和氢原子的等效电荷中心如图 3-41 所示。假设氧原子和氢原子的等效电荷中心间距为 r_0，试计算在分子的对称轴线上，距分子较远处的电场强度。

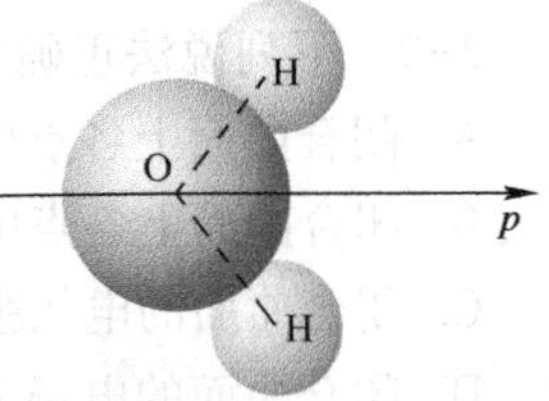

图 3-41　习题 3-9 图

3-10　两条无限长平行直导线相距为 r，均匀带有等量异号电荷，电荷线密度为 λ。（1）求两导线构成的平面上任意一点的电场强度（设该点到其中一线的垂直距离为 x）；（2）求每一根导线上单位长度导线受到另一根导线上电荷作用的电场力。

3-11　如图 3-42 所示为电四极子，电四极子由两个大小相等、方向相反的电偶极子组成。试求在两个电偶极子延长线上距中心为 z 的一点 P 的电场强度（假设 $z\gg d$）。

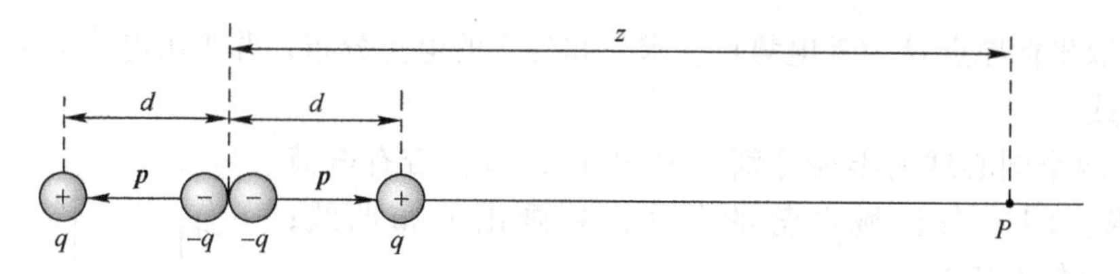

图 3-42　习题 3-11 图

3-12　匀强电场的电场强度 $\boldsymbol{E}$ 与半径为 R 的半球面对称轴平行。试计算通过此半球面的电场强度通量。

3-13　如图 3-43 所示，边长为 a 的立方体，其表面分别平行于 Oxy、Oyz 和 Oxz 平面，立方体的一个顶点为坐标原点。现将立方体置于电场强度为 $\boldsymbol{E}=(E_1+kx)\boldsymbol{i}+E_2\boldsymbol{j}$ 的非均匀电场中，求立方体各表面及立方体的电场强度通量（k、E_1、E_2均为常量）。

3-14　地球周围的大气犹如一部大电机，由于雷雨云和大气气流的作用，在晴天区域大气电离层总是带有大量的正电荷，地球表面必然带有负电荷。晴天大气电场的平均电场强度约为 120 V/m，方向指向地面。试求地球表面单位面积所带的电荷（以每平方厘米的电子数表示）。

3-15　设在半径为 R 的球体内，其电荷为对称分布，电荷体密度为

$$\begin{cases}p=kr(u\leqslant r\leqslant k)\\p=0(r>R)\end{cases}$$

式中，k 为一常量。试分别用高斯定理和电场叠加原理求电场强度 $\boldsymbol{E}$ 与 $\boldsymbol{r}$ 的函数关系。

3-16　如图 3-44 所示，一无限大均匀带电薄平板，电荷面密度为 σ。在平板中部有一个半径为 r 的小圆孔。求圆孔中心轴线上与平板相距为 x 的一点 P 的电场强度。

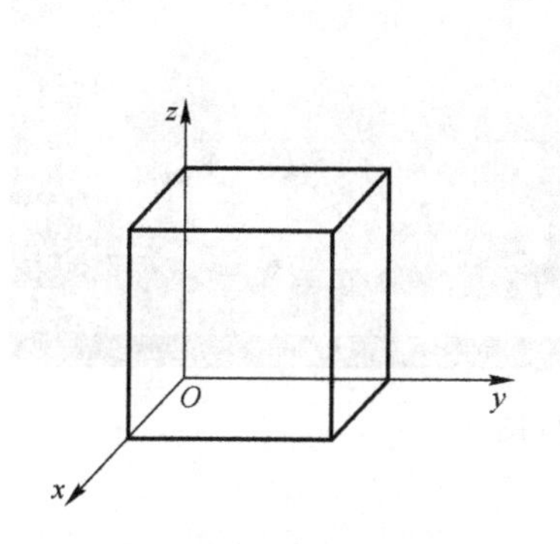

图 3-43　习题 3-13 图

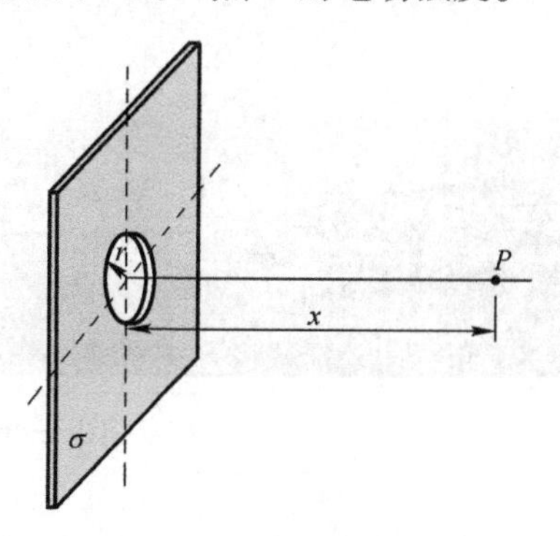

图 3-44　习题 3-16 图

3-17　一个内外半径分别为 R_1和 R_2的均匀带电球壳，总电荷为 Q_1，球壳外同心罩一个半径为 R_3的均匀带电球面，球面电荷为 Q_2。求电场分布。电场强度是否为离球心距离为 r 的连续函数？试分析。

3-18　半径为 R 的无限长直圆柱体内均匀分布着电荷，电荷体密度为 ρ。试求离轴线为 r 处的电场强度 E，并画出 E-r 曲线。

3-19　两个带有等量异号电荷的无限长同轴圆柱面，半径分别为 R_1和 R_2（$R_2>R_1$），单位长度上的电荷为 λ。求离轴线为 r 处的电场强度：（1）$r<R_1$；（2）$R_1<r<R_2$；（3）$r>R_2$。

3-20　电荷面密度分别为$+\sigma$ 和$-\sigma$ 的两块“无限大”均匀带电的平行平板，如图 3-45

所示放置，取坐标原点 O 为零电势点，求空间各点的电势分布，并画出电势随位置坐标 x 变化的关系曲线。

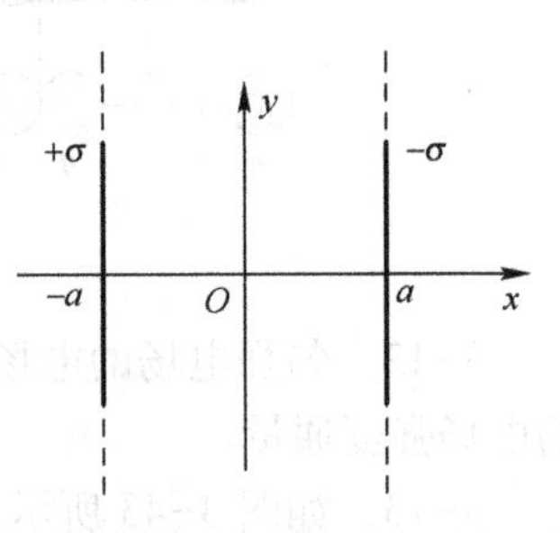

图 3-45　习题 3-20 图

3-21　两个同心球的半径分别为 R_1 和 R_2，各自带有电荷 Q_1 和 Q_2。求：(1) 各区域电势的分布，并画出分布曲线；(2) 两球面上的电势差。

3-22　一半径为 R 的无限长带电细棒，其内部的电荷均匀分布，电荷体密度为 ρ。取棒表面为零电势，求空间电势分布，并画出电势分布曲线。

3-23　一圆盘半径 $R=3.00\times10^{-2}$ m，圆盘均匀带电，电荷面密度 $\sigma=2.00\times10^{-5}$ C/m。(1) 求轴线上的电势分布；(2) 根据电场强度和电势梯度的关系求电场分布；(3) 计算离盘心为 30.0 cm 处的电势和电场强度。

3-24　两根同长的同轴圆柱面（$R_1=3.00\times10^{-2}$ m，$R_2=0.10$ m），带有等量异号的电荷，两者的电势差为 450 V。求：(1) 圆柱面单位长度上所带的电荷；(2) $r=0.05$ m 处的电场强度。

3-25　如图 3-46 所示，在一次典型的闪电中，两个放电点间的电势差约为 10^9 V，被迁移的电荷约为 30 C。(1) 如果释放出来的能量都用来使 0℃ 的冰融化成 0℃ 的水，则可融化多少冰？(冰的融化热 $L=3.34\times10^5$ J/kg)；(2) 假设每一个家庭 1 年消耗的能量为 3 000 kW · h，则可为多少个家庭提供 1 年的能量消耗？

图 3-46　习题 3-25 图

第 4 章　静电场中的导体与电介质

第 3 章讨论了真空中的静电场，实际上，在静电场中总有导体或电介质（也叫绝缘体）存在，而且在静电的应用中也都要涉及导体和电介质对电场的影响。本章主要内容有导体的静电平衡条件，静电场中导体的电学性质，电介质的极化现象和相对电容率 ε_r 的物理意义，有电介质时的高斯定理，电容器及其连接，电场的能量等，最后还将介绍静电的一些应用。由此可以看到，本章所讨论的问题，将使我们对静电场的认识更加深入，而且在应用上也有重要意义。

4.1　静电场中的导体

4.1.1　静电平衡条件

金属导体由大量的带负电的自由电子和带正电的晶体晶格构成。当导体不带电或者不受外电场影响时，导体中的自由电子只做微观的无规则热运动，而没有宏观的定向运动。若把金属导体放在外电场中，导体中的自由电子在做无规则热运动的同时，还将在电场力作用下做宏观定向运动，从而使导体中的电荷重新分布。这个现象叫作静电感应现象。在电场中，导体电荷重新分布的过程一直持续到导体内部的电场强度等于零即 $E=0$ 时为止。这时，导体内没有电荷做定向运动，导体处于静电平衡状态。

在静电平衡时，不仅导体内部没有电荷做定向运动，导体表面也没有电荷做定向运动，这就要求导体表面电场强度的方向应与表面垂直。假若导体表面处电场强度的方向与导体表面不垂直，则电场强度沿表面将有切向分量，自由电子受到与该切向分量相应的电场力的作用，将沿表面运动，这样就不是静电平衡状态了。所以，当导体处于静电平衡状态时，必须满足以下两个条件：

1）导体内部任何一点处的电场强度为零。

2）导体表面处电场强度的方向，都与导体表面垂直。

导体的静电平衡条件，也可以用电势来表述。由于在静电平衡时，导体内部的电场强度为零，因此如在导体内取任意两点 A 和 B，这两点间的电势差 U 为零，即

$$U=\int_{AB}\boldsymbol{E}\cdot \mathrm{d}\boldsymbol{l}=0$$

这表明，在静电平衡时，导体内任意两点间的电势是相等的。至于导体的表面，由于在

静电平衡时，导体表面的电场强度 $\boldsymbol{E}$ 与表面垂直，其切向分量为零，因此导体表面上任意两点的电势差也应为零。故在静电平衡时，导体表面为一等势面。不言而喻，在静电平衡时导体内部与导体表面的电势是相等的，否则仍会发生电荷的定向运动。总之，当导体处于静电平衡时，导体上的电势处处相等，导体为一等势体。

4.1.2 静电平衡时导体上电荷的分布

在静电平衡时，带电导体的电荷分布可运用高斯定理来进行讨论。如图 4-1 所示，有一带电实心导体处于平衡状态。由于在静电平衡时，导体内的 $\boldsymbol{E}$ 为零，所以通过导体内任意高斯面的电场强度通量也必为零，即

$$\oint_S \boldsymbol{E} \cdot \mathrm{d}\boldsymbol{S} = 0$$

于是，此高斯面内所包围的电荷的代数和必然为零。因为高斯面是任意画出的，所以可得到如下结论：在静电平衡时，导体所带的电荷只能分布在导体的表面，导体内没有净电荷。

如果有一空腔的导体带有电荷+q，如图 4-2 所示。这些电荷在空腔导体的内外表面上如何分布呢？若在导体内取高斯面 S，由于在静电平衡时，导体内的电场强度为零，所以有

$$\oint_S \boldsymbol{E} \cdot \mathrm{d}\boldsymbol{S} = \frac{\sum q}{\varepsilon_0} = 0$$

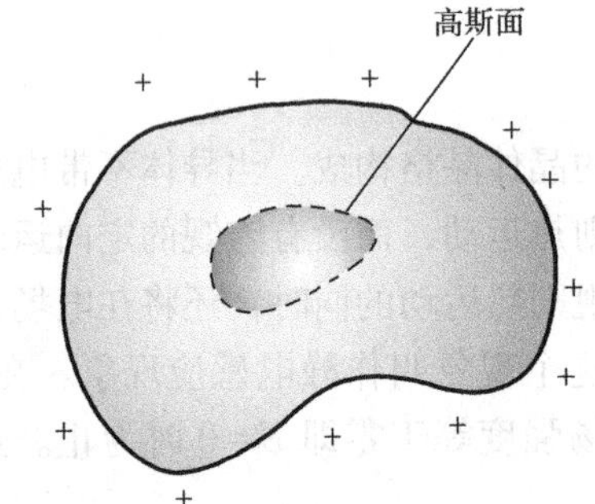

图 4-1　处于静电平衡状态的带电实心导体

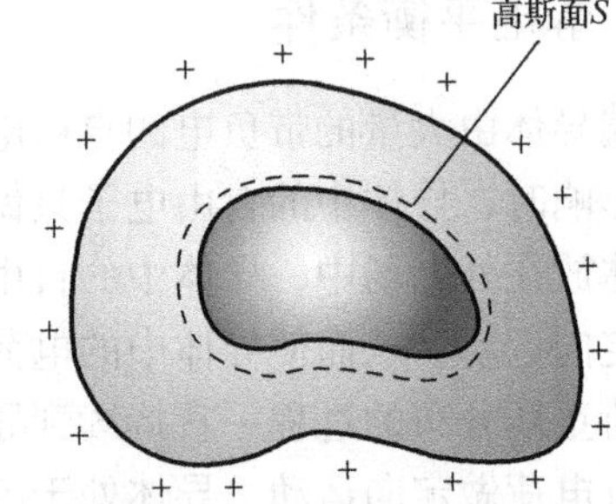

图 4-2　空腔的导体带有电荷+q

这说明在空腔的内表面上没有净电荷，然而在空腔内表面上是否有可能出现符号相反的正、负电荷，而使内表面上净电荷为零的情况呢？按静电平衡条件可知，空腔内表面不会出现任何形式的分布电荷。电荷只能全部分布在空腔导体的外表面上。读者试按静电平衡条件给予说明。

下面讨论带电导体表面的电荷面密度与其邻近处电场强度的关系。如图 4-3 所示，设在导体表面上取一圆形面积元 ΔS，当 ΔS 足够小时，ΔS 上的电荷分布可当作是均匀的，其电荷面密度为 σ，于是 ΔS 上的电荷为 $\Delta q=\sigma\Delta S$。以面积元 ΔS 为底面绘制一如图 4-3 所示的扁圆柱形高斯面，下底面处于导体内部。由于导体内电场强度为零，所以通过下底面的电场强度通量为零；在侧面，电场强度要么为零，要么与侧面的法线垂直，所以通过侧面的电场强度通量也为零；只有在上底面，电场强度 $\boldsymbol{E}$ 与 ΔS 垂直，所以通过上底面的电场强度通

量为 $E\Delta S$，这也是通过扁圆柱形高斯面的电场强度通量。根据高斯定理可有

$$\oint_S \boldsymbol{E} \cdot \mathrm{d}\boldsymbol{S} = E\Delta S = \frac{\sigma \Delta S}{\varepsilon_0}$$

得

$$E=\frac{\sigma}{\varepsilon_0} \tag{4-1}$$

式（4-1）表明，带电导体处于静电平衡时，导体表面之外非常邻近表面处的电场强度 $\boldsymbol{E}$，其数值与该处电荷面密度 σ 成正比，其方向与导体表面垂直。当表面带正电时，$\boldsymbol{E}$ 的方向垂直表面向外；当表面带负电荷时，$\boldsymbol{E}$ 的方向则垂直表面指向导体。

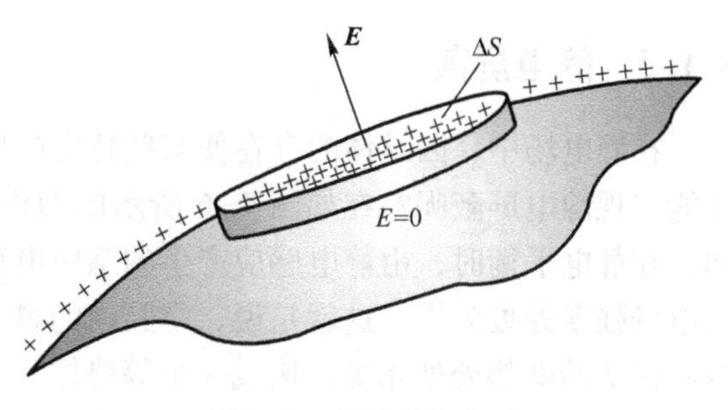

图 4-3　带电导体表面

式（4-1）只给出导体表面的电荷面密度与表面附近的电场强度之间的关系。至于带电导体达到静电平衡后导体表面的电荷是如何分布的，则是一个复杂问题，定量研究是很困难的，因为导体表面的电荷分布不仅与导体本身的形状有关，而且与导体周围的环境有关。即使对于孤立导体，其表面电荷面密度 σ 与曲率半径 ρ 之间也不存在单一的函数关系。实验表明，图 4-4 所示的带电非球形导体上，当达到静电平衡时，导体虽为一等势体，导体表面为一等势面，但在点 A 附近，曲率半径较小，其电荷面密度和电场强度的值较大；而在点 B 附近，曲率半径较大，其电荷面密度和电场强度的值较小。图 4-5 给出了带有等量异号电荷的一个非球形导体和一块平板导体的电场线图像。从图 4-5 中可以看出，曲率半径较小的带电导体表面附近，电场线密集，电场较强，尖端附近的电场最强。

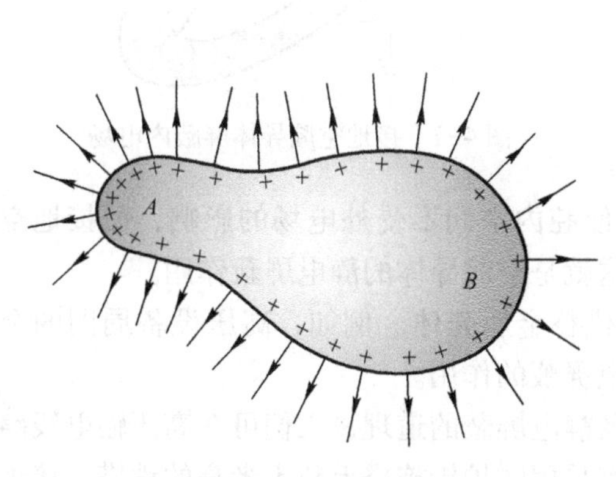

图 4-4　带电导体

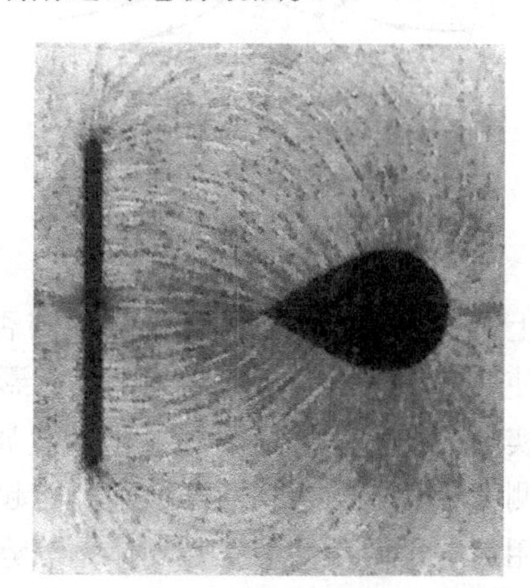

图 4-5　带电导体尖端附近的电场最强

带电尖端附近的电场强度特别大，可使尖端附近的空气发生电离而成为导体。在电场不太强的情况下，带电尖端经由电离化的空气而放电的过程，是比较平稳、无声息地进行的；但在电场很强的情况下，放电就会以暴烈的火花放电的形式出现，并在短暂的时间内释放出大量的能量。这两种形式的放电现象就是所谓的尖端放电现象。例如，阴雨潮湿天气时常可在高压输电线表面附近看到淡蓝色辉光的电晕，这就是一种平稳的尖端放电现象。

尖端放电会使电能白白损耗，还会干扰精密测量和通信，因此在许多高压电器设备中，所有金属元器件都应避免带有尖棱，最好做成球形，并尽量使导体表面光滑而平坦，这都是为了避免尖端放电的产生。然而尖端放电也有很广的用途，将在本章后面部分做介绍。

4.1.3 静电屏蔽

在静电场中，因导体的存在使某些特定的区域不受电场影响的现象称为静电屏蔽。怎样才能实现静电屏蔽呢？在如图 4-6 所示的静电场中，放置一个空腔导体。由前面的讨论可知，在静电平衡时，由静电感应产生的感应电荷只分布在导体的外表面上，导体内和空腔中的电场强度处处为零。这就是说，空腔内的整个区域都将不受外电场的影响。这时，导体和空腔内部的电势处处相等，构成一个等势体。

此外，有时还需要屏蔽电荷激发的电场对外界的影响。这时可采用如图 4-7 所示的办法，在电荷$+q$外面放置一个外表面接地的空腔导体。这就使得导体外表面所产生的感应正电荷与从地上来的负电荷中和，使空腔导体外表面不带电，这样，接地的空腔导体内的电荷激发的电场对导体外就不会产生任何影响了。

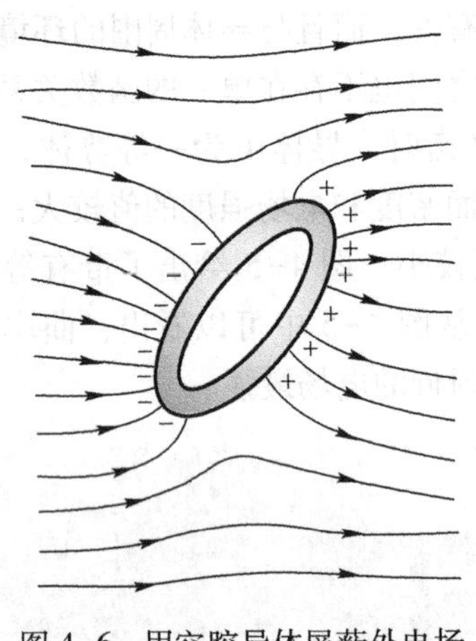

图 4-6 用空腔导体屏蔽外电场

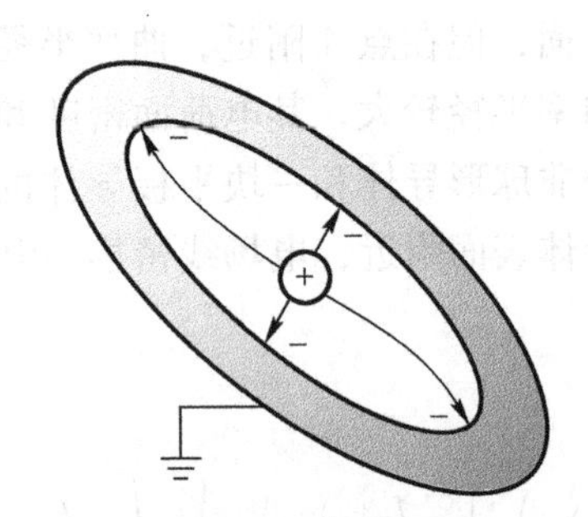

图 4-7 接地空腔导体屏蔽内电场

综上所述，空腔导体（无论接地与否）将使腔内空间不受外电场的影响，而接地空腔导体将使外部空间不受空腔内的电场的影响。这就是空腔导体的静电屏蔽作用。

在实际工作中，常用编织紧密的金属网来代替金属壳体。例如，高压设备周围的金属网，校测电子仪器的金属网屏蔽室都能起到静电屏蔽的作用。

利用静电平衡条件下空腔导体是等势体以及静电屏蔽的道理，人们可在高压输电线路上进行带电维修和检测等工作。设想工作人员没有采用防护措施登上数十米高的铁塔，接近超高压直流线（如 800 kV）时，人体通过铁塔与大地相连接，人体与高压线间有非常大的电势差，因而它们之间存在很强的电场，能使人体周围空气电离而放电，从而危及人体安全。然而，利用空腔导体屏蔽外电场的原理，工作人员穿上用细铜丝（或导电纤维）和纤维编织而成的导电性能良好的工作服（通常也叫屏蔽服、均压服），使之构成一导体网壳，这就相当于把人体置于空腔导体内部，使电场不能深入人体，保证了工作人员的人身安全。即使在工作人员接触电线的瞬间，放电也只在手套与电线之间发生。之后，人体与电线便有了相同的电势，检修人员就可以在不停电的情况下，安全、自由地在特高压输电线上工作了。此外，即使输电线通过的是交流电，在输电线周围存在很强的交变电磁场，但电磁场所产生的感应电流也只在屏蔽服上流过，从而也能避免感应电流对人体的危害。

例4-1 有一外半径 R_1 为 10 cm、内半径 R_2 为 7 cm 的金属球壳，在球壳中放一半径 R_3 为 5 cm 的同心金属球（见图4-8）。若使球壳和球均带有 $q=10^{-8}$ C 的正电荷，问两球体上的电荷如何分布？球心的电势为多少？

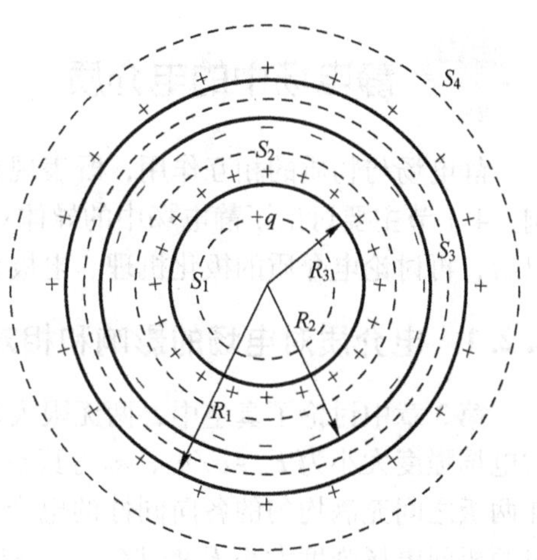

图4-8 同心的金属球和金属球壳

解： 为了计算球心的电势，必须先计算出各点的电场强度。由于在所讨论的范围内，电场具有球对称性，因此可用高斯定理计算各点的电场强度。

先从球内开始。如取以 $r<R_3$ 的球面 S_1 为高斯面，则由导体的静电平衡条件得，球内的电场强度为

$$E_1=0 \quad (r<R_3)$$

在球与球壳之间，作 $R_3<r<R_2$ 的球面 S_2 为高斯面，在此高斯面内的电荷仅是半径为 R_3 的球上的电荷$+q$。由高斯定理，有

$$\oint_{S_2} \boldsymbol{E}_2 \cdot \mathrm{d}\boldsymbol{S} = E_2 \cdot 4\pi r^2 = \frac{q}{\varepsilon_0}$$

得球与球壳间的电场强度为

$$E_2=\frac{1}{4\pi\varepsilon_0}\frac{q}{r^2} \quad (R_3<r<R_2)$$

而对于所有 $R_2<r<R_1$ 的球面 S_3 上的各点，由静电平衡条件知其电场强度应为零，即

$$E_3=0 \quad (R_2<r<R_1)$$

由高斯定理可知，球面 S_3 内所含有电荷的代数和 $\sum q=0$。已知球的电荷为$+q$，所以球壳的内表面上的电荷必为$-q$。这样，球壳的外表面上的电荷就应是$+2q$。

再在球壳外面取 $r>R$ 的球面 S_4 为高斯面，在此高斯面内含有的电荷为 $\sum q=q-q+2q=2q$。所以由高斯定理可得 $r>R_1$ 处的电场强度为

$$E_4=\frac{1}{4\pi\varepsilon_0}\frac{2q}{r^2} \quad (r>R_1)$$

由电势的定义式（5-27），球心 O 的电势为

$$V_O=\int_0^\infty E\cdot \mathrm{d}\boldsymbol{l}=\int_0^{R_3}\boldsymbol{E}_1\cdot \mathrm{d}\boldsymbol{l}+\int_{R_3}^{R_2}\boldsymbol{E}_2\cdot \mathrm{d}\boldsymbol{l}+\int_{R_2}^{R_1}\boldsymbol{E}_3\cdot \mathrm{d}\boldsymbol{l}+\int_{R_1}^{\infty}\boldsymbol{E}_4\cdot \mathrm{d}\boldsymbol{l}$$

把以上求得的结果代入上式，可得

$$\begin{aligned} V_O &= 0+\int_{R_3}^{R_2}\frac{1}{4\pi\varepsilon_0}\frac{q}{r^2}\mathrm{d}r+0+\int_{R_1}^{\infty}\frac{1}{4\pi\varepsilon_0}\frac{2q}{r^2}\mathrm{d}r \\ &= \frac{q}{4\pi\varepsilon_0}\left(\frac{1}{R_3}-\frac{1}{R_2}-\frac{2}{R_1}\right) \end{aligned}$$

将已知数据代入上式，有

$$V_O = 9\times10^9\times10^{-8}\times\left(\frac{1}{0.05}-\frac{1}{0.07}+\frac{2}{0.1}\right)\ \text{V}\approx2.31\times10^3\ \text{V}$$

4.2 静电场中的电介质

静电场与物质的相互作用，既表现在静电场对物质的影响，也表现在物质对静电场的影响。4.1 节主要讨论了静电场中的导体对电场的影响，这一节在讨论电介质对静电场的影响以后，再讨论电介质的极化机理、电极化强度的概念以及极化电荷与自由电荷的关系。

4.2.1 电介质对电场的影响和相对电容率

第 3 章中讨论了真空中，两无限大均匀带有电荷面密度分别为$+\sigma$ 和$-\sigma$ 的平行平板之间的电场强度大小为 $E_0=\sigma/\varepsilon_0$，ε_0为真空电容率。现若维持两板上的电荷面密度 σ 不变，而在两板之间充满均匀的各向同性的电介质，从实验测得两板间的电场强度 E 的值仅为真空时两板间电场强度大小 E_0的 $1/\varepsilon_r$（$\varepsilon_r>1$），即

$$E=\frac{E_0}{\varepsilon_r}$$

ε_r叫作电介质的相对电容率。相对电容率 ε_r与真空电容率 ε_0的乘积 $\varepsilon_0\varepsilon_r=\varepsilon$ 就叫作电容率。

4.2.2 电介质的极化

从物质的微观结构来看，金属中存在自由电子，它们在外电场作用下可在金属中做定向运动，而在构成电介质的分子中，电子和原子核结合得较为紧密，电子处于束缚状态，所以在电介质内几乎不存在自由电子（或正离子）。当把电介质放到外电场中时，电介质中的电子等带电粒子，也只能在电场力的作用下做微观的相对位移。只有在击穿的情形下，电介质中的一些电子才被解除束缚而做宏观定向运动，使电介质丧失绝缘性。这就是电介质和导体在电学性能上的主要区别。

电介质可分成两类：有些材料，如氢、甲烷、石蜡、聚苯乙烯等，它们的分子正、负电荷中心在无外电场时是重合的，这种分子叫作无极分子（见图 4-9）；有些材料，如水、有机玻璃、纤维素、聚氯乙烯等，即使在外电场不存在时，它们的分子正、负电荷中心也是不重合的，这种分子相当于一个有着固有电偶极矩的电偶极子，所以这种分子叫作有极分子（见图 4-10），表 4-1 列出了几种分子的电偶极矩。下面分别对无极分子和有极分子予以讨论。

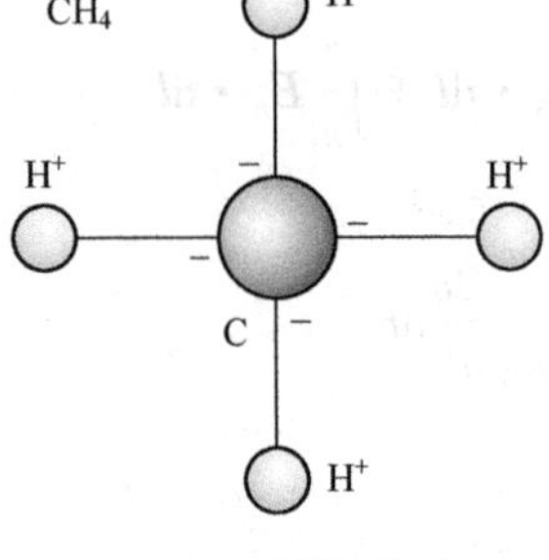

图 4-9 甲烷分子

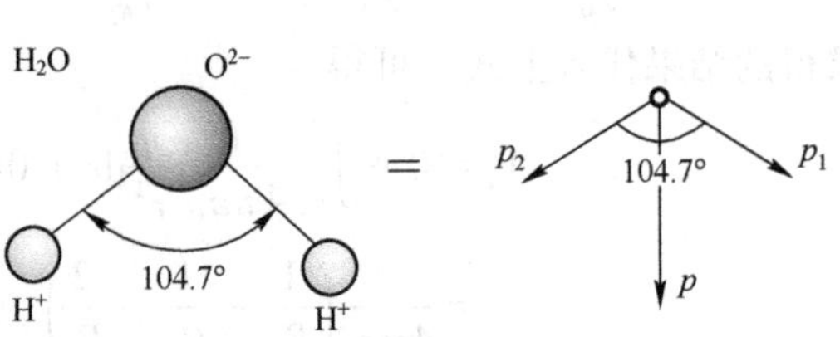

图 4-10 水分子

表 4-1　几种分子的电偶极矩

分　子	电偶极矩/(10^{-30}C·m)
HCl	3.43
CO	0.40
H_2O	6.20
SO_2	5.30
NH_3	5.0
CO_2，H_2，CCl_4	0

无极分子在无外电场的作用下，正负电荷中心重合，如图 4-11a 所示。在外电场 $\boldsymbol{E}$ 的作用下，无极分子中的正、负电荷将偏离原来的位置，正、负电荷中心将产生相对的位移 r_0。如图 4-11b、c 所示，位移的大小与电场强度大小有关。这时，每个分子可以看作一个电偶极子。电偶极子的电偶极矩 $\boldsymbol{p}$ 的方向和外电场 $\boldsymbol{E}$ 的方向将大体一致，这种电偶极矩叫作诱导电偶极矩，如图 4-11d 所示。这样，在电介质内，如果电介质的密度是均匀的，任一小体积内所含有的异号电荷数量相等，即电荷体密度仍然保持为零。但在电介质与外电场垂直的两个表面上却要分别出现正电荷和负电荷（见图 4-11e）。必须注意，这种正电荷或负电荷是不能用接地等导电方法使它们脱离电介质中原子核的束缚而单独存在的，所以把它们叫作极化电荷或束缚电荷，以与自由电荷相区别。这种在外电场作用下介质表面产生极化电荷的现象，叫作电介质的极化现象。

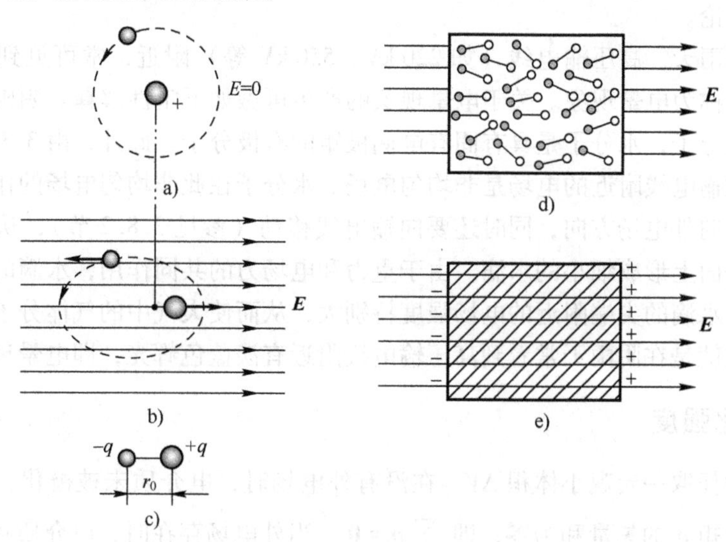

图 4-11　无极分子介质的极化

当外电场撤销后，无极分子的正、负电荷中心一般又将重合而恢复原状，极化现象也随之消失。

对于由有极分子构成的电介质来说，产生极化的过程则与上述无极分子的极化过程有所不同。虽然每个分子都可当作一个电偶极子，并有一定的固有电偶极矩，但在没有外电场的情况下，由于分子的热运动，电介质中各电偶极子的电偶极矩的排列是无序的，所以电介质对外不呈现电性（见图 4-12a）。在有外电场作用的情况下，电偶极子都要受到力矩（$\boldsymbol{M}=\boldsymbol{p}\times\boldsymbol{E}$）的作用。在此力矩的作用下，电介质中各电偶极子的电偶极矩将转向外电场的方向（见图 4-12b）。在 3.8 节已讨论过，只有当电偶极矩 $\boldsymbol{p}$ 的方向与外电场的电场强度 $\boldsymbol{E}$ 的方向相同时，作用于电偶极子的力矩为零，电偶极子处在稳定平衡状态。然而，由于分子的热运动，各电偶极矩并不能十分整齐地依照外电场的方向排列起来。尽管如此，对整个电介质来说，如果是均匀的电介质，则在垂直于电场方向的两表面上，也还是有极化电荷出现的，如图 4-12c、d 所示，若撤去外电场，由于分子热运动，这些电偶极子的电偶极矩的排列又将变成无序状态。

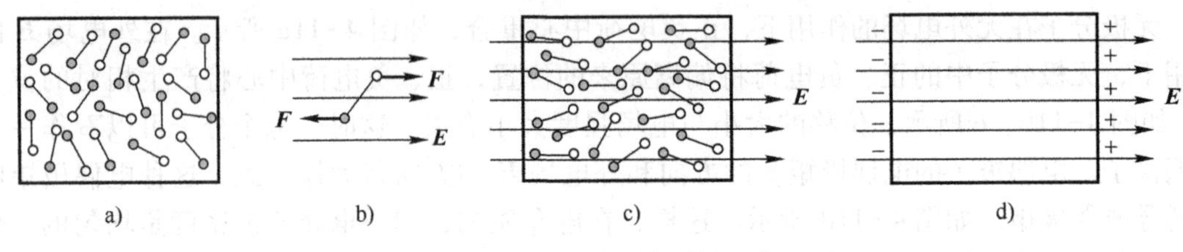

图 4-12　有极分子介质的极化

综上所述，在静电场中，虽然不同电介质极化的微观机理不尽相同，但是在宏观上，都表现为在电介质表面上出现极化面电荷，而在不均匀电介质内部还会出现极化体电荷，即产生极化现象。所以在静电范围内，若不想更深入地讨论电介质的极化机理，就不需要把这两类电介质分开讨论。

在潮湿或阴雨天，高压输电线（如 220 kV、550 kV 等）附近，常可见到有淡蓝色辉光的放电现象，这称为电晕现象。关于电晕现象的产生可做如下定性解释。阴雨天气的大气中存在着较多的水分子，水分子是具有固有电偶极矩的有极分子。此外，由 3.3 节的例 3-5 可知，长直带电的输电线附近的电场是非均匀电场。水分子在此非均匀电场的作用下，要使其固有电偶极矩转向外电场方向，同时还要向输电线移动（参见 3.8.2 节），从而使水分子凝聚在输电线的表面上形成细小的水滴。由于重力和电场力的共同作用，水滴的形状变长并出现尖端。而带电水滴的尖端附近的电场强度特别大，从而使大气中的气体分子电离，以致形成放电现象。这就是在阴雨天常看到高压输电线附近有淡蓝色辉光，即电晕现象的原因。

4.2.3　电极化强度

在电介质中任取一宏观小体积 ΔV，在没有外电场时，电介质未被极化，此小体积中所有分子的电偶极矩 $\boldsymbol{p}$ 的矢量和为零，即 $\sum \boldsymbol{p}=\boldsymbol{0}$。当外电场存在时，电介质将被极化，此小体积中分子电偶极矩 $\boldsymbol{p}$ 的矢量和将不为零，即 $\sum \boldsymbol{p}\neq\boldsymbol{0}$。外电场越强，分子电偶极矩的矢量和越大。因此，用单位体积中分子电偶极矩的矢量和来表示电介质的极化程度，有

$$\boldsymbol{P}=\frac{\sum \boldsymbol{p}}{\Delta V}$$

式中，$\boldsymbol{P}$ 叫作电极化强度，它的单位是 $\mathrm{C/m^2}$。如果电介质中各处的 $\boldsymbol{P}$ 均相同，这种电介质被认为是被均匀极化了。

电介质极化时，极化的程度越高（即 P 越大），电介质表面上的极化电荷面密度也越大。它们之间的关系是怎样的呢？仍以电荷面密度分别为 $+\sigma_0$ 和 $-\sigma_0$ 的两平行平板间充满均匀电介质为例来进行讨论。

如图4-13所示，在电介质中取一长为 l、底面积为 ΔS 的柱体，柱体两底面的极化电荷面密度分别为 $-\sigma'$ 和 $+\sigma'$。柱体内所有分子电偶极矩的矢量和的大小为

$$\sum p=\sigma'\Delta Sl$$

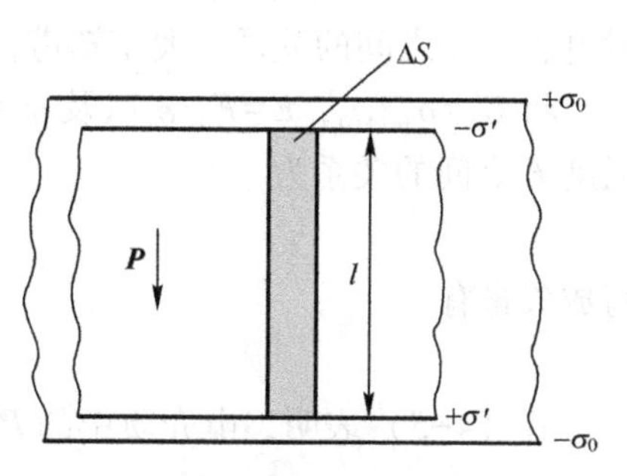

图4-13　电极化强度与极化电荷面密度的关系

因此，由电极化强度的定义可知，电极化强度的大小为

$$P=\frac{\sum p}{\Delta V}=\frac{\sigma'\Delta Sl}{\Delta Sl}=\sigma' \tag{4-2}$$

式（4-2）表明，两平板间电介质的电极化强度的大小，等于极化电荷面密度。

4.2.4　极化电荷与自由电荷的关系

如图4-14所示，在两无限大平行平板之间，放入电介质，两板上自由电荷面密度分别为 $\pm\sigma_0$。在放入电介质以前，自由电荷在两板间激发的电场强度 $E_0=\sigma_0/\varepsilon_0$。当两板间充满电介质后，如两极上的 $\pm\sigma_0$ 保持不变，则电介质由于极化，就在它的两个垂直于 $\boldsymbol{E}_0$ 的表面上分别出现正、负极化电荷，其电荷面密度为 σ'。极化电荷建立的电场强度 $\boldsymbol{E}'$ 的值为 $E'=\sigma'/\varepsilon_0$。从图4-14中可以看出，电介质中的电场强度 $\boldsymbol{E}$ 应为

$$\boldsymbol{E}=\boldsymbol{E}_0+\boldsymbol{E}' \tag{4-3}$$

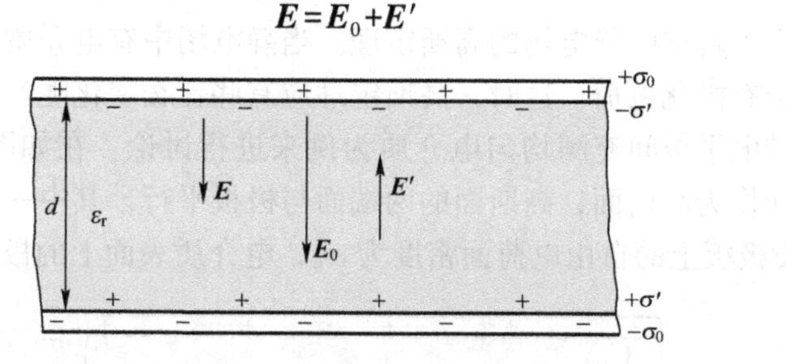

图4-14　电介质中 $\boldsymbol{E}$、$\boldsymbol{E}_0$ 和 $\boldsymbol{E}'$ 的关系

考虑到 $\boldsymbol{E}'$ 的方向与 $\boldsymbol{E}_0$ 的方向相反，以及 E 与 E_0 的关系式（4-3），可得电介质中电场强度 $\boldsymbol{E}$ 的值为

$$E=E_0-E'=\frac{E_0}{\varepsilon_r}$$

有

$$E'=\frac{\varepsilon_r-1}{\varepsilon_r}E_0$$

从而可得

$$\sigma'=\frac{\varepsilon_r-1}{\varepsilon_r}\sigma_0 \tag{4-4a}$$

由于 $Q_0=\sigma_0 S$，$Q'=\sigma' S$，故式（4-4a）也可写成

$$Q'=\frac{\varepsilon_r-1}{\varepsilon_r}Q_0 \tag{4-4b}$$

式（4-4a）给出了在电介质中，极化电荷面密度 σ' 与自由电荷面密度 σ_0 和电介质的相对电容率 ε_r 之间的关系。大家知道，电介质的 ε_r 总是大于 1 的，所以 σ' 总比 σ_0 要小。

将 $E_0=\sigma_0/\varepsilon_0$，$E=E_0/\varepsilon_r$ 以及 $\sigma'=P$ 代入式（4-4a），可得电介质中电极化强度 P 与电场强度 E 之间的关系为

$$P=(\varepsilon_r-1)\varepsilon_0 E$$

写成矢量有

$$\boldsymbol{P}=(\varepsilon_r-1)\varepsilon_0 \boldsymbol{E} \tag{4-5}$$

式（4-5）表明，电介质中的 $\boldsymbol{P}$ 与 $\boldsymbol{E}$ 呈线性关系。如取 $\chi_e=\varepsilon_r-1$，式（4-5）也为

$$\boldsymbol{P}=\chi_e\varepsilon_0\boldsymbol{E}$$

式中，χ_e 称为电介质的电极化率。

顺便指出，上面讨论的是电介质在静电场中极化的情形。在交变电场中，情形有所不同。以有极分子为例，由于电偶极子的转向需要时间，在外电场变化频率较低时，电偶极子还来得及跟上电场的变化而不断转向，故 ε_r 的值与在恒定电场下的数值相比差别不大。但当频率大到某一程度时，电偶极子就来不及跟随电场方向的改变而转向，这时相对电容率 ε_r 就要下降。所以在高频条件下，电介质的相对电容率 ε 是和外电场的频率 f 有关的。

4.3 电位移矢量和有电介质时的高斯定理

第 3 章只研究了真空中静电场的高斯定理。当静电场中有电介质时，在高斯面内不仅会有自由电荷，还会有极化电荷。这时，高斯定理应有些什么变化呢？

仍以两平行带电平板间充满均匀电介质为例来进行讨论。在如图 4-15 所示的情形中，取一闭合的圆柱面作为高斯面，高斯面的两端面与极板平行，其中一个端面在电介质内，端面的面积为 S。设极板上的自由电荷面密度为 σ_0，电介质表面上的极化电荷面密度为 σ'。

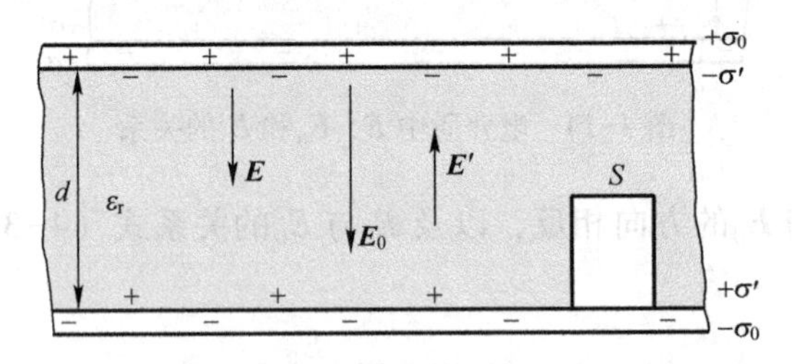

图 4-15　带电平板间充满均匀电介质的高斯定理

对此高斯面来说，由高斯定理，有

$$\oint_S \boldsymbol{E}\cdot d\boldsymbol{S}=\frac{1}{\varepsilon_0}(Q_0-Q') \tag{4-6}$$

式中，$Q_0=\sigma_0 S$，$Q'=\sigma' S$。我们不希望在式（4-6）中出现极化电荷，由式（4-4b）可知 $Q_0-Q'=Q_0/\varepsilon_r$，把它代入式（4-6）有

$$\oint_S \boldsymbol{E} \cdot \mathrm{d}\boldsymbol{S} = \frac{Q_0}{\varepsilon_0 \varepsilon_\mathrm{r}}$$

或

$$\oint_S \varepsilon_0 \varepsilon_\mathrm{r} \boldsymbol{E} \cdot \mathrm{d}\boldsymbol{S} = Q_0 \tag{4-7}$$

不妨，令

$$\boldsymbol{D} = \varepsilon_0 \varepsilon_\mathrm{r} \boldsymbol{E} = \varepsilon \boldsymbol{E} \tag{4-8}$$

式中，ε 为电介质的电容率，$\varepsilon = \varepsilon_0 \varepsilon_\mathrm{r}$。那么式（4-7）可写成

$$\oint_S \boldsymbol{D} \cdot \mathrm{d}\boldsymbol{S} = Q_0 \tag{4-9}$$

式中，$\boldsymbol{D}$ 为电位移，而 $\oint_S \boldsymbol{D} \cdot \mathrm{d}\boldsymbol{S}$ 则是通过任意闭合曲面 S 的电位移通量，$\boldsymbol{D}$ 的单位为 $\mathrm{C/m^2}$。

式（4-9）虽是从两平行带电平板中充有电介质这一情形得出的，但可以证明在一般情况下它也是正确的。所以，有电介质时的高斯定理可叙述为：在静电场中，通过任意闭合曲面的电位移通量等于该闭合曲面内所包围的自由电荷的代数和，其数学表达式为

$$\oint_S \boldsymbol{D} \cdot \mathrm{d}\boldsymbol{S} = \sum_{i=1}^{n} Q_{0i} \tag{4-10}$$

由式（4-10）可以看出，通过闭合曲面的电位移通量只和自由电荷联系在一起。

在电场中放入电介质以后，电介质中电场强度的分布既和自由电荷分布有关，又和极化电荷分布有关，而极化电荷分布常是很复杂的。现在引入电位移这一物理量后，电介质高斯定理只与自由电荷有关了，所以用式（4-10）来处理电介质中电场的问题就比较简单。但要注意，从表述有电介质时的电场规律来说，$\boldsymbol{D}$ 只是一个辅助矢量。在教学范围内，描写电场性质的物理量仍是电场强度 $\boldsymbol{E}$ 和电势 V。若把一试验电荷 q_0 放到电场中，决定它受力的是电场强度 $\boldsymbol{E}$，而不是电位移 $\boldsymbol{D}$。

下面简述一下电介质中电场强度 $\boldsymbol{E}$、电极化强度 $\boldsymbol{P}$ 和电位移 $\boldsymbol{D}$ 之间关系。从电位移和电场强度的关系 $\boldsymbol{D} = \varepsilon_0 \varepsilon_\mathrm{r} \boldsymbol{E}$ 及 $\boldsymbol{P} = (\varepsilon_\mathrm{r} - 1)\varepsilon_0 \boldsymbol{E}$ 可得

$$\boldsymbol{D} = \boldsymbol{P} + \varepsilon_0 \boldsymbol{E} \tag{4-11}$$

式（4-11）表明 $\boldsymbol{D}$ 是两个矢量之和。可见，$\boldsymbol{D}$ 是在考虑了电介质极化这个因素的情形下，被用来简化对电场规律的表述的。

例 4-2　把一块相对电容率 $\varepsilon_\mathrm{r} = 3$ 的电介质，放在间距为 $d = 1\ \mathrm{mm}$ 的两平行带电平板之间。放入之前，两板的电势差是 1000 V。若放入电介质后两平板上的电荷面密度保持不变，试求两板间电介质内的电场强度 $\boldsymbol{E}$、电极化强度 $\boldsymbol{P}$、平板和电介质的电荷面密度、电介质内的电位移 $\boldsymbol{D}$。

解： 放入电介质前，两板间的电场强度大小为

$$E_0 = \frac{U}{d} = 10^3\ \mathrm{kV/m}$$

放入电介质后，电介质中的电场强度大小为

$$E = \frac{E_0}{\varepsilon_\mathrm{r}} = 3.33 \times 10^2\ \mathrm{kV/m}$$

由式（4-5）知，电介质的电极化强度大小为

$$P=(\varepsilon_r-1)\varepsilon_0 E=5.89\times10^{-6}\ \text{C/m}^2$$

无论两板间是否放入电介质，两板自由电荷面密度的值均为

$$\sigma_0=\varepsilon_0 E_0=8.85\times10^{-6}\ \text{C/m}^2$$

由式（4-2）得，电介质中极化电荷面密度的值为

$$\sigma'=P=5.89\times10^{-6}\ \text{C/m}^2$$

根据式（4-8），电介质中的电位移大小为

$$D=\varepsilon_0\varepsilon_r E=\varepsilon_0 E_0=\sigma_0=8.85\times10^{-6}\ \text{C/m}^2$$

例 4-3 图 4-16 是由半径为 R_1 的长直圆柱导体和同轴的半径为 R_2 的薄导体圆筒组成，并在导体与导体圆筒之间充以相对电容率为 ε_r 的电介质。设直导体和圆筒单位长度上的电荷分别为 $+\lambda$ 和 $-\lambda$。求：（1）电介质中的电场强度、电位移和极化强度；（2）电介质内、外表面的极化电荷面密度。

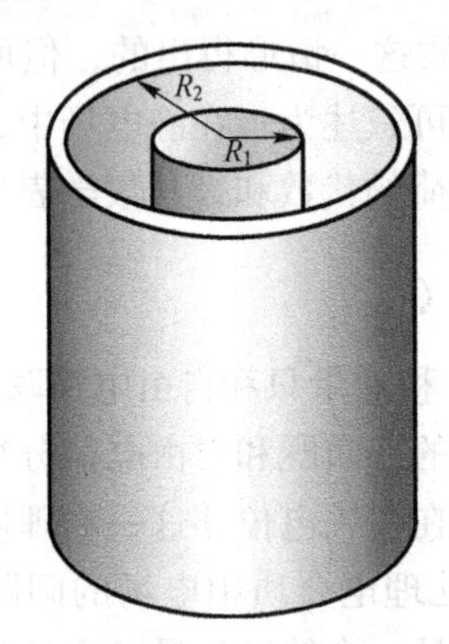

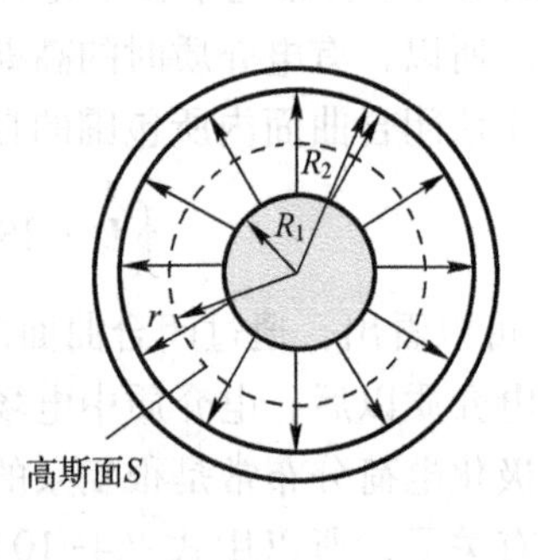

图 4-16　长直圆柱和同轴的薄圆筒导体的立体和截面图

解：（1）由于电荷分布是均匀对称的，所以电介质中的电场也是柱对称的，电场强度的方向沿柱面的径矢方向。作一与圆柱导体同轴的柱形高斯面，其半径为 r（$R_1<r<R_2$）、长为 l。因为电介质中的电位移 $\boldsymbol{D}$ 与柱形高斯面的两底面的法线垂直，所以通过这两底面的电位移通量为零。根据电介质中的高斯定理，有

$$\oint_S \boldsymbol{D}\cdot \mathrm{d}\boldsymbol{S}=\lambda l,\quad 即\ D\cdot 2\pi r l=\lambda l$$

由 $E=D/(\varepsilon_0\varepsilon_r)$ 得电介质中的电场强度的大小为

$$E=\frac{\lambda}{2\pi\varepsilon_0\varepsilon_r r}\quad (R_1<r<R_2)$$

电介质中的极化强度为

$$P=(\varepsilon_r-1)\varepsilon_0 E=\frac{\varepsilon_r-1}{2\pi\varepsilon_r r}\lambda$$

或将以上两式代入 $P=D-\varepsilon_0 E$，也可以得到相同的结果。

（2）由于电介质两表面处的电场强度大小分别为

$$E_1=\frac{\lambda}{2\pi\varepsilon_0\varepsilon_r R_1}\quad (r=R_1)$$

和

$$E_2=\frac{\lambda}{2\pi\varepsilon_0\varepsilon_r R_2}\quad (r=R_2)$$

所以，电介质两表面极化电荷面密度的值分别为

$$-\sigma_1' = (\varepsilon_r - 1)\varepsilon_0 E_1 = (\varepsilon_r - 1)\frac{\lambda}{2\pi\varepsilon_r R_1}$$

$$-\sigma_2' = (\varepsilon_r - 1)\varepsilon_0 E_2 = (\varepsilon_r - 1)\frac{\lambda}{2\pi\varepsilon_r R_2}$$

4.4 电容和电容器

电容是电学中一个重要的物理量，它反映了导体储存电荷和储存电能的本领。本节先讨论孤立导体[⊖]的电容，然后讨论电容器及其电容，最后讨论电容器的连接。

4.4.1 孤立导体的电容

在真空中，一个带有电荷 Q 的孤立导体，其电势 V（相对于无限远处的零电势而言）正比于所带的电荷 Q，而且与导体的形状和尺寸有关。例如，在真空中有一半径为 R、电荷为 Q 的孤立球形导体，它的电势为

$$V = \frac{1}{4\pi\varepsilon_0}\frac{Q}{R}$$

从上式可以看出，当电势一定时，球的半径越大，它所带电荷也越多。然而，当此孤立球形导体的半径一定时，它所带的电荷若增加一倍，则其电势也相应地增加一倍，但 Q/V 是一个常量。上述结果虽然是对球形孤立导体而言的，但对任意形状的孤立导体也是如此。于是，把孤立导体所带的电荷 Q 与其电势 V 的比值叫作孤立导体的电容，电容的符号为 C，有

$$C = \frac{Q}{V} \tag{4-12}$$

由于孤立导体的电势总是正比于电荷，所以它们的比值既不依赖于 V，也不依赖于 Q，仅与导体的形状和尺寸有关。对于在真空中孤立球形导体来说，其电容为

$$C = \frac{Q}{V} = \frac{Q}{\dfrac{1}{4\pi\varepsilon_0}\dfrac{Q}{R}} = 4\pi\varepsilon_0 R \tag{4-13}$$

由式（4-13）可以看出，真空中球形孤立导体的电容正比于球的半径。

应当明确，电容是表述导体电学性质的物理量，它与导体是否带电无关，就像导体的电阻与导体是否通有电流无关一样。

在国际单位制中，电容的单位为法拉（farad），符号为 F。在实际应用中，由于法拉太大，常用微法（μF）、皮法（pF）等作为电容的单位，它们之间的关系为

$$1\ \mathrm{F} = 10^6\ \mu\mathrm{F} = 10^{12}\ \mathrm{pF}$$

4.4.2 电容器

两个能够带有等值而异号电荷的导体所组成的系统，叫作电容器。电容器可以储存电

⊖ 如果处在真空中的导体远离其他导体，使它们之间不发生电的影响，这种处于真空中的导体叫作孤立导体。孤立导体是一种理想模型。

荷，以后将看到电容器还可储存能量。如图 4-17 所示，两个导体 A、B 放在真空中，它们所带的电荷分别为$+Q$和$-Q$，如果它们的电势分别为V_1和V_2，那么它们之间的电势差为

$$U=V_1-V_2$$

电容器的电容定义为：两导体中任何一个导体所带的电荷（Q）与两导体间电势差U的比值，即

$$C=\frac{Q}{U} \tag{4-14}$$

导体 A 和 B 常称为电容器的两个电极或极板。

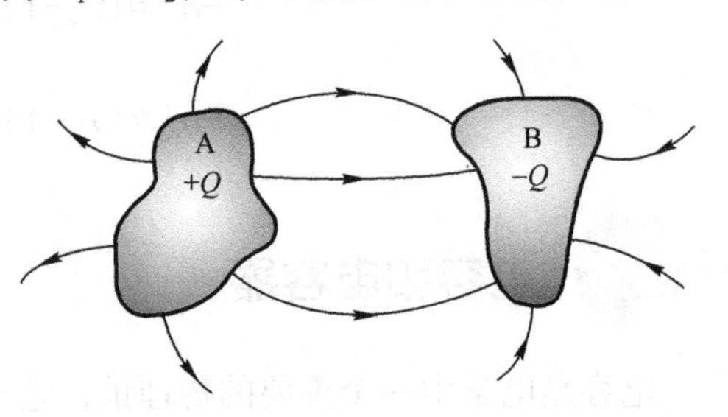

图 4-17　两个具有等值而异号电荷的导体系统

电容器是现代电工技术和电子技术中的重要元件，其大小、形状不一，种类繁多，有大到比人还高的巨型电容器，也有小到肉眼无法看见的微型电容器。在超大规模集成电路中，1 cm^2中可以容纳数以万计的电容器，而随着纳米（nm）材料的发展，现在几十微米级的电容器已经出现，电子技术正日益向微型化发展。同时，电容器的大型化也日趋成熟，利用高功率电容器已获得高强度的脉冲激光束，为实现人工控制热核聚变的良好前景提供了条件。

根据需要不同，电容器的形状以及电容器内所填充的电介质也不同。表 4-2 给出了一些常见电介质的相对电容率和击穿场强。除空气的相对电容率近似等于 1 外，其他电介质的相对电容率均大于 1。像乙烯等材料，由于其柔软性好，可将它们卷成体积不大的圆柱形，是制造高电容值电容器的好材料。钛酸锶钡的相对电容率可达 10^4，可用之制造电容特大、体积特小的电容器，有助于实现电子设备的小型化。

表 4-2　几种常见电介质的相对电容率和击穿场强（室温）

电介质	相对电容率	击穿场强 /(10^3 V/nm)	电介质	相对电容率	击穿场强 /(10^3 V/nm)
真空	1	—	聚四氟乙烯	2.1	60
空气（0℃）	1.00059	3	硼硅酸玻璃	5~10	10~50
水	80	—	石英	3.78	8
变压器油	2.2~2.5	12	钛酸锶	223	8
瓷器	6	12	钛酸锶钡	≈10^4	5~30
酚醛塑料	4.9	24	纸	3.7	16
合成橡胶	6.60	12	涂以石蜡的纸	3.5	11
聚苯乙烯	3.56	24	硅酮油	2.5	15

显然，电容器的电容不仅依赖于电容器的形状，而且和极板间电介质的相对电容率有关。当极板上加一定的电压时，极板间就有一定的电场强度，电压越大，电场强度也越大。当电场强度增大到某一最大值E_b时，电介质中分子发生电离，从而使电介质失去绝缘性，这时就说电介质被击穿了。电介质能承受的最大电场强度E_b称为电介质的击穿场强（也称介电强度），此时两极板的电压称为击穿电压U_b。对于平行平板电容器来说，击穿场强E_b与击穿电压U_b之间的关系为

$$E_b = \frac{U_b}{d}$$

式中，d 为两极板之间的距离。表 4-2 给出几种电介质的击穿场强。电介质被击穿的因素很多，它与材料的物质结构、杂质缺陷、电极形状、电极间电压、环境条件以及电极表面状况有关。

例 4-4　平行平板电容器如图 4-18 所示，平行平板电容器由两个彼此靠得很近的平行极板 A、B 所组成，两极板的面积均为 S，两极板间距为 d，极板间充满相对电容率为 ε_r 的电介质。求此电容器的电容。

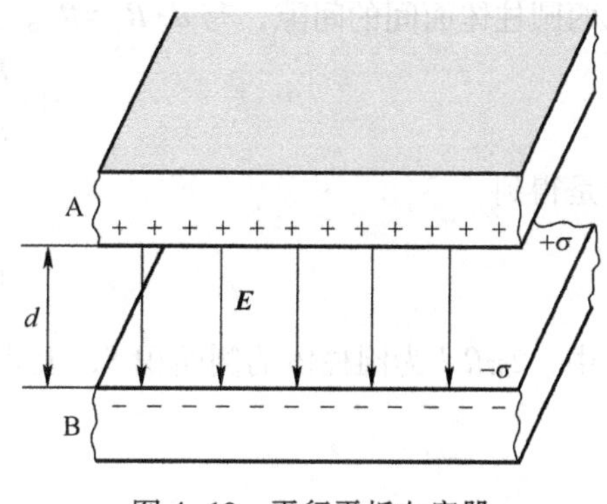

图 4-18　平行平板电容器

解： 设两极板分别带有 $+Q$ 和 $-Q$ 的电荷，于是每块极板上的电荷面密度为 $\sigma = Q/S$，两极板之间的电场为均匀电场，由电介质中的高斯定理可得极板间的电位移和电场强度的大小为

$$D = \sigma$$

$$E = \frac{\sigma}{\varepsilon_0 \varepsilon_r} = \frac{Q}{\varepsilon_0 \varepsilon_r S}$$

应当指出，在上面的论述中，略去了极板的边缘效应，即把两极板边缘附近的电场仍近似视为均匀电场。这种近似处理的方法是可行的，因为实用的电容器极板间的距离 d 比起极板的线度要小得多，使边缘附近不均匀电场所导致的误差完全可以略去。于是极板间的电势差为

$$U = \int_{AB} \boldsymbol{E} \cdot d\boldsymbol{l} = Ed = \frac{Qd}{\varepsilon_0 \varepsilon_r S}$$

由电容器电容的定义式（4-14），可得平板电容器的电容为

$$C = \frac{Q}{U} = \frac{\varepsilon_0 \varepsilon_r S}{d}$$

由上式可见，平板电容器的电容与极板的面积成正比，与极板间的距离成反比。电容 C 的大小与电容器是否带电无关，只与电容器本身的结构形状有关。

例 4-5　圆柱形电容器如图 4-16 所示，圆柱形电容器是由半径分别为 R_1 和 R_2 的两同轴圆柱导体面所构成，且圆柱体的长度 l 比半径 R_2 大得多。两圆柱面之间充满相对电容率为 ε_r 的电介质。求此圆柱形电容器的电容。

解： 因为 $l \gg R_2$，所以可把两圆柱面间的电场看作无限长圆柱面的电场。设内、外圆柱面各带有 $+Q$ 和 $-Q$ 的电荷，则单位长度上的电荷 $\lambda = Q/l$。由 4.3 节例 4-3 已知，两圆柱面之间距圆柱的轴线为 r 处的电场强度 $\boldsymbol{E}$ 的大小为

$$E = \frac{\lambda}{2\pi\varepsilon_0\varepsilon_r l} = \frac{Q}{2\pi\varepsilon_0\varepsilon_r l} \frac{1}{r}$$

电场强度方向垂直于圆柱轴线。于是，两圆柱面间的电势差为

$$U = \int_l \boldsymbol{E} \cdot d\boldsymbol{r} = \int_{R_1}^{R_2} \frac{Q}{2\pi\varepsilon_0\varepsilon_r l} \frac{dr}{r} = \frac{Q}{2\pi\varepsilon_0\varepsilon_r l} \ln \frac{R_2}{R_1}$$

根据式（4-12），即得圆柱形电容器的电容为

$$C=\frac{Q}{U}=\frac{2\pi\varepsilon_0\varepsilon_r l}{\ln\frac{R_2}{R_1}}$$

可见，圆柱越长，电容 C 越大；两圆柱面间的间隙越小，电容 C 也越大。如果以 d 表示两圆柱体面间的间隙，有 $d+R_1=R_2$。当 $d\ll R_1$时，有

$$\ln\frac{R_2}{R_1}=\ln\frac{R_1+d}{R_1}\approx\frac{d}{R_1}$$

于是得到

$$C\approx\frac{2\pi\varepsilon_0\varepsilon_r lR_1}{d}$$

式中，$2\pi R_1 l$ 为圆柱体的侧面积 S，上式又可写成

$$C\approx\frac{\varepsilon_0\varepsilon_r S}{d}$$

此即平板电容器的电容。可见，当两圆柱面间的间隙远小于圆柱面半径，即 $d\ll R_1$时，圆柱形电容器可当作平板电容器。

例 4-6 球形电容器是由半径分别为 R_1和 R_2的两个同心金属球壳所组成（见图 4-19）。设内球壳带正电（$+Q$），外球壳带负电（$-Q$），内、外球壳之间的电势差为 U。

解： 由高斯定理可求得两球壳之间点 P 的电场强度为

$$\boldsymbol{E}=\frac{Q}{4\pi\varepsilon_0 r^2}\boldsymbol{e}_r \quad (R_1<r<R_2)$$

所以，两球壳之间的电势差为

$$U=\int_{R_1}^{R_2}\boldsymbol{E}\cdot d\boldsymbol{r}=\frac{Q}{4\pi\varepsilon_0}\int_{R_1}^{R_2}\frac{dr}{r^2}=\frac{Q}{4\pi\varepsilon_0}\left(\frac{1}{R_1}-\frac{1}{R_2}\right)$$

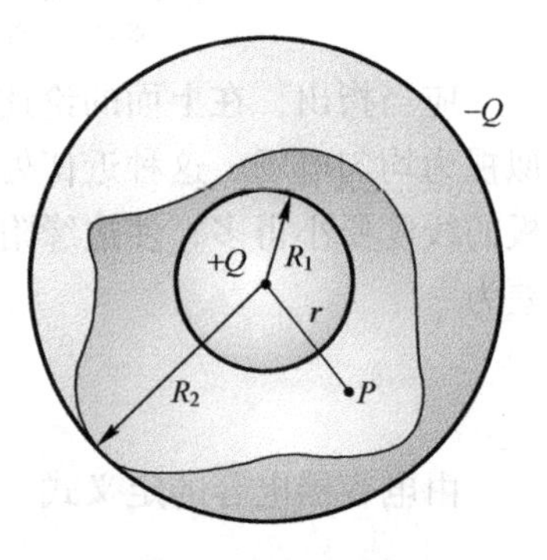

图 4-19 球形电容器

于是，由电容器电容的定义式（4-12），可求得球形电容器的电容为

$$C=\frac{Q}{U}=4\pi\varepsilon_0\left(\frac{R_1R_2}{R_2-R_1}\right)$$

顺便指出，如 $R_2\to\infty$，有

$$C=4\pi\varepsilon_0 R_1$$

此即前述孤立球形导体的电容。

例 4-7 设有两根半径都为 R 的平行长直导线，它们中心之间距离为 d，且 $d>R$。求单位长度的电容。

解： 如图 4-20 所示，设导线 A、B 间的电势差为 U，它们的电荷线密度分别为$+\lambda$ 和$-\lambda$，则两导线中心 OO'连线上，距 O 为 x 处点 P 的电场强度 $\boldsymbol{E}$ 的大小为

$$E=\frac{1}{2\pi\varepsilon_0}\left(\frac{\lambda}{x}+\frac{\lambda}{d-x}\right)$$

E 的方向沿 x 轴正向。两导线之间的电势差为

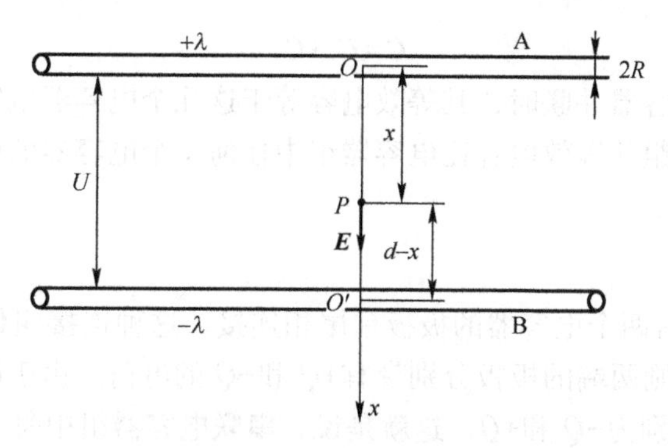

图 4−20　两根半径都为 R 的平行长直导线

$$U=\int_l \boldsymbol{E}\cdot \mathrm{d}\boldsymbol{l}=\int_R^{d-R} E\mathrm{d}x$$
$$=\frac{\lambda}{2\pi\varepsilon_0}\int_R^{d-R}\left(\frac{1}{x}+\frac{1}{d-x}\right)\mathrm{d}x$$

上式积分后为

$$U=\frac{\lambda}{\pi\varepsilon_0}\ln\frac{d-R}{R}$$

考虑到 $d\gg R$，有

$$U\approx\frac{\lambda}{\pi\varepsilon_0}\ln\frac{d}{R}$$

于是，两长直导线单位长度的电容为

$$C'=\frac{\lambda}{U}\approx\frac{\pi\varepsilon_0}{\ln\dfrac{d}{R}}$$

4.4.3　电容器的并联和串联

在实际的电路设计和使用中，常需要把一些电容器组合起来才便于使用。电容器最基本的组合方式是并联和串联。下面讨论电容器并联或串联的等效电容的计算方法。

1. 电容器的并联

如图 4−21 所示，将两个电容器 C_1、C_2的极板一一对应地连接起来，这种连接叫作并联。将它们接在电压为 U 的电路上，则 C_1、C_2上的电荷分别为 Q_1、Q_2。根据式（4−14）有

$$Q_1=C_1U,\quad Q_2=C_2U$$

电容器上总电荷 Q 为

$$Q=Q_1+Q_2=(C_1+C_2)U$$

若用一个电容器来等效地代替这两个电容器，使它在电压为 U 时，所带电荷也为 Q，那么这个等效电容器的电容 C 为

$$C=\frac{Q}{U}$$

把它与前式相比较可得

$$C=C_1+C_2 \tag{4-15}$$

这说明，当几个电容器并联时，其等效电容等于这几个电容器电容之和。

可见，并联电容器组的等效电容比电容器组中任何一个电容器的电容都要大，但各电容器上的电压却是相等的。

2. 电容器的串联

如图 4-22 所示，有两个电容器的极板首尾相连接，这种连接叫作串联。设加在串联电容器组上的电压为 U，则两端的极板分别带有 $+Q$ 和 $-Q$ 的电荷。由于静电感应使虚线框内的两块极板所带的电荷分别为 $-Q$ 和 $+Q$。这就是说，串联电容器组中每个电容器极板上所带的电荷是相等的。根据式（4-12）可得每个电容器的电压为

$$U_1=\frac{Q}{C_1},\quad U_2=\frac{Q}{C_2}$$

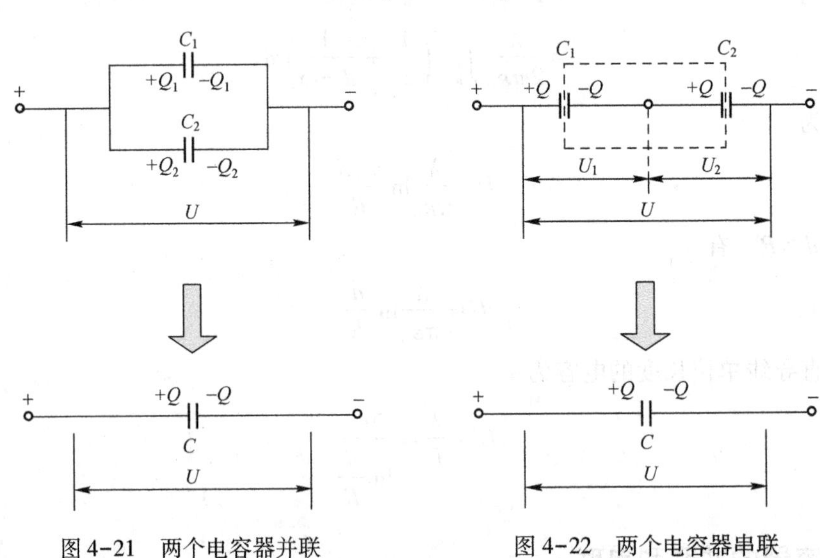

图 4-21　两个电容器并联　　图 4-22　两个电容器串联

而总电压 U 则为各电容器上的电压 U_1、U_2之和，即

$$U=U_1+U_2=\left(\frac{1}{C_1}+\frac{1}{C_2}\right)Q$$

如果用一个电容为 C 的电容器来等效地代替串联电容器组，使它两端的电压为 U 时，它所带的电荷也为 Q，则有

$$U=\frac{Q}{C}$$

把它与前式相比较，可得

$$\frac{1}{C}=\frac{1}{C_1}+\frac{1}{C_2} \tag{4-16}$$

这说明，串联电容器组等效电容的倒数等于电容器组中各电容倒数之和。

如果把式（4-16）改写为

$$C=\frac{C_1C_2}{C_1+C_2} \tag{4-17}$$

容易看出，串联电容器组的等效电容比电容器组中任何一个电容器的电容都小，但每一电容器上的电压却小于总电压。

4.5 静电场能量

这一节讨论静电场能量。以平行平板电容器的带电过程为例，讨论通过外力做功把其他形式的能量转化为电能的机理。在带电过程中，平板电容器内建立了电场，从而可导出电场能量的计算公式。

4.5.1 电容器的电能

如图 4-23 所示，有一电容为 C 的平行平板电容器正处于充电过程中，设在某时刻两极板之间的电势差 u，此时若把 $+\mathrm{d}q$ 从带负电的极板移到带正电的极板，外力因克服静电场力而需做的功为

$$\mathrm{d}W = u\mathrm{d}q = \frac{1}{C}q\mathrm{d}q$$

当电容器两极板的电势差为 U，且极板上分别带有 $\pm Q$ 的电荷时，外力做的总功为

$$W = \frac{1}{C}\int_0^Q q\mathrm{d}q = \frac{Q^2}{2C} = \frac{1}{2}QU = \frac{1}{2}CU^2 \tag{4-18a}$$

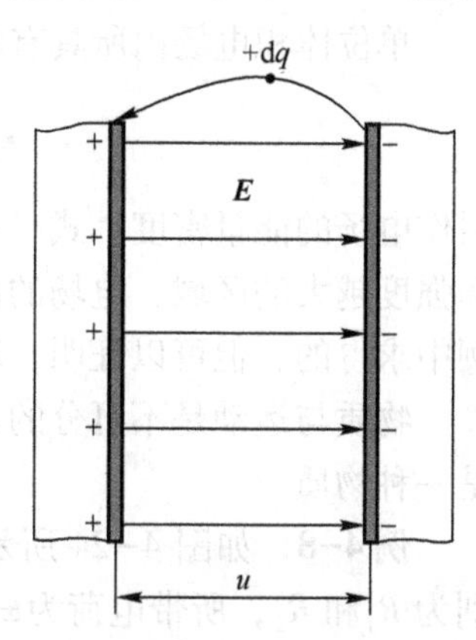

图 4-23　把 $+\mathrm{d}q$ 从负极板移到正极板

根据广义的功能原理，做功将使电容器的能量增加，也就是电容器储存了电能 W_e㊀。于是，有

$$W_e = \frac{1}{2}\frac{Q^2}{C} = \frac{1}{2}CU^2 = \frac{1}{2}QU \tag{4-18b}$$

从上述讨论可见，在电容器的充电过程中，外力通过克服静电场力做功，把非静电能转化为电容器的电能。

4.5.2 静电场的能量密度

电容器的能量储存在哪里呢？仍以平行平板电容器为例进行讨论。

对于极板面积为 S、间距为 d 的平行平板电容器，若不计边缘效应，则电场所占有的空间体积为 Sd，于是此电容器储存的能量也可以写成

$$W_e = \frac{1}{2}CU^2 = \frac{1}{2}\frac{\varepsilon S}{d}(Ed)^2 = \frac{1}{2}\varepsilon E^2 Sd \tag{4-19}$$

仔细看来，式（4-18）和式（4-19）的物理意义是不同的。式（4-18）表明，电容器之所以储存能量，是因为在外力作用下将电荷 Q 从一个极板移至另一极板，因此电容器能量的携带者是电荷。而式（4-19）却表明，在外力做功的情况下，使原来没有电

㊀ 前面电势能的符号为 E_p。今后为与电场强度的符号 E 区分，电场能量的符号取 W_e，后面内容中磁场能量的符号取 W_m。

场的电容器两极板间建立了有确定电场强度的静电场，因此电容器能量的携带者应当是电场。我们知道，静电场总是伴随着静止电荷而产生，两者形影不离，所以在静电学范围内，上述两种观点是等效的，没有区别。但对于变化的电磁场来说，情况就不同了。电磁波是变化的电场和磁场在空间的传播。电磁波不仅含有电场能量 W_e，而且含有磁场能量 W_m。理论和实验都已确认，在电磁波的传播过程中，并没有电荷伴随着传播，所以不能说电磁波能量的携带者是电荷，而只能说电磁波能量的携带者是电场和磁场。因此，如果某一空间具有电场，那么该空间就具有电场能量。基于上述理由，我们说式（4-19）比式（4-18）更具有普遍的意义。

单位体积电场内所具有的电场能量

$$w_e=\frac{1}{2}\varepsilon E^2 \tag{4-20}$$

叫作电场的能量密度。式（4-20）表明，电场的能量密度与电场强度的二次方成正比。电场强度越大的区域，电场的能量密度也越大。式（4-20）虽然是从平行平板电容器这个特例中求得的，但可以证明，对于任意电场这个结论也是正确的。

物质与运动是不可分的，凡是物质都在运动，都具有能量。电场具有能量，表明电场也是一种物质。

例 4-8 如图 4-24 所示，球形电容器的内、外半径分别为 R_1 和 R_2，所带电荷为 $\pm Q$。若在两球壳间充以电容率为 ε 的电介质，问此电容器储存的电场能量为多少？

解： 球形电容器极板上的电荷是均匀分布的，则球壳间电场也是对称分布的。由高斯定理可求得球壳间的电场强度为

$$\boldsymbol{E}=\frac{1}{4\pi\varepsilon}\frac{Q}{r^2}\boldsymbol{e}_r \quad (R_1<r<R_2)$$

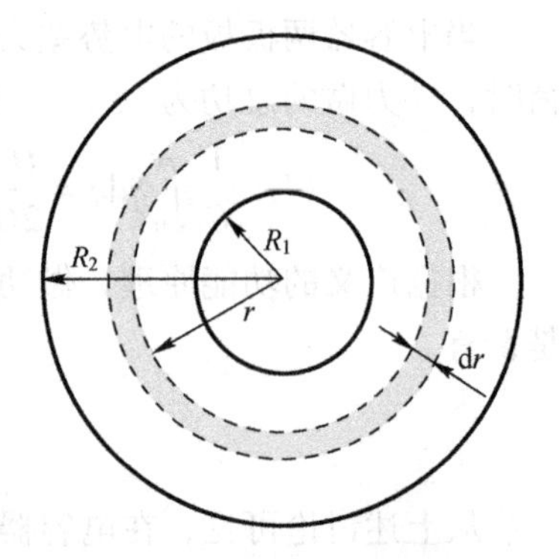

图 4-24 球形电容器

故球壳间的电场能量密度为

$$w_e=\frac{1}{2}\varepsilon E^2=\frac{Q^2}{32\pi^2\varepsilon r^4}$$

取半径为 r、厚为 $\mathrm{d}r$ 的球壳，其体积元为 $\mathrm{d}V=4\pi r^2\mathrm{d}r$。所以，在此体积元内电场的能量为

$$\mathrm{d}W_e=w_e\mathrm{d}V=\frac{Q^2}{8\pi\varepsilon r^2}\mathrm{d}r$$

故球壳间电场的总能量为

$$W_e=\int\mathrm{d}W_e=\frac{Q^2}{8\pi\varepsilon}\int_{R_1}^{R_2}\frac{\mathrm{d}r}{r^2}=\frac{Q^2}{8\pi\varepsilon}\left(\frac{1}{R_1}-\frac{1}{R_2}\right)$$

$$=\frac{1}{2}\frac{Q^2}{4\pi\varepsilon\dfrac{R_2R_1}{R_2-R_1}}$$

此外，由例 4-6 已知，球形电容器的电容为 $C=4\pi\varepsilon[R_1R_2/(R_2-R_1)]$。所以，由电容器所储存的电能为

$$W_e=\frac{1}{2}\frac{Q^2}{C}$$

也能得到相同的答案。然而大家应明了，电容器的能量是储存于电容器内的电场之中的。

如果 $R_2\to\infty$，此带电系统即为一半径为 R_1、电荷为 Q 的孤立球形导体。由上述答案可知，它激发的电场所储存的能量为

$$W_e=\frac{Q^2}{8\pi\varepsilon R_1}$$

例 4-9　在图 4-16 所示的圆柱形电容器中，长圆柱导体与导体圆筒之间充满空气，且已知空气的击穿场强是 $E_b=3\times10^6\ \mathrm{V/m}$。设导体圆筒的半径 $R_2=10^{-2}\ \mathrm{m}$。在空气不被击穿的情况下，长圆柱导体的半径 R_1 取多大值可使电容器储存的能量最多?

解： 由例 4-5 可知，两圆柱面间的电场强度大小为

$$E=\frac{\lambda}{2\pi\varepsilon_0 r}\quad (R_1<r<R_2)$$

λ 为长圆柱导体单位长度上的电荷。从上式可以看出，$E\propto\frac{1}{r}$。故在长圆柱体表面附近，即 $r=R_1$ 处电场最强。因此，设想若此处的电场强度为击穿场强 E_b 时，圆柱形电容器既可带电荷最多，又不会使空气介质被击穿。于是有

$$E_b=\frac{\lambda_{max}}{2\pi\varepsilon_0 R_1}$$

由上式可得 $\lambda_{max}=2\pi\varepsilon_0 R_1 E_b$，显然，$\lambda_{max}$ 由 E_b 和 R_1 所决定。

由电容器的储能式 $W_e=QU/2$ 可知，单位长度圆柱形电容器所储存的能量为

$$W_e^1=\frac{1}{2}\lambda U$$

U 为两极间的电势差。由电势差的定义式有

$$U=\int_{R_1}^{R_2}\boldsymbol{E}\cdot\mathrm{d}\boldsymbol{r}$$

把 E 代入上式，得

$$U=\frac{\lambda}{2\pi\varepsilon_0}\int_{R_1}^{R_2}\frac{\mathrm{d}r}{r}=\frac{\lambda}{2\pi\varepsilon_0}\ln\frac{R_2}{R_1}$$

于是

$$W_e^1=\frac{\lambda^2}{4\pi\varepsilon_0}\ln\frac{R_2}{R_1}$$

再以 λ_{max} 代入上式，得电容器电荷最多又使空气介质不致被击穿时的电能为

$$W_e^1=\pi\varepsilon_0 E_b^2 R_1^2\ln\frac{R_2}{R_1}$$

上式表明，在 E_b 已知时，W_e^1 仅随 R_1 而异。显然，欲使圆柱形电容器储能最多，且空气介质又不致被击穿，R_1 的值需满足 $\mathrm{d}W_e^1/\mathrm{d}R_1=0$ 的条件。由上式得

$$\frac{\mathrm{d}W_e^1}{\mathrm{d}R_1}=\pi\varepsilon_0 E_b^2 R_1^2\left(2\ln\frac{R_2}{R_1}-1\right)=0$$

有
$$2\ln\frac{R_2}{R_1}-1=0$$
即
$$R_1=\frac{R_2}{\sqrt{e}}$$
时，圆柱形电容器所储能量最大，且空气不被击穿。由已知数据，$R_2=10^{-2}$ m，可得内半径为 $R_1=10^{-2}/\sqrt{e}$ m$=3.07\times10^{-3}$ m。

还可以算出空气不被击穿时，圆柱形电容器两极间最大电势差为
$$U_{\max}=E_bR_1\ln\frac{R_2}{R_1}=E_b\frac{R_2}{\sqrt{e}}\ln\frac{R_2}{R_2/\sqrt{e}}=\frac{E_bR_2}{2\sqrt{e}}$$
将已知数据代入，有
$$U_{\max}=\frac{3\times10^6\times10^{-2}}{2\sqrt{e}}\text{ V}=9.10\times10^3\text{ V}$$

上述计算结果表明，对以空气为介质的圆柱形电容器，当外半径为 10^{-2} m 时，其内半径须为 4.07×10^{-3} m，才能使所储存的电能最多。此时，两极的最大电压为 9.10×10^3 V。

4.6 静电的应用㊀

4.6.1 范德格拉夫静电起电机

静电加速器是加速质子、α 粒子、电子等带电粒子的一种装置，静电加速器的电压可高达数百万伏，它主要是靠静电起电机产生的。静电起电机中最常用的一种是 1931 年由范德格拉夫（Van de Graaff，1901—1967）研制出来的，故也称范德格拉夫静电起电机。图 4-25 所示为静电起电机的工作原理图，金属球壳 A 是起电机的高压电极，它由绝缘支柱 C 支撑着。球壳内和绝缘支柱底部装有一对转轴 D 和 D′，转轴上装有传送电荷的输电带（绝缘带 B），并由电动机驱使它们转动。在输电带附近装有一排喷电针尖 E，而针尖与直流高压电源的正极相接，且相对地面的电压高达几万伏，故而在喷电针尖 E 附近电场很强，使气体发生电离，产生尖端放电现象。在强电场作用下，带正电的电荷从喷电针尖飞向输电带 B，并附着在输电带上随输电带一起向上运动。当输电带 B 上的正电荷进入金属球壳 A 时，遇到一排与金属球壳相连的刮电针尖 F，因静电感应使刮电针尖 F 带负电，同时使球壳 A 带正电并分布在球壳的外表面上。由于针尖 F 附近电场很强，产生尖端放电

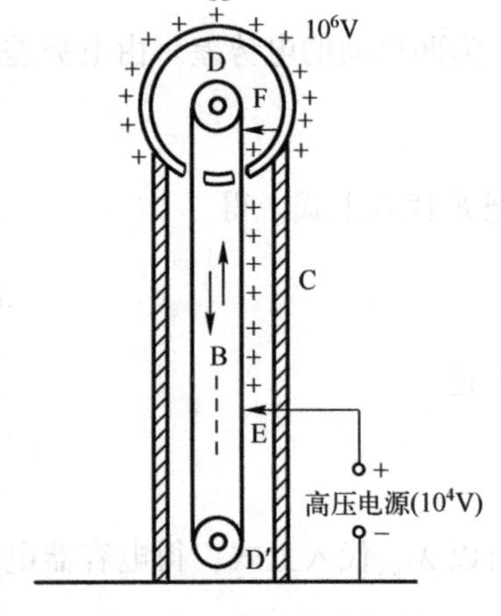

图 4-25 静电起电机的工作原理图

㊀ 静电的应用很广泛，本节仅介绍几例，读者如有兴趣可参阅马文蔚等主编《物理学原理在工程技术中的应用》（第 4 版）之“电容电感与动压测量”“静电透镜”“静电复印”等（高等教育出版社）。

使刮电针尖上的负电荷与输电带上的正电荷中和，从而使输电带 B 恢复到不带电的状态而向下运动。就这样，随着输电带的不断运转，金属球壳外表面所积累的正电荷越来越多，其对地的电压也就越来越高，成为高压正电极。同样道理，如果喷电针尖 E 与直流高压电源的负极相接，则将使金属球壳成为高压负电极。由于尖端放电、漏电、电晕等原因，金属球壳的对地电压不可能很高，即使把金属球壳放到有几个大气压的氮气中，其对地电压也只能达到数百万伏。

如果在金属球壳内放一离子源，离子将被加速而成为高能离子束。近代范德格拉夫静电加速器可将氮和氧的离子加速到具有 100 MeV 的动能。目前静电加速器除用于核物理的研究外，在医学、化学、生物学和材料的辐射处理等方面都有广泛的应用。

4.6.2　静电除尘

图 4-26 所示为一种静电除尘装置示意图。它主要是由一只金属圆筒 B 和一根悬挂在圆筒轴线上的多角形金属细棒 A 所组成。其工作原理如下：圆筒 B 接地，金属细棒 A 接高压负端（一般有几万伏），于是在圆筒 B 和金属细棒 A 之间形成很强的径向对称的电场。在细棒附近电场最强，它能使气体电离，产生自由电子和带正电的离子。正离子被吸引到带负电的细棒 A 上并被中和，而自由电子则被吸引向带正电的圆筒 B。电子在向圆筒 B 运动的过程中与尘埃粒子相碰，使尘埃带负电。在电场力作用下，带负电的尘埃被吸引到圆筒上，并黏附在那里。定期清理圆筒可将尘埃聚集起来并予以处理。在烟道中采用这种装置能净化气流，减少尘埃对大气的污染，还可以从这些尘埃中回收许多重要的原料，如发电厂的煤尘中可提取半导体材料锗以及橡胶工业所需的炭黑等。所以，静电除尘的经济效益是很高的，可以一举数得。

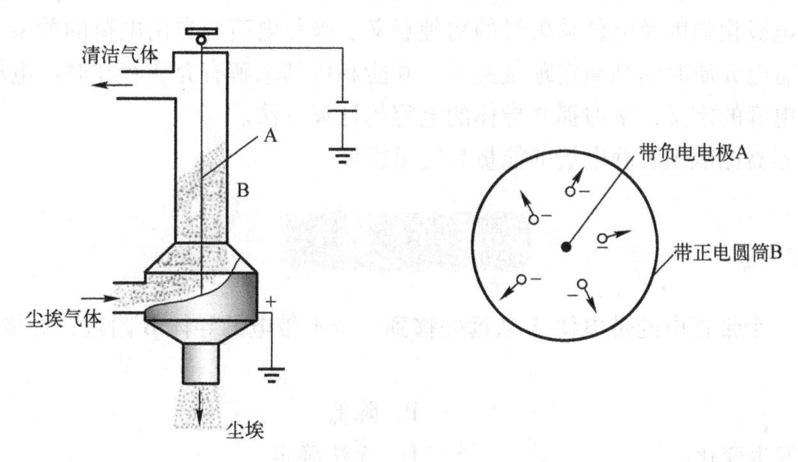

图 4-26　静电除尘装置示意图

4.6.3　静电分离

图 4-27 所示为一种分离矿石的装置，它可以将粉碎后的石英和磷酸盐的混合物分开。当混合物从料斗落入振动筛后，混合物在振动筛中不断地来回振动，石英与磷酸盐彼此不断地发生摩擦，从而使石英颗粒带负电，磷酸盐颗粒带正电，然后使它们从如图 4-27 所示的电场中下落。由于它们所受的电场力方向相反，致使它们彼此分隔开，达到分离的目的。我

们可做一估算：如电场强度 $E=5\times10^5$ V/m，石英颗粒和磷酸盐颗粒的比荷（q/m）为 10^{-5} C/kg，若使它们分开的距离不小于 20 cm，它们在电场中下落的垂直距离至少是多少？

设想石英和磷酸盐矿石进入电场时的初速度很小，可略去不计。它们在进入电场范围后，将受到重力和电场力作用，且电场力与重力垂直。由以上条件，可得如下方程：

$$y=\frac{1}{2}gt^2,\quad x=\frac{1}{2}at^2$$

式中，$a=qE/m$。解以上各式得

$$y=\frac{gx}{(q/m)E}$$

代入所设数据，有

$$y=\frac{9.8\times0.2}{10^{-5}\times5\times10^5}\text{ m}=0.392\text{ m}\approx0.4\text{ m}$$

即矿石在静电场中至少要竖直下落 0.4 m。

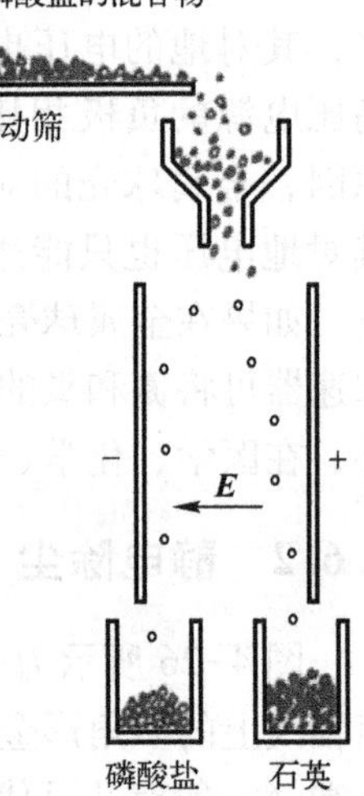

图 4-27 静电力作用使矿石分离

4.7 本章小结与教学要求

1）掌握静电感应和静电平衡条件，静电平衡条件下导体上电荷和电场的分布。

2）熟悉静电屏蔽及其应用。

3）理解电介质的极化的微观极化机制及宏观现象。

4）理解电极化强度及电位移矢量的物理意义、极化电荷与自由电荷的关系。

5）理解有电介质时的高斯定理及意义，并能利用其求解有介质存在时的电场问题。

6）掌握电容的定义，学习孤立导体的电容的计算方法。

7）由电容器储能理解静电场的能量和能量密度。

习　题

4-1　将一个带正电的带电体 A 从远处移到一个不带电的导体 B 附近，导体 B 的电势将（　　）。

A. 升高　　B. 降低

C. 不会发生变化　　D. 无法确定

4-2　将一带负电的物体 M 靠近一不带电的导体 N，在 N 的左端感应出正电荷，右端感应出负电荷，如图 4-28 所示。若将导体 N 的左端接地，则（　　）。

A. N 上的负电荷入地　　B. N 上的正电荷入地

C. N 上的所有电荷入地　　D. N 上所有的感应电荷入地

4-3　如图 4-29 所示，将一个电荷量为 q 的点电荷放在一个半径为 R 的不带电的导体球附近，点电荷距导体球球心的距离为 d。设无限远处为零电势，则在导体球球心 O 点有（　　）。

A. $E=0$，$V=\dfrac{q}{4\pi\varepsilon_0 d}$　　　　B. $E=\dfrac{q}{4\pi\varepsilon_0 d^2}$，$V=\dfrac{q}{4\pi\varepsilon_0 d}$

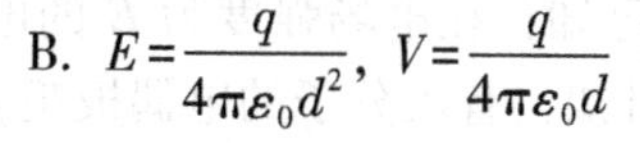

C. $E=0$，$V=0$　　　　D. $E=\dfrac{q}{4\pi\varepsilon_0 d^2}$，$V=\dfrac{q}{4\pi\varepsilon_0 R}$

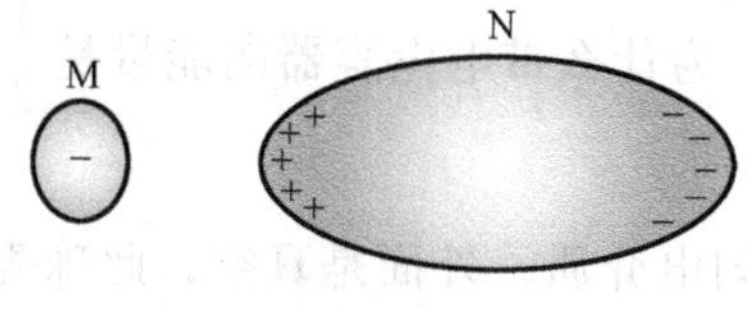

图 4-28　习题 4-2 图

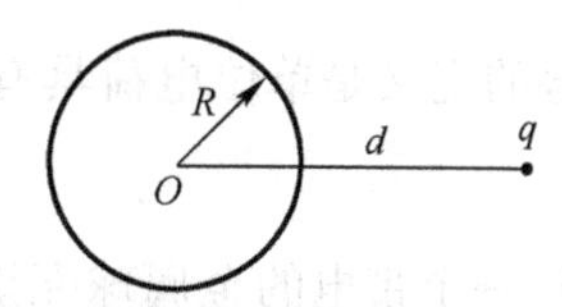

图 4-29　习题 4-3 图

4-4　根据电介质中的高斯定理，在电介质中电位移矢量沿任意一个闭合曲面的积分等于这个曲面所包围自由电荷的代数和。下列推论正确的是（　　）。

A. 电位移矢量对任意一个闭合曲面的积分等于零，曲面内一定没有自由电荷

B. 电位移矢量对任意一个闭合曲面的积分等于零，曲面内电荷的代数和一定等于零

4-5　在高压电气设备周围，常围上一接地的金属栅网，以保证栅网外的人身安全。试说明其道理。

4-6　在导体处于静电平衡时，若导体表面某处电荷面密度为 σ，那么在导体表面附近处的电场强度大小为 $E=\sigma/\varepsilon_0$；而在均匀无限大的带电平面的两侧，其电场强度大小则是 $E=\sigma/(2\varepsilon_0)$，为何减小了一半呢？

4-7　在绝缘支柱上放置一闭合的金属球壳，球壳内有一人。当球壳带电并且电荷越来越多时，他观察到的球壳表面的电荷面密度、球壳内的场强是怎样的？当一个带有与球壳相异电荷的巨大带电体移近球壳时，此人又将观察到什么现象？此人处在球壳内是否安全？

4-8　有人说："由于 $C=Q/U$，所以电容器的电容与其所带电荷成正比。"这句话对吗？如果电容器两极的电势差增加一倍，Q/U 将如何变化呢？

4-9　在下列情况下，平行平板电容器的电势差、电荷、电场强度和所储存的能量将如何变化。（1）断开电源，并使极板间距加倍，此时极板间为真空；（2）断开电源，并使极板间充满相对电容率 $\varepsilon_r=2.5$ 的油；（3）保持电源与电容器两极相连，使极板间距加倍，此时极板间为真空；（4）保持电源与电容器两极相连，使极板间充满相对电容率 $\varepsilon_r=2.5$ 的油。

4-10　一平行平板电容器被一电源充电后，将电源断开，然后将一厚度为两极板间距一半的金属板放在两极板之间。试问下述各量如何变化？（1）电容；（2）极板上面电荷；（3）极板间的电势差；（4）极板间的电场强度；（5）电场的能量。

4-11　如果圆柱形电容器的内半径增大，使两柱面之间的距离减为原来的一半，此电容器的电容是否增大为原来的两倍？

4-12　假使有一薄金属板放在平行平板电容器的两极板中间，金属板的厚度比两极板之间的距离小很多，可略去不计。试问金属板放入电容器之后，电容有无变化？如金属板不放在电容器两极板中间，情况又如何？

4-13　电介质的极化现象和导体的静电感应现象有些什么区别？

4-14　怎样从物理概念上来说明自由电荷与极化电荷的差别？

4-15 从4.2节已知，在电场强度为$\boldsymbol{E}$的电场中，电偶极矩为$\boldsymbol{p}$的电偶极子所受的力矩为$\boldsymbol{M}=\boldsymbol{p}\times\boldsymbol{E}$。由此可知，有极分子的电偶极矩$\boldsymbol{p}$的方向与$\boldsymbol{E}$的方向相反时，有极分子所受的力矩为零。为什么有极分子$\boldsymbol{P}$的方向与电场强度$\boldsymbol{E}$的方向相反的状态，不能当作有极分子的稳定平衡状态呢?

4-16 电势的定义是单位电荷具有的电势能。为什么带电电容器的能量是$\frac{1}{2}QV$，而不是QV呢?

4-17 (1) 一个带电的金属球壳里充满了均匀电介质，外面是真空，此球壳的电势是否等于$\frac{1}{4\pi\varepsilon_0}\frac{Q}{\varepsilon_r R}$，为什么?（2）若球壳内为真空，球壳外是无限大均匀电介质，这时球壳的电势为多少? Q为球壳上的自由电荷，R为球壳半径，ε_r为介质的相对电容率。

4-18 把两个电容各为C_1和C_2的电容器串联后进行充电，然后断开电源，把它们改成并联，它们的电能是增加还是减少，为什么?

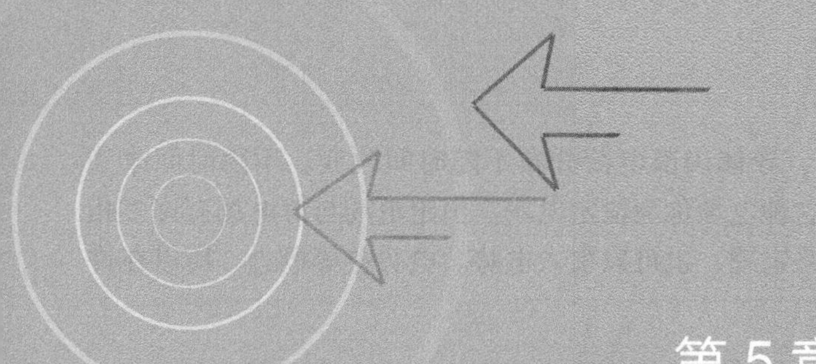

第5章　真空中的稳恒磁场

本章重点讨论恒定电流（或相对参考系以恒定速度运动的电荷）激发磁场的规律和性质，主要内容有：恒定电流形成的条件及电流密度，欧姆定律、焦耳楞次定律的微分形式，电源的电动势，描述磁场的物理量——磁感应强度；电流激发磁场的规律——毕奥-萨伐尔定律；反映磁场性质的基本定理——磁场的高斯定理和安培环路定理；磁场对运动电荷的作用力——洛伦兹力和磁场对电流的作用力——安培力。

5.1　恒定电流和电动势

5.1.1　电流形成的条件

通常，电流是由大量电荷做定向运动形成的。电荷的携带者叫载流子（carrier），金属导体和气态导体中的载流子是大量可以做自由运动的电子；n型和p型半导体中载流子分别是电子和带正电的“空穴”（hole）；电解液中的载流子是其中的正负离子，由载流子形成的电流叫传导电流（conduction current）。形成传导电流的条件是：①存在载流子；②两端有电势差，即电压。这两个条件缺一不可。

由于负电荷沿某一方向运动和等量的正电荷沿反方向运动所产生的电磁效应是相同的，习惯上将电流看成是正电荷的定向运动形成的，并规定正电荷的运动方向为电流方向。

一般地，电流在固体、液体、气体以及真空中都可以存在，但考虑到在实际生活和工作中遇见的电流多数是金属导体中的电流，所以本节的讨论将是针对金属导体中的电流进行的。这其中包括的原理都不难推广到其他形式的电流。

5.1.2　恒定电流和恒定电场

（1）恒定电流　电流的强弱用电流强度这个物理量来描述，电流强度也被简称为电流（electric current），用符号 I 表示。电流的定义为单位时间内通过导体截面的电荷量：

$$I=\frac{dq}{dt} \tag{5-1}$$

如果电流的大小和方向不随时间而变化，这种电流称为恒定电流（steady electric current）。电流是一个标量。在国际单位制（SI）中，规定电流为基本量，单位是安培，简称安，用符号A表示，1 A=1 C/s。常用的电流单位还有mA（毫安）和μA（微安）。

（2）恒定电场　在恒定电流情况下，导体内部电荷分布不随时间改变。不随时间改变的电荷分布产生不随时间变化的电场，这种电场称为恒定电场。恒定电场与静电场有许多相似之处，它服从静电场的高斯定理和环路定理，也可以引入电势、电势差等概念。所以在许多讨论中，常把恒定电场视为静电场。

5.1.3　电流和电流密度

电荷的定向流动形成电流。产生电流的条件有两个：①存在可以自由移动的电荷（自由电荷）；②存在电场（超导体例外）。

在一定的电场中，正、负电荷总是沿着相反方向运动的，而正电荷沿某一方向运动和等量的负电荷反方向运动所产生的电磁效应大部分相同（霍尔效应是个例外）。因此，尽管在金属中电流是由带负电的电子流动形成的，而在电解液和气态导体中，电流却是由正、负离子及电子形成的，但是为了分析问题方便，习惯上把电流看成是正电荷流动形成的，并且规定正电荷流动的方向为电流的方向。这样，在导体中电流的方向总是沿着电场方向，从高电位处指向低电位处。

电流的强弱用电流强度 I 来描述。电流强度是 MKSA 单位制中的 4 个基本量之一，电流强度是标量，它只能描述导体中通过某一截面电流的整体特征。在通常的电路问题中，一般引入电流强度概念就可以了。可是，在实际中有时会遇到电流在大块导体中流动的情形（如电阻法勘探问题），这时导体不同部分电流的大小和方向都不同，形成一定的电流分布。此外，以后将看到，在迅变交流电中，由于趋肤效应，即使在很细的导线中电流沿横截面也有一定的分布。当电流通过粗细不均匀的导体时，如图 5-1 所示，通过截面积大的 S_1 和截面积小的 S_2 的电流相同，但这两个面中的电流分布并不相同。为了细致描述导体内各点的电流分布，必须引入一个新的物理量——电流密度（current density）。电流密度用 $\boldsymbol{j}$ 表示，是矢量，其方向与该点正电荷运动方向一致，其大小等于垂直于电流方向的单位面积的电流，记作

$$j=\frac{\mathrm{d}I}{\mathrm{d}S} \tag{5-2}$$

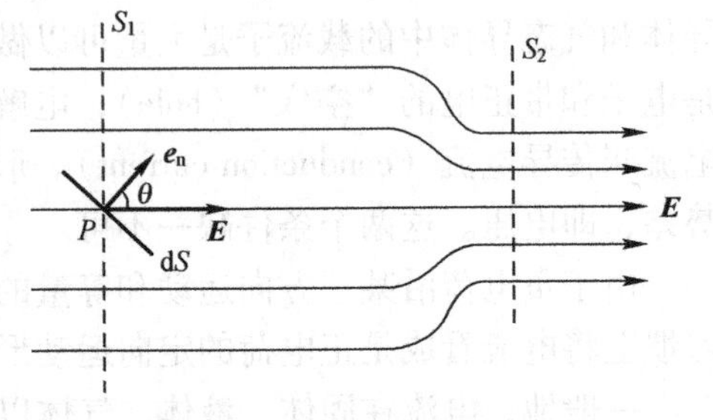

图 5-1　电流密度的矢量性

在国际单位制中，电流密度的单位是安培每平方米，符号为 $\mathrm{A/m^2}$。电流密度是空间位置的矢量函数，它能精确描述导体中电流分布情况。

在一般情况下，截面 dS 法线的单位矢量 $\boldsymbol{e}_n$ 与该点电流密度 $\boldsymbol{j}$ 之间有一个夹角，如图 5-1 所示。面积元矢量为 $\mathrm{d}\boldsymbol{S}=\mathrm{d}S\boldsymbol{e}_n$，此时通过任一截面电流为

$$I=\int \mathrm{d}I=\int_S \boldsymbol{j}\cdot \mathrm{d}\boldsymbol{S}=\int_S j\mathrm{d}S\cos\theta \tag{5-3}$$

在导体中各点的电流密度 $\boldsymbol{j}$ 可以有不同的大小和方向，这就构成了一个矢量场，叫电流场。像电场分布可以用电场线形象描绘一样，电流场也可以用电流线形象描绘。所谓电流线就是这样一些曲线，如图 5-1 所示，其上任意一点的切线方向就是该点 $\boldsymbol{j}$ 的方向，通过任一垂直截面的电流线数目与该点 $\boldsymbol{j}$ 的大小成正比。通常所说的电流分布实际上是指电流密度 $\boldsymbol{j}$ 的分布，而电流的强弱和方向严格意义上应该是指电流密度的大小和方向。

5.1.4　欧姆定律和焦耳-楞次定律的微分形式

欧姆定律的微分表示如图 5-2 所示，在导体中取一长为 dl、截面积为 dS 的小圆柱体，圆柱体的轴线与电流流向平行。设小圆柱体两端面上的电势分别为 V 和 $V+dV$。根据欧姆定律，通过截面的电流为

$$dI=\frac{V-(V+dV)}{R}=-\frac{dV}{R} \tag{5-4}$$

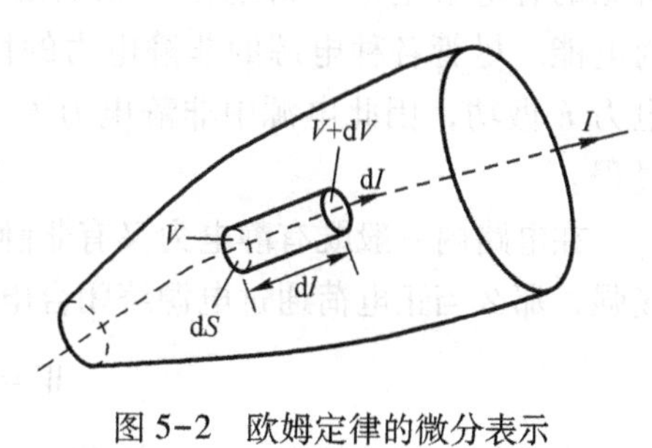

图 5-2　欧姆定律的微分表示

式中，R 为小圆柱体的电阻，有 $R=\rho dl/dS$。于是式（5-4）可以表示为

$$dI=-\frac{1}{\rho}\frac{dV}{dl}dS$$

即

$$\frac{dI}{dS}=-\frac{1}{\rho}\frac{dV}{dl}=j \tag{5-5}$$

根据电场强度与电势的关系：

$$-dV=\boldsymbol{E}\cdot d\boldsymbol{l}$$

式（5-5）可写成

$$j=\frac{1}{\rho}E$$

由于导体中任一点的电流密度 $\boldsymbol{j}$ 和电场强度 $\boldsymbol{E}$ 都是矢量，并且它们的方向相同，故有

$$\boldsymbol{j}=\frac{1}{\rho}\boldsymbol{E}=\gamma\boldsymbol{E} \tag{5-6}$$

这就是欧姆定律的微分形式，其中

$$\gamma=\frac{1}{\rho} \tag{5-7}$$

称为电导率。在国际单位制中，电导率的单位为 S/m（西门子每米）。式（5-6）表明，通过导体中任一点的电流密度 $\boldsymbol{j}$，等于该点的场强 $\boldsymbol{E}$ 与导体的电阻率 ρ 之比。可见，电流密度和导体材料的性质有关，而与导体的形状和大小无关。

此外，由式（5-6）可见，当导体处于静电平衡时，由于 $E=0$，所以 $j=0$。

5.1.5　电源的电动势

在电路中，若能在导体两端维持恒定的电势差，导体中就将有恒定的电流流过。那么怎样来维持恒定的电势差呢？

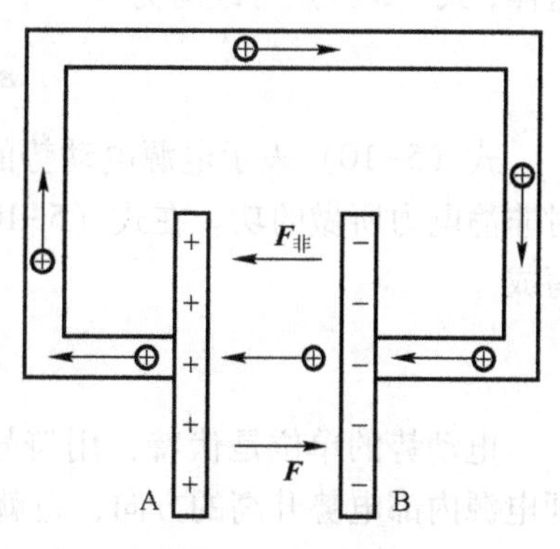

图 5-3　电容器放电

在如图 5-3 所示的电路中，如开始时，极板 A 和极板 B 分别带有正、负电荷，在电场力作用下，正电荷从极板 A 通过导线移到极板 B（当然，实际上，在导体中做宏观定向运动的是自由电子），并与极板 B 上的负电荷中和，直至两极板间的电势差消失。

但是，如果能把正电荷从负极板 B 沿着两极板间内部路径，移至正极板 A 上，并使两极板维持正、负电荷不变，这样两极板间就有恒定的电势差，导线中也就有恒定的电流通过。显然，要把正电荷从极板 B 移至极板 A 必须有非静电力作用才行。这种能提供非静电力的装置称为电源。可以设想，电源内部存在“非静电力场”。电源的种类很多，常见的有电解电池、蓄电池、光电池、发电机等，它们把化学能、光能或者机械能转化为电能。尽管各种电源的非静电力的性质不同，但在电源内部，非静电力 $F_{非}$ 都要克服静电力 F 做功，因此电源中非静电力 $F_{非}$ 做功的过程，就是把其他形式的能量转化为电能的过程。

在电路内一般既有静电力又有非静电力，现以 $\boldsymbol{E}$ 表示静电场强，$\boldsymbol{E}_{非}$ 表示非静电力场的场强，那么当正电荷通过电源绕闭合电路一周时，静电力与非静电力对正电荷所做的功为

$$W = \oint_L q(\boldsymbol{E} + \boldsymbol{E}_{非}) \cdot \mathrm{d}\boldsymbol{l}$$

由于静电场是保守力场，故有

$$\oint_L \boldsymbol{E} \cdot \mathrm{d}\boldsymbol{l} = 0$$

则

$$W = q\oint_L \boldsymbol{E}_{非} \cdot \mathrm{d}\boldsymbol{l} \tag{5-8}$$

把单位正电荷绕闭合回路一周时，非静电力对它所做的功定义为电源的电动势，用符号 ε 表示，有

$$\varepsilon = \frac{W}{q} = \oint_L \boldsymbol{E}_{非} \cdot \mathrm{d}\boldsymbol{l} \tag{5-9}$$

这就是说，“非静电力场的场强”沿整个闭合电路的环流不等于零，而等于电源的电动势。这就是非静电力场的场强与静电场的区别，后者的电场强度环流为零。由于非静电力的环流不等于零，因此这种非静电力是非保守力，非静电力场是非保守力场。

由于非静电力和非静电力场只存在于电源内部，在外电路中没有非静电力，所以在图 5-3 所示的外电路上有

$$\int_{外电路} \boldsymbol{E}_{非} \cdot \mathrm{d}\boldsymbol{l} = 0$$

这样，式（5-9）可改写为

$$\varepsilon = \oint_L \boldsymbol{E}_{非} \cdot \mathrm{d}l = \int_B^A \boldsymbol{E}_{非} \cdot \mathrm{d}l \tag{5-10}$$

式（5-10）表示电源电动势的大小，它等于把单位正电荷从负极经电源内部移至正极时非静电力所做的功。在式（5-10）的积分号中，A 为电源正极，所以式（5-10）也可以写成

$$\varepsilon = \int_-^+ \boldsymbol{E}_{非} \cdot \mathrm{d}l \tag{5-11}$$

电动势的单位是伏特，用符号 V 表示。它虽是一标量，但和电流一样也规定有方向，即电源内部电势升高的方向，也就是说，从负极经电源内部到正极的方向规定为电动势的方向。需要注意的是，虽然电动势和电势的单位相同，但是它们是两个不同的物理量。电动势是与非静电力的功联系在一起的；而电势则是与静电力的功联系在一起的。

电源电动势的大小只取决于电源本身的性质。一定的电源具有一定的电动势，而与外电路无关。应该指出，电流通过电源内部时与通过外电路一样，也要受到阻碍，换句话说，电源内部也有电阻，称为电源的内阻，一般用符号 R_i 表示。为方便起见，在做电路图时常将电源的电动势 ε 和内阻 R_i 表述为图 5-4 所示形式。

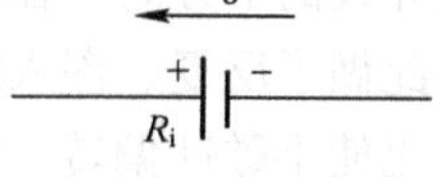

图 5-4 电源

5.2 恒定磁场

本节将讨论磁现象、电磁起源、磁感应强度的概念。

5.2.1 电磁起源

某种物质能够吸引铁、镍、钴及其合金的现象，称为磁现象，物质能产生磁现象的性质称为磁性（magnetism），具有磁性的物质称为磁体。早在公元前 3 世纪的战国时期，我国就有磁石吸铁的记载，东汉“司南勺”被公认是最早的磁性指南器具，后来人们将其发展成为指南针用于航海，并用其发现了地球的地磁偏角。通过对早期磁现象的研究，不难得到磁铁的一些特性，主要有：

磁铁的磁极是成对出现的，若把条形天然磁铁置入铁粉中，可以看到它的两端吸引铁粉最多，中部吸引铁粉很少，甚至没有，这表明条形磁铁的两端磁性最强，中间部分的磁性最弱。磁性最强的区域称为磁铁的磁极区，简称磁极（magnetic pole）；磁性最弱的区域称为中性区。实验表明，任何形状的磁铁，均具有同样的两个磁极区和一个中性区。若将一个磁铁分成两部分，则每一部分也有两个磁极区和一个中性区。无论将磁铁分得多么小，每一小块磁铁均有两个磁极，可见，磁铁的磁极总是成对出现的。

磁极具有指示南北的性质。若将一小磁针悬吊起，使它能在水平面内自由转动，实验表明，小磁针静止时，它的磁极总是指向地球的南北方向，指向北方的磁极称为指北极，简称北极（用 N 表示），指向南方的磁极称为指南极，简称南极（用 S 表示）。

同名磁极相互排斥，异名磁极相互吸引。磁极有指示南北的性质，说明地球本身是一个大的磁铁。地球的磁北极在地球地理南极附近，地球的磁南极在地球地理北极附近。地理极轴和地磁轴并不重合，它们间的夹角叫地磁偏角（geomagnetic declination），约为 15°。

在 19 世纪以前，人们不知道电和磁的联系，认为电现象和磁现象彼此无关。1600 年，吉尔伯特在《论磁、磁体和作为一个巨大磁体的地球》一书中，指出了电现象和磁现象之间深刻的差异，诸如磁性质是几种少数磁体具有的性质，而电性质是物体通过摩擦而具有的普遍性质等，从而认为电和磁是两种截然无关的现象。这对后来电磁学的发展产生了深刻的影响。但是，1731 年一个英国商人诉说，一场雷雨之后他的一箱刀叉带上了磁性。1751 年富兰克林发现莱顿瓶放电现象后，家里的缝纫机针有了磁性。电能产生磁吗？1774 年德国一家研究所悬赏征解题为“电力和磁力是否存在实际的和物理的相似性”，促使许多人竞相研究和实验。但是，直到 1819 年以后，才有奥斯特（Oersted，1777—1851）和安培（Ampère，1775—1836）通过实验将电和磁的联系揭示出来。

丹麦物理学家奥斯特是一个深受德国古典哲学影响的物理学家。自 1812 年后，他一直在思考“电是否以其隐蔽的方式对磁体有类似的作用”的问题。1819 年，他在哥本哈根大学做关于电和磁的演讲时，把导线和磁针平行放置来观察所受作用力的情况。当他把磁针移到导线的下方时，在通电的瞬间，看到磁针有轻微的晃动，如图 5-5 所示。后来，奥斯特对此做了反复、深入的实验研究。1820 年 7 月 21 日，奥斯特报告了他 60 次实验的结果——电流使小磁针偏转，轰动了整个欧洲。

法国物理学家安培对奥斯特的实验和发现做出了积极的反应。他重复了奥斯特的实验，并把实验扩展到电流与电流的相互作用，发现两个通电导线在电流同向时相互吸引，如图 5-6a 所示，电流反向时相互排斥，如图 5-6b 所示。他为了定量研究电流的相互作用，设计了 4 个灵巧的实验。1822 年前后，安培 3 次向法国科学院宣读论文，为确定电流方向与磁针偏转方向的关系，提出了安培定则，认为通电线圈与磁铁等效，提出了圆电流产生磁的可能性。

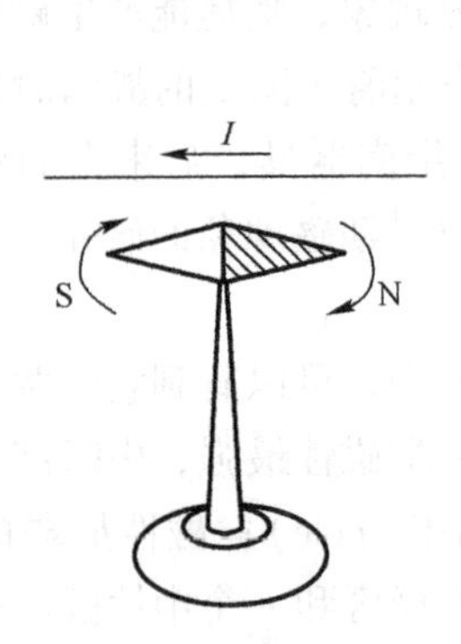

图 5-5 奥斯特实验

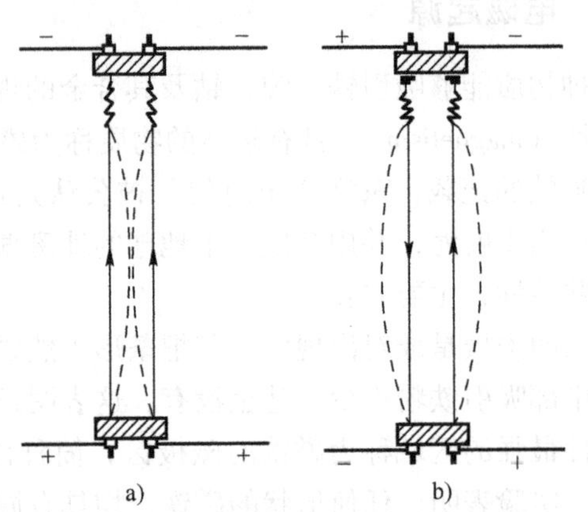

图 5-6 平行电流之间相互作用的演示

从奥斯特和安培的实验可见，磁场起源于电流或运动电荷。

在磁学的领域内，我们的祖先做出了很大的贡献。远在春秋战国时期，随着冶铁业的发展和铁器的应用，对天然磁石（磁铁矿）已有了一些认识。这个时期的一些著作如《管子·地数篇》《山海经·北山经》（相传是夏禹所作，据考证是战国时期的作品）、《鬼谷子》《吕氏春秋·精通》中都有关于磁石的描述和记载。我国古代将“磁石”写作“慈石”，意思是“石铁之母也。以有慈石，故能引其子”（东汉高诱的《吕氏春秋注》）。我国河北省的磁县（古时称慈州和磁州），就是因为附近盛产天然磁石而得名。汉朝以后有更多的著作记载磁石吸铁现象，东汉的王充在《论衡》中所描述的“司南勺”（见图 5-7）已被公认为最早的磁性指南器具。指南针是我国古代的伟大发明之一，对世界文明的发展有重大的影响。11 世纪北宋的沈括在《梦溪笔谈》中第一次明确地记载了指南针。沈括还记载了以天然强磁体摩擦进行人工磁化（magnetization）制作指南针的方法。北宋时还有利用地磁场磁化方法的记载，西方在 200 多年后才有类似的记载。此外，沈括还是世界上最早发现地磁偏角的人，他的发现比欧洲早 400 年。12 世纪初我国已有关于指南针用于航海的明确记载。

图 5-7 司南勺

人们最早发现的天然磁铁矿石的化学成分是四氧化三铁（Fe_3O_4）。近代制造人工磁铁是把铁磁物质放在通有电流的线圈中去磁化，沈括在《梦溪笔谈》中写道：“方家以磁石磨针锋，则能指南，然常微偏东，不全南也”。

5.2.2 磁感应强度

在第4章中，利用电场对试验电荷的作用来定义电场强度 $\boldsymbol{E}$，现在也可用磁场对运动电荷的作用来定义磁感应强度。需要指出的是，$\boldsymbol{E}$ 和 $\boldsymbol{B}$ 在物理地位上是同样重要的两个物理量，但是由于历史原因，将 $\boldsymbol{B}$ 称为磁感应强度。

从实验中发现，作用在运动电荷上的磁场力不仅与运动电荷的电荷有关，而且与运动电荷的速度大小、方向有关。实验表明：

1）对磁场中任一场点 P，若正电荷的运动方向与该点处小磁针北极的指向一致，它所受磁场力为零，定义此方向为 P 点的磁感应强度 $\boldsymbol{B}$ 的方向。

2）当运动电荷以同一速率 v 沿不同方向通过 P 点时，电荷所受的磁力的大小是不同的。但磁力的方向却总是垂直于磁场的方向，即 $\boldsymbol{F}\perp\boldsymbol{B}$，又垂直于电荷运动的方向，即 $\boldsymbol{F}\perp v$，如图5-8所示。

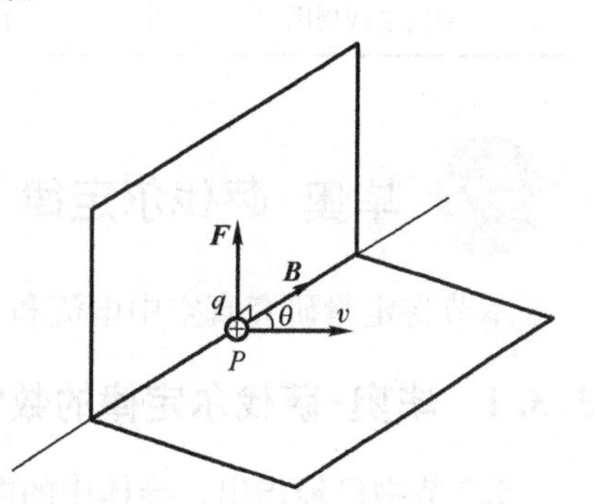

图5-8 运动电荷受力与磁感应强度和本身速度的关系

3）当运动电荷的速度 v 垂直于磁场方向（$v\perp\boldsymbol{B}$）时，运动电荷所受的磁力最大，用 $F_{\perp}$ 表示。

实验表明，这个最大磁力 $F_{\perp}$ 正比于运动电荷的电量 q，也正比于电荷垂直于磁场方向的速率 $v_{\perp}$，但比值 $\dfrac{F_{\perp}}{qv_{\perp}}$ 在确定的场点具有确定的量值，与运动电荷 q、$v_{\perp}$ 值大小无关。由此可见，比值 $\dfrac{F_{\perp}}{qv_{\perp}}$ 反映了该点磁场强弱的性质。所以把磁感应强度的大小定义为

$$B=\frac{F_{\perp}}{qv_{\perp}} \tag{5-12}$$

即单位速率的单位电荷所受的最大磁力，显然，这个值反映了该点磁场的强弱。在国际单位制中，磁感应强度的单位是 $\mathrm{N\cdot A^{-1}\cdot m^{-1}}$，被称为特斯拉，简称特，用符号T表示。特斯拉这个单位较大，例如地球磁场只有 0.5×10^{-4} T，一般永久磁铁的磁场为0.1~0.3 T，而传统大型磁铁也只能产生约2 T的磁场。要产生更强的磁场需要用超导的强磁体。图5-9所示为普林斯顿等离子体物理实验室的托卡马克聚变实验反应堆的照片。利用核聚变反应堆来发电是人们梦寐以求的彻底解决能源危机的远大目标，这样的反应堆需要强磁场。

图5-9 托卡马克聚变实验反应堆

由于特斯拉单位较大，在实际工作中，有时磁感应强度的单位也用 G（高斯）表示，且 $1\,T=10^4\,G$。

表 5-1 列出了某些典型磁场的磁感应强度。

表 5-1　某些典型磁场的磁感应强度

磁场源	B/T	磁场源	B/T
电磁屏蔽室最小值	10^{-14}	小磁针	10^{-2}
人体心脏	$10^{-11}\sim10^{-10}$	超强磁铁	$1.5\sim30$
星际空间	10^{-10}	实验室磁场	$10^{-2}\sim10^{3}$
无线电波	约 10^{-9}	太阳黑子	10
地球表面磁场	$10^{-5}\sim10^{-4}$	中子星表面磁场	约 10^{8}
室内电线周围	10^{-4}	原子核表面	约 10^{12}

5.3 毕奥-萨伐尔定律

本节将定量研究真空中电流和它在空间任一点所激发的磁场间的关系。

5.3.1 毕奥-萨伐尔定律的数学描述

5.2 节中已经指出，导体中的电流（或者运动电荷）将在其周围产生磁场，但磁感应强度 $\boldsymbol{B}$ 如何计算呢？

早在 1820 年，法国物理学家毕奥（Biot，1774—1862）和萨伐尔（Savart，1791—1841）就从实验现象中总结出电流元产生磁场的规律，这个规律称为毕奥-萨伐尔定律（Biot-Savart law），以下简称为毕-萨定律。

有一个电流为 I 的线状电流，如图 5-10 所示，在其上任意处取长为 $\mathrm{d}\boldsymbol{l}$ 的有向线元，规定 $\mathrm{d}\boldsymbol{l}$ 的方向为线元处电流的方向，并将乘积 $I\mathrm{d}\boldsymbol{l}$ 称为电流元。实验发现，电流元 $I\mathrm{d}\boldsymbol{l}$ 在任意一个场点 P 产生的磁场的磁感应强度 $\mathrm{d}\boldsymbol{B}$ 为

$$\mathrm{d}\boldsymbol{B}=\frac{\mu_0}{4\pi}\frac{I\mathrm{d}\boldsymbol{l}\times\boldsymbol{e}_r}{r^2}=\frac{\mu_0}{4\pi}\frac{I\mathrm{d}\boldsymbol{l}\times\boldsymbol{r}}{r^3}\tag{5-13}$$

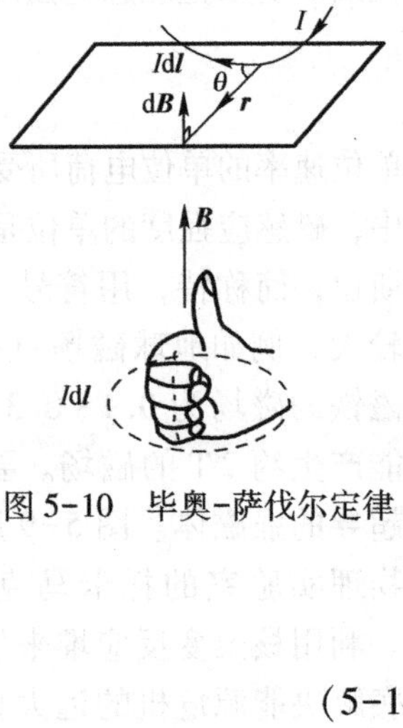

这就是毕-萨定律的数学表达形式。其中，$\boldsymbol{r}$ 为电流元到场点 P 的径矢（径矢的大小为 r，单位矢量为 $\boldsymbol{e}_r$），μ_0 为真空磁导率（permeability of vacuum），其值为

$$\mu_0=4\pi\times10^{-7}\ \mathrm{N/A^2}$$

图 5-10　毕奥-萨伐尔定律

式（5-13）中，$\mathrm{d}\boldsymbol{B}$ 的大小为

$$\mathrm{d}B=\frac{\mu_0}{4\pi}\frac{I\mathrm{d}l\sin\theta}{r^2}\tag{5-14}$$

$\mathrm{d}\boldsymbol{B}$ 的方向为 $I\mathrm{d}\boldsymbol{l}\times\boldsymbol{r}$ 的方向，即垂直于 $\mathrm{d}\boldsymbol{l}$ 和 $\boldsymbol{r}$ 所决定的平面，指向为由 $I\mathrm{d}\boldsymbol{l}$ 经小于 180°转向 $\boldsymbol{r}$

的右螺旋前进的方向。

按照磁场的叠加原理，由任一线电流激发的磁场在其场点 P 的磁感应强度等于线电流上各电流元在 P 点的磁感应强度 $\mathrm{d}\boldsymbol{B}$ 的矢量和，用积分表示为

$$\boldsymbol{B} = \int \mathrm{d}\boldsymbol{B} = \frac{\mu_0}{4\pi}\int \frac{I\mathrm{d}\boldsymbol{l} \times \boldsymbol{r}}{r^3} \tag{5-15}$$

如果磁场源是面电流或体电流，则可以把它们看作许多线电流的集合，再做进一步的计算。需要指出，毕-萨定律是分析大量实验结果并经过科学抽象得出来的，由于不存在单独的线电流元，所以毕-萨定律不能用实验直接加以验证。但是，由这个定律出发得出的一系列结果都与实验符合得很好。

5.3.2　毕奥-萨伐尔定律的应用

利用毕-萨定律和磁场的叠加原理，原则上可以计算由任意电流所激发的磁场的磁感应强度。下面，应用毕-萨定律来计算几种典型电流所产生的磁感应强度。

1. 一段载流直导线的磁场

设有一条长为 L 的载流直导线，其电流为 I，试求离直导线距离为 a 处 P 点的磁感应强度。

以 P 点到直导线的垂足 O 为原点，建立坐标 Oxy，如图 5-11 所示。在载流直导线上任取一电流元 $I\mathrm{d}l$，它在 P 点处产生的磁感应强度的大小为

$$\mathrm{d}B=\frac{\mu_0}{4\pi}\frac{I\mathrm{d}l\sin\theta}{r^2}$$

$\mathrm{d}\boldsymbol{B}$ 的方向垂直纸面向里时，用符号“⊗”表示；垂直纸面向外时，用符号“⊙”表示。在图 5-11 中 P 点 $\mathrm{d}\boldsymbol{B}$ 的方向垂直纸面向里。

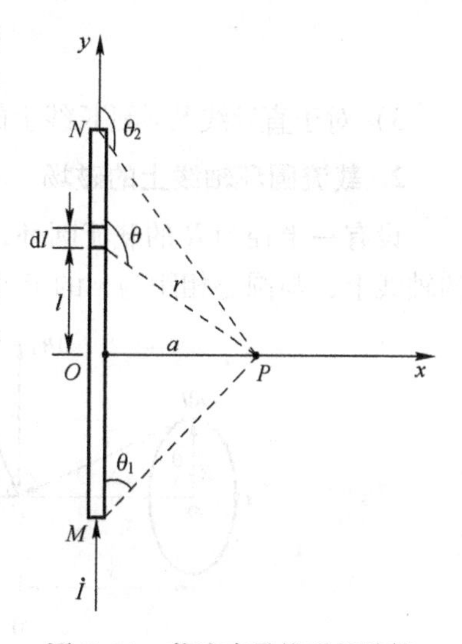

图 5-11　载流直导线磁场计算

由于直导线上各电流元在 P 点产生的 $\mathrm{d}\boldsymbol{B}$ 方向均相同，所以 P 点的总磁感应强度 $\boldsymbol{B}$ 的方向也垂直纸面向里，其大小为

$$B = \int_L \mathrm{d}B = \frac{\mu_0}{4\pi}\int_N^M \frac{I\mathrm{d}l\sin\theta}{r^2}$$

式中有 3 个变量 l、r、θ，必须先统一变量才能积分。从图 5-11 中看出，它们的关系是

$$l=a\cot(\pi-\theta)=-a\cot\theta$$

即

$$\mathrm{d}l=a\csc^2\theta\mathrm{d}\theta=\frac{a}{\sin^2\theta}\mathrm{d}\theta$$

$$r=\frac{a}{\sin\theta}$$

代入上式可得

$$B=\frac{\mu_0 I}{4\pi a}\int_{\theta_1}^{\theta_2}\sin\theta\mathrm{d}\theta=\frac{\mu_0 I}{4\pi a}(\cos\theta_1-\cos\theta_2) \tag{5-16}$$

对式（5-16）讨论如下：

1）对于无限长直导线，则 $\theta_1\approx 0$，$\theta_2\approx\pi$。这时，式（5-16）变成

$$B=\frac{\mu_0 I}{2\pi a} \tag{5-17}$$

事实上，“无限长”的直导线只是一种理想情况，实际并不存在。但在研究一段长为 l 的直导线的中间部分且十分靠近导线周围各场点（$a\ll l$）的性质时，通常把这段导线看作“无限长”。

2）对于半无限长直导线，如图 5-11 所示，假如直导线的一端（比如 N 点）延伸到无穷远处，则 $\theta_2\approx\pi$。由式（5-16）可知

$$B=\frac{\mu_0 I}{4\pi a}(1+\cos\theta_1) \tag{5-18}$$

如果图 5-11 中 P 点向直线电流所画的垂线的垂足正好是半无限长直导线的端点处，即对应于 $\theta_1=\frac{\pi}{2}$，$\theta_2\approx\pi$ 的情况，由式（5-16）可知

$$B=\frac{\mu_0 I}{4\pi a} \tag{5-19}$$

3）对于直导线及其延长线上的任一场点，由于 $\theta=0$ 或 π，因此 $\mathrm{d}B=0$，进一步得 $B=0$。

2. 载流圆环轴线上的磁场

设有一半径为 R 的载流圆环，通有电流 I，如图 5-12a 所示，试求通过圆心垂直圆平面的轴线上，与圆心相距为 x 的 P 点的磁感应强度。

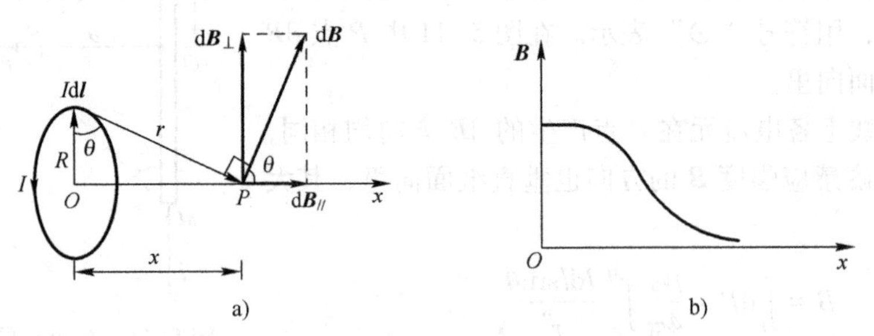

图 5-12　载流圆环轴线上磁场的计算

以圆电流的轴线为 x 轴，圆心为原点，在载流圆环上任取一个电流元 $I\mathrm{d}\boldsymbol{l}$，由毕-萨定律可知，它在 P 点所激发的磁感应强度的量值为

$$\mathrm{d}B=\frac{\mu_0}{4\pi}\frac{I\mathrm{d}l\sin 90^\circ}{r^2}=\frac{\mu_0}{4\pi}\frac{I\mathrm{d}l}{r^2}$$

$\mathrm{d}\boldsymbol{B}$ 的方向垂直于 $\boldsymbol{r}$ 和 $I\mathrm{d}\boldsymbol{l}$ 所决定的平面，即位于 $\boldsymbol{r}$ 与 x 轴构成的平面内，指向如图 5-12a 所示。

由于载流圆环上各电流元在 P 点的磁感应强度 $\mathrm{d}\boldsymbol{B}$ 的方向各不相同，应将 $\mathrm{d}\boldsymbol{B}$ 分解为平行于轴线的分量 $\mathrm{d}\boldsymbol{B}_{/\!/}$ 和垂直于轴线的分量如 $\mathrm{d}\boldsymbol{B}_{\perp}$，其量值为

$$dB_{\perp}=dB\sin\theta,\quad dB_{/\!/}=dB\cos\theta$$

式中，θ 为 B 与 x 轴的夹角，由于圆电流相对于 x 轴对称，分量求和时，$dB_{\perp}$ 逐对抵消，故有

$$B_{\perp}=\int dB_{\perp}=0$$

$$B=B_{/\!/}=\int dB_{/\!/}=\int dB\cos\theta=\int\frac{\mu_0}{4\pi}\frac{Idl}{r^2}\frac{R}{r}=\frac{\mu_0 IR}{4\pi r^3}\int_0^{2\pi R}dl$$
$$=\frac{\mu_0 IR^2}{2r^3}=\frac{\mu_0 IR^2}{2(R^2+x^2)^{3/2}}\tag{5-20}$$

P 点的总磁感应强度沿 x 轴方向。

下面考虑两种特殊情况：

1）当 $x=0$ 时，即在圆心处的磁场为

$$B=\frac{\mu_0 I}{2R}\tag{5-21}$$

2）当 $x\gg R$ 时，即圆环轴线上远处的磁场为

$$B=\frac{\mu_0 IR^2}{2x^3}\tag{5-22}$$

载流圆环轴线上磁感应强度的大小 B 随圆心距离 x 变化的曲线如图 5-12b 所示。

载流圆环实际上就是一匝圆线圈，如果有一个由 N 匝导线绕成的圆线圈通电 I，那它在线圈轴线上任一点 P 处产生的磁感应强度的大小为

$$B=\frac{\mu_0 NIR^2}{2(R^2+x^2)^{3/2}}$$

由于线圈面积 $S=\pi R^2$，则上式可写成

$$B=\frac{\mu_0 NSI}{2\pi(R^2+x^2)^{3/2}}$$

如果引入线圈磁矩（magnetic moment）

$$\boldsymbol{P}_{\mathrm{m}}=NIS\boldsymbol{e}_{\mathrm{n}}$$

式中，$\boldsymbol{e}_{\mathrm{n}}$ 为线圈平面正法线方向上的单位矢量，其正方向与圆电流环绕方向之间满足右手螺旋定则。考虑到 $\boldsymbol{B}$ 的方向与 $\boldsymbol{P}_{\mathrm{m}}$ 方向一致，则有

$$B=\frac{\mu_0 P_{\mathrm{m}}}{2\pi(R^2+x^2)^{3/2}}\tag{5-23}$$

只要已知圆线圈的磁矩，也可以用式（5-23）来表示圆线圈轴线上的磁感应强度。在式（5-23）中，当 $x\gg R$ 时，线圈轴线上远处的磁场又可以写成

$$B=\frac{\mu_0 P_{\mathrm{m}}}{2\pi x^3}=\frac{\mu_0}{4\pi}\frac{2P_{\mathrm{m}}}{x^3}$$

电偶极子（$r\gg l$）在电偶极子臂的延长线上产生的电场为

$$E=\frac{1}{4\pi\varepsilon_0}\frac{2p}{x^3}$$

B 与 E 相比可以看出，它们在形式上完全相似。因此，在研究载流线圈远处产生的磁场

时，可以把线圈看成一个磁偶极子。

一个电偶极子产生的电场或在外电场中受到的力和力矩都可由电偶极子的电矩表征；而一个载流线圈产生的磁场或在外磁场中受到的力和力矩都可由它的磁矩来表征。例如绕核运动的电子就存在磁矩，地球也有磁矩，如图 5-13 所示磁矩的单位为 $A \cdot m^2$，表 5-2 列出了几种典型的磁矩量值。

表 5-2　几种典型的磁矩量值　（单位：$A \cdot m^2$）

类　型	磁　矩
电子自旋	9.27×10^{-24}
质子自旋	1.4×10^{-25}
中子自旋	9.5×10^{-27}
螺旋管（半径为 2 cm，电流为 5 A，总匝数为 200）	1256
地球	8.0×10^{22}
脉冲星	$10^{29}\sim10^{30}$

现代医学上先进的核磁共振（nuclear magnetic resonance，NMR）检测仪器就是通过原子核的磁矩对不同化学元素加以区分。图 5-14 所示为人脑截面的核磁共振图像，它是核磁矩对不同化学元素的区分所得到的信息而产生的彩色图像。

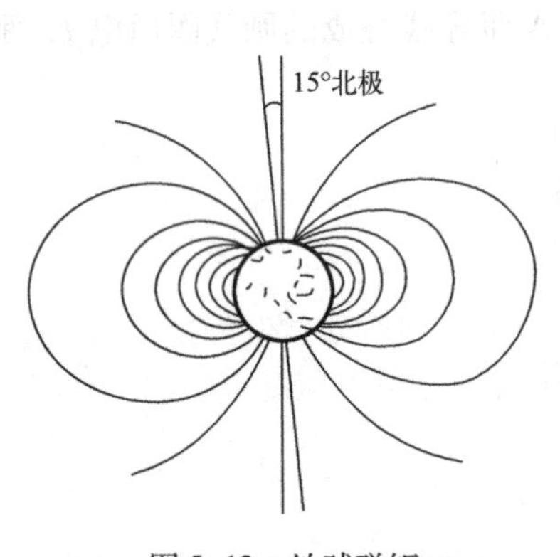

图 5-13　地球磁矩

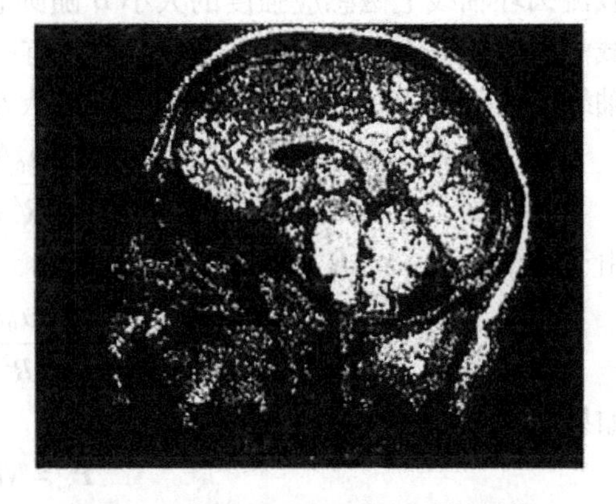

图 5-14　人脑截面的核磁共振图像

3. 载流直螺线管轴线上的磁场

有一半径为 R、长为 l 的直螺线管（solenoid），单位长度上线圈匝数为 n。当线圈中通有电流 I 时，试计算直螺线管内轴线上 P 点的磁感应强度。

直螺线管的剖面图如图 5-15 所示。先以 P 为坐标原点，以螺线管轴线为 x 轴建一个坐标。然后，沿 x 方向在螺线管上取一小段 $\mathrm{d}x$，它到 P 点的垂直距离为 x，显然这一小段上共有 $n\mathrm{d}x$ 匝线圈。由于密绕，可认为是圆电流，其电流为

$$\mathrm{d}I=nI\mathrm{d}x$$

由式（5-20）可知，它在 P 点产生的 $\mathrm{d}\boldsymbol{B}$ 的大小为

$$\mathrm{d}B=\frac{\mu_0R^2\mathrm{d}I}{2(R^2+x^2)^{3/2}}=\frac{\mu_0R^2nI\mathrm{d}x}{2(R^2+x^2)^{3/2}}$$

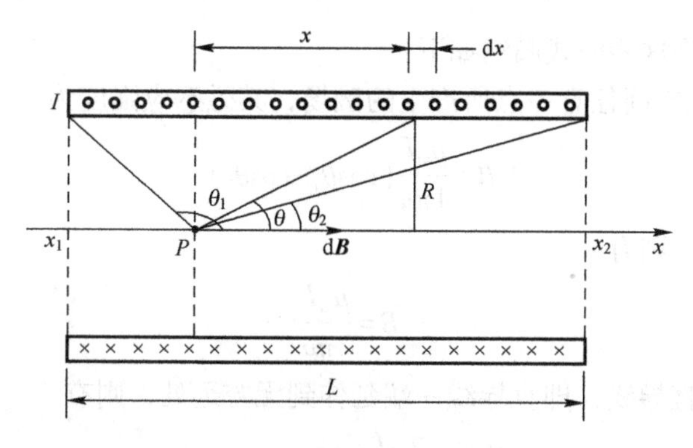

图5-15　直螺线管的剖面图

d$\boldsymbol{B}$ 的方向沿 x 轴正向。由于直螺线管电流可以看作由许许多多这样的“圆电流”组成的，而各圆电流在 P 点激发的 d$\boldsymbol{B}$ 的方向相同，因此整个螺线管电流在 P 点激发的 $\boldsymbol{B}$ 的大小为

$$B=\int \mathrm{d}B=\int_{x_1}^{x_2}\frac{\mu_0 R^2 nI\mathrm{d}x}{2(R^2+x^2)^{3/2}}=\frac{\mu_0 nI}{2}\left(\frac{x_2}{\sqrt{x_2^2+R^2}}-\frac{x_1}{\sqrt{x_1^2+R^2}}\right)$$

$$=\frac{\mu_0 nI}{2}(\cos\theta_2-\cos\theta_1) \tag{5-24}$$

若螺线管长度远大于半径($L\gg R$)，螺线管可以认为无限长，即 $x_1\to-\infty$，$x_2\to\infty$ 或者 $\theta_1\to\pi$，$\theta_2\to 0$，由此可得长直螺线管内部轴线上任一点的磁感应强度为

$$B=\mu_0 nI \tag{5-25}$$

在5.5节中，还可以看到密绕长直螺线管内部各个点的磁场都可用式（5-25）表示，也就是说密绕的长直螺线管的磁场是均匀磁场。但实际上完全密绕和无限长的螺线管是不存在的，通常的螺线管总是有限长的。对有限长螺线管，只有管内中部区的磁场是均匀的，在螺线管的两端面处，如左端面处 $\theta_1=\frac{\pi}{2}$，$\theta_2\approx 0$，右端面处 $\theta_1=\pi$，$\theta_2=\frac{\pi}{2}$ 可知

$$B_{端}\approx\frac{1}{2}\mu_0 nI=\frac{B_{内}}{2} \tag{5-26}$$

直螺线管轴线上的磁场分布如图5-16所示。

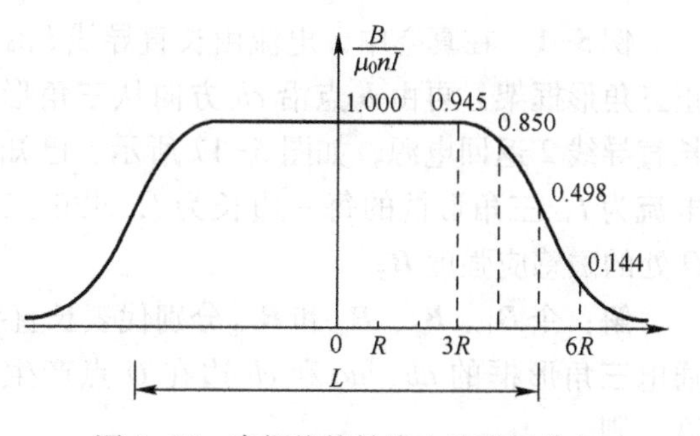

图5-16　直螺线管轴线上的磁场分布

从上面3个典型电流所激发的磁感应强度的计算中，可以归纳出用毕-萨定律和磁场叠加原理求磁感应强度的一般步骤：

1）选取一个电流积分元，积分元可以是电流元 $I\mathrm{d}\boldsymbol{l}$，也可是某些典型电流 d$I$。

2）利用毕-萨定律或典型电流磁场公式，写出 $I\mathrm{d}\boldsymbol{l}$ 或 dI 产生的磁场 d$\boldsymbol{B}$（包括大小和方向）。

3）建立一个恰当的坐标系，将 d$\boldsymbol{B}$ 写成分量式，并对每一个分量进行积分。

4）写出总磁感应强度 $\boldsymbol{B}$ 的大小和方向，或写成 $\boldsymbol{B}$ 的矢量式。

这里还必须要指出，在实际的计算中，用毕-萨定律和磁场叠加原理求解磁感应强度，不是用毕-萨定律的本身，而是采用从毕-萨定律得到的上述3个典型电流在空间任意点所

产生的磁场公式。现将这些公式归纳如下：

1）载流直导线在空间任意一点所产生的磁场，其磁感应强度为

$$B=\frac{\mu_0 I}{4\pi a}(\cos\theta_1-\cos\theta_2)$$

如果导线无限长，则有

$$B=\frac{\mu_0 I}{2\pi a}$$

如果是半无限长直导线，即直导线一端延伸到无穷远处，则有

$$B=\frac{\mu_0 I}{4\pi a}(1+\cos\theta_1)$$

如果场点在直导线及其延长线上，则 $B=0$。

2）载流圆环在轴线上任意一点的磁感应强度的大小为

$$B=\frac{\mu_0 IR^2}{2(R^2+x^2)^{3/2}}$$

如果有 N 匝的载流圆线圈（磁矩 $\boldsymbol{P}_{\mathrm{m}}=NIS\boldsymbol{e}_{\mathrm{n}}$），其轴线上的磁感应强度的大小为

$$B=\frac{\mu_0 NIR^2}{2(R^2+x^2)^{3/2}}=\frac{\mu_0 P_{\mathrm{m}}}{2\pi(R^2+x^2)^{3/2}}$$

写成矢量形式为

$$\boldsymbol{B}=\frac{\mu_0 \boldsymbol{P}_{\mathrm{m}}}{2\pi(R^2+x^2)^{3/2}}$$

3）长直载流螺线管内部的磁感应强度的大小为

$$B=\mu_0 nI$$

外部为

$$B=0$$

例 5-1 在真空中，电流由长直导线 l 沿平行底边 ac 方向经 a 点流入一电阻均匀分布的正三角形框架，再由 b 点沿 cb 方向从三角形框流出，经长直导线 2 返回电源，如图 5-17 所示。已知直导线上的电流为 I，三角形框的每一边长为 l，求正三角形中心点 O 处的磁感应强度 $\boldsymbol{B}$。

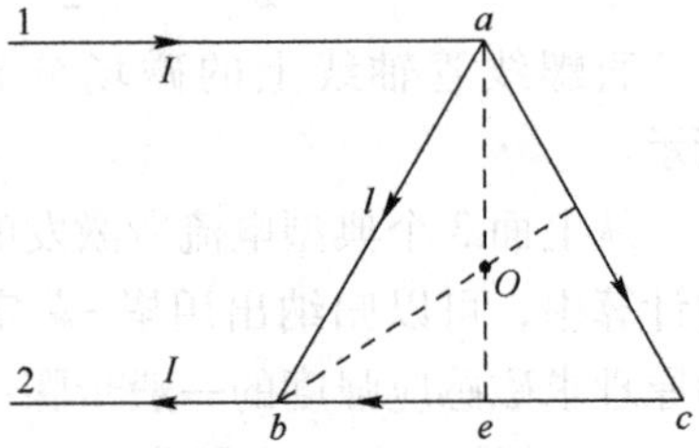

图 5-17 例 5-1 图

解： 令 $\boldsymbol{B}_1$、$\boldsymbol{B}_2$、$\boldsymbol{B}_{\mathrm{ab}}$ 和 $\boldsymbol{B}_{\mathrm{acb}}$ 分别代表长直导线 1、2 和通电三角形框的 ab、ac 和 cb 边在 O 点产生的磁感应强度，则

$$\boldsymbol{B}=\boldsymbol{B}_1+\boldsymbol{B}_2+\boldsymbol{B}_{\mathrm{ab}}+\boldsymbol{B}_{\mathrm{acb}}$$

下面分别来计算 $\boldsymbol{B}_1$、$\boldsymbol{B}_2$、$\boldsymbol{B}_{\mathrm{ab}}$ 和 $\boldsymbol{B}_{\mathrm{acb}}$ 的大小。

$\boldsymbol{B}_1$：对 O 点来说，直导线 1 为半无限长通电导线，有

$$B_1=\frac{\mu_0 I}{4\pi\cdot Oa}\text{（方向垂直纸面向里）}$$

$\boldsymbol{B}_2$：由毕-萨定律，有

$$B=\frac{\mu_0 I}{4\pi\cdot Oe}\left[\cos\left(\pi-\frac{\pi}{6}\right)-\cos\pi\right]=\frac{\mu_0 I}{4\pi\cdot Oe}\left(1-\frac{\sqrt{3}}{2}\right)\text{（方向垂直纸面向里）}$$

$\boldsymbol{B}_{ab}$ 和 $\boldsymbol{B}_{acb}$：由与 ab 和 acb 并联，有

$$I_{ab}\cdot ab=I_{acb}(ac+cb)$$

考虑到 $ab=ac=cb$ 和 $I_{ab}+I_{acb}=I$，则有

$$I_{ab}=\frac{2}{3}I,\quad I_{acb}=\frac{1}{3}I$$

这样，根据毕-萨定律可求得 $B_{ab}=B_{acb}$，并且方向相反，所以有

$$B=B_1+B_2$$

把 $Oa=\sqrt{3}\frac{l}{3}$，$Oe=\sqrt{3}\frac{l}{6}$，代入 B_1、B_2，则 B 的大小为

$$B=\frac{3\mu_0 I}{4\pi\sqrt{3}l}+\frac{6\mu_0 I}{4\pi\sqrt{3}l}\left(1-\frac{\sqrt{3}}{2}\right)=\frac{3\mu_0 I}{4\pi l}(\sqrt{3}-1)$$

B 的方向：垂直纸面向里。

5.3.3 匀速运动电荷的磁场

众所周知，导体中的电流是大量带电粒子的定向运动形成的，电流产生的磁场理应是运动电荷产生的磁场的叠加结果。根据这个假定，可以推导运动电荷产生的磁场，即由毕-萨定律式（5-13）来推导运动电荷产生的磁场。

对于 $I\mathrm{d}\boldsymbol{l}$ 的电流元，假如导线的横截面为 S，载流子的密度为 n，载流子的电荷量为 q，漂移速度为 v，则根据电流的定义，电流元中电流可以表示为

$$I=\frac{\mathrm{d}q}{\mathrm{d}t}=\frac{qnSv\mathrm{d}t}{\mathrm{d}t}=qnSv$$

将上式代入式（5-13），考虑到电流元 $I\mathrm{d}\boldsymbol{l}$ 的方向与正电荷运动方向 v 相同，所以有

$$I\mathrm{d}\boldsymbol{l}=qnSv\mathrm{d}\boldsymbol{l}$$

故有

$$\mathrm{d}\boldsymbol{B}=\frac{\mu_0}{4\pi}\frac{qnS\mathrm{d}lv\times\boldsymbol{e}_r}{r^2}=\frac{\mu_0}{4\pi}\frac{q\mathrm{d}Nv\times\boldsymbol{e}_r}{r^2}$$

式中

$$\mathrm{d}N=nS\mathrm{d}l$$

为电流元中的运动电荷的总数目。所以，一个运动电荷 q 在场点 P 产生的磁感应强度为

$$\boldsymbol{B}=\frac{\mathrm{d}\boldsymbol{B}}{\mathrm{d}N}=\frac{\mu_0}{4\pi}\frac{qv\times\boldsymbol{e}_r}{r^2}=\frac{\mu_0}{4\pi}\frac{qv\times\boldsymbol{r}}{r^3}\tag{5-27}$$

式中，$\boldsymbol{r}$ 为运动电荷 q 到场点 P 的径矢（径矢的大小为 r，单位矢量为 $\boldsymbol{e}_r$）。$\boldsymbol{B}$ 的方向垂直于 v、$\boldsymbol{r}$ 所组成的平面且满足右手螺旋定则。如图 5-18 所示，若 $q>0$，$\boldsymbol{B}$ 与 $v\times\boldsymbol{r}$ 成同向；若 $q<0$，$\boldsymbol{B}$ 与 $v\times\boldsymbol{r}$ 成反向。$\boldsymbol{B}$ 的大小为

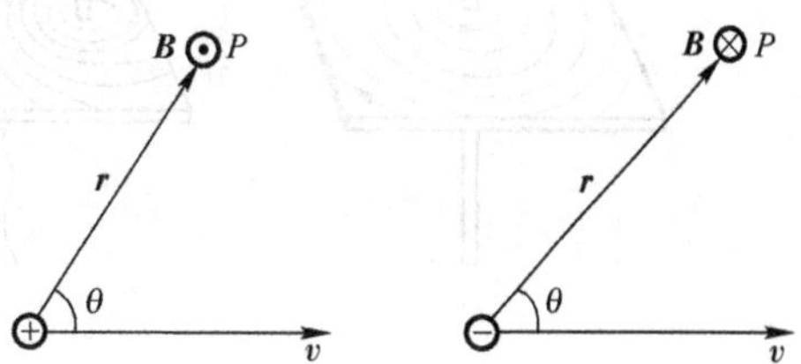

图 5-18 正、负运动电荷产生磁场的方向

$$B=\frac{\mu_0}{4\pi}\frac{qv\sin\theta}{r^2} \tag{5-28}$$

运动电荷将产生磁场的假定已被实验所证实，例如阴极射线管内的电子射线的磁效应。

例 5-2 在玻尔的氢原子模型中，电子绕核做匀速率圆周运动。已知电子速率 $v=2.2\times 10^6$ m/s，轨道半径 $r=0.53\times10^{-10}$ m，求电子运动在轨道中心所产的磁感应强度 $\boldsymbol{B}$。

解：根据式（5-28）得电子在轨道中心产生的磁感应强度 $\boldsymbol{B}$ 的大小为

$$B=\frac{\mu_0}{4\pi}\frac{ev\sin(\pi/2)}{r^2}=\frac{\mu_0 ev}{4\pi r^2}$$

代入数据得 $\boldsymbol{B}$ 的大小为

$$B=10^{-7}\times\frac{1.6\times10^{-19}\times2.2\times10^6}{(0.53\times10^{-10})^2}\text{T}\approx13\text{ T}$$

方向垂直纸面向里，如图 5-19 所示。

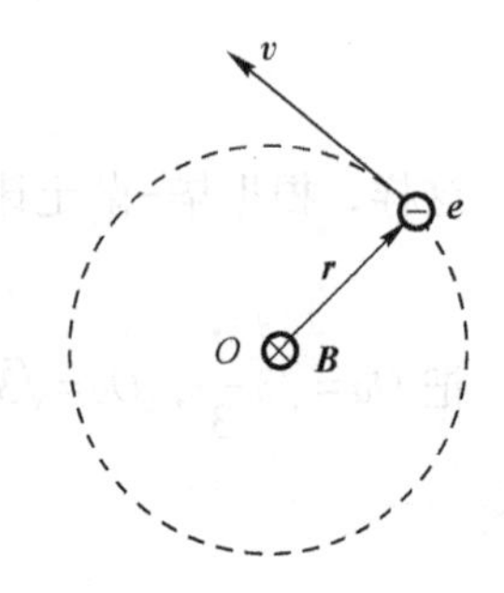

图 5-19 玻尔的氢原子模型

5.4 真空中磁场的高斯定理

磁感应强度 $\boldsymbol{B}$ 是一个空间矢量函数，与电场的情况类似，可以采用在空间描绘场线的方法来形象地描述磁场的整体分布。

5.4.1 磁感应线

为了形象地描述磁感应强度 $\boldsymbol{B}$ 的整体分布，在磁场中引入磁感应线（magnetic induction line，即 B 线），一般规定：

1）磁感应线是一系列曲线，曲线上任一点的切线方向与该点的磁感应强度 $\boldsymbol{B}$ 的方向相同。

2）通过该点附近垂直于 $\boldsymbol{B}$ 的单位面积的磁感应线条数，等于该点的磁感应强度 $\boldsymbol{B}$ 的大小，也就是说用磁感应线的疏密表示 $\boldsymbol{B}$ 的大小。显然，磁感应线的疏密程度形象地反映了磁场的强弱。

根据实验可以描绘各种电流的磁感应线，图 5-20a～c 给出了载流长直导线电流、圆电流和直螺线管电流的磁感应线示意图。磁场的分布可用铁屑来显示，铁屑顺着条形磁铁模拟的磁场分布排列，如图 5-21 所示。

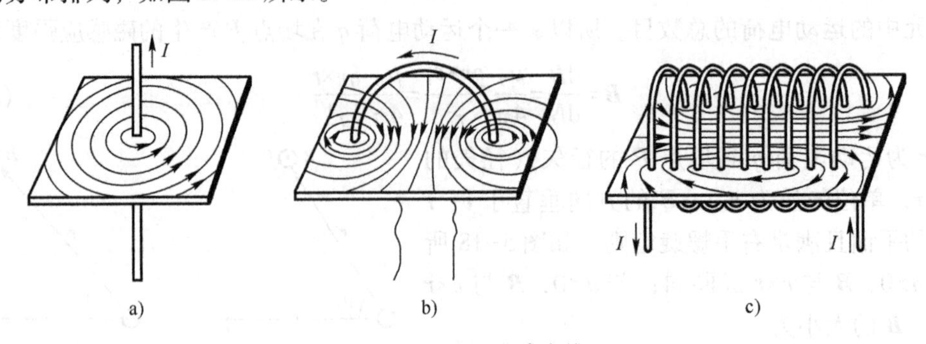

图 5-20 电流磁感应线

从图 5-20 和图 5-21 中可以看出磁感应线的特点：

1）磁感应线是无始无终、涡旋状的闭合曲线或两端点伸向无穷远处。

2）磁感应线和载流回路互相套合（每条磁感应线至少围绕一根载流导线）。

3）任两条磁感应线不相交。

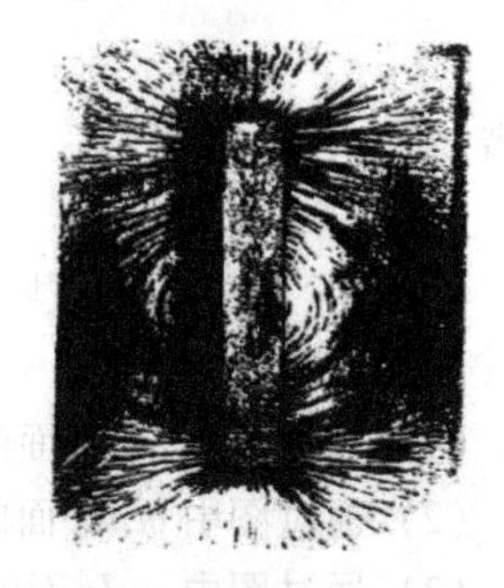

图 5-21　铁屑模拟磁场分布

在磁场中，磁感应线的环绕方向和电流方向之间遵从右手螺旋定则。例如，对于长直电流，用右手握住直导线，大拇指伸直指向电流方向，四指的弯曲方向即为磁感应线的方向，如图 5-22a 所示；对于圆电流和螺线管电流，则用四指弯向电流方向，伸直的大拇指方向指向磁感应线的方向，如图 5-22b、c 所示。

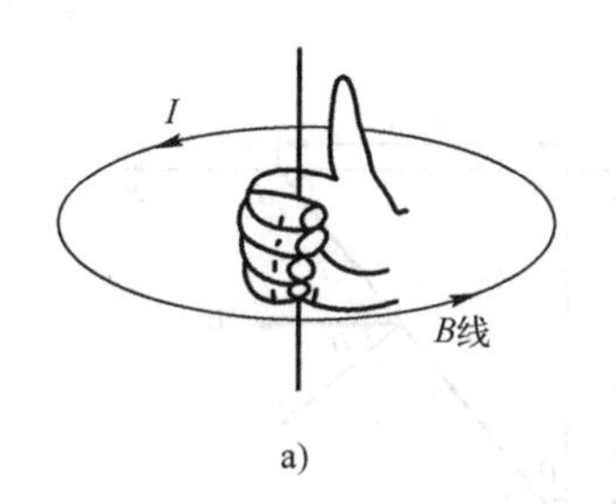

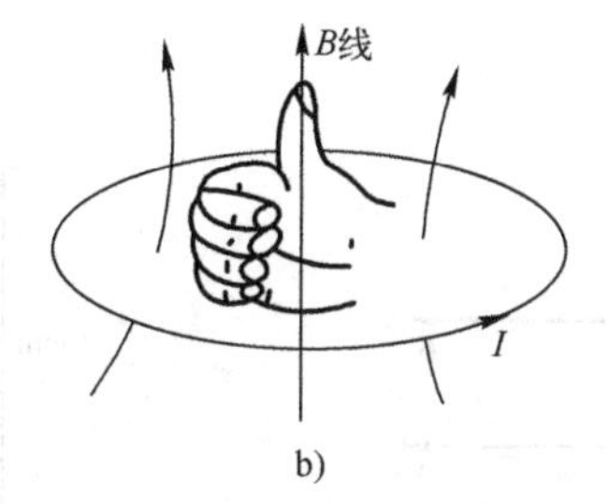

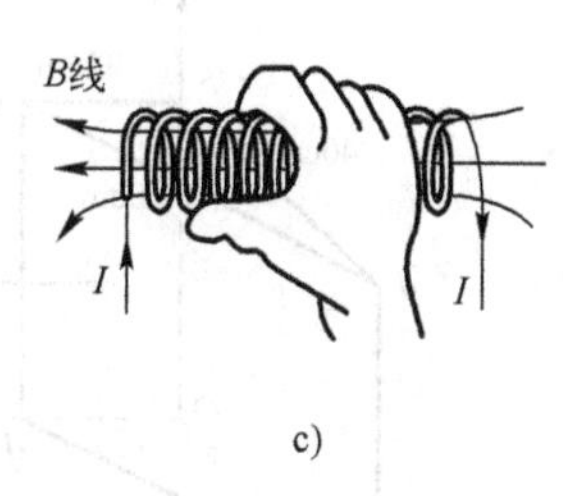

图 5-22　几种电流周围磁场的磁感应线

5.4.2　磁通量

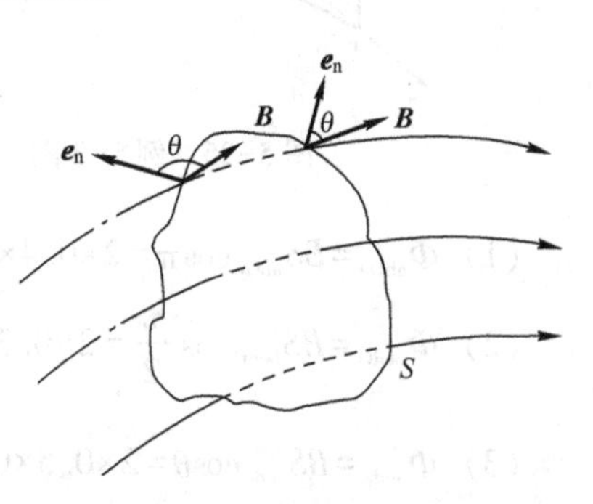

图 5-23　磁通量

在磁场中，通过某给定曲面的磁感应线的总条数称为通过该面的磁通量。如图 5-23 所示，通过面元 d$\boldsymbol{S}$ 的磁通量为

$$\mathrm{d}\Phi = B\cos\theta\mathrm{d}S = \boldsymbol{B}\cdot\mathrm{d}\boldsymbol{S} \tag{5-29}$$

式中，θ 为面元 d$\boldsymbol{S}$ 的法线 $\boldsymbol{e}_n$ 和 $\boldsymbol{B}$ 之间的夹角。

通过任一面积 S 的磁通量为

$$\Phi = \int_S \boldsymbol{B}\cdot\mathrm{d}\boldsymbol{S} \tag{5-30}$$

如果 S 是一个闭合曲面，则有

$$\Phi = \oint_S \boldsymbol{B}\cdot\mathrm{d}\boldsymbol{S} \tag{5-31}$$

规定闭合曲面的法线向外为正，故磁感应线在穿入闭合曲面处，$\boldsymbol{B}$ 和 $\boldsymbol{e}_n$ 间的夹角为钝角（见图 5-24），相应的磁通为负值；反之，磁感应线在穿出闭合曲面处，$\boldsymbol{B}$ 和 $\boldsymbol{e}_n$ 间的夹角为锐角（见图 5-24），相应的磁通量为正值。

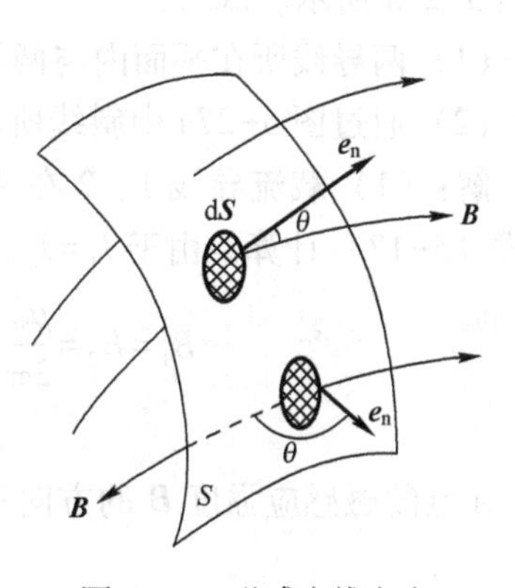

图 5-24　磁感应线方向

在国际单位制中，磁通量的单位为韦伯，符号为 Wb，且

$$1\ \text{Wb}=1\ \text{T}\cdot \text{m}^2$$

或者

$$1\ \text{T}=1\ \text{Wb/m}^2$$

例 5-3 已知均匀磁场，其磁感应强度 $B=2\ \text{Wb/m}^2$，方向沿 x 轴正向，如图 5-25 所示。试求：

（1）通过图中 $abOe$ 面的磁通量。

（2）通过图中 $bcdO$ 面的磁通量。

（3）通过图中 $acde$ 面的磁通量。

解： 匀强磁场 $\boldsymbol{B}$ 对平面 S 的磁通量为

$$\Phi=\boldsymbol{B}\cdot\boldsymbol{S}=BS\cos\theta$$

设各面向外的法线为正，$acde$ 面的外法线方向如图 5-26 所示。

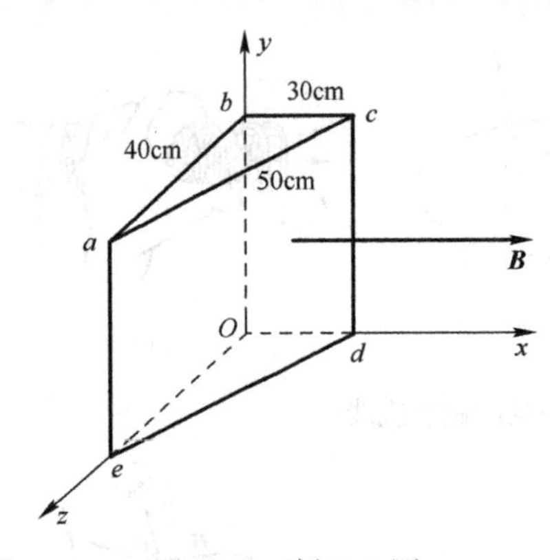

图 5-25 例 5-3 图

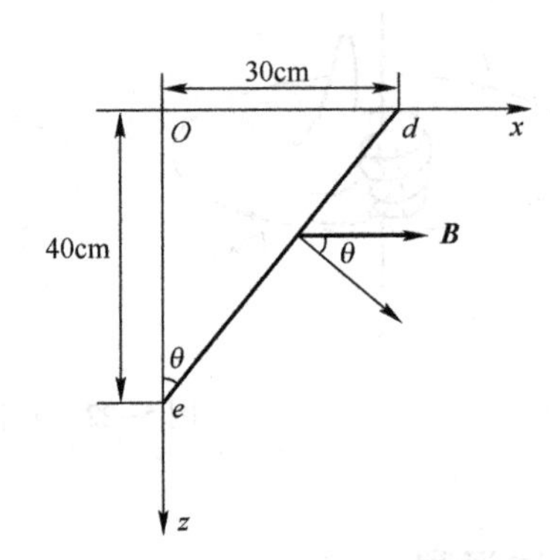

图 5-26 $acde$ 面外法线方向

（1）$\Phi_{\text{abOe}}=BS_{\text{abOe}}\cos\pi=2\times0.4\times0.3\times(-1)\ \text{Wb}=-0.24\ \text{Wb}$

（2）$\Phi_{\text{bcdO}}=BS_{\text{bcdO}}\cos\dfrac{\pi}{2}=2\times0.3\times0.5\times0\ \text{Wb}=0\ \text{Wb}$

（3）$\Phi_{\text{acde}}=BS_{\text{acde}}\cos\theta=2\times0.5\times0.3\times\dfrac{0.4}{0.5}\ \text{Wb}=-0.24\ \text{Wb}$

例 5-4 真空中有两根相距为 $d=40\ \text{cm}$ 的平行直导线，每根导线载有电流 $I_1=I_2=20\ \text{A}$，如图 5-27a 所示。试求：

（1）两导线所在平面内与两导线等距离的 A 点的磁感应强度。

（2）通过图 5-27a 中斜线所示面积的磁通量（$r_1=r_3=10\ \text{cm}$，$r_2=20\ \text{cm}$，$l=25\ \text{cm}$）。

解：（1）载流导线 1、2 在 A 点的磁感应强度 $\boldsymbol{B}_1$、$\boldsymbol{B}_2$ 的大小均可按“无限长”直导线的式（5-17）计算，由于 $I_1=I_2$，且 A 点与两导线等距，得

$$B_1=B_2=\frac{\mu_0}{2\pi}\frac{I_1}{r_1+\dfrac{r_2}{2}}=\frac{4\pi\times10^{-7}\times20}{2\pi\times\left(0.1+\dfrac{0.2}{2}\right)}\ \text{T}=2.0\times10^{-5}\ \text{T}$$

A 点的磁感应强度 $\boldsymbol{B}$ 的方向垂直纸面向外，$\boldsymbol{B}$ 的大小为

$$B=2B_1=4.0\times10^{-5}\ \text{T}$$

（2）计算通过图 5-27a 中斜线所示面积（位于非均匀磁场中）的磁通量，需将面积 S

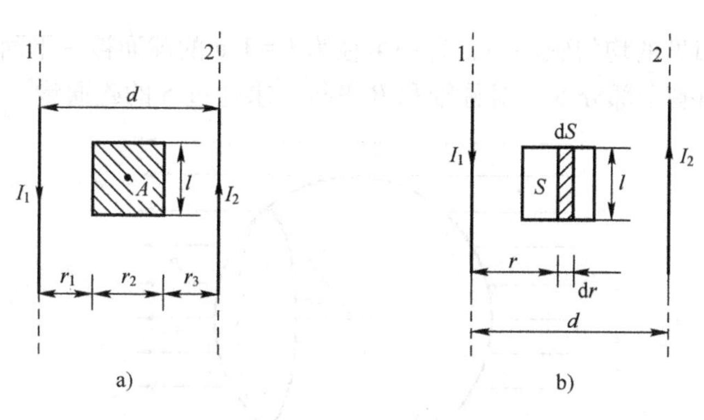

图5-27 例5-4图

分割成许多面元，如图5-27b所示，面元 dS 与导线1相距 r，与导线2相距 $d-r$，该处磁感应强度 $\boldsymbol{B}$ 垂直纸面向外，大小为

$$B=\frac{\mu_0 I_1}{2\pi r}+\frac{\mu_0 I_2}{2\pi(d-r)}$$

所以，通过面元 dS 的磁通量为

$$\mathrm{d}\Phi=\boldsymbol{B}\cdot\mathrm{d}\boldsymbol{S}=B\mathrm{d}S=\frac{\mu_0 l}{2\pi}\left(\frac{I_1}{r}+\frac{I_2}{d-r}\right)\mathrm{d}r$$

通过 S 面的磁通量为

$$\begin{aligned}\Phi&=\int\mathrm{d}\Phi=\frac{\mu_0 l}{2\pi}\int_{r_1}^{r_1+r_2}\left(\frac{I_1}{r}+\frac{I_2}{d-r}\right)\mathrm{d}r\\&=\frac{\mu_0 l I_1}{2\pi}\ln\frac{r_1+r_2}{r_1}+\frac{\mu_0 l I_2}{2\pi}\ln\frac{d-r_1}{d-r_1-r_2}=\frac{\mu_0 l I_1}{\pi}\ln\frac{r_1+r_2}{r_1}\\&=\frac{4\pi\times10^{-7}\times0.25\times20}{\pi}\times\ln\frac{0.1+0.2}{0.1}\mathrm{Wb}=2.2\times10^{-6}\mathrm{Wb}\end{aligned}$$

5.4.3 真空中恒定磁场的高斯定理

由于磁感应线是无头无尾的闭合曲线，所以进入和穿出任一闭合曲面 S 的磁感应线条数相等，通过闭合曲面的总磁通量为零，即

$$\oint_S\boldsymbol{B}\cdot\mathrm{d}\boldsymbol{S}=0 \tag{5-32}$$

这就是磁场的高斯定理。

而静电场的高斯定理（真空中）为

$$\oint_S\boldsymbol{E}\cdot\mathrm{d}\boldsymbol{S}=\sum_S\frac{q_i}{\varepsilon_0}$$

两者相比较，静电场是有源场，源头是正电荷，尾部是负电荷。而 $\oint_S\boldsymbol{B}\cdot\mathrm{d}\boldsymbol{S}=0$ 表明，磁场是无源场，磁感应线是闭合曲线，说明在自然界中不存在类似正、负电荷那样的磁单极。目前的实验还没有找到磁单极，一旦实验上真的发现了磁单极，则磁感应线就可能不闭合，磁场的高斯定理需要重新修正。

例 5-5 $B=0.1\text{T}$ 的均匀磁场中，有一半径为 $R=1\text{m}$ 的球面被一平面截去了一部分，如图 5-28 所示。球面剩余部分 S 的对称轴和 B 平行。求通过 S 的磁通量。

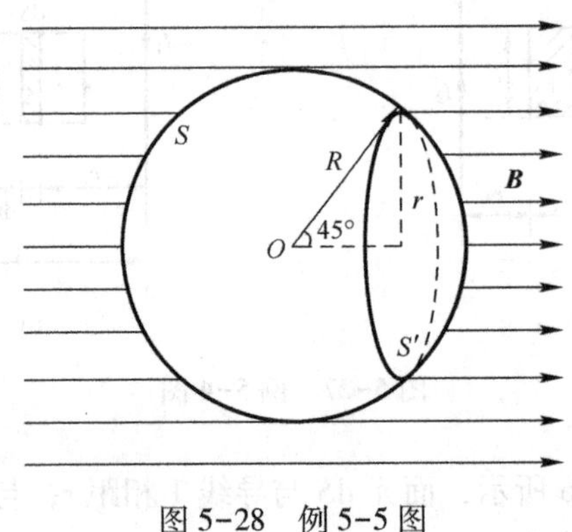

图 5-28 例 5-5 图

解： 若补上平面 S'，则 $S+S'$构成一封闭曲面，选向外为曲面法线方向，由磁场中高斯定理可得

$$\Phi=\int_S \boldsymbol{B}\cdot \mathrm{d}\boldsymbol{S}+\int_{S'} \boldsymbol{B}\cdot \mathrm{d}\boldsymbol{S}=0$$

所以

$$\Phi_S=\int_S \boldsymbol{B}\cdot \mathrm{d}\boldsymbol{S}=-\int_{S'} \boldsymbol{B}\cdot \mathrm{d}\boldsymbol{S}$$

$$=-\int_{S'} B\mathrm{d}S\cos0^\circ=-B\int_{S'}\mathrm{d}S=-B\pi r^2$$

由图 5-28 可知

$$r=R\sin45^\circ=\frac{\sqrt{2}}{2}R$$

代入 Φ_S，得

$$\Phi_S=-\left(\frac{\sqrt{2}}{2}R\right)\pi B=-0.5\pi BR^2=-0.05\pi\ \text{Wb}$$

5.5 真空中恒定磁场的安培环路定理

5.5.1 恒定磁场的安培环路定理

在静电场中，场强 $\boldsymbol{E}$ 沿任一闭合路径 L 的线积分（$\boldsymbol{E}$ 的环流）恒等于零，即

$$\oint_L \boldsymbol{E}\cdot \mathrm{d}\boldsymbol{l}=0$$

那么，在恒定磁场中 $\boldsymbol{B}$ 沿任一闭合路径 L 的线积分 $\oint_L \boldsymbol{B}\cdot \mathrm{d}\boldsymbol{l}$（称为 $\boldsymbol{B}$ 的环流）是多少呢？下面先通过载流长直导线这一特例来讨论。

在前面已经指出，载流长直导线周围的磁感应线是一系列圆心在导线上的同心圆，其绕向与电流方向成右手螺旋关系。离电流距离为 r 处的磁感应强度 $\boldsymbol{B}$ 的大小为

$$B=\frac{\mu_0 I}{2\pi r}$$

在垂直于长直导线的平面内做一个闭合路径 L。设 L 包含电流 I，且 L 的绕向也与电流方向成右手螺旋关系，如图 5-29 所示。$\boldsymbol{B}$ 的环流为

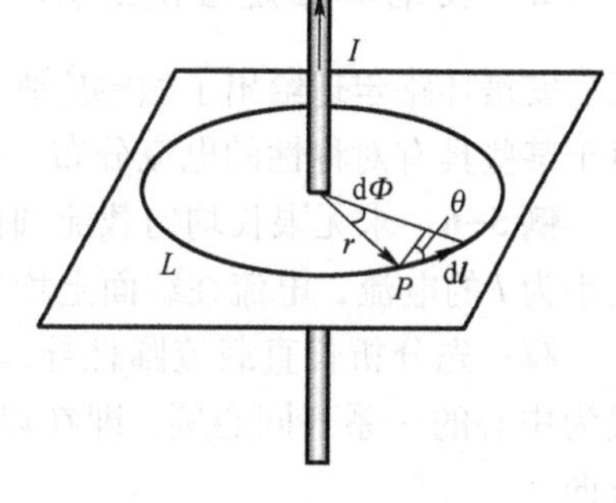

图 5-29 安培环路定理

$$\oint_L \boldsymbol{B}\cdot \mathrm{d}\boldsymbol{l}=\oint_L \frac{\mu_0 I}{2\pi r}\cos\theta \mathrm{d}l$$

$$=\int_0^{2\pi}\frac{\mu_0 I}{2\pi r}r\mathrm{d}\Phi=\mu_0 I \qquad (5-33)$$

如果电流方向反向，此时 $\boldsymbol{B}$ 与 $\mathrm{d}\boldsymbol{l}$ 之间的夹角为 $\pi-\theta$，则

$$\cos(\pi-\theta)\mathrm{d}l=-r\mathrm{d}\Phi$$

故有

$$\oint_L \boldsymbol{B}\cdot \mathrm{d}\boldsymbol{l}=-\mu_0 I=\mu_0(-I) \qquad (5-34)$$

结果与式（5-33）仅差一个负号。

如果规定，与闭合回路 L 的绕行方向成右手螺旋关系的电流为正，反之为负，就可将两种情况式（5-33）和式（5-34）统一用式（5-33）来表示。

可以证明，如果闭合路径中没有包围电流，则有

$$\oint_L \boldsymbol{B}\cdot \mathrm{d}\boldsymbol{l}=0 \qquad (5-35)$$

如果闭合路径 L 不在垂直于电流的平面内，而是任意形状的空间曲线，可以证明下式成立：

$$\oint_L \boldsymbol{B}\cdot \mathrm{d}\boldsymbol{l}=\begin{cases}\mu_0 I & (L\text{包含}I)\\ 0 & (L\text{不包含}I)\end{cases} \qquad (5-36)$$

说明在空间只存在一个长直电流 I 时，当闭合路径包围电流时，$\boldsymbol{B}$ 沿 L 的环流为 $\mu_0 I$；当闭合路径 L 不包围电流时，$\boldsymbol{B}$ 沿 L 的环流为零。

如果空间存在着几个长直电流，其中 k 个在闭合曲线内，$n-k$ 个在闭合曲线外，显然：

$$\oint_L \boldsymbol{B}\cdot \mathrm{d}\boldsymbol{l}=\oint_L(\boldsymbol{B}_1+\boldsymbol{B}_2+\cdots+\boldsymbol{B}_k+\boldsymbol{B}_{k+1}+\cdots+\boldsymbol{B}_n)\cdot \mathrm{d}\boldsymbol{l}$$

$$=\oint_L \boldsymbol{B}_1\cdot \mathrm{d}\boldsymbol{l}+\cdots+\oint_L \boldsymbol{B}_k\cdot \mathrm{d}\boldsymbol{l}+\oint_L \boldsymbol{B}_{k+1}\cdot \mathrm{d}\boldsymbol{l}+\oint_L \boldsymbol{B}_n\cdot \mathrm{d}\boldsymbol{l}$$

$$=\mu_0 I_1+\cdots+\mu_0 I_k+0+\cdots+0$$

$$=\mu_0\sum_{i=1}^{k} I_i \qquad (5-37)$$

说明 $\boldsymbol{B}$ 的环流与闭合曲线所包围的电流的代数和有关。式（5-37）虽然是从长直载流导线这个特例中推出来的，但它可以推广到任意形状的恒定电流磁场。

在恒定电流磁场中，磁感应强度沿任一闭合路径 L 的线积分，等于这个闭合路径 L 包围的所有电流代数和的 μ_0 倍，这个结论称为安培环路定理，其数学表达形式为

$$\oint_L \boldsymbol{B}\cdot \mathrm{d}\boldsymbol{l}=\mu_0\sum_{L_{内}} I_i \qquad (5-38)$$

需要指出的是，式（5-38）右端的电流是指闭合路径 L 内所包围的电流，而等式左端

的磁感应强度 $\boldsymbol{B}$ 是空间中所有电流（包括 L 内与 L 外的所有电流）所共同激发的。

安培环路定理说明磁感应强度 $\boldsymbol{B}$ 对任一闭合路径的环流不恒等于零，即磁场是非保守力场，是有旋场，称为涡旋场。

5.5.2 安培环路定理的应用

安培环路定理给出了磁感应强度 $\boldsymbol{B}$ 沿闭合环路的线积分，与静电场中的高斯定理一样，对于某些具有对称性的电流分布，可利用安培环路定理求磁感应强度 $\boldsymbol{B}$。

例 5-6 求无限长均匀载流圆柱体内外的磁场。设圆柱体的半径为 R，沿轴线方向通有大小为 I 的电流，电流在载面上均匀分布，如图 5-30 所示，求载流圆柱体内外的磁场。

解： 先分析长直载流圆柱导体的磁场分布。由对称性可知，它的磁感应线是以圆柱轴线为中心的一系列同心圆。即在以 r 为半径的圆周上，$\boldsymbol{B}$ 的大小相等，方向沿圆周的切线方向。

先计算圆柱外 P 点的磁感应强度。选取过 P 点且半径为 $r(r<R)$ 的圆周为积分回路 L，其绕行方向和磁感应线方向相同。根据安培环路定理，即

$$\oint_L \boldsymbol{B} \cdot \mathrm{d}\boldsymbol{l} = \mu_0 \sum_i I_i$$

在回路 L 上，由于 $\boldsymbol{B}$ 的大小处处相等，且处处有 $\boldsymbol{B}//\mathrm{d}\boldsymbol{l}$，故

$$\oint_L \boldsymbol{B} \cdot \mathrm{d}\boldsymbol{l} = B\oint_L \mathrm{d}l = 2\pi rB$$

而穿过回路 L 的总电流为 I，即 $\sum_i I_i = I$，所以有

$$2\pi rB=\mu_0 I$$

由此可得

$$B=\frac{\mu_0 I}{2\pi r} \quad (r>R) \tag{5-39}$$

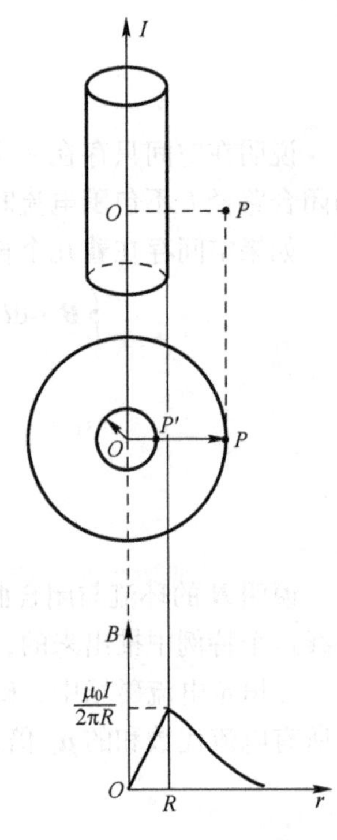

图 5-30 例 5-6 图

用类似方法可计算圆柱体内 P' 点的磁感应强度。取过 P' 点且半径为 $r(r<R)$ 的圆周为积分回路 L'，其绕行方向与磁感应线方向相同。由于电流 I 均匀分布在导体的横截面上，故由图 5-30 可知，穿过回路 L' 的电流为

$$\sum_i I_i = \frac{I}{\pi R^2}\pi r^2 = \frac{r^2}{R^2}I$$

再由安培环路定理，即

$$\oint_{L'} \boldsymbol{B} \cdot \mathrm{d}\boldsymbol{l} = 2\pi rB = \mu_0 \frac{r^2}{R^2}I$$

由此得出

$$B=\frac{\mu_0 I}{2\pi}\frac{r}{R^2} \quad (r\leqslant R) \tag{5-40}$$

载流长直圆柱导体内外的磁场分布可用 B-r 曲线表示，如图 5-30 所示。对于载流长直圆柱面电流的磁场分布，根据安培环路定理，参照上述方法，可以算出

$$B=\begin{cases}0 & (r<R)\\ \dfrac{\mu_0 I}{2\pi r} & (r>R)\end{cases} \tag{5-41}$$

例 5-7　载流长直螺线管内的磁场。

设有一均匀密绕的空心长直螺线管，单位长度上有 n 匝线圈，导线上通有电流 I，如图 5-31 所示。求螺线管内中间部分任意一点 P 的磁感应强度。

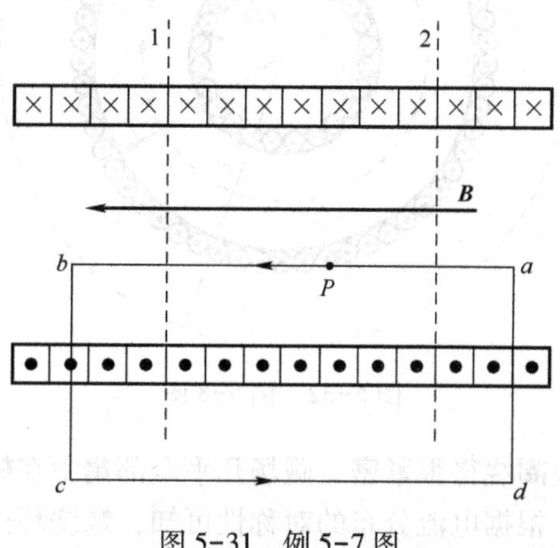

图 5-31　例 5-7 图

解：先根据对称性分析载流长直螺线管内部磁场的分布特征。在图 5-31 中，做垂直于螺线管轴线的截面 1 和 2，由于螺线管无限长，截面 1 和 2 都可看成螺线管的中垂面，所以其上磁感应强度的分布规律应完全相同，由此可知在平行于螺线管轴线的任一条直线上磁感应强度 $\boldsymbol{B}$ 的大小处处相等。此外，由于螺线管密绕，螺线管外的磁感应强度 $B_{外}=0$，即磁感应线不能泄漏到螺线管外。螺线管内各点磁场 $\boldsymbol{B}$ 的方向都应与轴线平行，其指向用右手螺旋定则确定。

选如图 5-31 所示的环路，B 的环流为

$$\begin{aligned}\oint_L \boldsymbol{B}\cdot \mathrm{d}\boldsymbol{l} &= \int_a^b \boldsymbol{B}\cdot \mathrm{d}\boldsymbol{l} + \int_b^c \boldsymbol{B}\cdot \mathrm{d}\boldsymbol{l} + \int_c^d \boldsymbol{B}\cdot \mathrm{d}\boldsymbol{l} + \int_d^a \boldsymbol{B}\cdot \mathrm{d}\boldsymbol{l}\\ &= B|ab| + 0 + 0 + 0 = B|ab|\end{aligned}$$

在上式中，cd 段的积分为零是由于 $B_{外}=0$，bc 和 da 段积分为零是由于管内部分 $\boldsymbol{B}$ 与 $\mathrm{d}\boldsymbol{l}$ 方向垂直，管外部分 $B_{外}=0$。又

$$\sum I_{内} = |ab|nI$$

由安培环路定理得

$$B|ab| = \mu_0 |ab| nI$$

所以

$$B=\mu_0 nI$$

这就是载流长直螺线管内部磁感应强度的表达式。可见，它与由毕-萨定律和磁场叠加原理一起导出的式（5-25）完全相同，但应用安培环路定理推导这一公式要简单得多。

例 5-8　载流螺绕环（torus）的磁场。

设螺绕环内、外半径分别为 R_1 和 R_2，环上均匀密绕 N 匝线圈，线圈中通有电流 I，如

图 5-32 所示，求螺绕环内的磁感应强度。

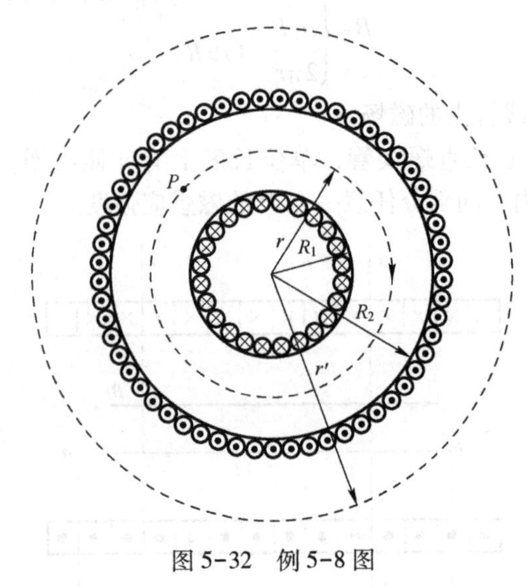

图 5-32 例 5-8 图

解：由于螺绕环上的线圈绕得很紧密，磁场几乎全部集中在螺绕环内，环外磁场十分微弱，可以忽略不计。此外，根据电流分布的对称性可知，螺绕环内与环共心的圆周上各点的磁感应强度大小相等，方向沿圆周切向。

现在，计算环内任意一点 P 的磁感应强度。取通过 P 点且与螺绕环共心的圆周为积分回路 L，绕行方向沿磁感应线方向，如图 5-32 所示。根据安培环路定理，即

$$\oint_L \boldsymbol{B} \cdot \mathrm{d}\boldsymbol{l} = \mu_0 \sum_i I_i$$

由于 L 上各点 $\boldsymbol{B}$ 的大小都相等，且处处有 $\boldsymbol{B} /\!/ \mathrm{d}\boldsymbol{l}$，故

$$\oint_L \boldsymbol{B} \cdot \mathrm{d}\boldsymbol{l} = B\oint_L \mathrm{d}l = 2\pi r B$$

在螺绕环内部，电流穿过 L 回路共 N 次，所以有

$$\sum_i I_i = NI$$

因此有

$$2\pi r B = \mu_0 NI$$

由此得出

$$B = \frac{\mu_0 nI}{2\pi r} \quad (R_1 < r < R_2) \tag{5-42}$$

如果螺绕环管很细，即管的孔径比环的平均半径 $R = \frac{1}{2}(R_1 + R_2)$ 要小得多，故管内各点的磁感应强度大小几乎相等。所以式（5-42）可改写为

$$B = \frac{\mu_0 NI}{2\pi R} = \mu_0 nI \tag{5-43}$$

式中，n 为螺绕环上单位长度的线圈匝数。

当然，在螺绕环外部，由于 $\sum_i I_i = 0$，故 $B = 0$。

从上述 3 个例子中，可以归纳出用安培环路定理求解磁场分布的步骤如下：

1）从电流分布的对称性分析磁场分布的对称性。

2）选取适当的闭合路径，使磁感应强度 $\boldsymbol{B}$ 能从积分 $\oint_L \boldsymbol{B} \cdot \mathrm{d}\boldsymbol{l}$ 中提出来。一般来说，在环路 L 上求场点所在线段上的 $\boldsymbol{B}$ 大小相等，方向与 $\mathrm{d}\boldsymbol{l}$ 平行（同向或反向），在辅助线部分上 $B=0$ 或者 $\boldsymbol{B}$ 垂直于 $\mathrm{d}\boldsymbol{l}$。

3）求出通过回路所围面积的传导电流的代数和 $\sum\limits_{L内} I_i$。

4）由安培环路定理 $\oint_L \boldsymbol{B} \cdot \mathrm{d}\boldsymbol{l} = \mu_0 \sum\limits_{L内} I_i$，求出 $\boldsymbol{B}$ 的大小，并指出 $\boldsymbol{B}$ 的方向。

5.6 磁场对运动电荷和载流导线的作用

5.6.1 洛伦兹力

图 5-33 所示为一个阴极射线管。阴极射线管是一个真空放电管，在它两个电极之间加上高电压时，就会从它的阴极发射出电子束。这样的电子束即阴极射线。电子束本身是不能用肉眼观察到的，为此在管中附有荧光屏，电子束打在荧光屏上将发出荧光，这样就可以看到电子的径迹。没有磁场时，电子束由阴极发出后沿直线前进。如果在阴极射线管旁放一根磁棒，电子束就会偏转。这表明电子束受到了磁场的作用力。图 5-33 将磁铁的 N 极垂直地靠近阴极射线管一侧，这时磁场是沿水平方向向内的。从电子束偏转的方向可以看出，它受到的力是向下的。电子的速度 $\boldsymbol{v}$、磁感应强度 $\boldsymbol{B}$ 和电子在磁场中所受的力 $\boldsymbol{F}$ 3 个矢量彼此垂直。如果将磁棒在水平面内偏转一个角度，使 $\boldsymbol{B}$ 不再垂直于 $\boldsymbol{v}$，则电子束的偏转将会变小。

实验证明，运动带电粒子在磁场中受的力 $\boldsymbol{F}$ 与粒子的电荷 q、速度 $\boldsymbol{v}$ 和磁感应强度 $\boldsymbol{B}$ 之间有如下关系：

$$\boldsymbol{F} = q\boldsymbol{v} \times \boldsymbol{B} \tag{5-44}$$

按照矢量叉乘的定义，式（5-44）表明，$\boldsymbol{F}$ 的大小为

$$F = |q| vB\sin\theta \tag{5-45}$$

θ 为 $\boldsymbol{v}$ 与 $\boldsymbol{B}$ 之间的夹角；$\boldsymbol{F}$ 的方向与 $\boldsymbol{v}$ 和 $\boldsymbol{B}$ 构成的平面垂直（见图 5-34）。式（5-44）还表明，带电粒子受力 $\boldsymbol{F}$ 的方向，与它的电荷 q 的正负有关。图 5-34 所示为正电荷受力的方向，若是负电荷，则受力与此方向相反。式（5-44）式给出的这个运动电荷在磁场中受的力叫作洛伦兹力。读者可根据式（5-44）来验证一下，上述实验电子束的偏转方向应如图 5-33 所示（应注意，电子是带负电的，磁铁的 N 极发出磁感应线）。

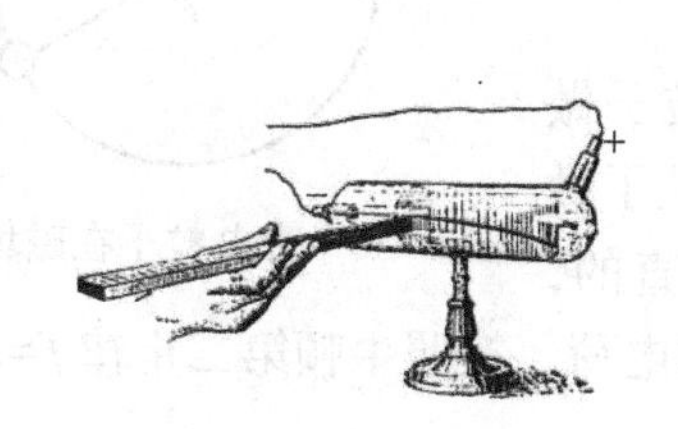

图 5-33 磁场使阴极射线偏转的演示

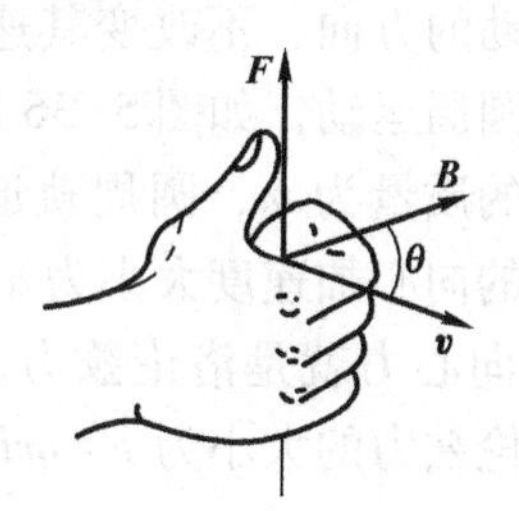

图 5-34 洛伦兹力的方向

应当指出，由于洛伦兹力的方向总与带电粒子速度的方向垂直，洛伦兹力永远不对粒子做功。它只改变粒子运动的方向，而不改变它的速率和动能。

例 5-9 如图 5-35 所示，放射性元素镭所发出的射线进入强磁场 $\boldsymbol{B}$ 后，分成 3 束射线，向右偏转的叫 β 射线，向左偏转的叫 α 射线，不偏转的叫 γ 射线。试分析这 3 种射线中的粒子是否带电，带正电还是带负电？

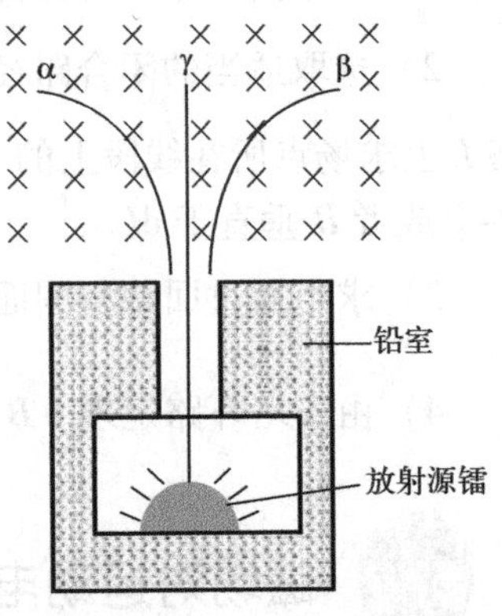

图 5-35 例 5-9 图

解： 由洛伦兹力公式 $\boldsymbol{F}=q\boldsymbol{v}\times\boldsymbol{B}$ 知，$q=0$ 时，$F=0$，即不带电的粒子不受磁场力作用，所以在磁场中运动时不会偏转，由此推知 γ 射线由不带电的粒子组成。

因 α 射线与 β 射线在磁场中运动路径弯曲，判知其必受洛伦兹力作用，即 $q\neq0$。若设 α 射线粒子带负电，则由公式 $\boldsymbol{F}=q\boldsymbol{v}\times\boldsymbol{B}$ 可得，粒子应该受到沿路径凸方向向右的作用力，与力学结论矛盾（曲线运动所受合力必指向曲线凹部），所以组成 α 射线的粒子必带正电。同理可知，组成 β 射线的粒子必带负电。

例 5-9 说明，已知带电粒子在磁场中的运动轨迹，由洛伦兹力公式就可以判定带电粒子带电性质。1932 年，美国物理学家安德孙正是用这一原理，分析了宇宙射线穿过云雾室中铅板后的带电粒子径迹的照片，从而发现了带正电的电子（是通常电子的反粒子）。

例 5-10 有一个质子沿着与磁场相垂直的方向运动，在某点的速率是 3.1×10^{7} m/s，由实验测得质子所受的洛伦兹力为 7.4×10^{-12} N，求该点磁感应强度的大小。

解： 质子电荷量 $q=1.60\times10^{-19}$ C，根据式（5-44），并注意到 $\boldsymbol{v}$ 和 $\boldsymbol{B}$ 之间是垂直的，得

$$F=qvB$$

所以有

$$B=\frac{F}{qv}=\frac{7.4\times10^{-12}}{1.6\times10^{-19}\times3.1\times10^{7}}\text{T}\approx1.5\text{T}$$

5.6.2 带电粒子在磁场中的运动

在现代科学技术中，常常利用磁场对带电粒子作用的洛伦兹力来控制带电粒子的运动。下面讨论带电粒子在均匀磁场中运动的基本规律。

分两种情形来讨论带电粒子在均匀磁场中的运动。

（1）粒子的初速度 $\boldsymbol{v}$ 垂直于 $\boldsymbol{B}$ 由于洛伦兹力 $\boldsymbol{F}$ 永远在垂直于磁感应强度 $\boldsymbol{B}$ 的平面，而粒子的初速度也在这平面内，因此它的运动轨迹不会越出这个平面。由于洛伦兹力永远垂直于粒子的速度，它只改变粒子运动的方向，不改变其速率，因此粒子在上述平面内做匀速圆周运动，如图 5-36 所示。

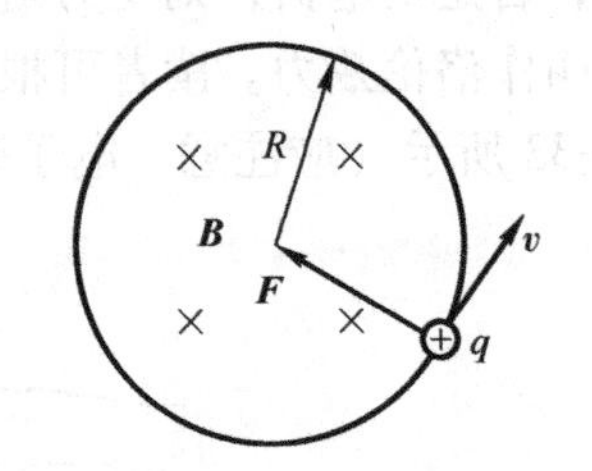

图 5-36 带电粒子在磁场中的回旋

设粒子的质量为 m，圆周轨道的半径为 R，则粒子做圆周运动时的向心加速度大小为 $a=v^2/R$。这里维持粒子做圆周运动的向心力就是洛伦兹力，$\boldsymbol{v}$ 和 $\boldsymbol{B}$ 之间是垂直的，$\sin\theta=1$，洛伦兹力的大小为 $F=qvB$，其中 q 为粒子的电荷，按照牛顿第二定律 $f=ma$，有

$$qvB=\frac{mv^2}{R}$$

由此得轨道的半径为

$$R=\frac{mv}{qB} \tag{5-46}$$

式（5-46）表明，R 与 v 成正比，与 B 成反比。

粒子回绕一周所需的时间（即周期）为

$$T=\frac{2\pi R}{v}=\frac{2\pi m}{qB} \tag{5-47}$$

而单位时间里所绕的圈数（即频率）为

$$f=\frac{1}{T}=\frac{qB}{2\pi m} \tag{5-48}$$

f 叫作带电粒子在磁场中的回旋共振频率。式（5-48）表明，回旋共振频率与粒子的速率和回旋半径（又称拉莫尔半径）无关。

（2）普遍情形　在普遍的情形下，$\boldsymbol{v}$ 与 $\boldsymbol{B}$ 成任意夹角。这时可以把 $\boldsymbol{v}$ 分解为 $v_{/\!/}=v\cos\theta$ 和 $v_{\perp}=v\sin\theta$。两个分量分别平行和垂直于 $\boldsymbol{B}$。若只有平行分量，磁场对粒子没有作用力，粒子将沿 $\boldsymbol{B}$ 的方向（或其反方向）做匀速直线运动。当两个分量同时存在时，粒子的轨迹将成为一条螺旋线（见图 5-37），其螺距 h（即粒子每回转一周时前进的距离）为

$$h=v_{/\!/}T=\frac{2\pi m v_{/\!/}}{qB} \tag{5-49}$$

它与 $v_{\perp}$ 分量无关。

上述结果是一种最简单的磁聚焦原理。设想从磁场某点 A 发射出一束很窄的带电粒子流，它们的速率 $\boldsymbol{v}$ 差不多相等，且与磁感应强度 $\boldsymbol{B}$ 的夹角 θ 都很小（见图 5-38），则

$$v_{/\!/}=v\cos\theta$$

$$v_{\perp}=v\sin\theta$$

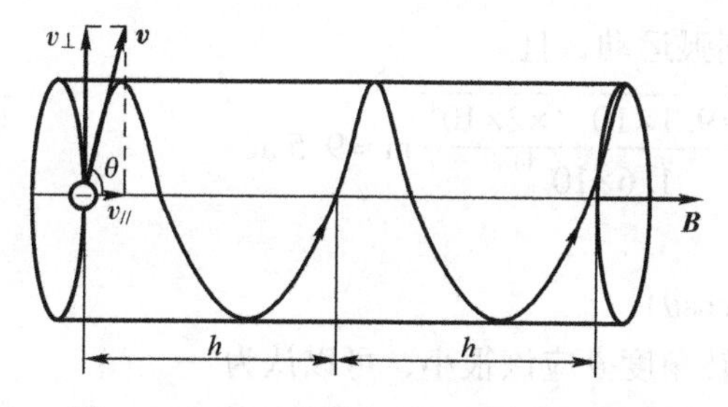

图 5-37　带电粒子在磁场中的螺旋运动

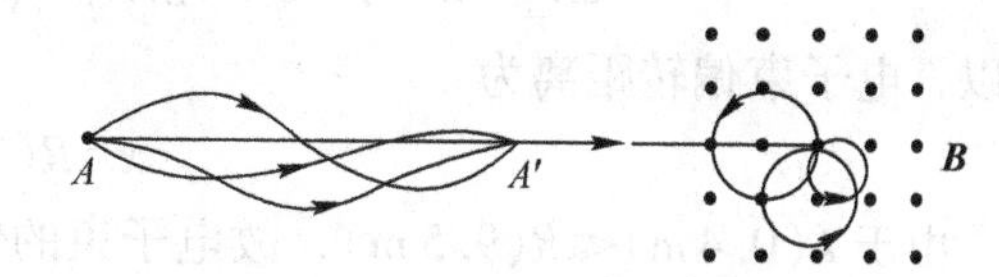

图 5-38　均匀磁场的磁聚焦

由于速度的垂直分量 $v_{\perp}$ 不同，在磁场的作用下，各粒子将沿不同半径的螺旋线前进。但由于它们速度的平行分量 $v_{/\!/}$ 近似相等，经过距离 $h=v_{/\!/}T=\dfrac{2\pi m v_{/\!/}}{qB}$ 后它们又重新会聚在 A' 点（见图 5-38）。这与光束经透镜后聚焦的现象有些类似，所以叫作磁聚焦现象。

上面所讲的是均匀磁场中的磁聚焦现象，它要靠长螺线管来实现。然而实际上用得更多的是短线圈产生的非均匀磁场的聚焦作用（见图 5-39），这里线圈的作用与光学中的透镜相似，故称为磁透镜。磁聚焦的原理在许多电真空器件（特别是电子显微镜）中的应用很广泛。

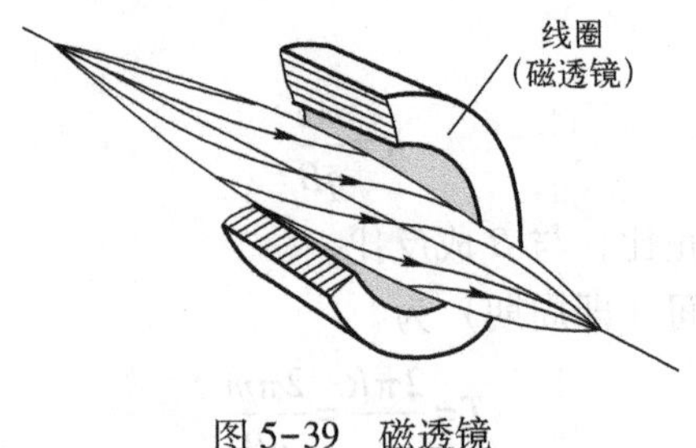

图 5-39 磁透镜

5.6.3 电场和磁场控制带电粒子运动的应用

带电粒子在磁场中运动在自然界中也很常见。例如，在南极和北极地区，人们经常可以看到天空中美丽的弧光。它是从高空大气层中发出的，来自太阳的带电粒子受地磁场的引导而进入地球磁极地区的大气层中。

例 5-11 估算地磁场对电视机显像管内电子束的影响。

如图 5-40 所示，设电子枪加速电势差 $U=2\times10^4$ V，电子枪到屏幕距离 $L=0.4$ m，地磁场竖直分量 $B_\perp=5\times10^{-5}$ T，求电子束在地磁场作用下的偏转。

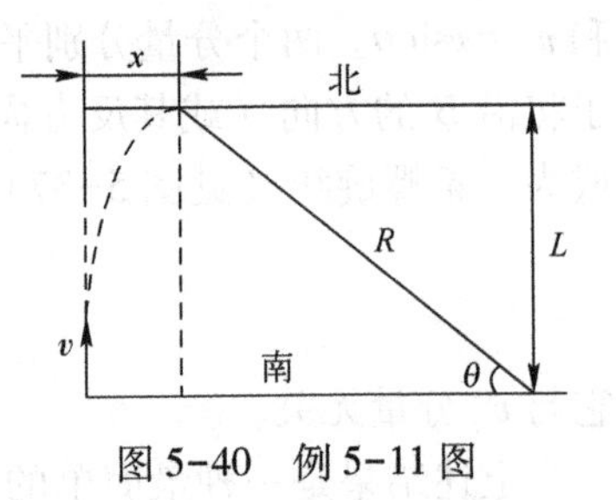

图 5-40 例 5-11 图

解： 由于经电子枪加速后电子获得能量 eU 远小于电子静能 0.51 MeV，故电子进入磁场时的速率是远小于光速的，且

$$eU=\frac{1}{2}mv^2$$

所以速率 v 为

$$v=\sqrt{\frac{2eU}{m}}$$

电子受地磁场洛伦兹力作用做沿半径 R 的圆弧运动，且

$$R=\frac{mv}{eB_\perp}=\frac{1}{B_\perp}\sqrt{\frac{2mU}{e}}=\frac{1}{5\times10^{-5}}\sqrt{\frac{2\times9.1\times10^{-31}\times2\times10^4}{1.6\times10^{-19}}}\ \text{m}\approx9.5\ \text{m}$$

所以，电子束偏转距离为

$$x=R(1-\cos\theta)$$

由于 $L(0.4\ \text{m})\ll R(9.5\ \text{m})$，故电子束的偏转角度 θ 应该很小，可以认为

$$\theta\approx\sin\theta=\frac{L}{R}$$

这样可得

$$x\approx R\left(1-\cos\frac{L}{R}\right)=9.5\left(1-\cos\frac{0.4}{9.5}\right)\ \text{m}\approx8.4\times10^{-3}\ \text{m}$$

显然，在电视机的显像管内电子束受地磁场的影响是比较小的。

例 5-12 一带电粒子进入液氢气泡室时将使其路径上的一些分子产生电离，电离处所形成的小气泡使粒子的轨迹清楚可见。而在此区域中的磁场会使路径发生弯曲，粒子的动量可根据路径的曲率半径求得。试求一质子（$q=1.6\times10^{-19}$ C，$m=1.67\times10^{-27}$ kg）在曲率半径为 2.67 m 的路径上运动时动量和速度的大小，已知磁感应强度的大小是 0.140 T。

解： 动量的大小为

$$p=mv=qBR=1.60\times10^{-19}\times0.140\times2.67\ \text{kg}\cdot\text{m/s}\approx5.98\times10^{-20}\ \text{kg}\cdot\text{m/s}$$

质子的速率为

$$v=\frac{p}{m}=\frac{5.98\times10^{-20}\ \text{kg}\cdot\text{m/s}}{1.67\times10^{-27}\ \text{kg}}\approx3.58\times10^{7}\ \text{m/s}$$

这一速率大约是 $0.12c$，c 为光速。对于接近光速的速率来说，相对论效应就变得更加重要。

5.6.4　安培力

导线中的电流是由其中的自由电子定向移动形成的，当把载流导线放在磁场中时，这些定向移动的自由电子就会受到磁力的作用，通过导体内部自由电子与晶体点阵的相互作用，使导体在宏观上表现为受到了磁场的作用力。

在真空磁场中，有一根通有电流 I 的导线，如图 5-41 所示。在导线上任取一个电流元 $I\mathrm{d}\boldsymbol{l}$，如果导线的横截面为 S，导线内自由电子数密度为 n，则电流元 $I\mathrm{d}\boldsymbol{l}$ 内的自由电子总数为

$$\mathrm{d}N=nS\mathrm{d}l$$

在电流元内，每一个自由电子所受的洛伦兹力 $\boldsymbol{F}_1=q\boldsymbol{v}\times\boldsymbol{B}$，这里 q 为每个自由电子所带的电荷量，所以电流元内所有自由电子所受磁场力为

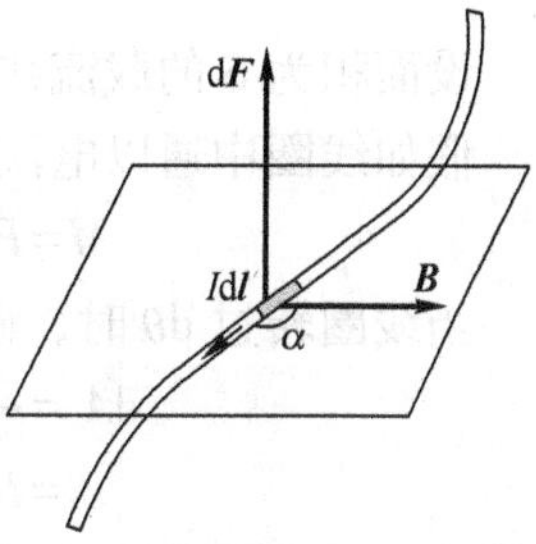

$$\begin{aligned}\mathrm{d}\boldsymbol{F}&=\mathrm{d}N\boldsymbol{F}_1=nS\mathrm{d}l(q\boldsymbol{v}\times\boldsymbol{B})\\&=I\mathrm{d}\boldsymbol{l}\times\boldsymbol{B}\end{aligned}\tag{5-50}$$

图 5-41　安培力

这个力又称为安培力（Ampere force）。式（5-50）就是安培定律（Ampere law）的数学表达形式。历史上，它首先是由安培在实验中总结出来的。

如果把式（5-50）分别写成大小和方向的形式，安培力的大小为

$$\mathrm{d}F=I\mathrm{d}lB\sin\alpha$$

式中，α 为 $I\mathrm{d}\boldsymbol{l}$ 和 $\boldsymbol{B}$ 之间的夹角；安培力的方向与 $I\mathrm{d}\boldsymbol{l}\times\boldsymbol{B}$ 方向一致。于是

$$\mathrm{d}\boldsymbol{F}=I\mathrm{d}\boldsymbol{l}\times\boldsymbol{B}\tag{5-51}$$

5.7　磁力的功

当载流导线和载流线圈在磁场中运动时，磁力或磁力矩就会做功，下面分别进行讨论。

5.7.1　磁场对运动载流导线做功

设在磁感应强度为 $\boldsymbol{B}$ 的均匀磁场中，有一个带滑动导线的闭合回路，通有恒定电流 I，如图 5-42 所示。回路中的可移动部分 ab 在磁场力的作用下向右移动，当它移到 $a'b'$ 时磁力的功为

$$A=F|aa'|=BIL|aa'|=BI\Delta S=I\Delta\Phi\tag{5-52}$$

这里的 $\Delta\Phi=B\Delta S$，即通过回路所包围面积内的磁通量的增量，式（5-52）表明：若电流 I 保持不变，载流导线在磁场中运动时，磁力所做的功等于电流乘以通过回路包围面积磁

通量的增量，或者说，磁力所做功等于电流乘以载流导线在运动中切割磁感应线的条数。

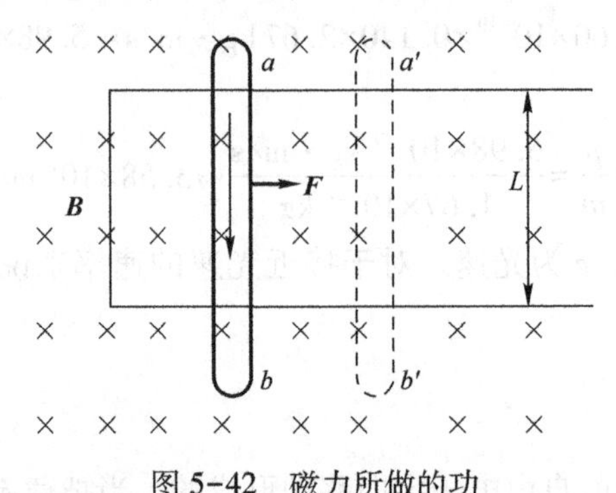

图 5-42 磁力所做的功

5.7.2 磁力矩对运动载流线圈做功

设面积为 S 的载流线圈在均匀磁场 $\boldsymbol{B}$ 中顺时针转动，如图 5-43 所示。假如线圈中通以电流 I，线圈所受的磁力矩大小为

$$M = P_{\mathrm{m}} B\sin\theta = ISB\sin\theta$$

当线圈转过 $\mathrm{d}\theta$ 时，磁力矩所做的功为

$$\begin{aligned} \mathrm{d}A &= -M\mathrm{d}\theta = -BIS\sin\theta\mathrm{d}\theta \\ &= I\mathrm{d}(BS\cos\theta) = I\mathrm{d}\Phi \end{aligned}$$

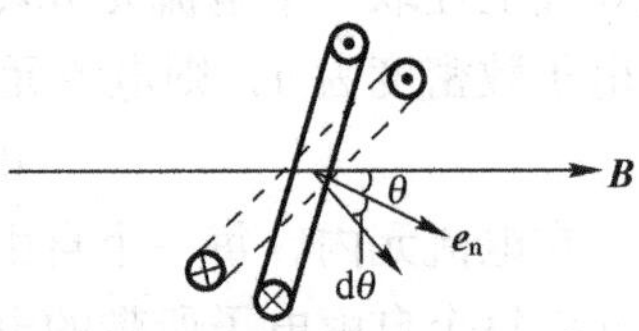

图 5-43 磁力矩所做的功

负号表示磁力矩做正功时，θ 减小，$\mathrm{d}\theta$ 为负值。

如果 I 保持不变，当线圈从 θ_1 转到 θ_2 时磁力矩所做的功为

$$A = \int \mathrm{d}A = I\int_{\theta_1}^{\theta_2} \mathrm{d}\Phi = I(\Phi_2 - \Phi_1) = I\Delta\Phi \tag{5-53}$$

式中，Φ_1 和 Φ_2 分别为线圈在 θ_1 和 θ_2 位置时通过线圈的磁通量。显然，式（5-53）的载流线圈在磁场中转动时磁力矩的功与式（5-52）的载流导线在磁场中运动时磁力的功是相同的，即

功=电流×磁通量的增量

实际上，可以证明，任意平面载流回路在匀强磁场中改变形状或位置时，磁力或磁力矩的功都可表示成

$$A = I\Delta\Phi \tag{5-54}$$

如果回路中的电流 I 是随着时间变化的，则磁力或磁力矩所做的总功要用积分来计算：

$$A = \int I\mathrm{d}\Phi \tag{5-55}$$

例 5-13 在均匀磁场中，有一个通电流 I、半径为 R 的半圆形载流线圈，如图 5-44 所示，线圈平面与磁场方向平行，求：

（1）线圈所受磁力对 y 轴的力矩。

（2）在这个磁力矩作用下线圈转过 $\dfrac{\pi}{2}$ 时，磁力矩所做的功。

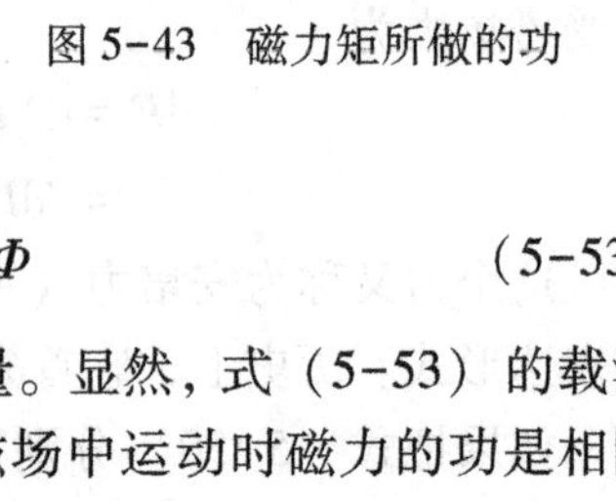

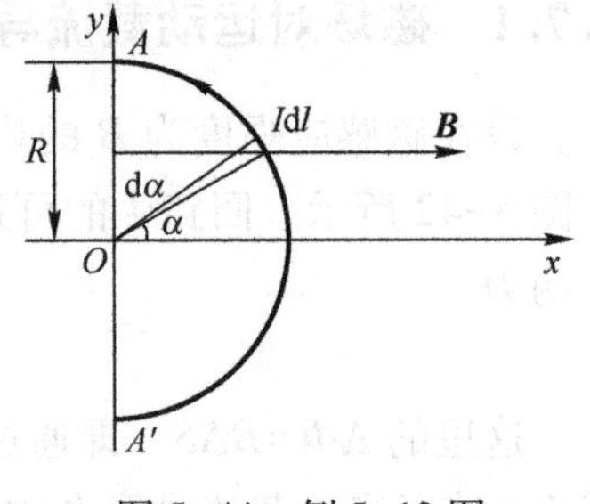

图 5-44 例 5-13 图

解：（1）求解线圈对 y 轴所受磁力矩有两种方法。

方法一：按力矩定义求。

在半圆形线圈上取一个电流元 Idl，它所受到的磁力大小为

$$dF=BIdl\sin\left(\frac{\pi}{2}+\alpha\right)$$

它对 y 轴的力矩为

$$dM=dF\cdot x=xBIdl\sin\left(\frac{\pi}{2}+\alpha\right)$$

这里

$$x=R\cos\alpha$$

代入上式，有

$$dM=BIR^2\cos^2\alpha d\alpha$$

所以，线圈对 y 轴所受磁力矩为

$$M=\int_{A'}^{A}dM=\int_{-\pi/2}^{\pi/2}BIR^2\cos^2\alpha d\alpha$$

磁力矩的方向沿 y 轴的正向，故线圈将绕 y 轴沿逆时针方向（从上往下看）转动。

方法二：直接按公式计算 $\boldsymbol{M}=\boldsymbol{P}_m\times\boldsymbol{B}$。

由于线圈磁矩 $\boldsymbol{P}_m$ 的大小为

$$P_m=\frac{\pi}{2}R^2I$$

$\boldsymbol{P}_m$与 $\boldsymbol{B}$ 之间的夹角为$\frac{\pi}{2}$，故线圈对 y 轴的磁力矩的大小为

$$M=P_mB\sin\frac{\pi}{2}=\frac{\pi}{2}BIR^2$$

磁力矩的方向就是 $\boldsymbol{P}_m\times\boldsymbol{B}$ 的右螺旋方向，即沿 y 轴的正向。

（2）磁力矩做功也可以用两种方法求解。

方法一：用定义求。假如在磁力矩作用下线圈转过角度，则线圈磁矩 $\boldsymbol{P}_m$与 $\boldsymbol{B}$ 之间的夹角 $\theta=\frac{\pi}{2}-\varphi$，根据公式 $\boldsymbol{M}=\boldsymbol{P}_m\times\boldsymbol{B}$，则有

$$M=ISB\sin\theta=ISB\cos\varphi$$

故在磁力矩作用下线圈转过$\frac{\pi}{2}$后，磁力矩做的功为

$$A=\int_0^{\frac{\pi}{2}}Md\varphi=\int_0^{\frac{\pi}{2}}ISB\cos\varphi d\varphi=IBS=\frac{1}{2}\pi R^2BI$$

方法二：按 $A=I\Delta\Phi$ 求。

$$A=I\Delta\Phi=I\left(\frac{\pi}{2}R^2B-0\right)=\frac{1}{2}\pi R^2BI$$

5.8 本章小结与教学要求

1）理解恒定电流形成的条件，掌握欧姆定律和焦耳-楞次定律的微分形式。

2）掌握电流与磁场之间的关系，理解磁场的产生和磁感强度的定义，学会毕奥-萨伐尔定律的应用以及匀速运动电荷的磁场的计算方法。

3）掌握真空中磁场的高斯定理和真空中恒定磁场的安培环路定理及其应用。

4）掌握磁场对运动电荷和载流导线的作用规律，理解洛伦兹力和安培力之间的关系，并学会磁场对运动载流导线做功和磁力矩对运动载流线圈做功的规律。

习　题

5-1　如图 5-45 所示，一无限长直导线通有电流 $I=7\text{ A}$，在一处折成夹角 $\theta=60°$ 的折线，求角平分线上与导线的垂直距离均为 $r=0.1\text{ cm}$ 的 P 点的磁感应强度。

5-2　有一条载有电流 I 的导线弯成图 5-46 所示 $abcda$ 形状。其中 ab、cd 是直线段，其余为圆弧。两段圆弧的长度和半径分别为 l_1、R_1 和 l_2、R_2，且两段圆弧共面共心。求圆心 O 处的磁感应强度 $\boldsymbol{B}$ 的大小。

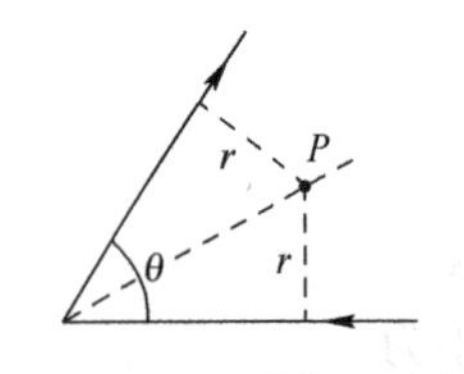

图 5-45　习题 5-1 图

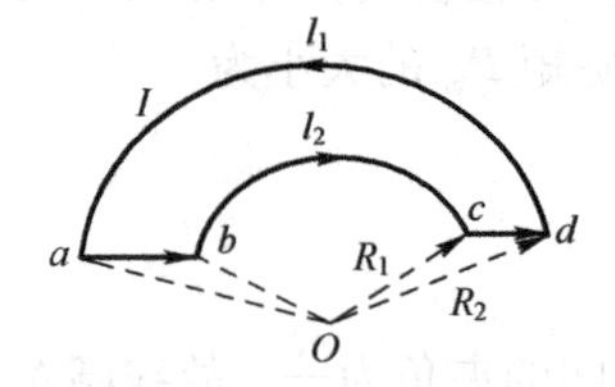

图 5-46　习题 5-2 图

5-3　如图 5-47 所示，一无限长载有电流 I 的直导线在一处折成直角，P 点位于导线所在平面内，距一条折线的延长线和另一条导线的距离都为 a，求 P 点的磁感应强度 $\boldsymbol{B}$。

5-4　一根很长的圆柱形铜导线均匀载有 10 A 电流，在导线内部做一平面 S，S 的一个边是导线的中心轴线，另一边是 S 平面与导线表面的交线，如图 5-48 所示。试计算通过沿导线长度方向长为 1 m 的一段 S 平面的磁通量（$\mu_0=4\pi\times10^{-7}\text{ T}\cdot\text{m/A}$）。

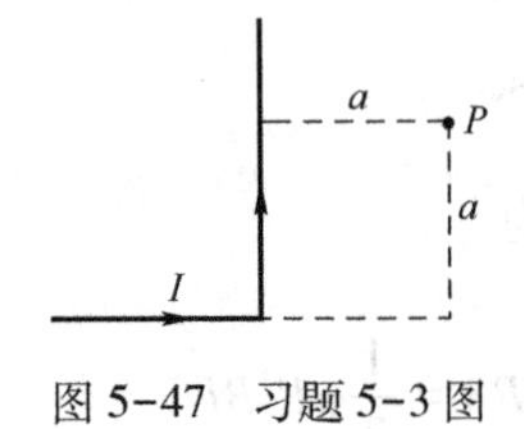

图 5-47　习题 5-3 图

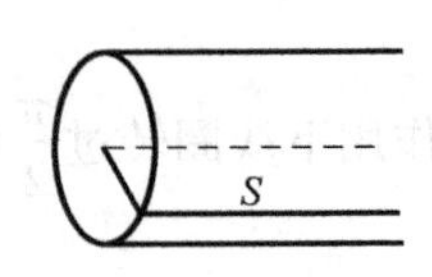

图 5-48　习题 5-4 图

5-5　如图 5-49 所示，有一电子以初速度 v_0 沿与均匀磁场 $\boldsymbol{B}$ 成 α 的方向射入磁场空间。试证明当图 5-49 中的距离 $L=2\pi m_e n v_0 x\cos\alpha/(eB)$ 时，（其中 m_e 为电子质量，e 为电子电荷的绝对值，$n=1,2,\cdots$），电子经过一段飞行后恰好打在图中的 O 点。

5-6　如图 5-50 所示，一个带有正电荷 q 的粒子，以速度 v 平行于一均匀带电的长直导线运动，该导线的线电荷密度为 λ，并载有传导电流 I。试问粒子要以多大的速度运动，才能使其保持在一条与导线距离为 r 的平行直线上？

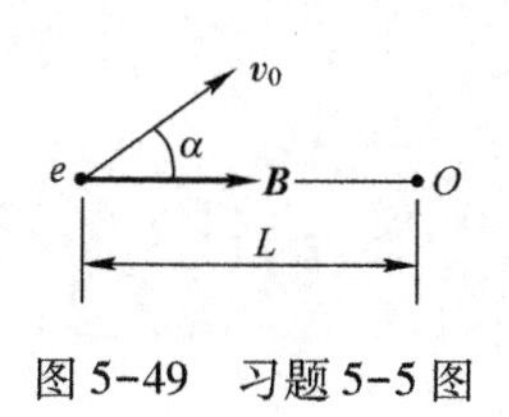

图 5-49　习题 5-5 图

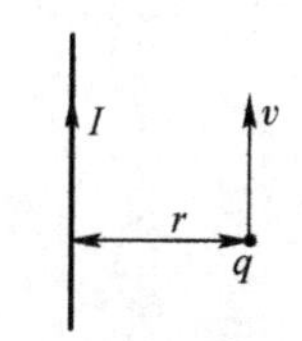

图 5-50　习题 5-6 图

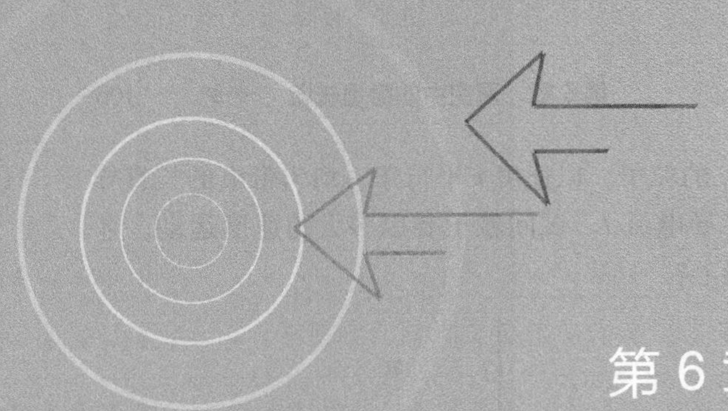

第 6 章　磁介质中的稳恒磁场

在前面已经讨论了真空中的恒定磁场及其基本规律，下面将讨论磁介质中的磁场及其基本规律。将磁介质放入磁场中后，磁场与磁介质之间会发生作用，使得磁介质中的总磁场发生变化。这种变化的强弱与磁介质的属性有关。本章主要讨论磁介质的分类及其磁化规律以及磁介质中的高斯定理和安培环路定理。

6.1　磁介质及其磁化

磁介质的磁化与磁介质的类型有关，下面讨论磁介质的分类。

6.1.1　磁介质及其分类

放入磁场中能显示磁性，产生附加磁场，从而改变原来磁场分布的物质称为磁介质（magnetic medium）。磁介质在磁场作用下的变化称为磁化。不同的磁介质，其磁化程度的差异是很大的。磁介质被磁化的结果是在空间产生一个附加磁场 $\boldsymbol{B}'$，从而影响空间的磁场分布，这种影响可通过实验观察到。实际上，磁介质中的磁感应强度 $\boldsymbol{B}$ 应该等于磁介质不存在时真空中的磁感应强度 $\boldsymbol{B}_0$，加上磁介质被磁化时所激发的附加磁场的磁感应强度 $\boldsymbol{B}'$，即

$$\boldsymbol{B}=\boldsymbol{B}_0+\boldsymbol{B}' \tag{6-1}$$

实验表明，对于不同的磁介质，附加磁感应强度 $\boldsymbol{B}'$ 的方向是不同的，它可以与真空中的磁感应强度 $\boldsymbol{B}_0$ 方向相同，也可以相反。为了清楚地区分各种不同的磁介质，必须引入相对磁导率的概念。在电磁场理论中，磁介质的相对磁导率 μ_r 被定义为

$$\mu_r=\frac{B}{B_0} \tag{6-2}$$

显然，μ_r 是一个无量纲的量。对不同的磁介质，μ_r 值差异很大，它可以小于 1，也可以大于 1，甚至还可以大至 $10^3 \sim 10^4$。

根据 μ_r 值的大小，一般可把磁介质分成 3 类：

1）抗磁质：μ_r 的值为略小于 1 的常量，说明抗磁质中产生的附加磁场是一个与原磁场方向相反的弱附加磁场。如铋、铅、铜、硫、氯、氢、汞、水等都属于抗磁质。

2）顺磁质：μ_r 的值为略大于 1 的常量，说明顺磁质中产生的附加磁场是一个与原磁场方向相同的弱附加磁场。在自然界中，大多数的物质都是顺磁质，如氧、氮、铝、铬、锰、

空气等。

3）铁磁质：μ_r 的值远大于1，且不是一个常量，说明铁磁质中产生的附加磁场是一个与原磁场方向相同的很强的附加磁场。例如，铁、钴、镍以及这些金属的合金等都是铁磁质。

此外还有超导体，它具有完全抗磁性，其相对磁导率 μ_r 值等于零。一些磁介质的相对磁导率的值见表6-1。

表6-1 一些磁介质的相对磁导率

种　类	磁 介 质	μ_r
顺磁质	空气（标准状态）	1.000304
	氧（标准状态）	1.000194
	锰	1.000124
	铬	1.000045
	铝	1.0000214
抗磁质	氢（标准状态）	0.9999751
	铋	0.9999983
	铜	0.9999999
	银	0.9999975
	铅	0.999982
	汞	0.999971
铁磁质（$\mu_r \gg 1$）	纯铁	5×10^3（最大值）
	硅钢（热轧）	8×10^3（最大值）
	超坡莫合金	1.5×10^6（最大值）

由于铁磁质能显著地增强磁场，所以常常称它为磁性物质。顺磁质和抗磁质对磁场的影响都极其微弱，又常常称为非磁性物质。非磁性物质的相对磁导率与1相差非常小（约 $\pm10^{-5}$ 数量级）。为使用方便，通常引入磁介质的磁化率（magnetic susceptibility）χ_m，它定义为

$$\chi_m=\mu_r-1 \tag{6-3}$$

显然，顺磁质的 $\chi_m>0$，抗磁质的 $\chi_m<0$。

此外，类似于电介质介电常量的定义，在磁介质中还要引入磁介质的磁导率（permeability）这一概念。常常把相对磁导率 μ_r 与真空中的磁导率 μ_0 的乘积称为磁介质的磁导率，用 μ 表示，即

$$\mu=\mu_r\mu_0 \tag{6-4}$$

国际单位制中，μ 的单位和 μ_0 的单位相同，都是 T · m/A。

6.1.2 分子磁矩和分子附加磁矩

物质磁性的严格微观解释要以近代量子理论为基础，在这里只能在经典物理的范围内用物质分子的电结构予以解释。

根据物理的电结构理论，物质内部原子、分子中的每个电子都参加两种运动：一种是绕

原子核的轨道运动，它可以看作一个圆形电流，具有一定的轨道磁矩（orbital magnetic moment）；另一种是电子本身固有的自旋，相应地也有自旋磁矩（spin magnetic moment）。这两种运动都要产生磁效应。如果把一个分子或原子当成一个整体，分子或原子中各个电子对外界产生的磁效应的总和可以用一个等效的圆电流来表示，这个圆电流就称为分子固有电流，如图 6-1 所示。当然，分子电流（molecular current）具有一定的磁矩，称为分子的固有磁矩 $\boldsymbol{m}$，简称分子磁矩（molecular magnetic moment），它实际上就是一个分子中所有电子的各种磁矩的总和。

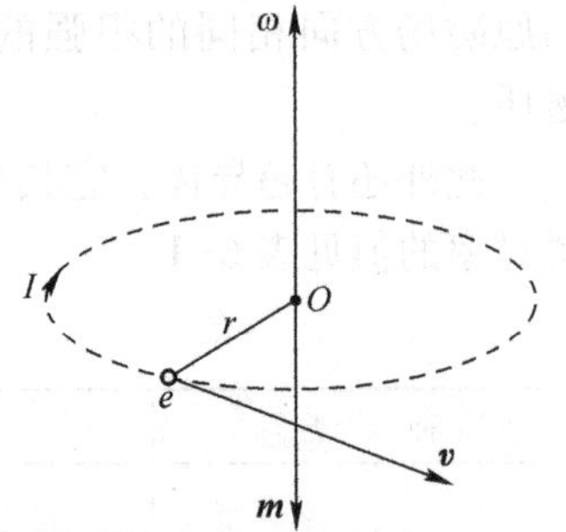

图 6-1　分子电流与分子磁矩

现有的研究表明，在没有外磁场作用的情况下，抗磁质分子的固有磁矩 $\boldsymbol{m}$ 为零，顺磁质分子的固有磁矩 $\boldsymbol{m}$ 不为零。但是，在顺磁质中，由于分子的热运动，各个分子的磁矩的方向是杂乱无章的。所以，无论是顺磁质还是抗磁质，在无外磁场作用的情况下宏观上都对外界不呈现磁性。

若将磁介质放到外磁场 $\boldsymbol{B}_0$ 中去，磁介质就会受到两方面的作用。一方面，分子固有磁矩将受到外磁场的磁力矩作用，使各分子磁矩要克服热运动的影响而转向外磁场方向排列，如图 6-2 所示，这样各分子磁矩将沿外磁场方向产生一个附加磁场 $\boldsymbol{B}'$。另一方面，每个分子、原子中的电子在外磁场的作用下，除了轨道运动和自旋运动外，还要产生进动。电子的进动也相当于一个圆电流，会产生一个附加的磁矩 $\Delta\boldsymbol{m}$，而且可以证明这个附加磁矩的方向总是与外磁场 $\boldsymbol{B}_0$ 的方向相反。所以，附加磁矩 $\Delta\boldsymbol{m}$ 所产生的附加磁场 $\boldsymbol{B}'$ 与外磁场 $\boldsymbol{B}_0$ 的方向相反。

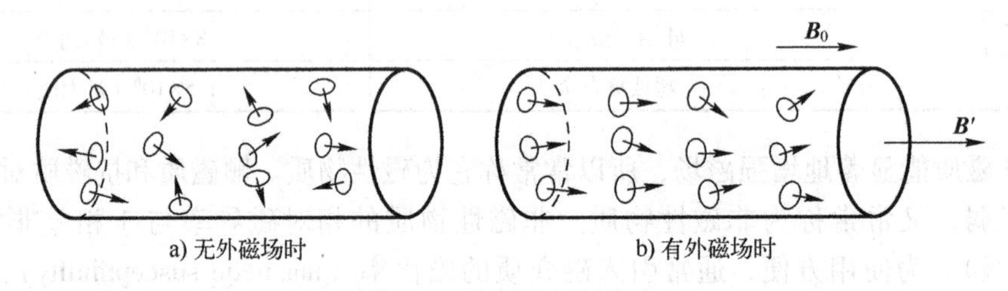

图 6-2　分子磁矩的取向

6.1.3　顺磁质和抗磁质的磁化

对于抗磁质来说，分子的固有磁矩 $\boldsymbol{m}$ 为零，在外磁场的作用之下，不存在各分子磁矩有序排列所产生的附加磁场，只存在附加磁矩 $\Delta\boldsymbol{m}$ 所产生的附加磁场。但由于附加磁矩 $\Delta\boldsymbol{m}$ 所产生的附加磁场 $\boldsymbol{B}'$ 总是与 $\boldsymbol{B}_0$ 方向相反，所以抗磁质中的磁感应强度 $\boldsymbol{B}=\boldsymbol{B}_0+\boldsymbol{B}'<\boldsymbol{B}_0$，导致磁场减弱。

对于顺磁质来说，分子的固有磁矩 $\boldsymbol{m}$ 不为零。在外磁场作用下，既存在着分子磁矩有序排列所产生的附加磁场，又存在着附加磁矩 $\Delta\boldsymbol{m}$ 所产生的附加磁场。实验证实，在实验室通常能获得的磁场中，一个分子所产生的附加磁矩要比一个分子的固有磁矩小 5 个数量级以下，所以分子磁矩有序排列所产生的附加磁场起主要作用，附加磁场 $\boldsymbol{B}'$ 和外磁场 $\boldsymbol{B}_0$ 相加的结果 $\boldsymbol{B}=\boldsymbol{B}_0+\boldsymbol{B}>\boldsymbol{B}_0$，导致磁场加强。

6.1.4　磁化强度矢量与磁化电流

为了描述磁介质在磁场中的磁化程度和磁化方向，可以类似于电介质中引入电极化强度 $\boldsymbol{P}$ 的方法，在磁介质中引入一个宏观物理量——磁化强度（magnetization），它表示单位体积内分子磁矩的矢量和，用 $\boldsymbol{M}$ 表示：

$$\boldsymbol{M}=\frac{\sum \boldsymbol{m}+\sum \Delta \boldsymbol{m}}{\Delta V} \tag{6-5}$$

式中，ΔV 为磁介质中某点附近所取的体积元。由于 ΔV 可取任意小，因此，$\boldsymbol{M}$ 是磁介质空间各点位置的函数。如果磁介质内各点的 $\boldsymbol{M}$ 相同，则称磁介质均匀磁化，否则就称非均匀磁化。在国际单位制中，磁化强度的单位是 A/m。

式（6-5）是磁化强度的定义式。在顺磁质中，由于与 $\sum \boldsymbol{m}$ 相比，$\sum \Delta \boldsymbol{m}$ 可以忽略不计，故顺磁质的磁化强度可进一步写成

$$\boldsymbol{M}=\frac{\sum \boldsymbol{m}}{\Delta V} \tag{6-6}$$

方向与外磁场的磁感应强度方向相同。在抗磁质中，$\sum \boldsymbol{m}=0$，故抗磁质的磁化强度为

$$\boldsymbol{M}=\frac{\sum \Delta \boldsymbol{m}}{\Delta V} \tag{6-7}$$

方向与外磁场的磁感应强度方向相反。

一般情况下，各向同性磁介质中某点的磁化强度 $\boldsymbol{M}$ 与该点的外磁场的磁感应强度 $\boldsymbol{B}$ 成正比，可以写成

$$\boldsymbol{M}=\frac{\chi_{\mathrm{m}}}{\mu}\boldsymbol{B} \tag{6-8}$$

如果将式（6-3）和式（6-4）代入式（6-8），则有

$$\boldsymbol{M}=\frac{1}{\mu_0}\left(1-\frac{1}{\mu_{\mathrm{r}}}\right)\boldsymbol{B} \tag{6-9}$$

与电介质在电场中极化会出现束缚电荷类似，磁介质在磁场中磁化的宏观效果是出现沿介质横截面边缘的环形电流，称为磁化电流（magnetization current）。图 6-3 所示为管内充满均匀的各向同性磁介质的长直螺线管的横截面。从宏观上看，横截面内磁介质中各分子电流在相邻部位上的电流方向总是相反的，其结果是内部的分子电流相互抵消，只有沿圆柱面流动的那部分分子电流没有被抵消，所以形成了沿横截面边缘的圆磁化电流。由于它好像是

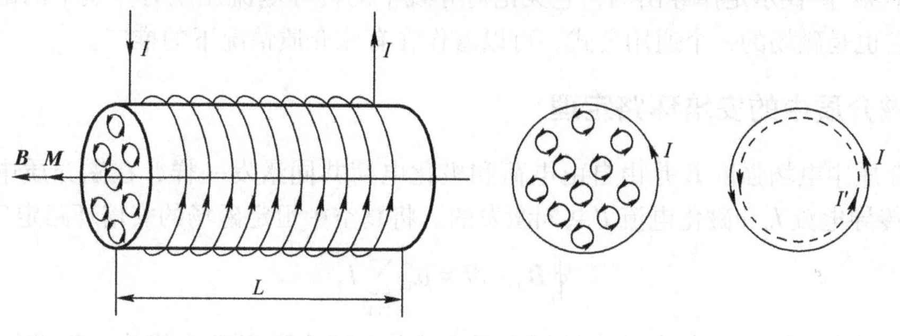

图 6-3　磁化电流

由介质表面内不同分子中的束缚电荷的“接力”运动所致，不同于导体内自由电荷定向运动形成的传导电流，故又称为束缚电流。束缚电流在磁效应方面与传导电流没有什么区别，但束缚电流不产生焦耳热。

磁化强度 $\boldsymbol{M}$ 和磁化电流 I' 都可以描述磁介质在磁场中的磁化程度和磁化方向，当然两者之间存在着一定的关系。如果把通过磁介质表面单位长度上的磁化电流定义为磁化电流线密度（有些书上也常称为磁化电流面密度，其实是线密度，即单位长度上的磁化电流），用 α' 表示。可以证明，一般情况下，磁介质表面的磁化电流线密度 α' 与磁化强度 $\boldsymbol{M}$ 之间的关系为

$$\alpha' = M \tag{6-10}$$

此外，还可以证明，磁化强度 $\boldsymbol{M}$ 沿任意闭合曲线 L 的线积分（即 $\boldsymbol{M}$ 的环流），等于穿过该闭合曲线 L 所包围面积的磁化电流 I' 的代数和，其数学表达式为

$$\oint_L \boldsymbol{M} \cdot \mathrm{d}\boldsymbol{l} = \sum_{L内} I' \tag{6-11}$$

这是一个普遍成立的关系式。

6.2 磁介质中的高斯定理和安培环路定理

6.2.1 磁介质中的高斯定理

前面讲过有电介质时的高斯定理，引入了一个辅助矢量——电位移矢量 $\boldsymbol{D}=\varepsilon_0\boldsymbol{E}+\boldsymbol{P}$，并把电通量的高斯定理

$$\oint_S \boldsymbol{E} \cdot \mathrm{d}\boldsymbol{S} = \frac{1}{\varepsilon_0}\sum_{S内}(q_0 + q') \tag{6-12}$$

代换为电位移通量的高斯定理

$$\oint_S \boldsymbol{D} \cdot \mathrm{d}\boldsymbol{S} = \sum_{S内} q_0 \tag{6-13}$$

式中，$\sum_{S内} q_0$ 和 $\sum_{S内} q'$ 分别是高斯面 S 内的自由电荷和极化电荷的总和。这样做的好处就是从高斯定理的表达式中消去 q'，对于解决有电介质时的电场分布问题带来很大方便。

在磁介质中也有相应情况，在磁介质中磁感应强度 $\boldsymbol{B}$ 所满足的高斯定理

$$\oint_S \boldsymbol{B} \cdot \mathrm{d}\boldsymbol{S} = 0 \tag{6-14}$$

是可以由毕奥-萨伐尔定律导出的，它无论对导线中的传导电流还是对介质中的磁化电流都适用，故它也是磁场的一个通用公式，可以看作在有磁介质情况下的推广。

6.2.2 磁介质中的安培环路定理

与电介质中电场强度 $\boldsymbol{E}$ 是由自由电荷和极化电荷共同激发一样，在磁介质中磁感应强度 $\boldsymbol{B}$ 是由传导电流 I_0 和磁化电流 I' 共同激发的。将真空中恒定磁场的安培环路定理

$$\oint_L \boldsymbol{B}_0 \cdot \mathrm{d}\boldsymbol{l} = \mu_0 \sum_{L内} I_0 \tag{6-15}$$

推广到磁介质中，等式左边的 $\boldsymbol{B}_0$ 应该用介质中的总磁感应强度 $\boldsymbol{B}$ 来代替，等式右边的 $\sum_{L内} I_0$

应该用穿过该回路所围面积的传导电流 $\sum\limits_{L_{内}} I_0$ 和磁化电流 $\sum\limits_{L_{内}} I'$ 代数和来代替，即写成

$$\oint_L \boldsymbol{B} \cdot \mathrm{d}\boldsymbol{l} = \mu_0\left(\sum_{L_{内}} I_0 + \sum_{L_{内}} I'\right) \tag{6-16}$$

将式（6-11）代入式（6-16），有

$$\oint_L \boldsymbol{B} \cdot \mathrm{d}\boldsymbol{l} = \mu_0\left(\sum_{L_{内}} I_0 + \oint_L \boldsymbol{M} \cdot \mathrm{d}\boldsymbol{l}\right)$$

移项后，整理得

$$\oint_L \left(\frac{\boldsymbol{B}}{\mu_0} - \boldsymbol{M}\right) \cdot \mathrm{d}\boldsymbol{l} = \sum_{L_{内}} I_0$$

如果引入一个辅助物理量 $\boldsymbol{H}$，并令

$$\boldsymbol{H} = \frac{\boldsymbol{B}}{\mu_0} - \boldsymbol{M} \tag{6-17}$$

则 $\boldsymbol{H}$ 称为磁场强度（magnetic field intensity）。在国际单位制中，磁场强度 $\boldsymbol{H}$ 的单位是 A/m。引入了磁场强度这个辅助物理量以后，则可以得到

$$\oint_L \boldsymbol{H} \cdot \mathrm{d}\boldsymbol{l} = \sum_{L_{内}} I_0 \tag{6-18}$$

这就是磁介质中的安培环路定理。它表明：磁场强度 $\boldsymbol{H}$ 沿任意闭合曲线 L 的环流，等于穿过以 L 为边界的任意曲面的传导电流的代数和。

实验发现，在各向同性的磁介质中，磁化强度 $\boldsymbol{M}$ 正比于介质中总的磁场强度 $\boldsymbol{H}$，其关系为

$$\boldsymbol{M} = \chi_{\mathrm{m}} \boldsymbol{H} \tag{6-19}$$

式中，χ_{m} 为介质的磁化率。这样，由式（6-17）可以得到

$$\boldsymbol{B} = \mu_0(\boldsymbol{H} + \boldsymbol{M}) = \mu_0(1 + \chi_{\mathrm{m}})\boldsymbol{H} = \mu_0\mu_{\mathrm{r}}\boldsymbol{H} = \mu\boldsymbol{H} \tag{6-20}$$

利用磁介质中的安培环路定理，在某些有对称性的场合，可以求解磁介质存在时的磁场问题，其求解步骤如下：

1）分析电流分布和磁场分布的对称性，在此基础上选取适当的闭合曲线 L（环路 L）。

2）利用 $\oint_L \boldsymbol{H} \cdot \mathrm{d}\boldsymbol{l} = \sum\limits_{L_{内}} I_0$，求出磁介质中的磁场强度 $\boldsymbol{H}$ 分布。

3）利用 $\boldsymbol{B} = \mu_0\mu_{\mathrm{r}}\boldsymbol{H}$ 关系式，求出 $\boldsymbol{B}$ 分布。

例 6-1　长直圆柱形铜导线，外面包一层相对磁导率为 μ_{r} 的圆筒形磁介质。导线半径为 R_1，磁介质的外半径为 R_2，导线内有均匀分布的电流 I 通过，如图 6-4 所示。铜的相对磁导率约为 1，求导线和介质内外的磁场强度及磁感应强度的分布。

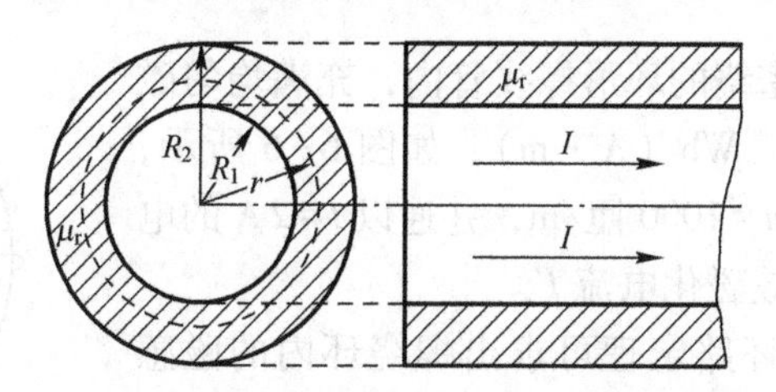

图 6-4　长直圆柱形铜导线截面与剖面图

解： 当导线中通以电流时，因具对称性，故可以以轴线上任一点为圆心，在垂直于轴线平面内以任意半径做圆。在该圆周上，磁场强度 $\boldsymbol{H}$ 和磁感应强度 $\boldsymbol{B}$ 的大小均为常量，方向

都沿圆周切线方向，因此可用安培环路定理求解。

选择以圆柱轴线上一点为圆心，半径为 r 的圆周为积分路径，则

（1）当 $0\leqslant r<R_1$ 时，由

$$\oint_L \boldsymbol{H}\cdot \mathrm{d}\boldsymbol{l} = \sum I_{内}$$

可得

$$H_1 \cdot 2\pi r = \frac{I}{\pi R_1^2}\pi r^2,\quad H_1 = \frac{Ir}{2\pi R_1^2}$$

由于铜导线的 $\mu_r\approx 1$，故有

$$B_1 = \mu_0\mu_r H_1 = \mu_0 H_1 = \frac{\mu_0 Ir}{2\pi R_1^2}$$

（2）当 $R_1<r<R_2$ 时，根据安培环路定理可得

$$H_2 \cdot 2\pi r = I$$

所以

$$H_2 = \frac{I}{2\pi r},\quad B_2 = \mu_0\mu_r H_2 = \frac{\mu_0\mu_r I}{2\pi r}$$

（3）当 $r>R_2$ 时

$$H_3 \cdot 2\pi r = I$$

故有

$$H_3 = \frac{I}{2\pi r},\quad B_3 = \mu_0 H_3 = \frac{\mu_0 I}{2\pi r}$$

磁场强度和磁感应强度的分布如图 6-5 所示。

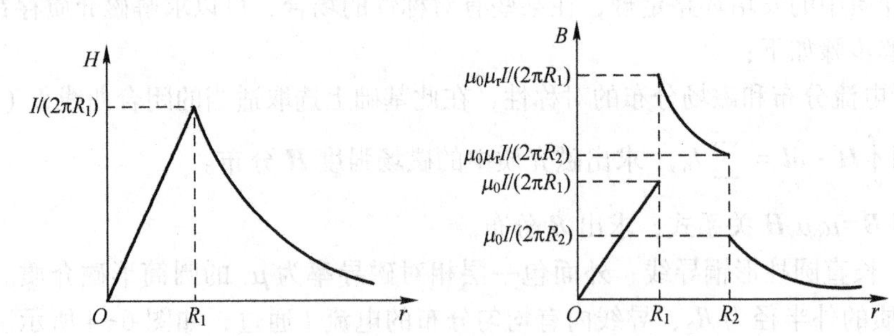

图 6-5　长直圆柱形铜导线内外 $\boldsymbol{B}$ 和 $\boldsymbol{H}$ 分布

例 6-2　在一个均匀密绕的环形螺线管内，充满均匀磁介质，其磁导率 $\mu=5\times10^{-4}$ Wb/(A · m)，如图 6-6 所示，如果螺绕环单位长度匝数 $n=1000$ 匝/m，并通以 $I=2$ A 的电流，求与每匝相对应的等效磁化电流 I'。

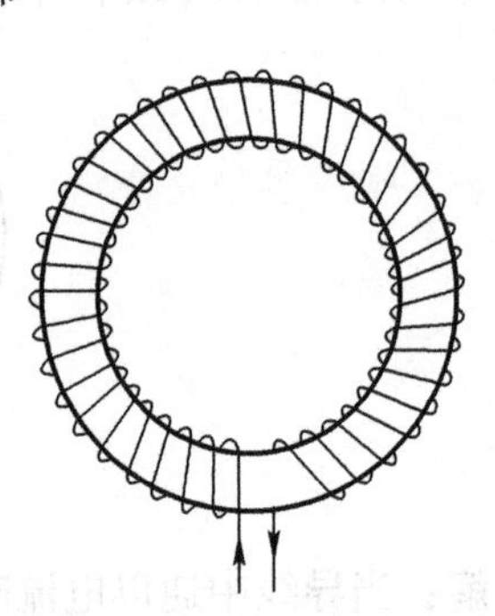

图 6-6　均匀密绕的环形螺线管

解：由介质中的安培环路定理可求出螺绕环内的磁感应强度，即

$$\oint \boldsymbol{H}\cdot \mathrm{d}\boldsymbol{l} = NI = 2\pi rnI$$

$$H \cdot 2\pi r = 2\pi rnI$$

所以

$$H=nI=2000\ \text{A/m}$$

$$B=\mu H=\mu nI=1\ \text{Wb/m}^2=1\ \text{T}$$

$$M=\frac{B}{\mu_0}-H=7.9\times10^5\ \text{A/m}$$

若单位长度的分子电流线密度用α'表示，则根据

$$\alpha'=\boldsymbol{M}\times\boldsymbol{e}_n$$

可知，有

$$\alpha'=M$$

每单位长度共有n匝，所以与每匝相对应的等效磁分子电流为

$$I'=\frac{\alpha'}{n}=\frac{7.9\times10^5}{1.0\times10^3}\ \text{A}=790\ \text{A}$$

6.3 铁磁质

6.3.1 铁磁质的起始磁化曲线和磁滞回线

测定铁磁质磁化特性的实验装置用螺绕环，螺绕环内的磁场强度$H=nI$。在铁磁质中，$\boldsymbol{H}$与$\boldsymbol{M}$及$\boldsymbol{H}$与$\boldsymbol{B}$之间的关系不是一个简单的正比关系，利用实验可以测出铁磁质中$\boldsymbol{B}$和$\boldsymbol{H}$的关系曲线，如图6-7所示。

当$H=0$时，$B=0$，说明介质还没被磁化。随着H的增大，B也随之增大，开始时增加较慢（Oa段），接着很快增加（ab段），但过了b点以后又变慢了，而且越来越慢（bc段）。最后，过了c点以后，H增大时，B基本不再增加，曲线几乎与H轴成平行直线，说明这时铁磁质的磁化已达到饱和，其饱和磁感应强度用B_S表示，对应S点的H_S称为饱和磁场强度（B_S）。从未饱和到饱和状态的磁化曲线为OS，称为铁磁质的起始磁化曲线。利用

$$\mu_r=\frac{B}{\mu_0 H}$$

可以求出不同H值时的相对磁导率μ_r，μ_r随H的变化关系如图6-8所示。

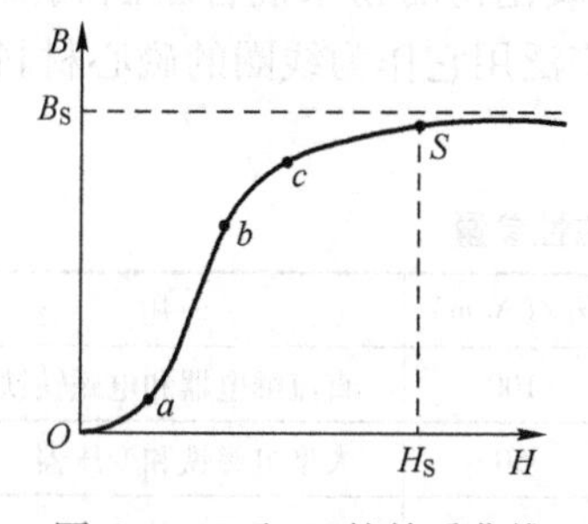

图6-7　$\boldsymbol{B}$和$\boldsymbol{H}$的关系曲线

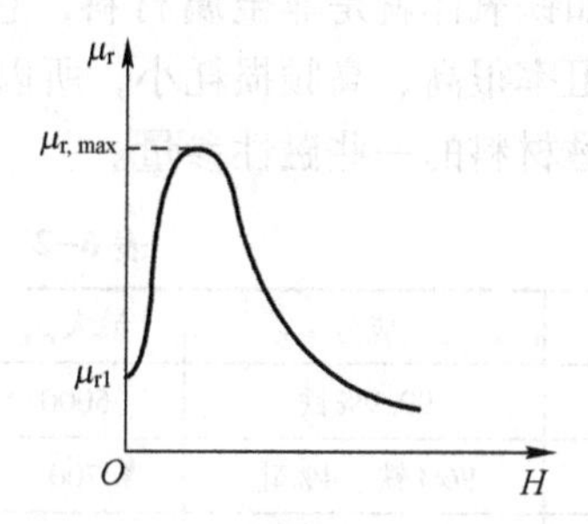

图6-8　相对磁导率变化关系

从图6-8中可见，当H从零开始增大时，μ_r从某一值μ_{r1}开始增大，当增大到最大值$\mu_{r,max}$后就迅速减小。

实验证明，各种铁磁质的起始磁化曲线都是“不可逆”的。H 从磁饱和状态逐渐减小的过程中，磁感应强度 B 的减小不是沿原来的磁化曲线 OS 相反的过程返回到起点 O，而是沿着另一条曲线下降，对应的 B 值比原先的值要大，如图 6-9 所示。当 $H=0$ 时，B 并不等于零而等于 B_R（图 6-9 中的 R 点），说明铁磁质在没有传导电流（即 $H=0$）时也可以有磁性，B_R 称为剩磁。这是铁磁质特有的性质。永久磁铁呈现的磁性就是由剩磁产生的。

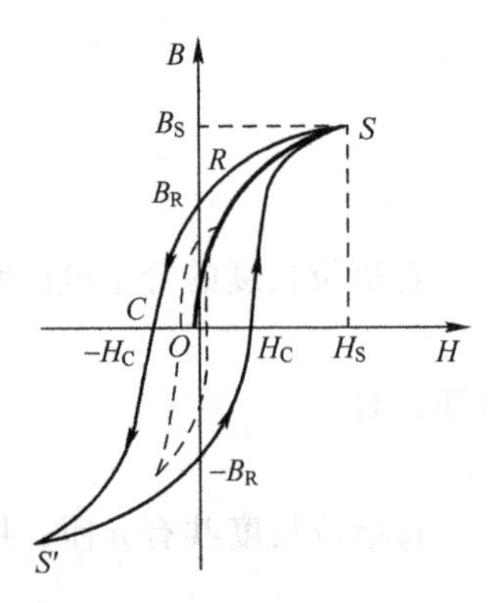

图 6-9　磁滞回线

为了消除剩磁，必须加一反向磁场，当反向磁场 H 增加到 $H=H_C$ 时，B 才等于零，这种使铁磁质完全退磁时的磁场强度 H_C 称为矫顽力（coercive force），它表示铁磁质抵抗去磁的能力。曲线 RC 称为退磁曲线。

如果反向磁场继续增大，可以使铁磁质达到反向磁饱和状态 S'。在达到饱和点后，逐渐减小反向磁场。当反向磁场的 $H=0$ 时，铁磁质的 $B=-B_R$ 处在反向剩磁状态。再继续沿正方向增加磁场 H，铁磁质会经过 H_C 所表示的 $B=0$ 状态回到原来的磁饱和状态，完成一个闭合的磁化曲线，这条闭合曲线就称为磁滞回线（hysteresis loop）。所谓磁滞，实际上就是指铁磁质中 B 的变化总是落后于外加磁场 H 的变化。

此外，实验还表明，在铁磁质被反复磁化的过程中会使其发热，产生焦耳热，造成能量损失，这称为磁滞损耗（hysteresis loss）。磁滞回线面积越大，磁滞损耗也就越大。

6.3.2　铁磁质的特点

顺磁质、抗磁质的磁性很弱，μ_r 都接近于 1，而铁磁质具有很强的磁性，在外磁场作用下会产生很大的附加磁场，是一类特殊的磁介质，也是实际中最常用的磁介质。铁磁质的相对磁导率 μ_r 一般都很大，其数量级一般为 $10^2 \sim 10^3$，甚至高达 10^6 以上，而且随外磁场等因素的改变而变化。

铁磁材料在工程技术上的应用极为普遍。铁磁材料的特性和用途是依据它的磁滞回线来决定的，一般可分为软磁材料和硬磁材料两类。

软磁材料的特点是磁导率大、矫顽力小、磁滞回线窄，如图 6-10a 所示。这种材料容易磁化，也容易退磁，可用来制造变压器、电机、电磁铁等的铁心。软磁材料有金属和非金属两种，例如铁氧体就是非金属材料，它是由几种金属氧化物的粉末混合压制成型再烧结而成，其电阻率很高、高频损耗小，所以在电子技术中广泛用它作为线圈的磁心材料。表 6-2 列出了软磁材料的一些磁性参量。

表 6-2　软磁材料的一些磁性参量

材料名称	成分	最大 μ_r	B_R/T	H_C/(A/m)	用　途
工程纯铁	99.9%铁	5000	2.15	100	直流继电器和电磁铁铁心
硅钢	96%铁、4%硅	700	1.97	50	大型电磁铁和变压器
氢中处理的硅钢片	96.7%铁、3.3%硅	40000	2	10	大型电磁铁和变压器
坡莫合金	78%铁、22%镍	100000	1.07	5	强磁场线圈的铁心

（续）

材料名称	成分	最大μ_r	B_R/T	H_C/(A/m)	用　途
超坡莫合金	49%铁、49%钴、2%钒	66000	2.4	26	小型电磁铁和继电器的铁心
锰锌铁氧体	氧化锰、氧化锌、氧化铁	300~500	1500~5000	高于镍锌铁氧体	用途广泛，如手机充电器等
镍锌铁氧体	氧化镍、氧化锌、氧化铁	10~1000	1500~5000	低于锰锌铁氧体	应用于高频电子器件，如高频变压器、电感器等

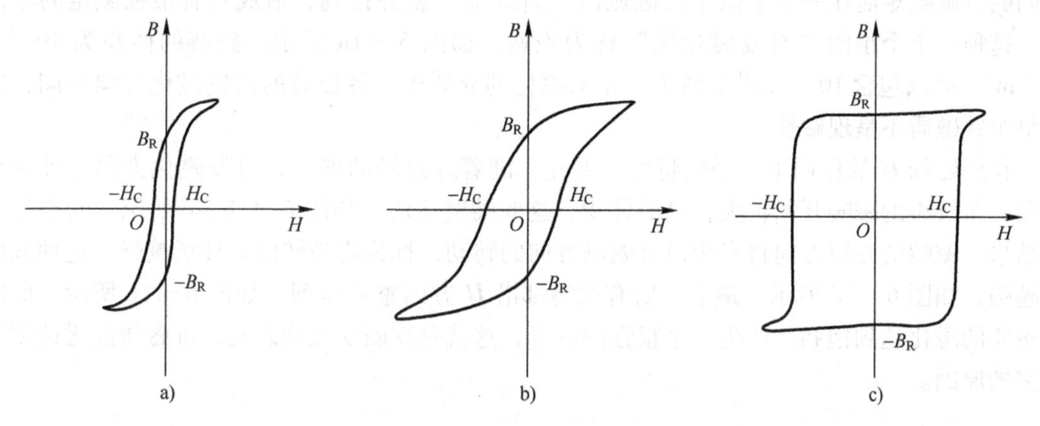

图 6-10　各类材料的磁滞回线

硬磁材料的特点是剩余磁感应强度 B_R 大，矫顽力也大，磁滞回线很宽，如图 6-10b 所示。这种材料在充磁后能保留很强的剩磁，而且不易消除，故适合于制成永久磁铁，例如磁电式电表、永磁扬声器。小型直流电机等所用的磁铁都是用硬磁材料做成的。表 6-3 列出了硬磁材料的一些磁性参量，其中$(BH)_m$称为最大磁能积。可以证明，当气隙中的磁场强度和气隙的体积给定之后，所需磁铁的体积与磁能积成反比。

表 6-3　硬磁材料的一些磁性参量

材料	化学成分	H_C/(A/m)	B_R/T	$(BH)_m$/(T·A/m)
碳钢	0.9%碳、1%锰、98.1%铁	4.0×10^3	1.00	1.6×10^3
铝镍钴 5（晶粒取向）	8%铝、14%镍、24%钴、3%铜、51%铁	52.5×10^3	1.37	6.0×10^4
铝镍钴 8（晶粒取向）	7%铝、15%镍、35%钴、4%铜、5%钛、34%铁	113×10^3	1.15	9.14×10^4
钡铁氧体（晶粒取向）	$BaO\cdot6Fe_2O_3$	144×10^3	0.45	3.6×10^4
钐钴合金	$SmCo_5$	815×10^3	1.07	2.28×10^5
钕铁硼合金	$Nd_{15}B_8Fe_{77}$	880.1×10^3	1.23	2.90×10^5

有些铁氧体的磁滞回线呈矩形。这种材料称为矩磁材料，如图 6-10c 所示，其剩余磁感应强度 B_R 接近于饱和值，矫顽力大。当它被外磁场磁化时，总是处在 B_R 或 $-B_R$ 两种不同剩磁状态。通常计算机中采用二进位制，只有“0”和“1”两个数码。因此，可用矩磁材料的两种剩磁状态代表这两个数码，起到“记忆”和“储存”的作用。在-65~125℃范围内

使用的矩磁材料有 Li-Mn、Li-Ni、Mn-Ni、Li-Cu 等。

此外，因铁磁质μ高，铁磁质可作为静磁屏蔽材料。利用铁磁质的磁致伸缩（magnetostriction）性质，还可使电振动与机械振动进行相互转换等。

6.3.3 磁畴

铁磁质的磁化特征可以用磁畴（magnetic domain）理论来解释。根据固体结构理论，铁磁质中相邻原子的电子间存在着很强的“交换耦合”作用，使得在没有外磁场的情况下，它们的自旋磁矩能在一个个微小的区域内“自发地”整齐排列，形成具有很强磁矩的小区域。这种一个个小的“自发磁化区”称为磁畴，如图 6-11a 所示。磁畴的体积为 10^{-12} ~ 10^{-8} m^3，可以包含 10^{17} ~ 10^{21} 个原子。在未磁化的介质中，各磁畴的自发磁化方向不同，因而整个铁磁质不呈现磁性。

在外磁场 $\boldsymbol{H}$ 的作用下，磁畴将发生变化。随着外磁场的增大，自发磁化方向与外磁场方向夹角较小的磁畴开始扩大自己的体积，这叫畴壁运动，如图 6-11b、c 所示。畴壁运动的结果，磁畴的磁矩方向将发生沿外磁场方向的转动，称为磁畴转向。外场越强，这种取向也越强，如图 6-11d 所示。最后，所有磁畴都沿 $\boldsymbol{H}$ 方向整齐排列，如图 6-11e 所示，此时铁磁质的磁化达到饱和，产生一个很强的磁场，这就是铁磁质比顺磁质、抗磁质的磁性要强得多的原因。

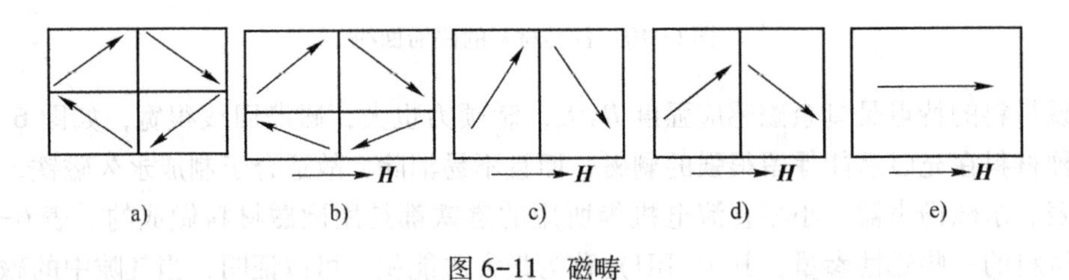

图 6-11 磁畴

由于铁磁质中存在着掺杂等原因，使得各个磁畴之间存在着某种“摩擦”。当外场撤去或减弱外磁场时，无法按原来的变化规律退回原状。因此，即使去掉外场，铁磁质仍保留部分磁性。这就是宏观上的剩磁和磁滞现象。

从实验中还知道，铁磁质的磁化和温度有关。随着温度的升高，它的磁化能力逐渐减小，当温度升高到某一温度时，铁磁性就完全消失，铁磁质退化成顺磁质。这个温度叫作居里温度或居里点。这是因为铁磁质中自发磁化区域因剧烈的分子热运动而遭破坏，磁畴也就瓦解了，铁磁质的铁磁性消失，过渡到顺磁质。铁磁质和其他介质的区别主要在于居里点不同，由于铁、钴和镍的居里点分别为 1040℃、1388℃和 631℃，所以铁、钴和镍在常温下表现为铁磁性，而其他介质的居里点很低，在常温下表现为顺磁性。

例 6-3 一矩磁材料具有矩形磁滞回线，如图 6-12 所示，外加磁场如果超过矫顽力，磁化方向就会反向。如图 6-12b 所示，磁心的外径为 0.8 mm，内径为 0.5 mm，高为 0.3 mm。已知磁心矩磁材料的矫顽力 $H_C=\frac{1}{2\pi}\times10^3$ A/m，若磁心原来已被磁化，方向如图 6-12b 所示。现需使磁心中自内到外的磁化方向全部翻转，长直导线中脉冲电流 I 的峰值至少需多大？

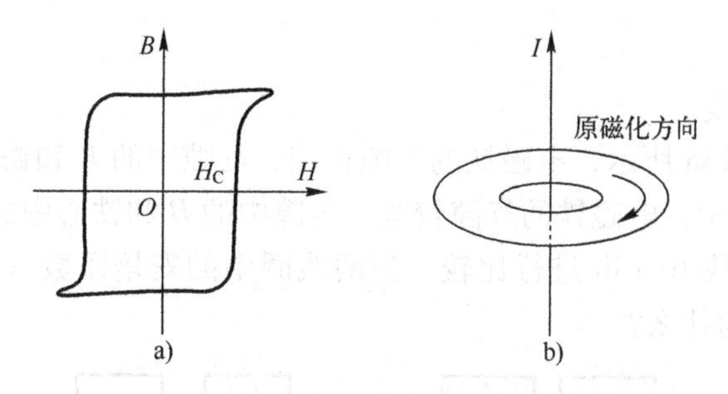

图 6-12　矩磁材料的矩形磁滞回线及长直导线的磁场

解：假定磁心中的磁场线为与磁心共轴的同心圆，则由安培环路定理得

$$\oint_L \boldsymbol{H} \cdot \mathrm{d}\boldsymbol{l} = I$$

得磁心中距导线为 r 处的磁场强度为

$$H=\frac{I}{2\pi r}$$

为了使磁心中磁化方向反转，要求由 I 产生的 H 大于 H_C，即

所以

$$\frac{I}{2\pi r} \geqslant H_C$$

$$I \geqslant 2\pi r H_C$$

对于磁心的最边缘（最大半径处）则有

$$I \geqslant 2\pi r_{max} H_C$$

所以 I 至少应为

$$I=2\pi\times 0.4\times 10^{-3}\times\frac{1}{2\pi}\times 10^3\ \mathrm{A}=0.4\ \mathrm{A}$$

6.4 本章小结与教学要求

1）了解磁介质及其顺磁质、抗磁质、铁磁质的特点。

2）掌握磁化强度矢量的定义以及与磁化电流之间的关系。

3）理解磁介质中高斯定理的含义、学会用磁介质中的安培环路定理解决有关磁场分布问题。

4）学习铁磁质的特点以及铁磁质的磁滞回线的含义，了解铁磁质在工程实践中的应用。

习　题

6-1　铁环的中心线周长为 0.3 m，横截面积为 $1.0\times 10^{-4}\ \mathrm{m}^2$，在环上密绕 300 匝表面绝缘的导线，当导线通有电流 3.2×10^{-2} A 时，通过环的横截面的磁通量为 2.0×10^{-6} Wb。求：

1）铁环内部的磁感应强度。

2）铁环内部的磁场强度。

3）铁的磁化率。

4）铁环的磁化强度。

6-2　1）如图6-13a所示，电磁铁的气隙很窄，气隙中的B和铁心中的B是否相同？

2）如图6-13b所示，电磁铁的气隙较宽，气隙中的B和铁心中的B是否相同？

3）将图6-13a和图6-13b进行比较，当两线圈中的安培匝数（即NI）相同时，两个气隙的B是否相同，为什么？

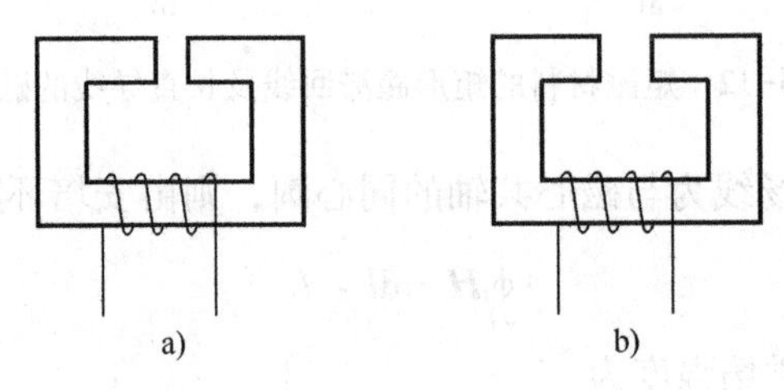

图6-13　习题6-2图

6-3　铁棒中一个铁原子的磁偶极矩是1.8×10^{-23} A·m^2，设长为5 cm、截面积为1 cm^{2}的铁棒中所有铁原子的磁偶极矩都整齐排列，则：

1）铁棒的磁偶极矩多大？

2）如果要使这铁棒与磁感应强度为1.5 T的外磁场正交，需要多大的力矩？设铁的密度为7.8 g/cm^3，铁的相对原子质量是55.85。

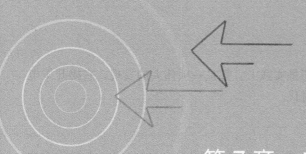

第 7 章　电磁场与麦克斯韦方程组

在本章中，先讨论电磁感应（electromagnetic induction）的基本定律和感应电动势产生的物理机制，并讨论自感、互感现象及磁场能量。然后在此基础上，给出麦克斯韦电磁场方程组，阐述电场和磁场是一个统一整体的电磁场理论。

7.1 电磁感应定律

7.1.1 电磁感应现象

电流既然能够产生磁场，那么能不能利用磁场来产生电流呢？经过一系列的探索和试验，人们提出：在一个闭合回路中，如果通过回路所包围面积的磁通量发生变化，此回路就会产生电流。这一现象称为电磁感应现象，回路中产生的电流称为感应电流（induction current），而驱动电流的电动势则称为感应电动势（induction electromotive force）。

电磁感应现象可用图 7-1 的演示实验来说明。在图 7-1a 中，当磁铁插入闭合螺线管中时，检流计中会显示电流，电流的大小与磁铁和闭合螺线管的相对运动速度有关；当磁铁拔出闭合螺线管时，检流计中也有电流流过，但电流方向与磁铁插入时相反；在磁铁与闭合螺线管不做相对运动时，闭合螺线管中无电流。这个实验说明闭合线圈中磁场的变化即回路磁通量的变化会产生感应电流。当然，在回路中磁场不变的情况下，回路所围面积的变化也会引起回路磁通量的改变，从而在回路中产生感应电流。如图 7-1b 中，线框 $abcd$ 所在空间的磁场并不变化，但当移动导线 ab 时，在其回路中也会有感应电流产生。

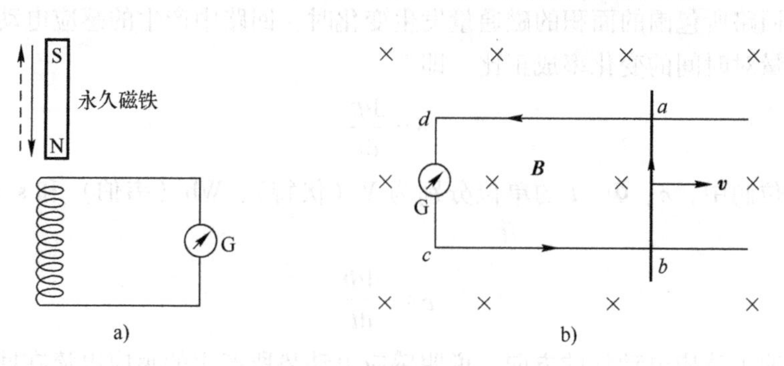

图 7-1　电磁感应现象实验

电磁感应现象的发现，无论是在理论上还是实践上，都是一项伟大的发现，它揭开了电磁学飞跃发展的序幕，使人类进入了电气化时代。

7.1.2 楞次定律

1833 年，楞次（Lenz，1804—1865）从大量的实验结果中归纳出判断回路中感应电流方向的规律：闭合回路中感应电流的方向，总是使得这个电流在回路中所产生的磁通量，去补偿或反抗引起感应电流磁通量的变化，这一规律称为楞次定律（Lenz law）。当引起感应电流的磁通量持续增加时，感应电流所产生的磁通量将反抗（阻碍）原磁通量的增加；当引起感应电流的磁通量持续减少时，感应电流所产生的磁通量将补偿原磁通量的减少。如图 7-2a 所示，当磁铁 N 极从右向左插入螺线管时，螺线管中感应电流产生的磁通量如图 7-2a 虚线所示，即反抗（阻碍）原磁通量的增加；同理，当磁铁 N 极从左向右拔出螺线管时，螺线管中感应电流产生的磁通量会补偿原磁通量的减少，如图 7-2b 所示。

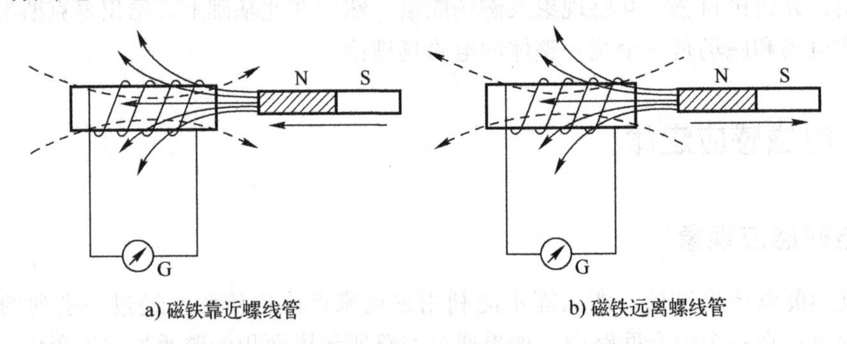

a) 磁铁靠近螺线管　　b) 磁铁远离螺线管

图 7-2　磁铁运动方向和磁通量变化的关系

楞次定律是能量守恒与转化定律在这一领域的表现。在电磁感应中，感应电流所产生的磁通量如果不是反抗原磁通量的变化，而是加强原磁通量的变化，则回路中感应电动势将会变得越来越大，最终变成无穷大，这显然违背能量守恒定律。

7.1.3 法拉第电磁感应定律

闭合回路中出现了感应电流，这一现象的实质是回路中磁通量发生了变化，在回路中产生了感应电动势。通过大量的实验，法拉第总结出感应电动势与磁通量变化率之间的关系，称为法拉第电磁感应定律（Faraday law of electromagnetic induction）。它表述如下：不论何种原因，使通过回路所包围的面积的磁通量发生变化时，回路中产生的感应电动势的大小与穿过回路的磁通量对时间的变化率成正比，即

$$\varepsilon \propto \frac{\mathrm{d}\Phi}{\mathrm{d}t}$$

在国际单位制中，ε、Φ、t 的单位分别为 V（伏特）、Wb（韦伯）和 s（秒），则上式可写成

$$\varepsilon = -\frac{\mathrm{d}\Phi}{\mathrm{d}t} \tag{7-1}$$

式中的负号表明了感应电动势的方向，说明感应电动势所产生的感应电流在回路中产生的磁通量总是反抗引起感应电流磁通量的变化，式中的负号是楞次定律的数学表达形式。

利用式（7-1）的计算结果可以直接判断感应电动势的方向，判断方法为：先规定回路绕行的正方向，然后按右手螺旋定则确定回路所包围面积的法线 $\boldsymbol{e}_n$ 的方向，即右手四指弯曲方向为回路的绕行方向，大拇指指向为法线 $\boldsymbol{e}_n$ 的方向。若磁感应强度 $\boldsymbol{B}$ 与法线 $\boldsymbol{e}_n$ 的夹角 $\theta<\frac{\pi}{2}$，则穿过回路的磁通量 $\Phi>0$；若 $\theta>\frac{\pi}{2}$，则 $\Phi<0$。当 $\frac{d\Phi}{dt}>0$ 时，根据式（7-1），则 $\varepsilon<0$，此时感应电动势 ε 的方向与所规定的回路的正绕行方向相反；反之，当 $\frac{d\Phi}{dt}<0$ 时，则 $\varepsilon>0$，回路中感应电动势 ε 的方向与所规定的回路的正绕行方向相同。如图 7-3 所示。

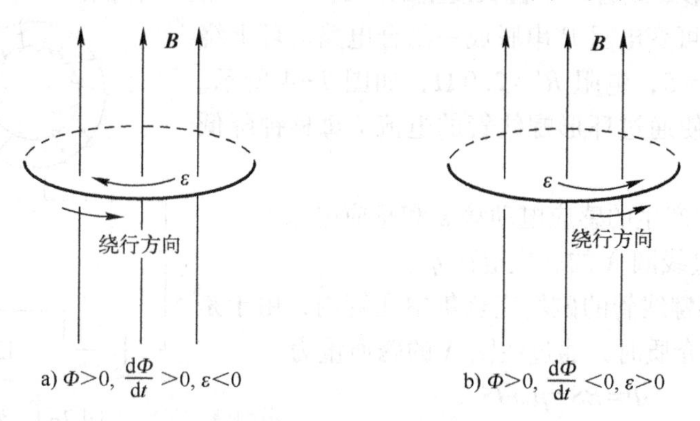

图 7-3　感应电动势 ε 与绕行方向的关系

若闭合回路中电阻为 R，则回路中感应电流为

$$I=\frac{\varepsilon}{R}=-\frac{1}{R}\frac{d\Phi}{dt} \tag{7-2}$$

假如在 t_1、t_2 时刻通过回路所包围面积的磁通量分别为 Φ_1 和 Φ_2，那么在 $t_1\sim t_2$ 时间内流过回路任一横截面的感应电荷为

$$\begin{aligned} q &= \int_{t_1}^{t_2} I dt = -\frac{1}{R}\int_{t_1}^{t_2}\frac{d\Phi}{dt}dt = -\frac{1}{R}\int_{\Phi_1}^{\Phi_2} d\Phi \\ &= -\frac{1}{R}(\Phi_2-\Phi_1) = \frac{\Phi_1-\Phi_2}{R} \end{aligned} \tag{7-3}$$

说明感应电荷与磁通量变化快慢无关，只与始末状态磁通量的改变有关。在实验中，只要测出电阻 R 和通过回路截面的电荷 q，就可以利用式（7-3）计算出磁通量的增量 $\Delta\Phi=\Phi_2-\Phi_1$，这就是常用磁通计的原理。

如果闭合回路是由 N 匝线圈串联而成的，那么当线圈的磁通量变化时，每匝线圈中都将产生感应电动势，显然在整个线圈中产生的感应电动势是每匝线圈中产生的感应电动势之和。当通过各匝线圈的磁通量分别为 Φ_1、Φ_2、…、Φ_N 时，总感应电动势为

$$\varepsilon=-\left(\frac{d\Phi_1}{dt}+\frac{d\Phi_2}{dt}+\cdots+\frac{d\Phi_N}{dt}\right)=-\frac{d}{dt}\left(\sum_{i=1}^{N}\Phi_i\right)=-\frac{d\Psi}{dt} \tag{7-4}$$

式中

$$\Psi=\sum_{i=1}^{N}\Phi_i$$

是穿过各匝线圈磁通量的总和，称为穿过线圈的磁通链数，简称磁链（magnetic flux

linkage)。如果穿过各匝线圈的磁通量相等，均为 Φ 时，则 N 匝线圈的磁链为

$$\Psi=N\Phi$$

此时

$$\varepsilon=-\frac{\mathrm{d}\Psi}{\mathrm{d}t}=-N\frac{\mathrm{d}\Phi}{\mathrm{d}t} \tag{7-5}$$

7.1.4 全磁通、感应电流和感应电荷的计算

例 7-1 一环形螺线管，单位长度上的匝数 $n=5000$ 匝/m，截面积 $S=2\times10^{-3}\ \mathrm{m}^2$。导线两端和电源 ε 以及可变电阻 R 串联成一闭合电路。环上绕一线圈 A，匝数 $N=5$，电阻 $R'=2.0\ \Omega$，如图 7-4 所示。调节可变电阻 R，使通过环形螺线管的电流 I 每秒钟降低 20 A。试求：

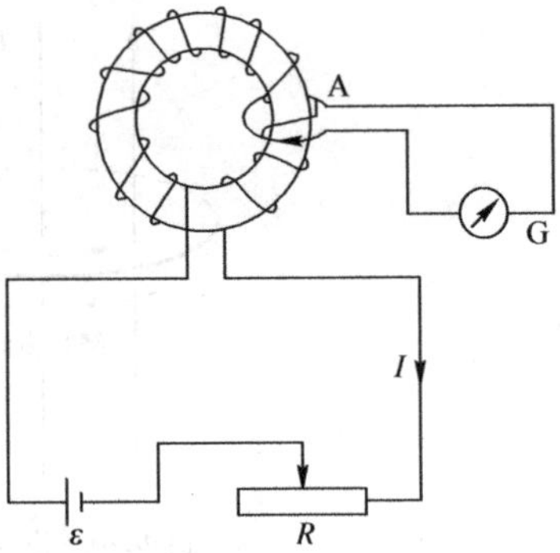

（1）线圈 A 中产生的感应电动势 ε 和感应电流 I。

（2）2 s 内通过线圈 A 的感应电荷 q。

图 7-4　例 7-1 示意图

解：（1）环形螺线管的磁场完全集中在管内，由于是均匀磁场，当无磁介质时，通过线圈 A 的磁通量为

$$\Phi=BS=\mu_0 nIS$$

式中，S 为环形螺线管的截面积，线圈 A 只有这部分面积有磁通量。因此，由法拉第电磁感应定律，A 中产生的感应电动势的大小为

$$\varepsilon=\left|-N\frac{\mathrm{d}\Phi}{\mathrm{d}t}\right|=\mu_0 nNS\left|\frac{\mathrm{d}I}{\mathrm{d}t}\right|=4\pi\times10^{-7}\times5\times10^{3}\times5\times2\times10^{-3}\times20\ \mathrm{V}$$

$$\approx1.26\times10^{-3}\ \mathrm{V}$$

由楞次定律可知感应电流的方向如图 7-4 所示。

感应电流的大小为

$$I=\frac{\varepsilon_i}{R'}=\frac{1.26\times10^{-3}}{2}\ \mathrm{A}=6.3\times10^{-4}\ \mathrm{A}$$

（2）2 s 内通过 A 的感应电荷为

$$q=\int_{t_1}^{t_2}I\mathrm{d}t=I(t_2-t_1)=6.3\times10^{-4}\times2\mathrm{C}=1.26\times10^{-3}\ \mathrm{C}$$

例 7-2 在垂直于纸面的随时间变化的非均匀磁场中，磁感应强度大小为 $B=kx\cos\omega t$，方向垂直纸面向里为正，有一个弯曲成 θ 的金属架 COD，在其上置一垂直于 OD 的一根导体 MN，如图 7-5 所示。假如这根导体以速度 v 垂直于 MN 向右匀速滑动，且 $t=0$ 时，$x=0$，求任一 t 时刻金属架内感应电动势 ε。

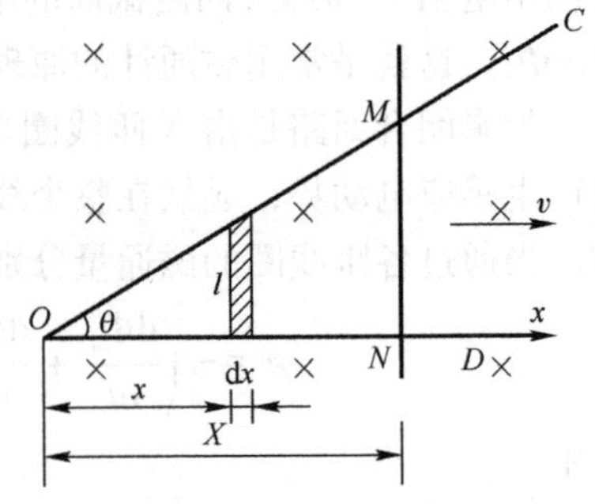

图 7-5　例 7-2 示意图

解： 在任意时刻 t，导体的坐标为

$$X=vt$$

要用法拉第电磁感应定律求金属架内产生的感应电动势，必须先求出 t 时刻穿过回路 OMN 的磁通量。这里规定感应电流的绕行方向以顺时针方

向为正，则图 7-5 中阴影部分的面元 dS 为

$$\mathrm{d}S = l\mathrm{d}x = x\tan\theta\mathrm{d}x$$

穿过 dS 的磁通量为

$$\mathrm{d}\Phi = \boldsymbol{B} \cdot \mathrm{d}\boldsymbol{S} = kx\cos\omega t \cdot x\tan\theta\mathrm{d}x = kx^2\cos\omega t\tan\theta\mathrm{d}x$$

穿过回路 OMN 的磁通量为

$$\Phi = \int_S \mathrm{d}\Phi = \int_0^X kx^2\cos\omega t\tan\theta\mathrm{d}x = \frac{1}{3}kX^3\tan\theta\cos\omega t$$

将 $X=vt$ 代入得

$$\Phi = \frac{1}{3}kv^3t^3\tan\theta\cos\omega t$$

由法拉第电磁感应定律：

$$\begin{aligned}\varepsilon &= -\frac{\mathrm{d}\Phi}{\mathrm{d}t} = \frac{1}{3}kv^3t^3\omega\tan\theta\sin\omega t - kv^3t^2\tan\theta\cos\omega t \\ &= \frac{1}{3}kv^3t^2\tan\theta(\omega t\sin\omega t - 3\cos\omega t)\end{aligned}$$

若 $\varepsilon>0$，则感应电流的方向与规定回路的方向相同，即顺时针方向；若 $\varepsilon<0$，则为逆时针方向。

7.2 动生电动势

法拉第电磁感应定律已经指出，不论何种原因，只要穿过回路所包围面积的磁通量发生了变化，就会产生感应电动势。一般来说，按照磁通量变化的原因不同，大体上可以将感应电动势分成两大类：其一，导体或导体回路与磁场之间存在相对运动，由于这个原因引起的磁通量的变化而产生的感应电动势称为动生电动势（motional electromotive force）；其二，导体或导体回路在磁场中没有相对运动，但磁场随时间变化而引起磁通量的变化，这样产生的感应电动势称为感生电动势（induced electromotive force）。

7.2.1 产生动生电动势的原因

动生电动势的产生可以用洛伦兹力来说明。

设长为 l 的导体棒与导轨所构成的矩形回路 $abcd$ 平放在纸面内，恒定的均匀磁场 $\boldsymbol{B}$ 垂直纸面向里，如图 7-6 所示。

当导体棒 ab 以速度 $\boldsymbol{v}$ 沿导轨向右滑动时，导体棒内的自由电子将随棒一起以速度 $\boldsymbol{v}$ 在磁场中运动，因而每个自由电子都受到洛伦兹力 $\boldsymbol{F}_m$ 的作用：

$$\boldsymbol{F}_m = (-e)\boldsymbol{v}\times\boldsymbol{B}$$

式中，$-e$ 为电子所带的电荷，洛伦兹力 $\boldsymbol{F}_m$ 的方向从 a 指向 b。在 $\boldsymbol{F}_m$ 的作用下，自由电子向下运动。如果图 7-6 中 S_1、S_2 合上，回路中将形成沿着 $a\to d\to c\to b\to a$ 的逆时针方向的电流；如果图 7-6 中 S_1、S_2 断开，

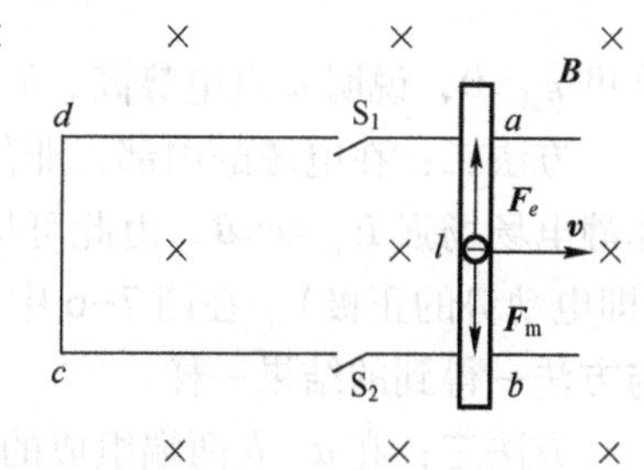

图 7-6　导体在恒定的均匀磁场中做匀速运动

自由电子运动的结果是使棒 ab 两端出现上正下负的电荷堆积，从而产生自 a 指向 b 的静电场 $\boldsymbol{E}$。这样，自由电子又会受到一个与洛伦兹力 $\boldsymbol{F}_m$ 方向相反的静电力 $\boldsymbol{F}_e=(-e)\boldsymbol{E}$。随着自由电荷受洛伦兹力 $\boldsymbol{F}_m$ 的作用而在导体棒两端堆积的量增大时，静电力 $\boldsymbol{F}_e$ 也会越来越大。当静电场力的大小增大到等于洛伦兹力的大小时，导体棒中的自由电子不再做宏观定向运动，达到平衡，a、b 两端就形成一定的电势差。此时，棒 ab 相当于一个 a 端为正极，b 端为负极的电源，它的非静电力就是洛伦兹力。与此非静电力相对应的非静电场的场强 $\boldsymbol{E}_{非}$ 就是作用在单位正电荷上的洛伦兹力，即

$$\boldsymbol{E}_{非}=\frac{\boldsymbol{F}_{非}}{-e}=\frac{\boldsymbol{F}_{m}}{-e}=\boldsymbol{v}\times\boldsymbol{B} \tag{7-6}$$

按照电动势的定义，棒 ab 上电动势为

$$\varepsilon=\int_{-}^{+}\boldsymbol{E}_{非}\cdot \mathrm{d}\boldsymbol{l}=\int_{b}^{a}(\boldsymbol{v}\times\boldsymbol{B})\cdot \mathrm{d}\boldsymbol{l} \tag{7-7}$$

式（7-7）是导体在恒定的均匀磁场中做匀速运动导出的。

在一般情况下，对于一个任意形状的一段导线 ab，在恒定的非均匀磁场中任意运动或形变时，导线上各线元 $\mathrm{d}\boldsymbol{l}$ 的速度 $\boldsymbol{v}$ 的大小和方向都可能是不同的。显然，$\mathrm{d}\boldsymbol{l}$ 线元上的电动势 $\mathrm{d}\varepsilon$ 为

$$\mathrm{d}\varepsilon=\boldsymbol{E}_{非}\cdot \mathrm{d}\boldsymbol{l}=(\boldsymbol{v}\times\boldsymbol{B})\cdot \mathrm{d}\boldsymbol{l} \tag{7-8}$$

运动导线 ab 上的总动生电动势等于所有导线元的电动势之和，即

$$\varepsilon=\int_{L}\mathrm{d}\varepsilon=\int_{L}\boldsymbol{E}_{非}\cdot \mathrm{d}\boldsymbol{l}=\int_{L}(\boldsymbol{v}\times\boldsymbol{B})\cdot \mathrm{d}\boldsymbol{l} \tag{7-9}$$

式（7-7）和式（7-9）实际上是一样的，所以可把式（7-9）作为动生电动势的一般表达式。这个表达式也提供了另外一种计算感应电动势的方法。

从式（7-7）中可以看出，动生电动势的大小与 $\boldsymbol{v}$ 和 $\boldsymbol{B}$ 的大小、$\boldsymbol{v}$ 和 $\boldsymbol{B}$ 的夹角 θ 以及 $(\boldsymbol{v}\times\boldsymbol{B})$ 与 $\mathrm{d}\boldsymbol{l}$ 的夹角有关。动生电动势的方向，即 a、b 两端哪端电势高的问题可按下列三种方法判断。

方法一：如果电动势是由式（7-7）求出的，说明积分路径 $b\rightarrow a$ 是沿着非静电场 $\boldsymbol{E}_{非}$ 的方向进行的。因此，如果 $\varepsilon>0$，则说明 a 点电势高，b 点电势低；如果 $\varepsilon<0$，则说明 b 点电势高，a 点电势低。由此，可以来计算图 7-6 中棒 ab 的电动势，由于 $\boldsymbol{v}$、$\boldsymbol{B}$、$\mathrm{d}\boldsymbol{l}$ 三者相互垂直，则有

$$\varepsilon_{ab}=\int_{b}^{a}(\boldsymbol{v}\times\boldsymbol{B})\cdot \mathrm{d}\boldsymbol{l}=\int_{b}^{a}vB\mathrm{d}l=Bvl$$

这里 $\varepsilon_{ab}>0$，说明 a 点电势高，b 点电势低。

方法二：在电源的内部，非静电场场强的指向是指向电源正极板的。在动生电动势中，非静电场场强 $\boldsymbol{E}_{非}=\boldsymbol{v}\times\boldsymbol{B}$，由此可见，由右手定则判断所得的 $\boldsymbol{v}\times\boldsymbol{B}$ 的指向就是电势高的一端（即电动势的正极）。在图 7-6 中，$\boldsymbol{v}\times\boldsymbol{B}$ 的指向为 a 端，所以 a 端的电势高，b 点的电势低，与方法一得到的结果一样。

方法三：在 a、b 两端组成的如图 7-6 所示的回路中，用楞次定律判断，结果也是一样。

如果闭合导体回路 L 在恒定磁场中运动，则闭合回路内的动生电动势为

$$\varepsilon=\oint_{L}\mathrm{d}\varepsilon=\oint_{L}(\boldsymbol{v}\times\boldsymbol{B})\cdot \mathrm{d}\boldsymbol{l} \tag{7-10}$$

若 $\varepsilon>0$，表示电动势 ε 的方向与所取的积分绕行方向相同；若 $\varepsilon<0$，则表示相反。

对于动生电动势，必须强调，动生电动势的本质起源于洛伦兹力，或者说，动生电动势是由洛伦兹力的做功引起的。至此，也许读者会提出这样的问题：前面已经讲过，运动电荷所受的洛伦兹力方向与电荷运动方向垂直，所以洛伦兹力对运动电荷不做功，而这里又说动生电动势是由洛伦兹力的做功引起的，两者是否矛盾？实际上，稍加分析后不难发现两者是不矛盾的。因为上面讨论的只是洛伦兹力的一个分量。如果全面考虑，运动导体中的电子不但具有随导体一起运动的速度 $\boldsymbol{v}$，而且还在洛伦兹力 $\boldsymbol{F}_{\mathrm{m}}=(-e)\boldsymbol{v}\times\boldsymbol{B}$ 的作用下，具有相对导体的速度 $\boldsymbol{v}'$（方向向下），所以导体中自由电子的总速度为 $\boldsymbol{v}+\boldsymbol{v}'$（见图 7-7），所受的总洛伦兹力为

$$\boldsymbol{F}_{合}=(-e)(\boldsymbol{v}+\boldsymbol{v}')\times\boldsymbol{B}=\boldsymbol{F}_{\mathrm{m}}+\boldsymbol{F}'_{\mathrm{m}}$$

其中：

$$\boldsymbol{F}_{\mathrm{m}}=(-e)\boldsymbol{v}\times\boldsymbol{B}\text{（方向向下）}$$

$$\boldsymbol{F}'_{\mathrm{m}}=(-e)\boldsymbol{v}'\times\boldsymbol{B}\text{（方向向左）}$$

于是，可以得到导体中自由电子所受洛伦兹力的功率为

$$\begin{aligned}P&=\boldsymbol{F}_{合}\cdot\boldsymbol{v}=(\boldsymbol{F}_{\mathrm{m}}+\boldsymbol{F}'_{\mathrm{m}})\cdot(\boldsymbol{v}+\boldsymbol{v}')\\&=\boldsymbol{F}_{\mathrm{m}}\cdot\boldsymbol{v}+\boldsymbol{F}_{\mathrm{m}}\cdot\boldsymbol{v}'+\boldsymbol{F}'_{\mathrm{m}}\cdot\boldsymbol{v}+\boldsymbol{F}'_{\mathrm{m}}\cdot\boldsymbol{v}'\\&=0+\boldsymbol{F}_{\mathrm{m}}\cdot\boldsymbol{v}'+\boldsymbol{F}'_{\mathrm{m}}\cdot\boldsymbol{v}+0=evBv'-ev'Bv=0\end{aligned}$$

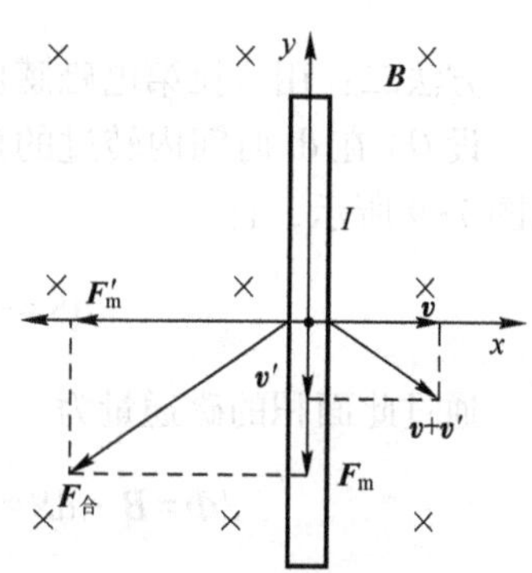

图 7-7　运动导体所受的洛伦兹力分解图

即总的洛伦兹力对电子不做功。但洛伦兹力的一个分量 $\boldsymbol{F}_{\mathrm{m}}$ 的方向与 $\boldsymbol{v}'$ 相同，对电子做了正功，从而形成电动势，宏观上是感应电动势驱动电流做功；洛伦兹力的另一个分量 $\boldsymbol{F}'_{\mathrm{m}}$ 与 $\boldsymbol{v}$ 方向相反，故对电子做负功，也就是说反抗洛伦兹力的这一分量做正功，宏观上就是外力拉动导体做功。

所以洛伦兹力一方面接受外力的功，另一方面同时驱动电荷运动做功，它不提供能量，而只是传递能量，起到能量转化的作用。

7.2.2　动生电动势的计算

例 7-3　如图 7-8 所示，长度为 L 的金属棒在垂直于均匀磁场 $\boldsymbol{B}$ 的平面内沿逆时针绕 O 点匀速转动，角速度为 ω，求：

（1）金属棒中感应电动势的大小和方向，OA 间的电势差。

（2）如果把金属棒改为半径为 L 的金属圆盘，试求盘心和盘边缘之间的电势差。

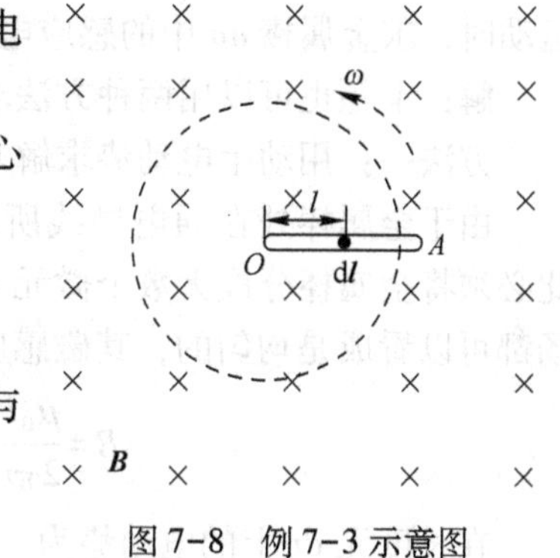

图 7-8　例 7-3 示意图

解：（1）本题可以用两种方法求解。

方法一：用动生电动势求解。

在金属棒上任取有向元 $\mathrm{d}\boldsymbol{l}$，由于 $\boldsymbol{v}$ 与 $\boldsymbol{B}$ 垂直，且 $\boldsymbol{v}\times\boldsymbol{B}$ 与 $\mathrm{d}\boldsymbol{l}$ 反向，故 $\mathrm{d}\boldsymbol{l}$ 元段上产生的动生电动势为

$$\mathrm{d}\varepsilon=(\boldsymbol{v}\times\boldsymbol{B})\cdot\mathrm{d}\boldsymbol{l}=vB\sin\frac{\pi}{2}\cdot\mathrm{d}l\cos\pi=-vB\mathrm{d}l$$

由于

$$v=\omega l$$

有

$$\mathrm{d}\varepsilon=-\omega Bl\mathrm{d}l$$

整个金属棒上的电动势为

$$\varepsilon_{\mathrm{AO}}=\int_0^A \mathrm{d}\varepsilon=\int_0^A(\boldsymbol{v}\times\boldsymbol{B})\cdot\mathrm{d}\boldsymbol{l}=-\int_0^L \omega Bl\mathrm{d}l=-\frac{1}{2}B\omega L^2$$

负号表示电动势方向从 A 指向 O，即 O 点的电势比 A 点高，故有

$$U_{\mathrm{OA}}=\frac{1}{2}B\omega L^2$$

方法二：用法拉第电磁感应定律求解。

设 OA 在 $\mathrm{d}t$ 时间内转过的角度为 $\mathrm{d}\theta$，它扫过的面积为 $\mathrm{d}S$，如图 7-9 所示，且

$$\mathrm{d}S=\frac{1}{2}L^2\mathrm{d}\theta$$

通过此面积的磁通量为

$$\mathrm{d}\Phi=\boldsymbol{B}\cdot\mathrm{d}\boldsymbol{S}=B\mathrm{d}S=\frac{1}{2}BL^2\mathrm{d}\theta$$

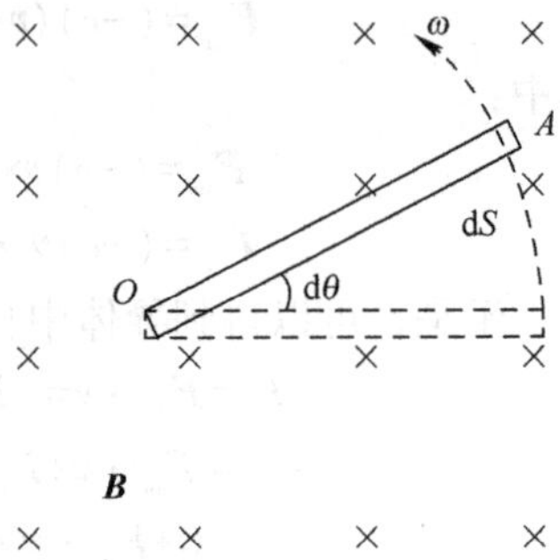

图 7-9 金属棒以 O 点为圆心做运动

由法拉第电磁感应定律得

$$|\varepsilon|=\left|-\frac{\mathrm{d}\Phi}{\mathrm{d}t}\right|=\frac{1}{2}BL^2\frac{\mathrm{d}\theta}{\mathrm{d}t}=\frac{1}{2}B\omega L^2$$

动生电动势的方向可用楞次定律判断，与第一种解法的结果相同。

（2）如果把金属棒改为金属盘，可以把金属盘想象成由无数根并联的金属棒 OA 组合而成。因为这些金属棒是并联的，所以盘中心与边缘之间的电势差仍为 U_{OA} 的值。

如果把 O 点与 A 点或盘的中心点和边缘与外电路接通，在磁场中转动的金属棒或金属盘就能对外界供应电流，这就是简易发电机的工作原理。

例 7-4 有一根长为 L 的金属棒 ab，与一根通有电流 I 的长直导线 AB 共面且相互垂直，如图 7-10 所示。若棒 ab 近导线的一端距离导线为 d，当棒 ab 以速度 $\boldsymbol{v}$ 沿电流方向运动时，求金属棒 ab 中的感应电动势。

解：本题也可以用两种方法求解。

方法一：用动生电动势求解。

由于金属棒处在通电导线所产生的非均匀磁场中，因此必须将金属棒分成无数个微元 $\mathrm{d}r$，这样在每个 $\mathrm{d}r$ 处的磁场都可以看成是均匀的，其磁感应强度的大小为

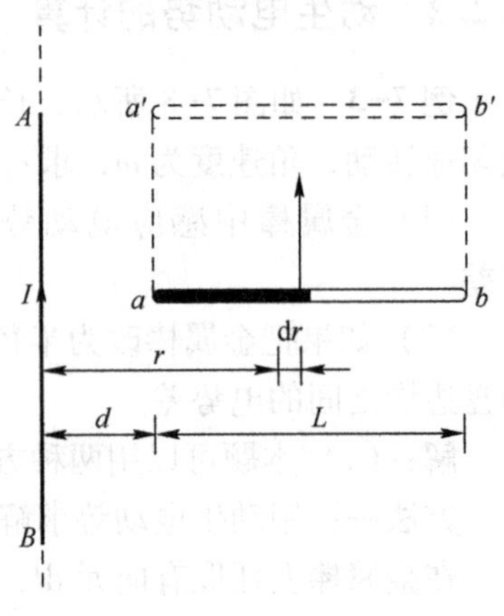

图 7-10 例 7-4 示意图

$$B=\frac{\mu_0 I}{2\pi r}$$

在长度元 $\mathrm{d}r$ 上的电动势为

$$\mathrm{d}\varepsilon=(\boldsymbol{v}\times\boldsymbol{B})\cdot\mathrm{d}\boldsymbol{r}=-\frac{\mu_0 I v}{2\pi r}\mathrm{d}r$$

式中的负号是由于 $\boldsymbol{v}\times\boldsymbol{B}$ 与 $\mathrm{d}\boldsymbol{r}$ 的方向相反，于是棒 ab 中电动势的指向由 b 指向 a，其大小为

$$|\varepsilon| = \int|\mathrm{d}\varepsilon| = \int_{d}^{d+L}\frac{\mu_0 I v\mathrm{d}r}{2\pi r} = \frac{\mu_0 vI}{2\pi}\ln\frac{d+L}{d}$$

方法二：用法拉第电磁感应定律求解。

设 ab 在 $\mathrm{d}t$ 时间内以速度 v 移过的距离为 $v\mathrm{d}t$，即扫过一矩形面积 $a'b'ba$，如图 7-10 所示。由于磁场的不均匀性，必须先求在 $\mathrm{d}t$ 时间内 $\mathrm{d}r$ 所扫过的面元 $\mathrm{d}S$ 的磁通量变化：

$$\mathrm{d}\Phi = \boldsymbol{B}\cdot\mathrm{d}\boldsymbol{S} = B\mathrm{d}S = \frac{\mu_0 I}{2\pi r}v\mathrm{d}t\mathrm{d}r$$

所以，面元 $\mathrm{d}S$ 上的电动势大小为

$$|\mathrm{d}\varepsilon| = \left|\frac{\mathrm{d}\Phi}{\mathrm{d}t}\right| = \frac{\mu_0 I}{2\pi r}v\mathrm{d}r$$

整个想象电路 $a'b'baa'$ 的电动势为

$$\varepsilon = \int\mathrm{d}\varepsilon = \int_{d}^{d+L}\frac{\mu_0 I}{2\pi r}v\mathrm{d}r = \frac{\mu_0 vI}{2\pi}\ln\frac{d+L}{d}$$

此电动势即为金属棒 ab 中产生的电动势，ε 的方向由楞次定律可知为 b 到 a 的指向。

例 7-5　导线 L 以角速度 ω 绕其一固定端 O，在竖直长电流 I 所在的一平面内旋转，O 点至电流 I 的距离为 a，且 $a>L$，如图 7-11 所示，求导线 L 在与水平方向成 θ 时动生电动势的大小和方向。

解：按照动生电动势的计算公式（7-9）可知

$$\varepsilon = \int_0^L(\boldsymbol{v}\times\boldsymbol{B})\cdot\mathrm{d}\boldsymbol{l} = -\int_0^L vB\mathrm{d}l$$

$$= -\int_0^L\omega l\frac{\mu_0 I}{2\pi(a+l\cos\theta)}\mathrm{d}l$$

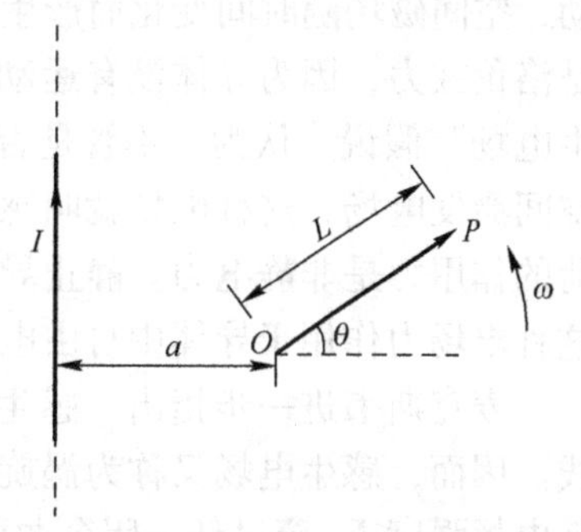

图 7-11　例 7-5 示意图

令

$$x = a + l\cos\theta,\qquad \mathrm{d}l = \mathrm{d}x/\cos\theta$$

则

$$\varepsilon = -\frac{\omega\mu_0 I}{2\pi}\int_a^{a+L\cos\theta}\frac{x-a}{x\cos\theta}\frac{\mathrm{d}x}{\cos\theta}$$

$$= \frac{\omega\mu_0 I}{2\pi\cos^2\theta}\int_a^{a+L\cos\theta}\left(\frac{a}{x}-1\right)\mathrm{d}x$$

$$= \frac{\omega\mu_0 I}{2\pi\cos^2\theta}\left(a\ln\frac{a+L\cos\theta}{a} - L\cos\theta\right)$$

电动势方向由 P 指向 O，即 O 点电势高。

从上面例子中可以归纳出计算动生电动势的基本方法：

（1）由电动势的定义求解：

$$\varepsilon = \oint_L\boldsymbol{E}_{非}\cdot\mathrm{d}\boldsymbol{l} = \oint_L(\boldsymbol{v}\times\boldsymbol{B})\cdot\mathrm{d}\boldsymbol{l}$$

若动生电动势仅在回路的一部分中产生，则有

$$\varepsilon = \int_{-\,(\text{经内电路})}^{+} (\boldsymbol{v} \times \boldsymbol{B}) \cdot \mathrm{d}\boldsymbol{l}$$

（2）由法拉第电磁感应定律求解：

$$\varepsilon = -\frac{\mathrm{d}\Phi}{\mathrm{d}t} \quad \text{或} \quad \varepsilon = -\frac{\mathrm{d}\Psi}{\mathrm{d}t}$$

这里包括两种情况：

1）闭合导线回路的整体或局部在磁场中运动。这时，先求出任意时刻 t 通过回路的磁链 $\Psi(t)$，然后求微商$\frac{\mathrm{d}\Psi}{\mathrm{d}t}$，从而得到动生电动势的大小，电动势的方向由楞次定律判断。

2）一段不闭合导线在磁场中运动。不闭合导线不存在磁通量，可假想构成一个闭合回路。通常令假想部分不动，因而不产生电动势。这样，由法拉第电磁感应定律求出的回路所产生的感应电动势便是运动导线产生的动生电动势。或者，先求出运动导线在 $\mathrm{d}t$ 时间内所扫过面积的磁通量 $\mathrm{d}\Phi$，然后令 $\mathrm{d}\Phi$ 除以 $\mathrm{d}t$，便得到运动导线产生的动生电动势。

7.3 感生电动势

7.3.1 产生感生电动势的原因

前面已经指出，导体在磁场中运动产生动生电动势，其非静电力是洛伦兹力。当导体不动，空间磁场随时间变化而产生感生电动势的情况下，非静电力又是什么呢？当然，不会再是洛伦兹力，因为导体没有运动。1861 年，麦克斯韦在分析了这些现象以后，提出了“感生电场”假说，认为：不管是否存在导体或导体回路，随着时间变化的磁场总要在其周围空间激发电场，这种电场就叫感生电场（induced electric field），它是一种非静电场，它对电荷的作用力是非静电力。静止导体内产生的感生电动势，以及导体回路中的感生电流，正是这种电场力作用于导体中自由电荷的结果。

麦克斯韦进一步指出，感生电场具有涡旋性，它的电场线是无头无尾的涡旋状闭合曲线。因而，感生电场又称为涡旋电场（vortex electric field）或有旋电场（curl electric field），其电场强度 $\boldsymbol{E}_{感}$ 穿过任一闭合曲面 S 的通量必然等于零，即

$$\oint_S \boldsymbol{E}_{感} \cdot \mathrm{d}\boldsymbol{S} = 0 \tag{7-11}$$

这就是感生电场的高斯定理，说明感生电场是无源场。

如果在变化的磁场中有一个导体回路，那么导体内自由电子在感生电场的作用下就会发生定向运动，从而在导体回路中产生感生电动势，形成感生电流。按照电动势的定义，其感生电动势为

$$\varepsilon = \oint_L \boldsymbol{E}_{感} \cdot \mathrm{d}\boldsymbol{l} \tag{7-12}$$

根据法拉第电磁感应定律，应该有

$$\oint_L \boldsymbol{E}_{感} \cdot \mathrm{d}\boldsymbol{l} = -\frac{\mathrm{d}\Phi}{\mathrm{d}t} \tag{7-13}$$

式中，$\frac{\mathrm{d}\Phi}{\mathrm{d}t}$是穿过回路 L 的磁通量对时间的变化率，穿过任意以 L 为边界的曲面 S 的磁通量 Φ 为

$$\Phi = \int_S \boldsymbol{B} \cdot \mathrm{d}\boldsymbol{S}$$

式中，$\mathrm{d}\boldsymbol{S}$ 表示 S 面上的任一面元。因此有

$$\oint_L \boldsymbol{E}_{感} \cdot \mathrm{d}\boldsymbol{l} = -\frac{\mathrm{d}}{\mathrm{d}t}\int_S \boldsymbol{B} \cdot \mathrm{d}\boldsymbol{S}$$

由于回路 L 静止，即回路所围面积不随时间变化，而且一般情况下 $\boldsymbol{B}$ 不仅是时间函数，又可能是空间的函数，所以上式可以改写为

$$\oint_L \boldsymbol{E}_{感} \cdot \mathrm{d}\boldsymbol{l} = -\int_S \frac{\partial \boldsymbol{B}}{\partial t} \cdot \mathrm{d}\boldsymbol{S} \tag{7-14}$$

需要指出的是，不论空间有无导体或导体回路是否存在，式（7-14）总是成立的，因为只要有磁场变化，空间总存在感生电场，这已为许多实验所证实。

在一般情况下，空间的电场可能既有静电场 $\boldsymbol{E}_{静}$，又有感生电场 $\boldsymbol{E}_{感}$。根据场强叠加原理，空间的总场强为

$$\boldsymbol{E} = \boldsymbol{E}_{静} + \boldsymbol{E}_{感}$$

总电场强度 $\boldsymbol{E}$ 沿某一闭合路径 L 的环流为

$$\oint_L \boldsymbol{E} \cdot \mathrm{d}\boldsymbol{l} = \oint_L (\boldsymbol{E}_{静} + \boldsymbol{E}_{感}) \cdot \mathrm{d}\boldsymbol{l} = 0 + \oint_L \boldsymbol{E}_{感} \cdot \mathrm{d}\boldsymbol{l}$$

所以

$$\oint_L \boldsymbol{E} \cdot \mathrm{d}\boldsymbol{l} = -\int_S \frac{\partial \boldsymbol{B}}{\partial t} \cdot \mathrm{d}\boldsymbol{S} \tag{7-15}$$

等式右边表示对闭合曲线 L 所围面积 S 求积分。

当然，还可以写出电磁场中空间总电场强度 $\boldsymbol{E}$ 的通量：

$$\oint_S \boldsymbol{E} \cdot \mathrm{d}\boldsymbol{S} = \oint_S (\boldsymbol{E}_{静} + \boldsymbol{E}_{感}) \cdot \mathrm{d}\boldsymbol{S} = \frac{1}{\varepsilon_0}\sum_{S内} q_i + 0$$

所以

$$\oint_S \boldsymbol{E} \cdot \mathrm{d}\boldsymbol{S} = \frac{1}{\varepsilon_0}\sum_{S内} q_i \tag{7-16}$$

式（7-15）和式（7-16）都是关于磁场和电场关系的普遍的基本规律。

7.3.2　感生电场及感生电动势的计算

例 7-6　如图 7-12 所示，一电荷线密度为 λ 的长直带电线（与一正方形线圈共面并与其一对边平行），以变速率 $v=v(t)$ 沿着其长度方向运动，正方形线圈中的总电阻为 R，求 t 时刻方形线圈中感应电流 $i(t)$ 的大小（不计线圈自身的自感）。

解： 长直带电线运动相当于电流：

$$I = \frac{\mathrm{d}q}{\mathrm{d}t} = \frac{\lambda \mathrm{d}l}{\mathrm{d}t} = \lambda v$$

正方形线圈内的磁通量可如下求出：

$$\mathrm{d}\Phi = \frac{\mu_0}{2\pi}\frac{I}{a+x}a\mathrm{d}x$$

积分后，得

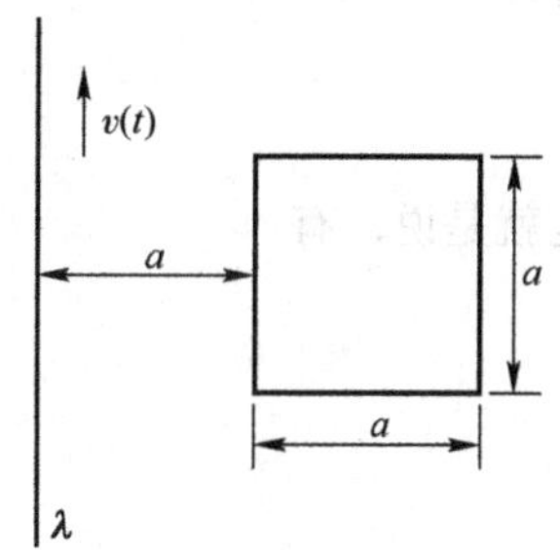

图 7-12　例 7-6 示意图

$$\Phi=\frac{\mu_0}{2\pi}Ia\int_0^a\frac{\mathrm{d}x}{a+x}=\frac{\mu_0}{2\pi}Ia\ln 2$$

则正方形线圈中产生的感应电动势为

$$|\varepsilon|=\left|-\frac{\mathrm{d}\Phi}{\mathrm{d}t}\right|=\frac{\mu_0}{2\pi}a\ln 2\left|\frac{\mathrm{d}I}{\mathrm{d}t}\right|=\frac{\mu_0}{2\pi}\lambda a\ln 2\left|\frac{\mathrm{d}v(t)}{\mathrm{d}t}\right|$$

所以，t 时刻正方形线圈中感应电流 $i(t)$ 的大小为

$$|i(t)|=\frac{|\varepsilon|}{R}=\frac{\mu_0}{2\pi R}\lambda a\ln 2\left|\frac{\mathrm{d}v(t)}{\mathrm{d}t}\right|$$

例 7-7 在半径为 R 的圆柱形长直螺线管中有一匀强磁场 $\boldsymbol{B}$，假如磁场大小随时间增大，且 $\frac{\partial B}{\partial t}$= 常量，求螺线管内外感生电场的分布。

解： 由对称性分析可以知道，由变化的磁场所产生的感生电场（或涡旋电场）是围绕着磁场轴线的一些同心圆；用楞次定律可以判断，这些电场的方向是逆时针的，如图 7-13 所示，且在 r 相同处感生电场 $\boldsymbol{E}_{感}$ 的大小相等。

现在求距离磁场轴心 O 点为 r 处一点的感生电场的大小。先选一个以 O 为圆心，r 为半径的圆形回路 L，回路的绕行方向为逆时针。

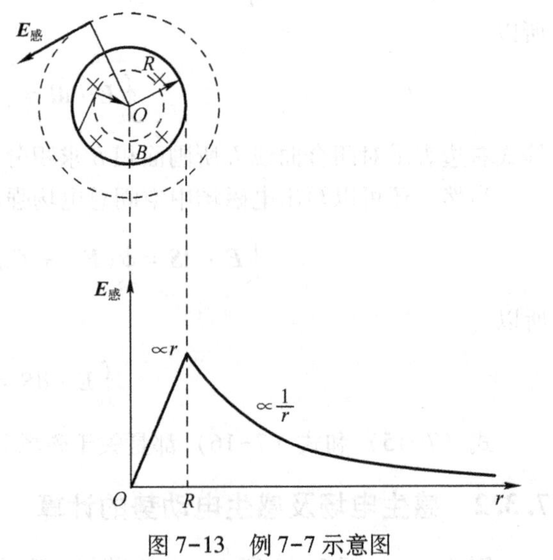

图 7-13 例 7-7 示意图

当 $r<R$ 时，由

$$\oint_L\boldsymbol{E}_{感}\cdot\mathrm{d}\boldsymbol{l}=-\int_S\frac{\partial\boldsymbol{B}}{\partial t}\cdot\mathrm{d}\boldsymbol{S}$$

可得

$$\oint_L\boldsymbol{E}_{感}\cdot\mathrm{d}\boldsymbol{l}=-\int_S\frac{\partial B}{\partial t}\mathrm{d}S\cos\pi$$

即

$$E_{感}2\pi r=\int_S\frac{\partial B}{\partial t}\mathrm{d}S=\frac{\partial B}{\partial t}\pi r^2$$

所以

$$E_{感}=\frac{r}{2}\frac{\partial B}{\partial t}\quad(r<R)$$

当 $r\geqslant R$ 时，则有

$$E_{感}2\pi r=\frac{\partial B}{\partial t}\pi R^2$$

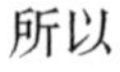

所以

$$E_{感}=\frac{R^2}{2r}\frac{\partial B}{\partial t}\quad(r\geqslant R)$$

也就是说，有

$$E_{感}=\begin{cases}\dfrac{r}{2}\dfrac{\partial B}{\partial r} & (r<R)\\[2ex] \dfrac{R^2}{2r}\dfrac{\partial B}{\partial t} & (r\geqslant R)\end{cases}\tag{7-17}$$

可见，当 $r<R$ 时，$E_{感}\propto r$；当 $r>R$ 时，$E_{感}\propto\frac{1}{r}$。所以螺线管内、外的感生电场的大小 $E_{感}$ 随 r 的变化规律如图 7-13 所示。这里，必须指出，在 $r>R$ 处，$B\equiv0$，$\frac{\partial B}{\partial t}=0$，但 $E_{感}\neq0$。即只要存在变化的磁场，整个空间就会有感生电场，而不管该处是否存在磁场，是否有导体或介质。

例 7-8 在圆柱形的均匀磁场中，若 $\frac{\partial B}{\partial t}=$ 常量 >0，柱内放一直导线 ab，长度为 L，且距圆心的垂直距离为 h，如图 7-14 所示，求此导线 ab 上的感应电动势。

解： 本题可用两种方法求解。

方法一：由电动势定义求解。在例 7-7 中知道，圆柱形内部的感生电场大小为

$$E_{感}=\frac{r}{2}\frac{\partial B}{\partial t}$$

由于圆柱形磁场的时间变化率 $\frac{\partial B}{\partial t}>0$，由楞次定律知，$\boldsymbol{E}_{感}$ 的方向是逆时针的，并沿以圆心为 O、半径为 r 的圆周的切线方向，如图 7-14 所示。

在 ab 上距 O 为 r 处取一长度元 $\mathrm{d}\boldsymbol{l}$，则其上的感应电动势为

$$\mathrm{d}\varepsilon=\boldsymbol{E}_{感}\cdot\mathrm{d}\boldsymbol{l}=E_{感}\cos\theta\mathrm{d}l=\frac{r}{2}\frac{\partial B}{\partial t}\frac{h}{r}\mathrm{d}l=\frac{h}{2}\frac{\partial B}{\partial t}\mathrm{d}l$$

于是可得在整个直导线 ab 上的感应电动势为

$$\varepsilon=\int_a^b\mathrm{d}\varepsilon=\int_a^b\frac{h}{2}\frac{\partial B}{\partial t}\mathrm{d}l=\frac{hL}{2}\frac{\partial B}{\partial t}$$

ε 的方向由 a 到 b，故 a 为负极，b 为正极。

方法二：用法拉第电磁感应定律求解。如图 7-15 所示，做一个假想回路 $abOa$，回路总的感应电动势为

$$|\varepsilon_{总}|=\left|-\frac{\mathrm{d}\Phi}{\mathrm{d}t}\right|=\left|-\int_S\frac{\partial\boldsymbol{B}}{\partial t}\cdot\mathrm{d}\boldsymbol{S}\right|=\frac{hL}{2}\frac{\partial B}{\partial t}$$

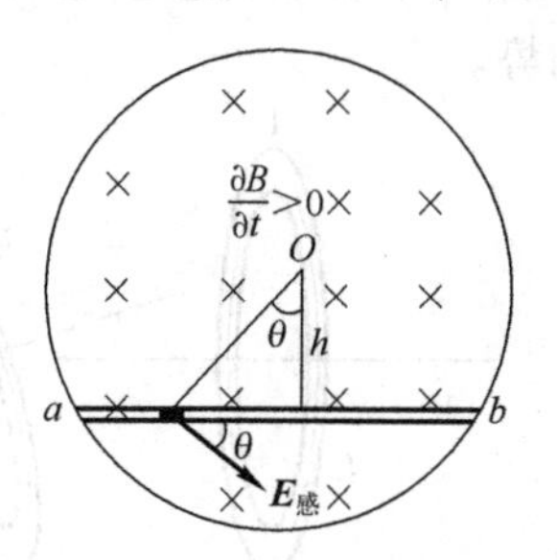

图 7-14 例 7-8 示意图

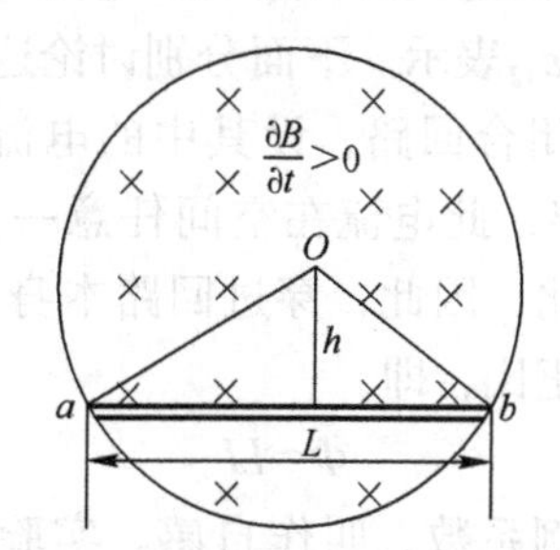

图 7-15 例 7-8 方法二示意图

由于感生电场方向沿圆周的切线方向，与半径 Oa 和 Ob 垂直，故此

$$\varepsilon_{总}=\oint_{L'}\boldsymbol{E}_{感}\cdot\mathrm{d}\boldsymbol{l}=\int_0^a\boldsymbol{E}_{感}\cdot\mathrm{d}\boldsymbol{l}+\int_a^b\boldsymbol{E}_{感}\cdot\mathrm{d}\boldsymbol{l}+\int_b^0\boldsymbol{E}_{感}\cdot\mathrm{d}\boldsymbol{l}$$
$$=0+\varepsilon_{ab}+0=\varepsilon_{ab}$$

所以

$$|\varepsilon_{总}|=|\varepsilon_{ab}|=\frac{hL}{2}\frac{\partial B}{\partial t}$$

ε_{ab}的方向由楞次定律确定，即由 a 到 b，与方法一的结果完全一致。

从上面的例子中可以归纳出计算感生电动势的基本方法：

1）由电动势的定义求解。

当导体回路闭合时，感生电动势可写成

$$\varepsilon=\oint_L \boldsymbol{E}_{感}\cdot \mathrm{d}\boldsymbol{l}$$

当导体不是闭合回路时，则

$$\varepsilon=\int_L \boldsymbol{E}_{感}\cdot \mathrm{d}\boldsymbol{l}$$

需要注意，这种方法只能用于感生电场强度 $\boldsymbol{E}_{感}$ 已知或容易求出的情况。

2）由法拉第电磁感应定律求解。

$$\varepsilon=-\frac{\mathrm{d}\Phi}{\mathrm{d}t}=-\int_S \frac{\mathrm{d}\boldsymbol{B}}{\mathrm{d}t}\cdot \mathrm{d}\boldsymbol{S}$$

用这种方法求解时，导体回路必须闭合，如果不闭合，则要用辅助线构成闭合回路。

7.4 自感与互感

7.4.1 自感现象和自感

我们已经明确，不论以什么方式，只要能使穿过闭合回路的磁通量发生变化，此闭合回路内就一定会有感应电动势出现。但是，引起磁通量变化的原因是多种多样的，必须依据情况做具体分析。

如图 7-16 所示，在通有电流 I_1 的闭合回路 1 的附近，有另一个通有电流 I_2 的闭合回路 2。将仅由回路 1 中电流 I_1 的变化而在回路 1 自身中引起的感应电动势称为自感电动势，用符号 ε_L 表示；而把仅由回路 2 中电流 I_2 的变化而在回路 1 中引起的感应电动势称为互感电动势，用符号 ε_{12} 表示。下面分别讨论这两种感应电动势。

考虑一个闭合回路，设其中的电流为 I。根据毕奥-萨伐尔定律，此电流在空间任意一点的磁感应强度都与 I 成正比，因此，穿过回路本身所围面积的磁通量也与 I 成正比，即

$$\Phi=LI \tag{7-18}$$

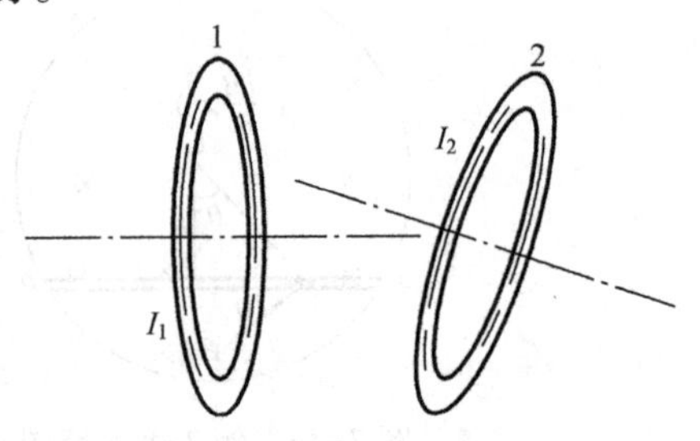

图 7-16　两邻近的载流闭合回路

式中，L 为比例系数，叫作自感。实验表明，自感 L 只与回路的形状、大小以及周围介质的磁导率有关。由式（7-18）可以看出，如果 I 为单位电流，则 $L=\Phi$。可见，某回路的自感，在数值上等于回路中的电流为一个单位时，穿过此回路所围面积的磁通量。

根据电磁感应定律，由式（7-18）可求得自感电动势

$$\varepsilon_L=-\frac{d\Phi}{dt}=-\left(L\frac{dI}{dt}+I\frac{dL}{dt}\right)$$

如果回路的形状、大小和周围介质的磁导率都不随时间变化，则 L 为一常量，故 $dL/dt=0$，因而

$$\varepsilon_L=-L\frac{dI}{dt} \tag{7-19}$$

由式（7-19）可以看出，自感的意义也可以这样来理解：某回路的自感，在数值上等于回路中的电流随时间的变化率为一个单位时，在回路中所引起的自感电动势的绝对值。

式（7-19）中的负号，是楞次定律的数学表示。它指出，自感电动势将反抗回路中电流的改变。也就是说，电流增加时，自感电动势与原来电流的方向相反；电流减小时，自感电动势与原来电流的方向相同。必须强调指出，自感电动势所反抗的是电流的变化，而不是电流本身。自感的单位是亨利[⊖]，其符号是 H。

7.4.2　自感及其自感电动势的计算

通常，自感由实验测定，只是在某些简单的情形下才可由其定义计算出来。

在工程技术和日常生活中，自感现象的应用是很广泛的，如无线电技术和电工中常用的扼流圈，日光灯上用的镇流器等。但是在有些情况下，自感现象会带来危害，必须采取措施予以防止。如，在有较大自感的电网中，当电路突然断开时，由于自感而产生很大的自感电动势，在电网的电闸开关间形成一较高的电压，常常大到“击穿”空气隙而导电，产生电弧，对电网有损坏作用。又如，电机和强力电磁铁，在电路中都相当于自感很大的线圈。因此，在断开电路的瞬时，会在电路中出现暂态的过大电流，造成事故。为了减小这种危险，一般都是先增加电阻使电流减小，然后断开电路。所以，大电流电力系统中的开关，都附加有“灭弧”的装置。

例 7-9　有一长密绕螺线管，长度为 l，横截面积为 S，线圈的总匝数为 N，管中磁介质的磁导率为 μ。试求其自感。

解： 对于长直螺线管，当有电流 I 通过时，可以把管内的磁场近似看作是均匀的，其磁感强度 $\boldsymbol{B}$ 的大小为

$$B=\mu nI$$

式中，n 为单位长度上线圈的匝数，$n=N/l$；$\boldsymbol{B}$ 的方向可看成与螺线管的轴线平行。因此，穿过螺线管每一匝线圈的磁通量 Φ 都等于

$$\Phi=BS=\mu nIS$$

而穿过螺线管的磁通匝数为

$$N\Phi=\mu NnSI=\mu n^2lSI$$

由 $N\Phi=LI$，得

$$L=\mu n^2V$$

⊖ 美国物理学家亨利（Henry，1797—1878）在 1830 年就已观察到自感现象，直到 1832 年 7 月才将题为《长螺线管中的电自感》的论文，发表在 *The American Journal of Science and Arts* 上。亨利与法拉第是各自独立地发现电磁感应现象的，但亨利发表稍晚些。强力实用的电磁铁继电器是亨利发明的，他还指导莫尔斯发明了第一架实用电报机。为纪念亨利的贡献，自感的单位以亨利命名。

式中，V 为长直螺线管的体积。可见，欲获得较大自感的螺线管，通常采用较细导线制成的绕组，以增加单位长度上的匝数 n；并选取较大磁导率 μ 的磁介质放置在螺线管内，以增加其自感。从这个例题中可以明显看出螺线管的自感值只与其自身条件有关。

例 7-10 如图 7-17 所示，有两个同轴圆筒形导体，其半径分别为 R_1 和 R_2，通过它们的电流均为 I，但电流方向相反。设在两圆筒间充满磁导率为 μ 的均匀磁介质，试求其自感。

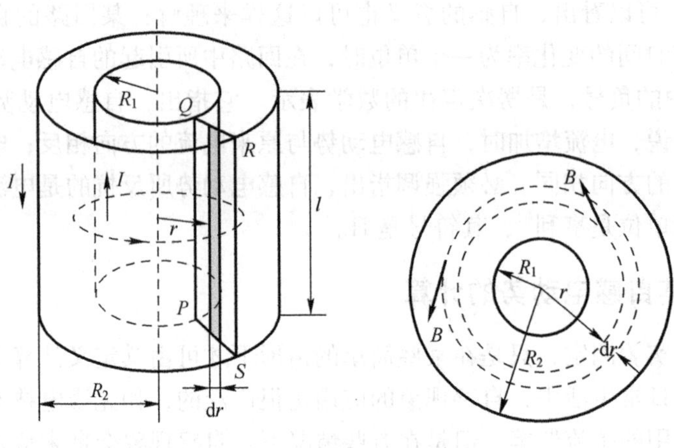

图 7-17 例 7-10 示意图

解： 由例 6-1 得知，两圆筒之间任一点的磁感应强度为

$$B=\frac{\mu I}{2\pi r}$$

如图 7-17 所示，若在两圆筒之间取一长为 l 的面 $PQRS$，并将此面积分成许多小面积元。穿过面积元 $\mathrm{d}S=l\mathrm{d}r$ 的磁通量则为

$$\mathrm{d}\Phi=\boldsymbol{B}\cdot\mathrm{d}\boldsymbol{S}$$

由于 $\boldsymbol{B}$ 与面积元 $\mathrm{d}\boldsymbol{S}$ 间的夹角为零，所以有

$$\mathrm{d}\Phi=Bl\mathrm{d}r$$

于是，穿过面 $PQRS$ 的磁通量就为

$$\Phi=\int\mathrm{d}\Phi=\int_{R_1}^{R_2}\frac{\mu I}{2\pi r}l\mathrm{d}r=\frac{\mu Il}{2\pi}\ln\frac{R_2}{R_1}$$

由自感的定义，可得长度为 l 的两圆筒导体的自感为

$$L=\frac{\Phi}{I}=\frac{\mu l}{2\pi}\ln\frac{R_2}{R_1}$$

单位长度的自感则为$\frac{\mu}{2\pi}\ln\frac{R_2}{R_1}$。

7.4.3 互感现象和互感

假定有两个邻近的线圈 1 和 2（见图 7-18），当其他条件不变，只是其中一个线圈的电流发生变化时，在另一个线圈中就会引起互感电动势。这两个回路，通常叫作互感耦合回路。

若线圈1中电流I_1所激发的磁场穿过线圈2的磁通量是Φ_{21}。而根据毕奥-萨伐尔定律，在空间的任意一点，I_1所建立的磁感应强度都与I_1成正比，因此，I_1的磁场穿过线圈2的磁通量也必然与I_1成正比，所以有

$$\Phi_{21}=M_{21}I_1$$

式中，M_{21}是比例系数。

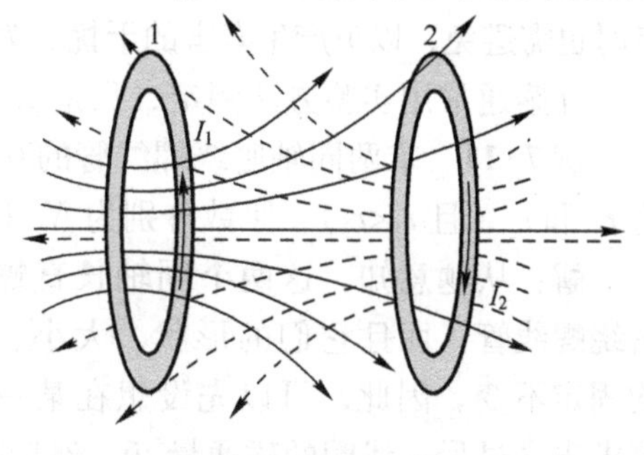

图7-18　互感线圈

同理，线圈2中电流I_2所激发的磁场穿过线圈1的磁通量Φ_{12}，应与I_2成正比，所以有

$$\Phi_{12}=M_{12}I_2$$

式中，M_{12}是比例系数。

M_{21}和M_{12}只与两个线圈的形状、大小、匝数、相对位置以及周围磁介质的磁导率有关，所以把它们叫作两线圈的互感。理论和实验都证明，在两线圈的形状、大小、匝数、相对位置以及周围磁介质的磁导率都保持不变时，M_{21}和M_{12}是相等的，即$M_{21}=M_{12}=M$㊀，则上述两式可简化为

$$\begin{cases}\Phi_{21}=MI_1\\ \Phi_{12}=MI_2\end{cases} \tag{7-20}$$

从式（7-20）可以看出，两个线圈的互感M在数值上等于其中一个线圈中的电流为一单位时，穿过另一个线圈所围面积的磁通量。

由此可得，当线圈1中的电流I_1发生变化时，根据电磁感应定律，在线圈2中引起的互感电动势为

$$\varepsilon_{21}=-\frac{\mathrm{d}\Phi_{21}}{\mathrm{d}t}=-M\frac{\mathrm{d}I_1}{\mathrm{d}t} \tag{7-21a}$$

同理，当线圈2中的电流I_2发生变化时，在线圈1中引起的互感电动势为

$$\varepsilon_{12}=-\frac{\mathrm{d}\Phi_{12}}{\mathrm{d}t}=-M\frac{\mathrm{d}I_2}{\mathrm{d}t} \tag{7-21b}$$

由式（7-21a）和式（7-21b）可以看出，互感M的意义也可以这样来理解：两个线圈的互感M，在数值上等于一个线圈中的电流随时间的变化率为一个单位时，在另一个线圈中所引起的互感电动势的绝对值。另外还可以看出，当一个线圈中的电流随时间的变化率一定时，互感越大，则在另一个线圈中引起的互感电动势就越大；反之，互感越小，在另一个线圈中引起的互感电动势就越小。所以，互感是表明相互感应强弱的一个物理量，或者说是两个电路耦合程度的量度。互感的单位也为亨利(H)。

式（7-21a）和式（7-21b）中的负号表示，在一个线圈中所引起的互感电动势，要反抗另一个线圈中电流的变化。

7.4.4　互感及其互感电动势的计算

利用互感现象可以把交变的电信号或电能由一个电路转移到另一个电路，而无须把这两个

㊀ 关于互感$M_{21}=M_{12}=M$的证明，可参阅赵凯华、陈熙谋《新概念物理教程·电磁学》（第2版）第207页（高等教育出版社，2006年）。

电路连接起来。这种转移能量的方法在电工、无线电技术中得到广泛的应用。当然，互感现象有时也需避免，以免产生有害的干扰。为此，常采用磁屏蔽的方法将某些器件保护起来。

互感通常用实验方法测定，只是对于一些比较简单的情况，才能用计算的方法求得。

例 7-11 求两同轴密绕螺线管的互感。如图 7-19 所示，有两个长度均为 l，半径分别为 r_1 和 r_2（且 $r_1<r_2$），匝数分别为 N_1 和 N_2 的同轴长直密绕螺线管。试计算它们的互感。

解： 从题意知，这两个同轴长直螺线管是半径不等的密绕螺线管，而且它们的形状、大小、磁介质和相对位置均固定不变。因此，可以先设想在某一线圈中通以电流 I，再求出穿过另一线圈的磁通量 Φ，然后按互感的定义式 $M=\Phi/I$，求出它们的互感。

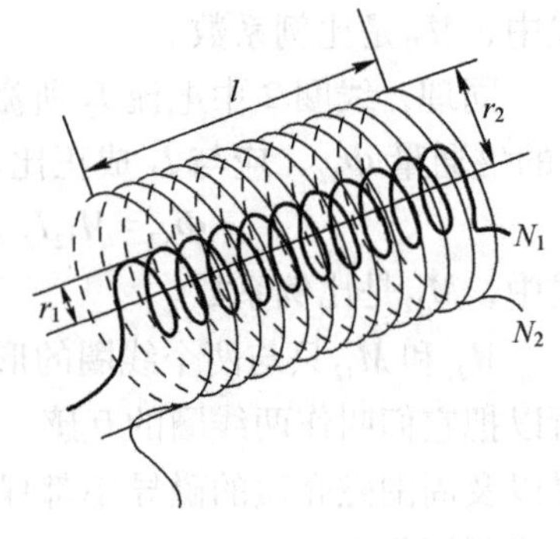

图 7-19 例 7-11 示意图

按以上分析，设有电流 I_1 通过半径为 r_1 的螺线管，此螺线管内的磁感应强度为

$$B_1=\mu_0\frac{N_1}{l}I_1=\mu_0 n_1 I_1$$

应当注意，考虑到螺线管是密绕的，所以在两螺线管之间的区域内的磁感强度为零。于是，穿过半径为 r_2 的螺线管的磁通匝数

$$N_2\Phi_{21}=N_2B_1(\pi r_1^2)=n_2lB_1(\pi r_1^2)$$

把 B_1 代入，有

$$N_2\Phi_{21}=\mu_0 n_1 n_2 l(\pi r_1^2)I_1$$

由式（7-20）可得互感为

$$M_{21}=\frac{N_2\Phi_{21}}{I_1}=\mu_0 n_1 n_2 l(\pi r_1^2)$$

还可以设电流 I_2 通过半径为 r_2 的螺线管，从而来计算互感 M_{12}。当电流 I_2 通过半径为 r_2 的螺线管时，在此螺线管内的磁感强度为

$$B_2=\mu_0\frac{N_2}{l}I_2=\mu_0 n_2 I_2$$

而穿过半径为 r_1 的螺线管的磁通匝数为

$$N_1\Phi_{12}=N_1B_2(\pi r_1^2)=\mu_0 n_1 n_2 l(\pi r_1^2)I_2$$

同样由式（7-20）得

$$M_{12}=\frac{N_1\Phi_{12}}{I_2}=\mu_0 n_1 n_2 l(\pi r_1^2)$$

从以上计算的结果可以看出，不仅 $M_{12}=M_{21}=M$，而且对两个大小、形状和相对位置给定的同轴长直密绕螺线管来说，它们的互感是确定的。

例 7-12 如图 7-20a 所示，在磁导率为 μ 的均匀无限大的磁介质中，有一无限长直导线，与一宽、长分别为 b 和 l 的矩形线圈处在同一平面内，直导线与矩形线圈的一侧平行，且相距为 d。求它们的互感。若将长直导线与矩形线圈按如图 7-20b 放置，它们的互感又为多少？

解： 对图 7-20a 来说，设在无限长直导线中通以恒定电流 I，在距长直导线垂直距离为 x 处的磁感强度为

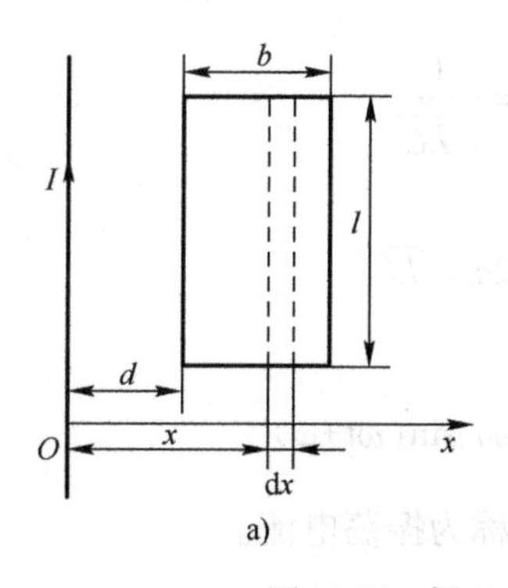

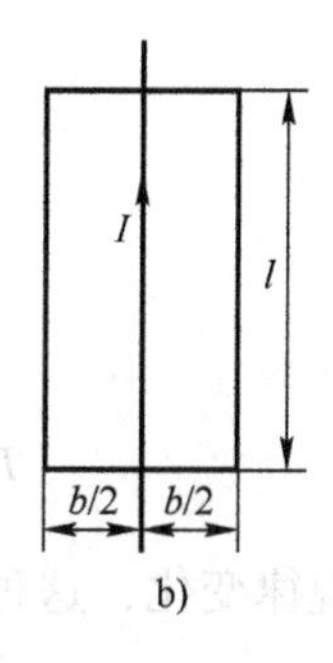

图 7-20　例 7-12 示意图

$$B=\frac{\mu I}{2\pi x}$$

于是，穿过矩形线圈的磁通量为

$$\Phi=\int_S \boldsymbol{B}\cdot \mathrm{d}\boldsymbol{S}=\int_d^{d+b}\frac{\mu I}{2\pi x}l\mathrm{d}x=\frac{\mu Il}{2\pi}\ln\frac{d+b}{d}$$

由式（7-20）可得它们的互感为

$$M=\frac{\Phi}{I}=\frac{\mu l}{2\pi}\ln\frac{d+b}{d}$$

而对图 7-20b 来说，若仍设无限长直导线中的电流为 I，则由于无限长载流直导线所激发的磁场的对称性，穿过矩形线圈的磁通量为零，即 $\Phi=0$。所以它们的互感为零，即 $M=0$。

由上述结果可以看出，无限长直导线与矩形线圈的互感，不仅与它们的形状、大小、磁介质的磁导率有关，还与它们的相对位置有关，这正是我们在定义互感时所曾指出的。

7.4.5　*LC* 振荡电路

LC 振荡是电磁谐振子，这是一个非力学的简谐振动的例子。如图 7-21 所示为一个由电源 E、电容 C 和电感 L 组成的电路。先将开关 S 拨向电源一侧，使电源给电容器充电。然后将开关 S 拨向线圈一侧，接通 *LC* 回路，电容器通过线圈放电。设电容器的带电荷量为 q，电路中的电流为 I，由回路中自感电动势等于电容器的电压得

$$-L\frac{\mathrm{d}I}{\mathrm{d}t}=\frac{q}{C}$$

由于 $I=\frac{\mathrm{d}q}{\mathrm{d}t}$，代入上式得

$$\frac{\mathrm{d}^2q}{\mathrm{d}t^2}+\frac{1}{LC}q=0 \tag{7-22}$$

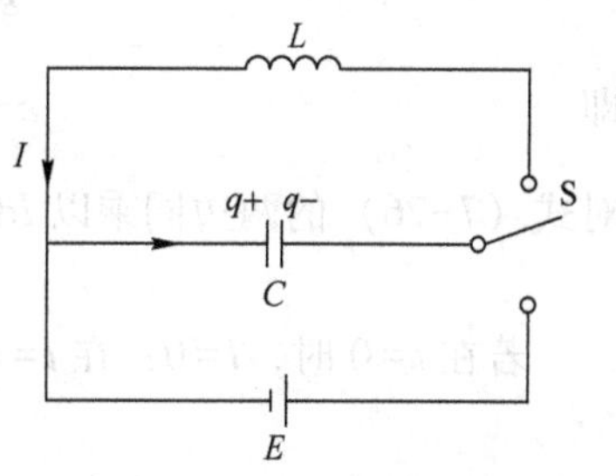

图 7-21　*LC* 振荡电路

这也是一个简谐振动方程。因此，电容器上的电荷量也是按简谐振动的形式变化的，即随时间按余弦规律变化，可写成

$$q=q_0\cos(\omega t+\varphi) \tag{7-23}$$

式中，ω 为式（7-22）中 q 项系数的二次方根，即

$$\omega=\frac{1}{\sqrt{LC}}$$

而周期为

$$T=2\pi\sqrt{LC} \tag{7-24}$$

电流的表达式为

$$I=\frac{\mathrm{d}q}{\mathrm{d}t}=-\omega q_0\sin(\omega t+\varphi) \tag{7-25}$$

即电流随时间按正弦规律变化，这种电流就称为振荡电流。

7.5 磁场的能量

我们曾看到，电源对电容充电过程所做的功等于储存在电容中的能量，其值为

$$W_{\mathrm{e}}=\frac{1}{2}QU=\frac{1}{2}CU^2$$

而且在电容中的能量是储存在两极板之间的电场中的。在一般情况下，电场内某点处的电场强度为 E，那么该点附近的电场能量密度为

$$w_{\mathrm{e}}=\frac{1}{2}\varepsilon E^2$$

在电流激发磁场的过程中，也是要供给能量的，所以磁场也应具有能量。为此，可以仿照研究静电场能量的方法来讨论磁场的能量。

7.5.1 磁能的推导

如图 7-22 所示的电路中，电源的电动势为 ε，电阻为 R，线圈的自感为 L。闭合振荡电路开关 S，线圈中的自感电动势 ε_{L}的方向与电路中电流增长的方向相反，电路中的电流将逐步增长，而自感电动势为

$$\varepsilon_{\mathrm{L}}=-\frac{\mathrm{d}I}{\mathrm{d}t}$$

由闭合电路欧姆定律，有

$$\varepsilon+\varepsilon_L=RI$$

即

$$\varepsilon-L\frac{\mathrm{d}I}{\mathrm{d}t}=RI \tag{7-26}$$

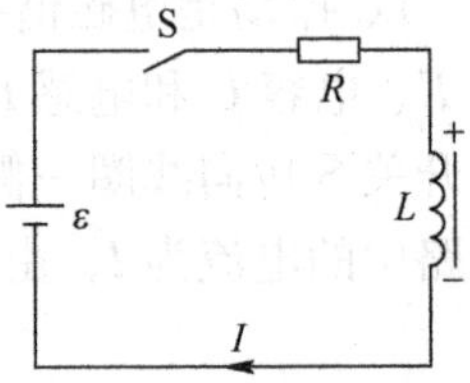

图 7-22 LR 电路

对式（7-26）的两边同乘以 $I\mathrm{d}t$，有

$$\varepsilon I\mathrm{d}t-LI\mathrm{d}t=RI^2\mathrm{d}t$$

若在 $t=0$ 时，$I=0$；在 $t=t$ 时，电流增长到 I。则上式的积分为

$$\int\varepsilon I\mathrm{d}t=\frac{1}{2}LI^2+\int RI^2\mathrm{d}t \tag{7-27}$$

式（7-27）中左端的积分为电源在由 $0\sim t$ 这段时间内所做的功，也就是电源所供给的能量；右端的积分为在这段时间内回路中的导体所放出的焦耳热；而 $LI^2/2$ 则为电源反抗自感电动势所做的功。由于电路中的电流从零增长到 I 时，电路附近的空间只是逐渐建立起一定强度的磁场，而没有其他的变化。所以，电源因反抗自感电动势而做功所消耗的能量，显

然在建立磁场的过程中转化成磁场的能量，这是很容易说明的。因为不难算得，当电源一旦被撤去时（此时电路仍是闭合的），电路中所出现感应电流的能量，在数值上仍是 $LI^2/2$。这个能量是由于磁场的消失而转化得来的。所以，对自感为 L 的线圈来说，当其电流为 I 时，磁场的能量为

$$W_m=\frac{1}{2}LI^2 \tag{7-28}$$

7.5.2 自感线圈的磁能

我们知道，磁场的性质是用磁感应强度来描述的。既然如此，那么磁场能量也可以用磁感应强度来表示。为简单起见，以长直螺线管为例进行讨论。体积为 V 的长直螺线管的自感 $L=\mu n^2V$，螺线管中通有电流 I 时，螺线管中磁场的磁感强度为 $B=\mu nI$，把它们代入式（7-28），可得螺线管内的磁场能量为

$$W_m=\frac{1}{2}LI^2=\frac{1}{2}\mu n^2V\left(\frac{B}{\mu n}\right)^2=\frac{1}{2}\frac{B^2}{\mu}V$$

上式表明，磁场能量与磁感应强度、磁导率和磁场所占的体积有关。由此又可得出单位体积磁场的能量——磁场能量密度 w_m 为

$$w_m=\frac{W_m}{V}=\frac{1}{2}\frac{B^2}{\mu}$$

w_m 的单位为 J/m^3。上式表明，磁场能量密度与磁感应强度的二次方成正比。对于均匀的磁介质，由于 $B=\mu H$，上式又可以写成

$$w_m=\frac{1}{2}\mu H^2=\frac{1}{2}BH \tag{7-29}$$

必须指出，式（7-29）虽然是从长直螺线管这一特例导出的，但是可以证明，在任意的磁场中某处的磁场能量密度都可以用式（7-29）表示，式中的 B 和 H 分别为该处的磁感应强度和磁场强度。总之，式（7-29）说明：任何磁场都具有能量，磁场的能量存在于磁场的整个体积之中。

例 7-13 同轴电缆的磁能和自感。如图 7-23 所示，同轴电缆中金属芯线的半径为 R_1，共轴金属圆筒的半径为 R_2，中间充以磁导率为 μ 的磁介质。若芯线与圆筒分别和电池两极相接，芯线与圆筒上的电流大小相等、方向相反。可略去金属芯线内的磁场，求此同轴电缆芯线与圆筒之间单位长度上的磁能和自感。

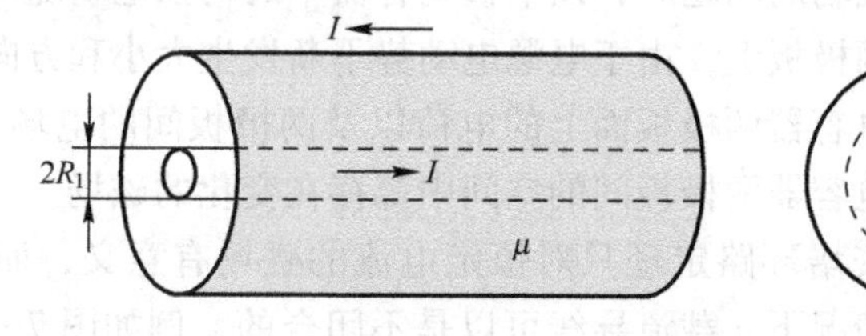

图 7-23 例 7-13 示意图

解：由题意知电缆芯线内的磁场强度为零，由安培环路定理可知电缆外部的磁场强度也为零，这样，只在芯线与圆筒之间存在磁场。在电缆内距轴线的垂直距离为 r 处的磁场强度为

$$H=\frac{I}{2\pi r}$$

故由式（7-29）可得，在芯线与圆筒之间 r 处附近，磁场的能量密度为

$$w_{\mathrm{m}}=\frac{1}{2}\mu H^2=\frac{\mu}{2}\left(\frac{I}{2\pi r}\right)^2=\frac{\mu I^2}{8\pi^2 r^2}$$

磁场的总能量为

$$W_{\mathrm{m}}=\int_V w_{\mathrm{m}}\mathrm{d}V=\frac{\mu I^2}{8\pi^2}\int_V\frac{1}{r^2}\mathrm{d}V$$

对于单位长度的电缆，取一薄层圆筒形体积元 $\mathrm{d}V=2\pi r\mathrm{d}r$，代入上式，得单位长度同轴电缆的磁场能量为

$$W_{\mathrm{m}}=\frac{\mu I^2}{8\pi^2}\int_{R_1}^{R_2}\frac{2\pi r\mathrm{d}r}{r^2}=\frac{\mu I^2}{4\pi}\ln\frac{R_2}{R_1}$$

由磁能公式（7-28），可得单位长度同轴电缆的自感为

$$L=\frac{\mu}{2\pi}\ln\frac{R_2}{R_1}$$

若同轴电缆内充满非均匀磁介质，其磁导率 $\mu=k\frac{r}{R_1}$，k 为一常量，则单位长度同轴电缆的磁能和自感可求得

$$w_{\mathrm{m}}=\frac{kI^2}{4\pi R_1}\ln\frac{R_2}{R_1}$$

读者可自己核算一下，$L=\frac{k}{2\pi R_1}\ln\frac{R_2}{R_1}$。

7.6 位移电流与电磁场

磁场强度沿任一闭合回路的环流等于此闭合回路所围传导电流的代数和。在非恒定电流的情况下，这个定律是否仍可适用呢？为讨论这个问题，可以先从电流连续性的问题谈起。

7.6.1 位移电流的引入

在讨论变化的电场产生磁场的问题时，以平板电容器中的匀强电场随时间变化为例。如果将一交变电源接到电容器两极板上，由于电源电动势不断发生大小和方向的变化，电容器也就不断地被充电或放电，电容器两极板面上的电荷以及两极板间的电场也会随时间变化，这时在电容器电路周围以及电容器两极板间的空间中都存在变化的磁场。

如前所知，恒定磁场的安培环路定理只对恒定电流的磁场有意义，而恒定电流是闭合的。然而，在非恒定电流的情况下，载流导线可以是不闭合的，例如图 7-24 中有电容器的电路就不是闭合的。分析表明，在这种情况下恒定磁场的安培环路定理就失效了。因为对于一个积分回路 L，可以选取以 L 为边线的各种形状的曲面，设选取 S_1 和 S_2，显然，对 S_1 有

$$\oint_L \boldsymbol{H}\cdot\mathrm{d}\boldsymbol{l}=\int_{S_1}\boldsymbol{j}\cdot\mathrm{d}\boldsymbol{S}=I_{\mathrm{c}}$$

对 S_2 有

$$\oint_L \boldsymbol{H} \cdot \mathrm{d}\boldsymbol{l} = \int_{S_2} \boldsymbol{j} \cdot \mathrm{d}\boldsymbol{S} = 0$$

这一矛盾的出现，表明恒定磁场的安培环路定理已不适用于非恒定电流的电路。

麦克斯韦分析了上述情况后，认为在电路不闭合的非恒定电流情形中，在传导电流中断处必然发生电荷分布的变化，从而引起电场的变化，这变化的电场像传导电流一样能产生磁场。从产生磁场的角度看，变化的电场可等效为一种电流，这种电流与传导电流连接起来恰好构成连续的闭合电流。麦克斯韦将电场高斯定理应用于包含有电容器的非恒定电流的情况，做了如下的推导：

如图 7-24 所示，取闭合面 S 为高斯面，按高斯定理应有

$$q = \oint_S \boldsymbol{D} \cdot \mathrm{d}\boldsymbol{S} = \int_{S_2} \boldsymbol{D} \cdot \mathrm{d}\boldsymbol{S}$$

将上式两边对时间求导数得

$$I_c = \frac{\mathrm{d}q}{\mathrm{d}t} = \frac{\mathrm{d}}{\mathrm{d}t}\int_{S_2} \boldsymbol{D} \cdot \mathrm{d}\boldsymbol{S} = \int_{S_2} \frac{\partial \boldsymbol{D}}{\partial t} \cdot \mathrm{d}\boldsymbol{S}$$

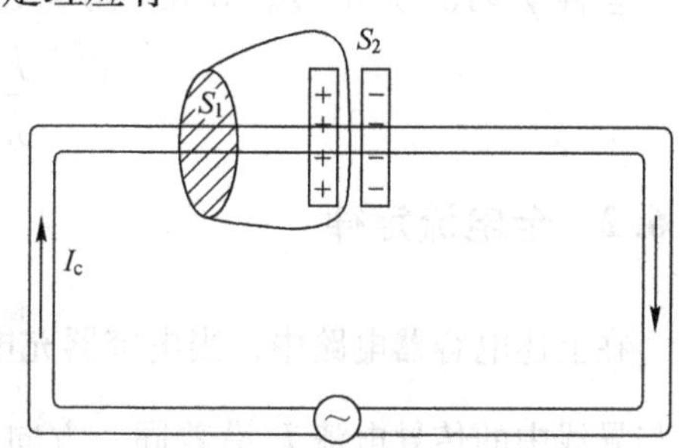

图 7-24　接交变电源的平板电容器

式中，I_c 为流过导线上的传导电流。考虑到 $\boldsymbol{D}$ 一般还是空间位置的函数，故将 $\boldsymbol{D}$ 对 t 的导数写成偏导数。不难设想，若将上式右方的 $\int_S \frac{\partial \boldsymbol{D}}{\partial t} \cdot \mathrm{d}\boldsymbol{S}$ 也看成一种电流，则对于图 7-24，无论是取 S_1 还是取 S_2 作为以 L 为边线的曲面，计算出的 $\boldsymbol{H}$ 的环流都具有相同的值。就是说，只要将变化的电场也看作一种电流，并认为它与传导电流一样能产生磁场，就不至于产生前述那种矛盾了。为此，麦克斯韦引入与电位移通量变化有关的电流：

$$I_d = \int_S \frac{\partial \boldsymbol{D}}{\partial t} \cdot \mathrm{d}\boldsymbol{S} = \int_S \boldsymbol{j}_d \cdot \mathrm{d}\boldsymbol{S} \tag{7-30}$$

称为位移电流（displacement current），即通过某曲面的位移电流等于通过该曲面的电位移通量对时间的变化率。位移电流密度为

$$\boldsymbol{j}_d = \frac{\partial \boldsymbol{D}}{\partial t} \tag{7-31}$$

下面对位移电流的性质做一些说明：

1）位移电流是电位移通量的变化率，与传导电流有着本质上的不同。

2）当空间存在介质时，从

$$\boldsymbol{D} = \varepsilon_0 \boldsymbol{E} + \boldsymbol{P}$$

可知

$$\boldsymbol{j}_d = \frac{\partial \boldsymbol{D}}{\partial t} = \varepsilon_0 \frac{\partial \boldsymbol{E}}{\partial t} + \frac{\partial \boldsymbol{P}}{\partial t} \tag{7-32}$$

式（7-32）中，右边第一项对应电场的变化，第二项对应介质中极化电荷的移动。前者与电荷运动无关，不产生热效应；而后者有热损耗，特别是在高频电场作用下，电介质会发热。

3）对于接在电路中的导体（例如载流导线），在电流为非恒定的情况下，导体内不仅有传导电流，也有位移电流，但一般说来，位移电流比传导电流要小得多。因为在导体通以

频率为 ω 的正弦交变电流时，设导体中存在交变电场 $E=E_0\sin\omega t$，则导体内位移电流密度 j_d 与传导电流密度 j_c 的大小分别为

$$j_d=\frac{\partial D}{\partial t}=\varepsilon_0\frac{\partial E}{\partial t}=\varepsilon_0\omega E_0\cos\omega t$$

$$j_c=\gamma E=\gamma E_0\sin\omega t$$

用最大值来估算二者之比为

$$\frac{j_d}{j_c}=\frac{\varepsilon_0\dfrac{\partial E}{\partial t}}{\gamma E}=\frac{\varepsilon_0\omega}{\gamma}$$

若将 $\gamma\approx10^7$ S/m，$\varepsilon_0=8.85\times10^{-12}$ $C^2/(N\cdot m^2)$，$\omega\approx100\pi$ rad/s 代入上式，可得

$$\frac{j_d}{j_c}\approx2.78\times10^{-16}$$

7.6.2 全电流定律

在上述电容器电路中，当电容器充电时，两极板间的 $\boldsymbol{D}$ 增大，$\dfrac{\partial \boldsymbol{D}}{\partial t}$ 与 $\boldsymbol{D}$ 同向，位移电流 I_d 与导线中的传导电流 I_c 沿着同一方向。因此，当传导电流在电容器两板极间中断时，随即有与之等量的位移电流接替它。当电容器放电时，情况也类似，如图 7-25 所示。麦克斯韦在引入了位移电流之后，又提出了全电流概念。他认为：在一般情形下，通过空间某截面的电流应包括传导电流和位移电流，它们的代数和称为全电流。而全电流在空间永远是连续不中断的，并且构成闭合回路。

麦克斯韦将安培环路定理推广为

$$\oint_L \boldsymbol{H}\cdot d\boldsymbol{l}=I_s=I_c+I_d \qquad (7-33)$$

或

$$\oint_L \boldsymbol{H}\cdot d\boldsymbol{l}=I_c+\int_S\frac{\partial \boldsymbol{D}}{\partial t}\cdot d\boldsymbol{S} \qquad (7-34)$$

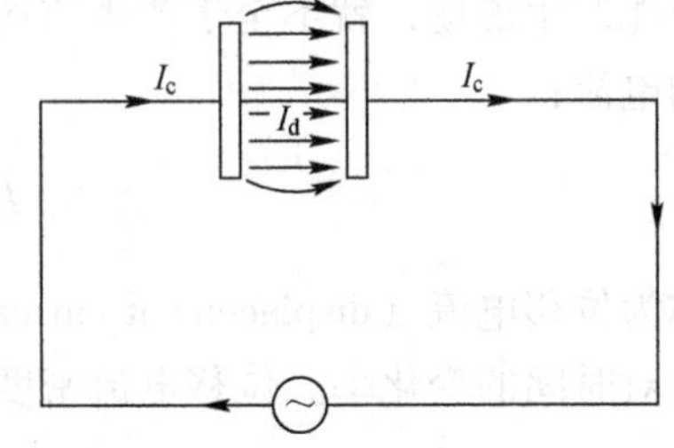

图 7-25 全电流示意图

式（7-34）是普遍情况下的电磁场基本方程之一。式中，I_s、I_c、I_d 分别为通过以 L 为边线的某曲面上的全电流、传导电流和位移电流。传导电流 I_c 常用 I 来表示，则式（7-34）为

$$\oint_L \boldsymbol{H}\cdot d\boldsymbol{l}=I+\int_S\frac{\partial \boldsymbol{D}}{\partial t}\cdot d\boldsymbol{S}$$

如果电流连续分布，则传导电流为

$$I_c=\int_S \boldsymbol{j}_c\cdot d\boldsymbol{S}$$

式中，$\boldsymbol{j}_c$ 为传导电流密度。

如在所涉及的问题中传导电流 $I=0$，这时磁场仅由位移电流产生，可用 $\boldsymbol{H}_d$ 表示由它激发的磁场强度，则式（7-34）可简化为

$$\oint_L \boldsymbol{H}_d\cdot d\boldsymbol{l}=\int_S\frac{\partial \boldsymbol{D}}{\partial t}\cdot d\boldsymbol{S} \qquad (7-35)$$

式（7-35）是变化的电场产生磁场的数学表述。将它同感应电场的环路定理

$$\oint_L \boldsymbol{E}_{感} \cdot \mathrm{d}\boldsymbol{l} = -\int_S \frac{\partial \boldsymbol{B}}{\partial t} \cdot \mathrm{d}\boldsymbol{S} \tag{7-36}$$

相比较，可见两方程是非常对称的。但有一点不同，就是变化电场同产生的磁场之间呈右螺旋关系，变化磁场同感应电场之间呈左螺旋关系（见图7-26）。

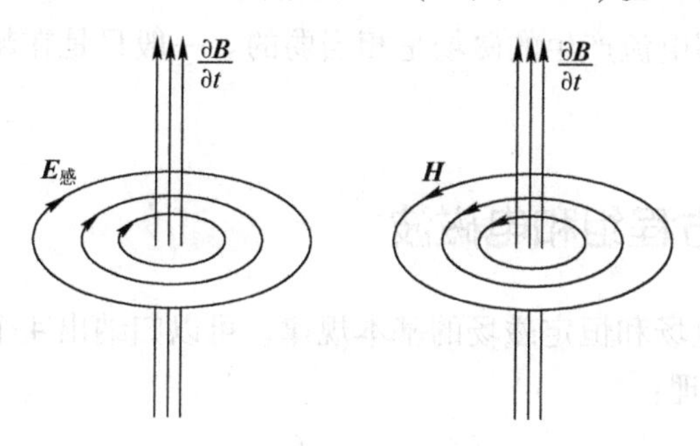

图7-26 电场和磁场变化产生的不同的螺旋关系

7.6.3 电磁场

麦克斯韦的关于位移电流的概念、全电流和全电流定理都是先作为理论假设提出的，但其正确性已得到大量事实的检验。麦克斯韦在电磁理论方面的杰出贡献就在于他完整而深刻地揭示出变化的磁场可以激发电场、变化的电场又能激发磁场这一客观规律，从而使我们认识到电场与磁场间互相依存、互相转化的关系，认识到电磁场的统一性。

例7-14 如图7-27所示，有一个平行板电容器，两极板都是半径为 $R=0.10\,\mathrm{m}$ 的导体圆板。当充电时，极板间的电场强度以 $\frac{\mathrm{d}E}{\mathrm{d}t}=10^{12}\,\mathrm{V\cdot m^{-1}\cdot s^{-1}}$ 的变化率增加。设两极板间为真空，并忽略边缘效应，求：

（1）两极板间的位移电流。

（2）距两极板中心连线为 $r(r<R)$ 上的磁感应强度 B，并估算 $r=R$ 处磁感应强度的大小。

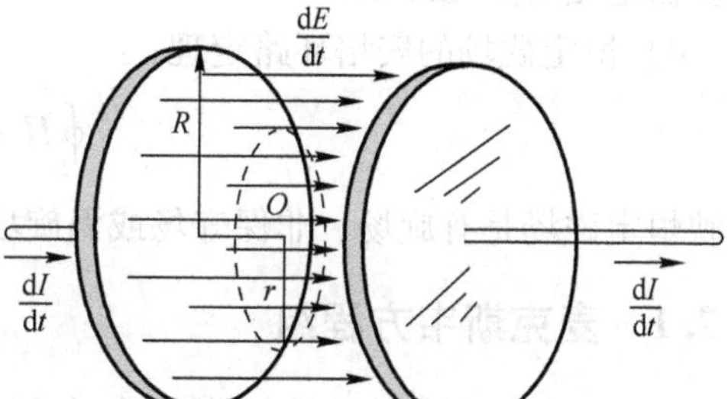

图7-27 例7-14示意图

解： 在忽略边缘效应时，平行板间的电场可看成均匀分布。

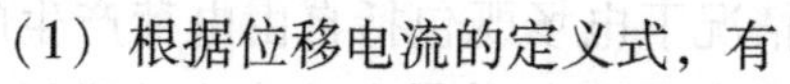

（1）根据位移电流的定义式，有

$$I_{\mathrm{d}} = \frac{\mathrm{d}D}{\mathrm{d}t}S = \varepsilon_0 \frac{\mathrm{d}E}{\mathrm{d}t}\pi R^2 = 8.85\times10^{-12}\times10^{12}\times\pi\times(0.10)^2\,\mathrm{A} \approx 0.28\,\mathrm{A}$$

（2）两极板间的位移电流相当于均匀分布的圆柱电流，它产生具有轴对称的有旋磁场。取半径为 r 的磁场线为闭合路线，由于极板间的传导电流为零，则根据全电流安培环路定理有

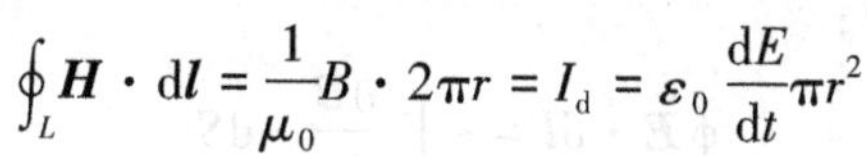

$$\oint_L \boldsymbol{H} \cdot \mathrm{d}\boldsymbol{l} = \frac{1}{\mu_0}B \cdot 2\pi r = I_{\mathrm{d}} = \varepsilon_0 \frac{\mathrm{d}E}{\mathrm{d}t}\pi r^2$$

所以

$$B=\frac{\varepsilon_0\mu_0}{2}r\frac{\mathrm{d}E}{\mathrm{d}t}$$

当 $r=R$ 时

$$B=\frac{\varepsilon_0\mu_0}{2}R\frac{\mathrm{d}E}{\mathrm{d}t}=\frac{1}{2}\times 8.85\times 10^{-12}\times 4\pi\times 10^{-7}\times 0.10\times 10^{12}\ \mathrm{T}\approx 5.56\times 10^{-7}\ \mathrm{T}$$

计算结果表明，位移电流产生的磁场是相当弱的。一般只是在超高频的情况下，需要考虑位移电流产生的磁场。

7.7 麦克斯韦方程组和电磁波

回顾前面所讲的静电场和恒定磁场的基本规律，可以归纳出 4 个方程，即

1）静电场的高斯定理：

$$\oint_S \boldsymbol{D}\cdot \mathrm{d}\boldsymbol{S}=\oint_V \rho \mathrm{d}V$$

反映静电场是有源场，电荷是产生电场的源。

2）静电场的环路定理：

$$\oint_L \boldsymbol{E}\cdot \mathrm{d}\boldsymbol{l}=0$$

反映静电场是有势场、保守力场或无旋场。

3）恒定磁场的高斯定理：

$$\oint_S \boldsymbol{B}\cdot \mathrm{d}\boldsymbol{S}=0$$

反映恒定磁场是无源场。

4）恒定磁场的安培环路定理：

$$\oint_L \boldsymbol{H}\cdot \mathrm{d}\boldsymbol{l}=\sum_{L内} I_c$$

反映恒定磁场是有旋场、非保守场或涡旋场。

7.7.1 麦克斯韦方程组

在变化的电磁场中，麦克斯韦在前人实践的基础上，提出了“感生电场”和“位移电流”两个假设，即“变化的磁场可以产生感生电场（涡旋电场）”和“变化的电场（位移电流）可以产生磁场”这两个假设。他认为，在一般情况下电场既包括自由电荷产生的静电场，也包括变化磁场产生的感生电场（涡旋电场），磁场既包括传导电流产生的磁场，也包括位移电流产生的磁场，从而总结出描述统一电场磁场基本性质的 4 个方程，即

1）电场的高斯定理：

$$\oint_S \boldsymbol{D}\cdot \mathrm{d}\boldsymbol{S}=\sum_{S内} q_i=\int_V \rho \mathrm{d}V \tag{7-37}$$

2）法拉第电磁感应定律：

$$\oint_L \boldsymbol{E}\cdot \mathrm{d}\boldsymbol{l}=-\int_S \frac{\partial \boldsymbol{B}}{\partial t}\cdot \mathrm{d}\boldsymbol{S} \tag{7-38}$$

3）磁场的高斯定理：

$$\oint_S \boldsymbol{B} \cdot \mathrm{d}\boldsymbol{S} = 0 \tag{7-39}$$

4）全电流安培环路定理：

$$\oint_L \boldsymbol{E} \cdot \mathrm{d}\boldsymbol{l} = I_s = \int_S \left(\boldsymbol{j}_c + \frac{\partial \boldsymbol{D}}{\partial t}\right) \cdot \mathrm{d}\boldsymbol{S} \tag{7-40}$$

式（7-37）~式（7-40）4个方程就是麦克斯韦方程组（Maxwell equations）的积分形式，是宏观电磁理论的基础，它经受了实践的检验，并在许多工程实践中发挥指导作用，成为现代电工学、无线电学等学科不可缺少的理论基础。

麦克斯韦方程组的积分形式反映了空间某区域的$\boldsymbol{D}$、$\boldsymbol{E}$、$\boldsymbol{B}$、$\boldsymbol{H}$、$\boldsymbol{j}_c$和ρ之间的关系，它只适用于一定空间范围内（例如一个闭合环路或一个闭合曲面内）的电磁场，而不能适用于某一给定点上的电磁场。对于电磁场中的某一点，$\boldsymbol{D}$、$\boldsymbol{E}$、$\boldsymbol{B}$、$\boldsymbol{H}$、$\boldsymbol{j}_c$和ρ这些物理量之间也有相应的关系，表示这种关系的是麦克斯韦方程组的微分形式，其形式如下：

$$\nabla \cdot \boldsymbol{D} = \rho \tag{7-41}$$

$$\nabla \cdot \boldsymbol{B} = 0 \tag{7-42}$$

$$\nabla \times \boldsymbol{E} = -\frac{\partial \boldsymbol{B}}{\partial t} \tag{7-43}$$

$$\nabla \times \boldsymbol{H} = \boldsymbol{j}_c + \frac{\partial \boldsymbol{D}}{\partial t} \tag{7-44}$$

式（7-41）~式（7-44）是通过高等数学中矢量分析方法直接从其积分形式式（7-37）~式（7-40）中推导得到的，在这里只给了结果，具体的推导不再介绍。

利用式（7-41）~式（7-44），再结合下列介质性能方程：

$$\boldsymbol{D} = \varepsilon_0 \varepsilon_r \boldsymbol{E} \tag{7-45}$$

$$\boldsymbol{B} = \mu_0 \mu_r \boldsymbol{H} \tag{7-46}$$

$$\boldsymbol{j}_c = \gamma \boldsymbol{E} \tag{7-47}$$

共7个方程，构成了一完整的说明电磁场性质的方程组。

麦克斯韦方程组的意义如下：

1）麦克斯韦方程组是对电磁场宏观实验规律的全面总结和高度概括。

在积分方程中，式（7-37）和式（7-39）描述了电场和磁场的性质，式（7-38）和式（7-40）描述了电场和磁场的联系。由麦克斯韦方程组出发，再加上揭示方程中各个电磁量相互关系的方程式（7-45）~式（7-47）和电荷守恒定律：

$$\oint_S \boldsymbol{j} \cdot \mathrm{d}\boldsymbol{S} = -\int_V \frac{\partial \rho}{\partial t} \mathrm{d}V \tag{7-48}$$

及其洛伦兹关系式：

$$\boldsymbol{F} = q\boldsymbol{E} + q\,\boldsymbol{v} \times \boldsymbol{B} \tag{7-49}$$

就可以根据已知的边界条件和初始条件确定任一时刻空间的电场和磁场分布，解决所有宏观电磁学的问题。所以，麦克斯韦方程组是整个经典电磁学理论的基础，是解决宏观电动力学、无线电电子学和许多现代电磁技术的理论依据。

2）麦克斯韦方程组揭示了电场与磁场的联系与统一，预言了电磁波存在。

将麦克斯韦方程组用于自由空间($\rho=0$, $\boldsymbol{j}_c=0$)可得

$$\oint_S \boldsymbol{D} \cdot \mathrm{d}\boldsymbol{S} = 0 \tag{7-50}$$

$$\oint_L \boldsymbol{E} \cdot \mathrm{d}\boldsymbol{l} = -\int_S \frac{\partial \boldsymbol{B}}{\partial t} \cdot \mathrm{d}\boldsymbol{S} \tag{7-51}$$

$$\oint_S \boldsymbol{B} \cdot \mathrm{d}\boldsymbol{S} = 0 \tag{7-52}$$

$$\oint_L \boldsymbol{H} \cdot \mathrm{d}\boldsymbol{l} = \int_S \frac{\partial \boldsymbol{D}}{\partial t} \cdot \mathrm{d}\boldsymbol{S} \tag{7-53}$$

不难看到，变化的涡旋电场和变化的涡旋磁场直接联系起来。变化的电场在邻近区域会产生变化的磁场，变化的磁场又会在较远处产生变化的电场，这样产生出来的电场又产生新的磁场。如果不考虑介质对电磁能量的吸收，那么电场和磁场相互转化会无限循环下去，形成相互联系在一起不可分割统一的电磁场，并由近及远地传播出去，从而形成电磁波。所以，在相对论创立以前，麦克斯韦方程组已经揭示了电场与磁场的联系与统一。

此外，麦克斯韦方程组还揭示了电场与磁场相互转化中产生的对称性美感，这种美感以现代数学形式得到充分的表达。但是，一方面应当承认，恰当的数学形式才能充分展示经验方法中看不到的整体性（电磁对称性）；另一方面，也不应当忘记，这种对称性的美是以数学形式反映出来的电磁场的统一本质。因此，我们应当认识到应在数学的表达方式中“发现”或“看出”了这种对称性，而不是从物理数学公式中直接推演出这种本质。

3）麦克斯韦方程组揭示了光的电磁本性。

麦克斯韦方程组不仅预言了电磁波的存在，还得出了电磁波在空间的传播速率：

$$v = \frac{1}{\sqrt{\varepsilon\mu}} \tag{7-54}$$

在真空中，$\varepsilon=\varepsilon_0$，$\mu=\mu_0$，电磁波传播速度的大小为

$$u = \frac{1}{\sqrt{\varepsilon_0\mu_0}} = \frac{1}{\sqrt{8.85\times10^{-12}\times4\pi\times10^{-7}}}\ \mathrm{m/s} \approx 2.9979\times10^{8}\ \mathrm{m/s} = c \tag{7-55}$$

这刚好等于真空中的光速大小。麦克斯韦由此预言光波实际上就是波长比较短的电磁波，揭示了光的电磁本性。所以，可以用麦克斯韦方程组来解释光学现象和光学规律。麦克斯韦关于电磁波和光的电磁本性的预言由赫兹的实验得到了证明。

4）麦克斯韦方程组适用于高速领域。

麦克斯韦方程组在洛伦兹变换下保持不变性，与相对论理论是相容的。所以，麦克斯韦方程在高速领域中仍是正确的，可以用它来研究高速运动电荷所产生的电磁场及一般辐射规律。但它在微观领域里并不完全适用，现在已经发展了更为普遍的量子电动力学，宏观电磁理论可视为量子电动力学在某些特殊条件下的近似规律。

5）麦克斯韦方程组是一个严密而完整的电磁学理论体系。

麦克斯韦方程组是一种物理概念创新（涡旋电场、位移电流）、逻辑体系严密、数学形式简洁的重大科学理论。但是，麦克斯韦方程组中电场和磁场并不是完全对称的，这种不对称来自不存在磁单极子。所以，探寻磁单极子是目前物理学面临着的一个重大课题。

总之，以麦克斯韦方程组为核心的完整的电磁学理论体系，它不仅能全面说明当时已知的所有电磁现象，而且还成功地预言了电磁波的存在，指出光辐射也是一定频率范围内的电

磁辐射。在物理学的发展史上，麦克斯韦的电磁场理论是一个非常伟大的成就。麦克斯韦方程组在电磁学中的地位，如同牛顿运动定律在力学中的地位一样。以麦克斯韦方程组为核心的电磁理论，是经典物理学最引以为傲的成就之一。它所揭示出的电磁相互作用的完美统一，为物理学家树立了这样一种信念：物质的各种相互作用在更高层次上应该是统一的。这个理论被广泛地应用到技术领域。爱因斯坦给予了高度评价，认为："麦克斯韦的电磁场理论在物理学上是一次重大的突破，是自牛顿以来物理学经历的最深刻和最有成效的一次变革。"

7.7.2　电磁波

1865 年，英国物理学家麦克斯韦根据电磁现象总结出麦克斯韦方程组，形成了一个完整的理论体系，从而在理论上揭示了电磁波的存在。1887 年，赫兹又用实验的方法证实了电磁波的存在。

研究电磁波产生的模型是振荡电偶极子，如分子、原子中带电粒子的运动就可看作振荡电偶极子的运动。如图 7-28 所示，振荡电偶极子是由 LC 振荡电路演变而来的，目的是减少自感 L 和电容 C，以提高振荡频率，并且使电场、磁场分布在周围空间，从而提高辐射功率。

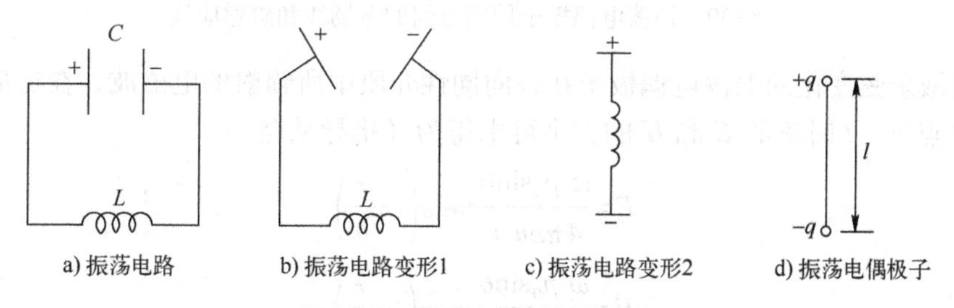

图 7-28　振荡电偶极子的演变

设振荡电偶极子中的等量异号电荷分别为 $+q$ 和 $-q$，它们的距离为 l。由于正负电荷交替变化，电偶极矩 $\boldsymbol{p}$ 的大小也随时间周期性变化：

$$p=ql=q_0l\cos\omega t=p_0\cos\omega t \tag{7-56}$$

式中，p_0 为电偶极矩的振幅（电偶极矩的最大值）；ω 为角频率。可以把电偶极矩的变化等效于距离 l 随时间按余弦规律的变化，即正负电荷都以电偶极子中心为平衡位置相对做谐振动。图 7-29 给出了电荷 $+q$、$-q$ 间的距离由最大逐渐变为零，然后又变化为反方向的过程中，其周围电场线分布和电场的变化情况。当两电荷相互靠近时，电场线逐渐向外扩展；当两电荷在平衡位置重合时，电场线闭合；当电荷继续运动时，在十分靠近偶极子的区域，电场线起于正电荷，止于负电荷；而在较远区域，电场线形成闭合曲线，这样的区域称为辐射区。在辐射区，电场是涡旋场。由麦克斯韦理论，涡旋电场在其周围产生磁场，而变化磁场又感生变化电场，变化电场与变化磁场交替感生，从而形成由近及远的电磁波。

事实上，振荡电偶极子也相当于一个随时间变化的电流元：

$$Il=\frac{\mathrm{d}q}{\mathrm{d}t}l=\frac{\mathrm{d}}{\mathrm{d}t}(q_0\cos\omega t)l=-q_0l\omega\sin\omega t=-p_0\omega\sin\omega t \tag{7-57}$$

所以其周围也伴随着变化的磁场，其磁感应线是一系列以电偶极子轴线为轴的同心圆，如图 7-30 所示，这种变化的磁场也感生变化的电场，这个过程和上述过程同时进行，共同形成在空间传播的电磁波，图 7-31 所示为振荡电偶极子周围的电磁场。

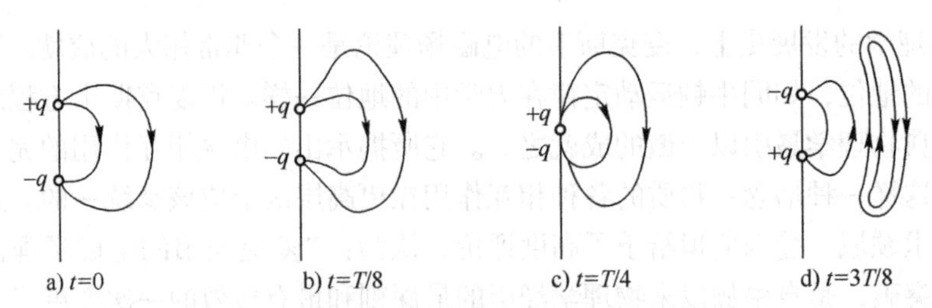

图 7-29　电荷间距离的变化引起的电场和电场线变化

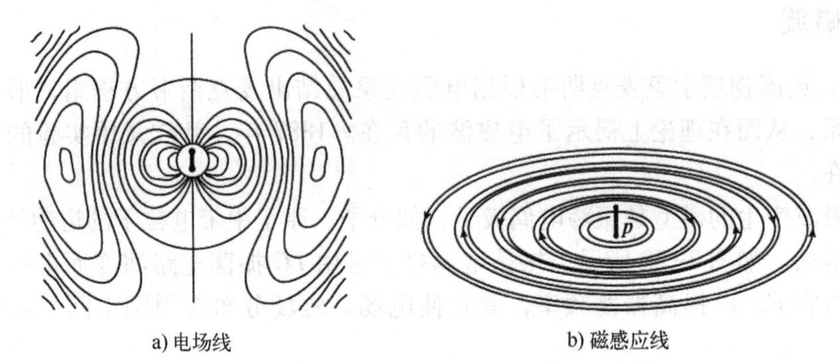

图 7-30　振荡电偶极子周围空间的电场线和磁感应线

随时间做余弦变化的振荡电偶极子在各向同性介质中所辐射的电磁波，在远离电偶极子的空间内 P 点处，t 时刻的 $\boldsymbol{E}$ 和 $\boldsymbol{H}$ 的大小可求得为（推导从略）：

$$E=\frac{\omega^2 p_0\sin\theta}{4\pi\varepsilon u^2 r}\cos\omega\left(t-\frac{r}{u}\right)\tag{7-58}$$

$$H=\frac{\omega^2 p_0\sin\theta}{4\pi u r}\cos\omega\left(t-\frac{r}{u}\right)\tag{7-59}$$

式中，如图 7-32 所示，r 是以沿 z 方向的电偶极子 $\boldsymbol{p}$ 为中心到场点 Q 所做径矢 $\boldsymbol{r}$ 的大小；θ 为电磁波沿 $\boldsymbol{r}$ 传播的方向与电偶极子轴线的夹角；u 为电磁波在介质中的波速，$u=\dfrac{1}{\sqrt{\mu\varepsilon}}$。式（7-58）和式（7-59）就是球面电磁波的方程，或叫球面电磁波的波函数。这说明电场 $\boldsymbol{E}$ 和磁场 $\boldsymbol{H}$ 均以波动形式随时间和空间位置变化。

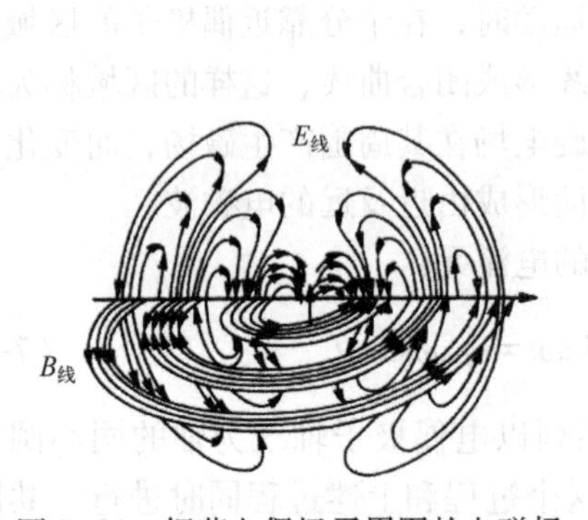

图 7-31　振荡电偶极子周围的电磁场

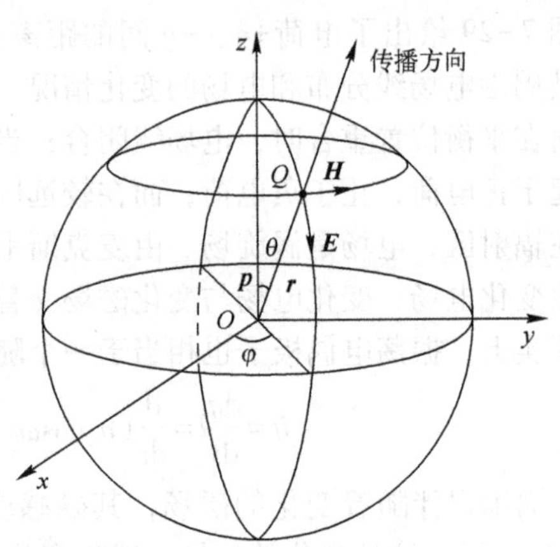

图 7-32　球面电磁波示意图

在离开振荡电偶极子极远处，r 很大，相应地在一个小范围内，θ 的变化很小，$\boldsymbol{E}$ 和 $\boldsymbol{H}$ 的振幅可看作常量，因此式（7-57）和式（7-58）可分别写作

$$E=E_0\cos\omega\left(t-\frac{r}{u}\right) \tag{7-60}$$

$$H=H_0\cos\omega\left(t-\frac{r}{u}\right) \tag{7-61}$$

这是平面电磁波的方程，或称为平面电磁波的波函数。所以，在离开电偶极子极远处，电磁波可视为平面波。

需要指出的是，从上述电磁波的产生和传播的实例分析中，可以看到电磁波不同于机械波。机械波只能在介质中传播，而电磁波的传播不需要依赖于任何弹性介质，它只靠“变化的电场产生磁场，变化的磁场产生电场”，因此电磁波在介质或真空中都可以传播。

7.7.3　平面电磁波的性质

综上所述，电磁波具有如下基本性质：

1）电磁波是横波。在电磁波中，电矢量 $\boldsymbol{E}$ 和磁矢量 $\boldsymbol{H}$ 都与电磁波的传播方向（速度 $\boldsymbol{u}$ 方向）垂直，如图 7-33 所示。

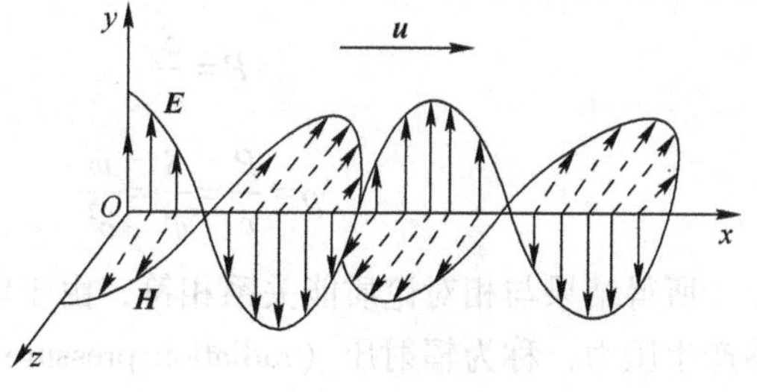

图 7-33　电磁波中的电矢量和磁矢量的传播方向

2）电磁波在真空中的传播速度等于光在真空中的传播速度。理论计算表明，电磁波的传播速度 $\boldsymbol{u}$ 的大小决定于介质的介电常量 ε 和磁导率 μ，即

$$u=\frac{1}{\sqrt{\mu\varepsilon}} \tag{7-62}$$

在真空中，$\varepsilon=\varepsilon_0$，$\mu=\mu_0$，电磁波传播速度的大小为

$$u=\frac{1}{\sqrt{\varepsilon_0\mu_0}}\approx 2.99792458\times10^8\ \text{m/s}=c \tag{7-63}$$

这一结果与实验中测得的真空中光速恰好相等，麦克斯韦就此断定光波是一种电磁波，并得到实验的证实。在麦克斯韦提出这两个预言的 20 多年以后，赫兹用实验证实了麦克斯韦的推断。

3）电矢量 $\boldsymbol{E}$ 和磁矢量 $\boldsymbol{H}$ 相互垂直，且同相。在空间任一点，电矢量 $\boldsymbol{E}$ 和磁矢量 $\boldsymbol{H}$ 垂直，都是在做周期性的变化，且 $\boldsymbol{E}$ 和 $\boldsymbol{H}$ 的相位相同。因此，它们同时达到最大值，也同时为零，如图 7-33 所示。

4）电矢量 $\boldsymbol{E}$ 和磁矢量 $\boldsymbol{H}$ 的量值成正比。

理论计算表明，在空间任一点 $\boldsymbol{E}$ 和 $\boldsymbol{H}$ 的大小满足下列关系：

$$\sqrt{\varepsilon}E=\sqrt{\mu}H \tag{7-64}$$

对于 $\boldsymbol{E}$ 和 $\boldsymbol{H}$ 的振幅 E_0 和 H_0，也满足同样的关系：

$$\sqrt{\varepsilon}E_0=\sqrt{\mu}H_0 \tag{7-65}$$

7.7.4　平面电磁波的能量密度和能流密度

电磁波既是变化电磁场的传播，又是能量的传播。由电场和磁场的能量公式，可以得到

电磁波的能量密度为

$$w=w_{\mathrm{e}}+w_{\mathrm{m}}=\frac{1}{2}(\varepsilon E^2+\mu H^2) \tag{7-66}$$

电磁波的能流密度为

$$S=wu=\frac{1}{2}(\varepsilon E^2+\mu H^2)\frac{1}{\sqrt{\varepsilon\mu}}$$

利用式（7-64），可得

$$S=\frac{1}{2\sqrt{\varepsilon\mu}}(\sqrt{\varepsilon}E\sqrt{\mu}H+\sqrt{\mu}H\sqrt{\varepsilon}E)=EH$$

考虑到 $\boldsymbol{E}$、$\boldsymbol{H}$ 与能量传播方向（速度 $\boldsymbol{u}$ 方向）相互垂直，并成右手螺旋关系，如图 7-34 所示，则上式可写为矢量形式：

$$\boldsymbol{S}=\boldsymbol{E}\times\boldsymbol{H} \tag{7-67}$$

$\boldsymbol{S}$ 称为坡印廷矢量（Poynting vector）。

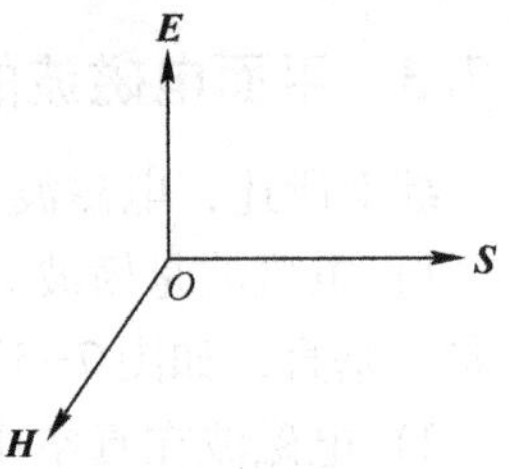

电磁波具有动量和质量。计算表明，真空中的电磁波的动量密度 P 和质量密度 ρ 分别为

$$P=\frac{S}{c^2} \tag{7-68}$$

$$\rho=\frac{P}{c}=\frac{S}{c^3}=\frac{w}{c^2} \tag{7-69}$$

图 7-34 **E-H-S** 方向示意图

所得结果与相对论质能关系相符，由于电磁波具有动量和质量，所以对被照射的物体能够产生压力，称为辐射压（radiation pressure）或光压（light pressure）。光压的存在已经由实验证实。

7.7.5 电磁波谱

自从赫兹应用电磁振荡电路的方法产生电磁波，同时证明电磁波的性质与光波的性质完全相同以后，人们又进行了许多实验，不仅证明光波是电磁波，而且证明后来陆续发现的伦琴射线（即 X 射线）、γ 射线等也都是电磁波。这些电磁波在本质上完全相同，只是波长或频率有所差别。可以按照波长或频率的顺序把这些电磁波排列成谱，称为电磁波谱（electromagnetic wave spectrum）。电磁波包括相当广阔的频率范围，电磁波谱如图 7-35 所示。

电磁波在本质上虽然已如上所述，但不同波长范围内的电磁波的产生方法以及与物质之间的相互作用却各不相同。一般的无线电波是从电磁振荡电路通过天线发射的，波长可由几千米到几毫米，可分为长波、中波、中短波、短波、米波和微波，表 7-1 给出了各种无线电波的范围和用途。炽热的物体、气体放电以及其他光源由于分子和原子的外层电子所发射的电磁波，波长在 380~780 nm 范围内，能引起视觉感受的称为可见光。表 7-2 给出了可见光中各种单色光的波长范围；波长大于 760 nm 的光称为红外线，不引起视觉感受，但热效应特别显著；波长小于 380 nm 的电磁波称为紫外线，也不引起视觉感受，最容易使被照射的物体发生化学效应。当电荷突然非匀速地被阻挡时，例如当电子射到金属靶时，将产生 X 射线，其波长比紫外线更短，能量很大，贯穿物体的本领很强。原子核内部状态的变化将产生射线，称为 γ 射线，它的能量比 X 射线更大，贯穿本领也更强。X 射线和 γ 射线的电磁波性随波长的减小越来越不显著，相反它们的量子性却越来越显著。

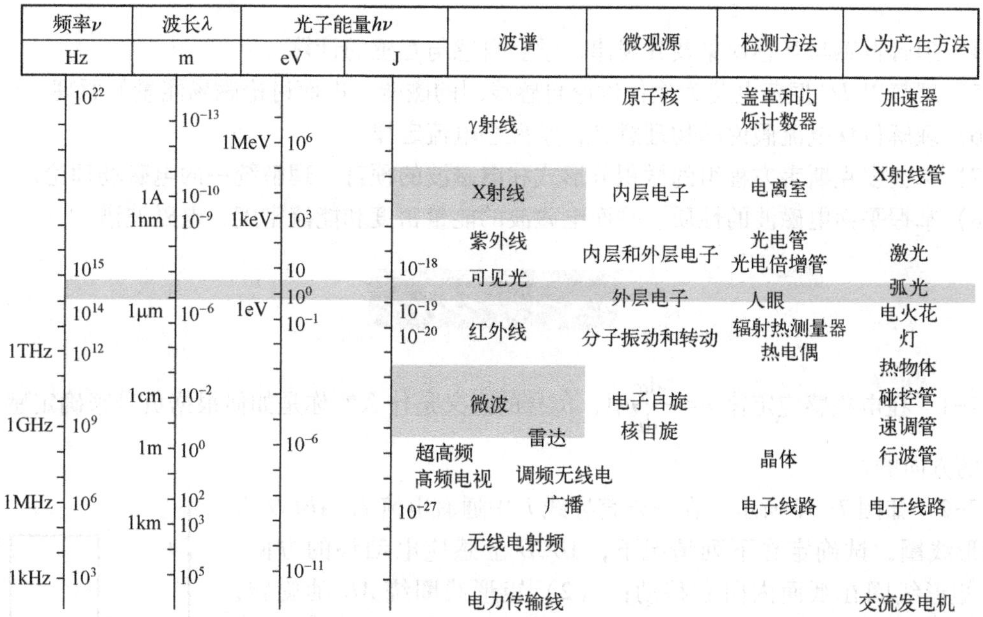

频率ν Hz	波长λ m	光子能量hν eV	光子能量hν J	波谱	微观源	检测方法	人为产生方法
10^{22}	10^{-13}	1MeV 10^{6}		γ射线	原子核	盖革和闪烁计数器	加速器
	1Å 10^{-10} 1nm 10^{-9}	1keV 10^{3}		X射线	内层电子	电离室	X射线管
10^{15}		10	10^{-18}	紫外线 可见光	内层和外层电子	光电管 光电倍增管	激光
		10^{0}			外层电子	人眼	弧光
10^{14}	1μm 10^{-6}	1eV 10^{-1}	10^{-19} 10^{-20}	红外线	分子振动和转动	辐射热测量器 热电偶	电火花 灯 热物体
1THz 10^{12}							
1GHz 10^{9}	1cm 10^{-2}			微波	电子自旋 核自旋		磁控管 速调管 行波管
	1m 10^{0}	10^{-6}		雷达 超高频 高频电视 调频无线电广播		晶体	
1MHz 10^{6}	10^{2} 1km 10^{3}		10^{-27}	无线电射频		电子线路	电子线路
1kHz 10^{3}	10^{5}	10^{-11}		电力传输线			交流发电机

图 7-35　电磁波谱

表 7-1　各种无线电波的范围和用途

名称	长波	中波	中短波	短波	米波	微波		
						分米波	厘米波	毫米波
波长	3000~30000 m	200~3000 m	50~200 m	10~50 m	1~10 m	10 cm~1 m	1 cm~10 cm	1 mm~1 cm
频率	10~100 kHz	100 kHz~1.5 MHz	1.5~6 MHz	6~30 MHz	30~300 MHz	300~3000 MHz	3000~30000 MHz	30000~300000 MHz
主要用途	越洋长距离通信和导航	无线电广播	电报通信	无线电广播、电报通信	调频无线电广播、电视、无线电导航	电视、雷达、无线电导航及其他专门用途		

表 7-2　可见光中各种单色光的波长范围　（单位：nm）

红	橙	黄	绿	青	蓝	紫
620~760	592~620	578~592	500~578	464~500	446~464	380~446

总之，在不同波长范围内的电磁波都具有其他的波段所没有的特性，这是符合客观世界的多样性和统一性以及从量变到质变的规律。

7.8　本章小结与教学要求

1）了解电磁感应现象、学会利用法拉第电磁感应定律求解感应电动势和闭合回路的感应电流；学会利用楞次定律判断感应电动势的方向；理解楞次定律和能量守恒定律的关系。

2）掌握动生电动势的机理和动生电动势的计算方法。

3）理解产生感生电动势的原因，掌握感生生电动势的计算，学会感生电场方向的判断方法。

4）理解自感与互感现象及其规律，学会自感与互感的计算。

5）理解以 LC 振荡电路为途径讨论自感线圈的磁能，进而讨论磁场能量的原理。

6）理解位移电流假说的物理意义，掌握全电流定律。

7）掌握麦克斯韦方程组的微积分形式和电磁波的预言，理解统一的电磁场理论。

8）掌握平面电磁波的性质、平面电磁波的能量密度和能流密度、电磁波谱。

习　题

7-1　在电磁感应定律 $\varepsilon=-\dfrac{\mathrm{d}\varphi}{\mathrm{d}t}$ 中，负号的意义是什么？你是如何根据负号来确定感应电动势的方向的？

7-2　如图 7-36 所示，在一长直导线 L 中通有电流 I，$ABCD$ 为一矩形线圈，试确定在下列情况下，$ABCD$ 上感应电动势的方向：(1) 矩形线圈在纸面内向右移动；(2) 矩形线圈绕 AD 轴旋转；(3) 矩形线圈以直导线为轴旋转。

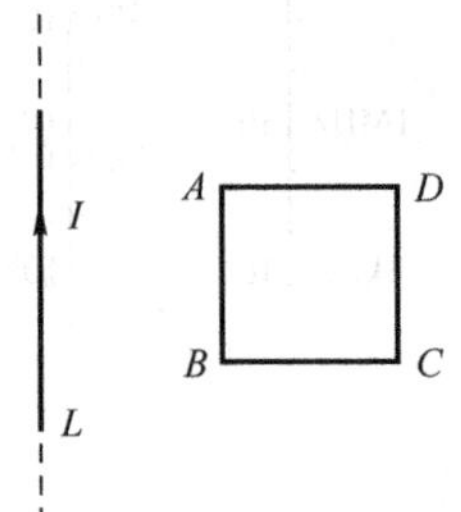

图 7-36　习题 7-2 图

7-3　把条形磁铁沿铜质圆环的轴线插入铜环中时，铜环中有感应电流和感应电场吗？如用塑料圆环替代铜质圆环，环中仍有感应电流和感应电场吗？

7-4　如图 7-37 所示，铜棒在均匀磁场中做下列各种运动，试问在哪种运动中铜棒上会产生感应电动势？其方向怎样？设磁感强度的方向竖直向下。(1) 铜棒向右平移（见图 7-37a）；(2) 铜棒绕通过其中心的轴在垂直于 $\boldsymbol{B}$ 的平面内转动（见图 7-37b）；(3) 铜棒绕通过中心的轴在竖直平面内转动（见图 7-37c）。

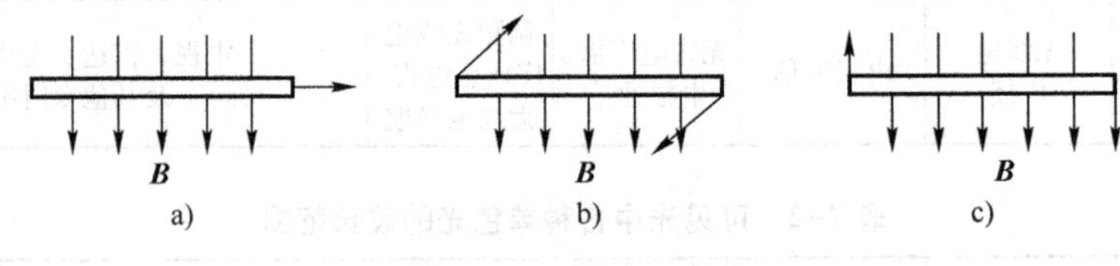

图 7-37　习题 7-4 图

7-5　如图 7-38 所示，把一铜环放在均匀磁场中，并使环的平面与磁场的方向垂直。如果使环沿着磁场的方向移动（见图 7-38a），在铜环中是否产生感应电流，为什么？如果磁场是不均匀的（见图 7-38b），是否产生感应电流，为什么？

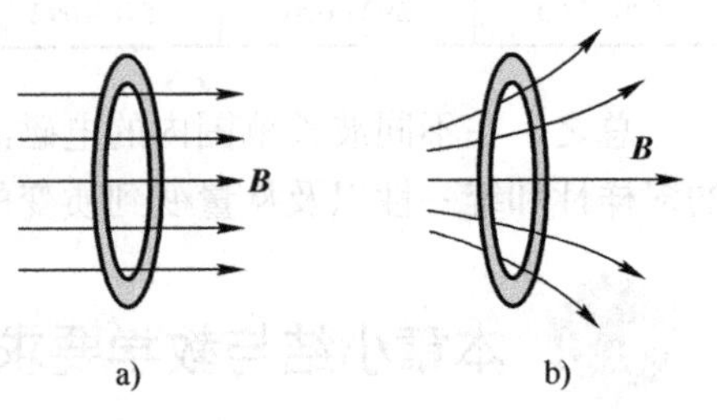

图 7-38　习题 7-5 图

7-6　有一面积为 S 的导电回路，其正法向单位矢量 $\boldsymbol{e}_n$ 的方向与均匀磁场 $\boldsymbol{B}$ 的方向之间的夹角为 θ，且 $\boldsymbol{B}$ 的值随时间变化率为 $\mathrm{d}B/\mathrm{d}t$。试问 θ 为何值时，回路中 ε 的值最大？请解释。

7-7　把一条形永久磁铁从闭合长直螺线管中的左端插入，由右端抽出。试用图表示在这过程中所产生的感应电流的方向。

7-8　有人认为可以采用下述方法来测量炮弹的速度。在炮弹的尖端插一根细小的磁性不变化的磁针，那么，当炮弹在飞行中连续通过相距为 r 的两个线圈后，由于电磁感应，线圈中会产生时间间隔为 Δt 的两个电流脉冲。您能据此测出炮弹速度的值吗？如 $r=0.1\,\mathrm{m}$，$\Delta t=2\times10^{-4}\,\mathrm{s}$，炮弹的速度为多少？

7-9　有一半径为 $R=3.0\,\mathrm{cm}$ 的圆形平行平板空气电容器，如图 7-39 所示。现对该电容器充电，使极板上的电荷随时间的变化率，即充电电路上的传导电流 $I_c=\mathrm{d}Q/\mathrm{d}t=2.5\,\mathrm{A}$。若略去电容器的边缘效应，求：（1）两极板间的位移电流；（2）两极板间离开轴线的距离为 $r=2.0\,\mathrm{cm}$ 的点 P 处的磁感应强度。

7-10　如图 7-40 所示，有一半径为 $r=10\,\mathrm{cm}$ 的多匝圆形线圈，匝数 $N=100$，置于均匀磁场 $\boldsymbol{B}(B=0.5\,\mathrm{T})$ 中。圆形线圈可绕通过圆心的轴 OO' 转动，$n=600\,\mathrm{r/min}$。求圆线圈自图 7-40 所示的初始位置转过 $\frac{1}{2}\pi$ 时，

（1）线圈中的瞬时电流值（线圈的电阻 $R=100\,\Omega$，不计自感）。

（2）圆心处的磁感应强度。

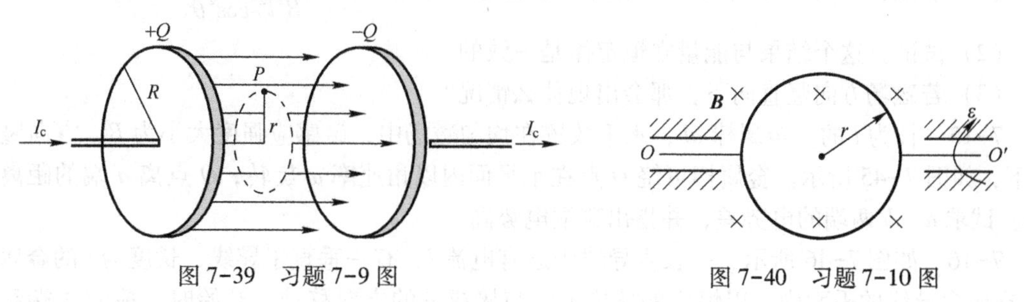

图 7-39　习题 7-9 图　　图 7-40　习题 7-10 图

7-11　如图 7-41 所示，有一夹角为 θ 的金属架 COD，一导体 MN（MN 垂直于 OD）以恒定速度 $\boldsymbol{v}$ 垂直 MN 向右，已知磁场的方向垂直图面向外。分别求下列情况框架内的感应电动势 E 的变化规律。设 $t=0$ 时，$x=0$。

（1）磁场分布均匀，且 $\boldsymbol{B}$ 不随时间改变。

（2）非均匀的时变磁场 $B=kx\cos\omega t$。

7-12　如图 7-42 所示，两个半径分别为 R 和 r 的同轴圆形线圈相距 x，且 $R\gg r$，$x\gg R$。若大线圈通有电流 I 而小线圈沿 x 轴方向以速率 v 运动，试求 $x=NR$ 时（N 为正数）小线圈回路中产生的感应电动势的大小。

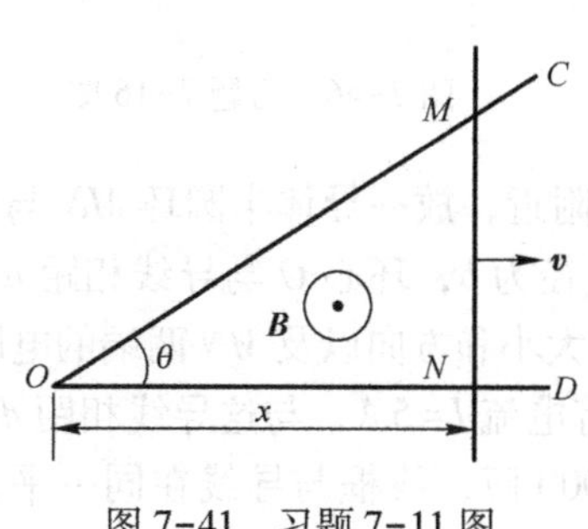

图 7-41　习题 7-11 图

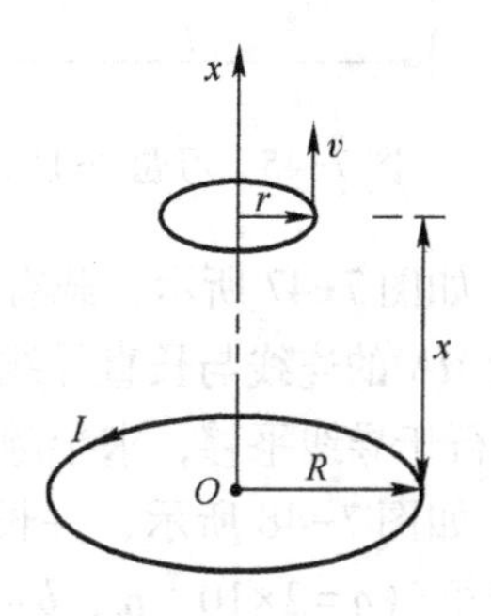

图 7-42　习题 7-12 图

7-13　如图 7-43 所示，已知长度为 L 的金属杆相对于均匀磁场 $\boldsymbol{B}$ 的方位角为 θ，杆的角速度为 ω，转向如图 7-43 所示。试求杆在均匀磁场 $\boldsymbol{B}$ 中绕平行于磁场方向的定轴 OO' 转动时的动生电动势。

7-14　有一很长的长方 U 形导轨，与水平面成 θ，裸导线 ab 可在导轨上无摩擦地下滑，导轨位于磁感应强度 $\boldsymbol{B}$ 竖直向上的均匀磁场中，如图 7-44 所示。设导线 ab 的质量为 m，电阻为 R，长度为 l，导轨的电阻略去不计，$abcd$ 形成电路，$t=0$ 时，$v=0$。

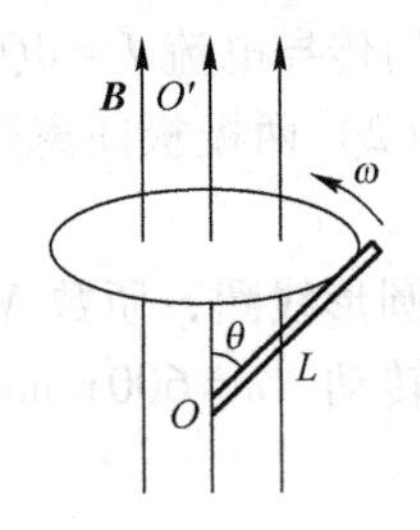

图 7-43　习题 7-13 图

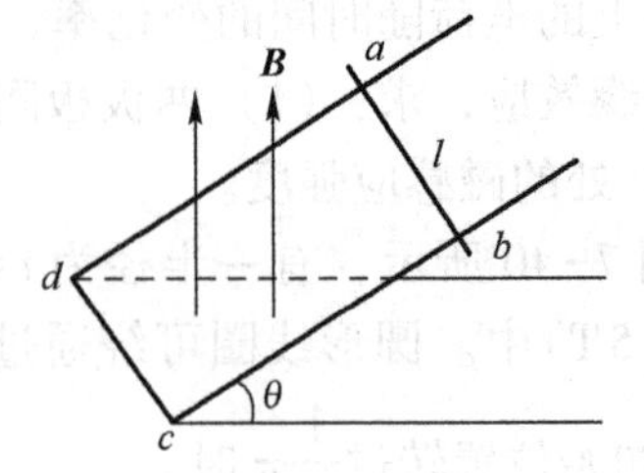

图 7-44　习题 7-14 图

（1）求证：ab 导线下滑时，所达到的稳定速度的大小为 $v=\dfrac{mgR\sin\theta}{B^2l^2\cos^2\theta}$。

（2）试证：这个结果与能量守恒定律是一致的。

（3）若磁场方向竖直向下，那会出现什么情况？

7-15　长为 l 的一金属棒 ab，水平放置在均匀磁场中，磁感应强度大小为 B，方向竖直向下，如图 7-45 所示。金属棒可绕 O 点在水平面内以角速率 ω 旋转，O 点离 a 端的距离为 l/k。试求 a、b 两端的电势差，并指出哪端电势高。

7-16　如图 7-46 所示，一长直导线中通有电流 I，有一垂直于导线、长度为 l 的金属棒 AB 在包含导线的平面内，以恒定的速度 v 沿与棒成 θ 的方向移动。开始时，棒的 A 端到导线的距离为 a，求任意时刻金属棒中的动生电动势，并指出棒哪端的电势高。

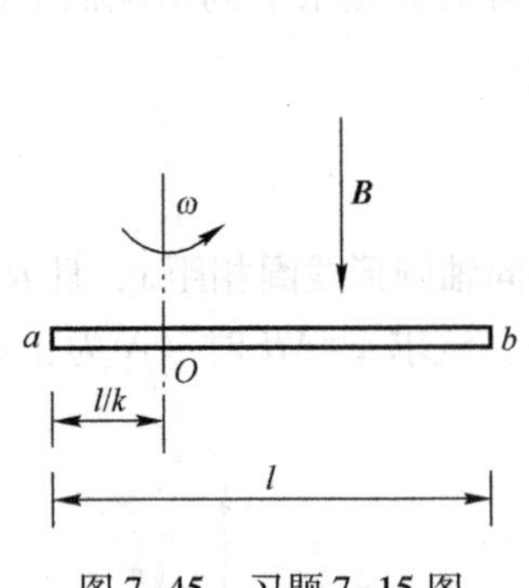

图 7-45　习题 7-15 图

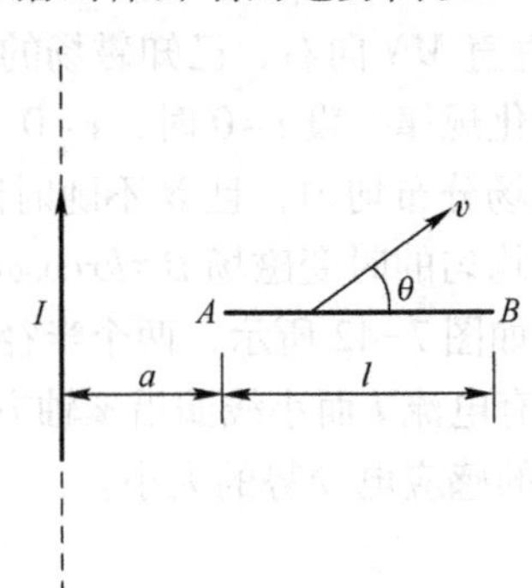

图 7-46　习题 7-16 图

7-17　如图 7-47 所示，载有电流 I 的长直导线附近，放一导体半圆环 MN 与长直导线共面，且端点 MN 的连线与长直导线垂直。半圆环的半径为 b，环心 O 与导线相距 a。设半圆环以速度 v 平行于导线平移，求半圆环内感应电动势的大小和方向以及 MN 两端的电压 U_{MN}。

7-18　如图 7-48 所示，一长直载流导线，载有电流 $I=5\,\text{A}$，与这导线相距 $d=0.05\,\text{m}$ 处放一矩形线框（$a=2\times10^{-2}$ m，$b=4\times10^{-2}$ m），共 1000 匝，线框与导线在同一平面。当线框以速率 $v=0.0063\,\text{m/s}$ 沿垂直长直导线方向向右移动：

（1）求此线框中的感应电动势。

（2）若线框静止不动，而长直导线通有电流 $I=10\sin 100\pi t$（SI 单位），求线框中的感应电动势。

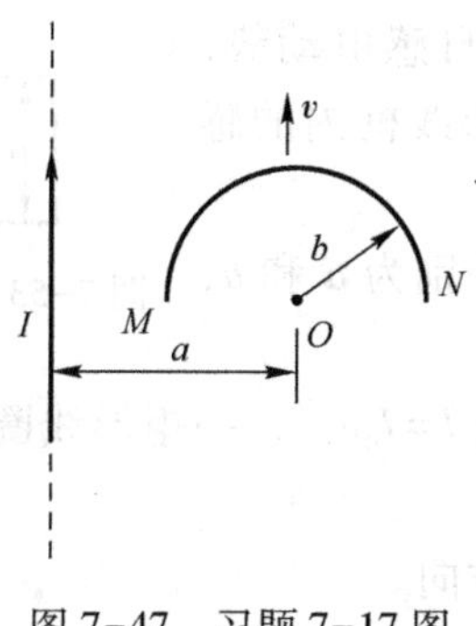

图 7-47　习题 7-17 图

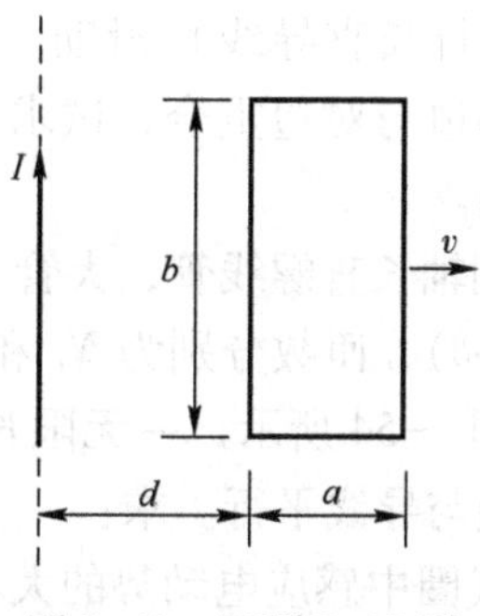

图 7-48　习题 7-18 图

7-19　如图 7-49 所示，两相互平行的直线电流（其电流方向相反）与金属杆 MN 共面，MN 杆的长度为 b，MN 杆以 v 运动，求 MN 杆中的感应电动势，并判断 M、N 两端哪端电势较高。

7-20　如图 7-50 所示，两条平行长直导线和一个矩形导线框共面，且导线框的一个边与长直导线平行，它到两长直导线的距离分别为 r_1、r_2。已知两导线中电流都为 $I=I_0\sin\omega t$，其中 I_0 和 ω 为常量，t 为时间。导线框长为 a、宽为 b，求导线框中的感应电动势。

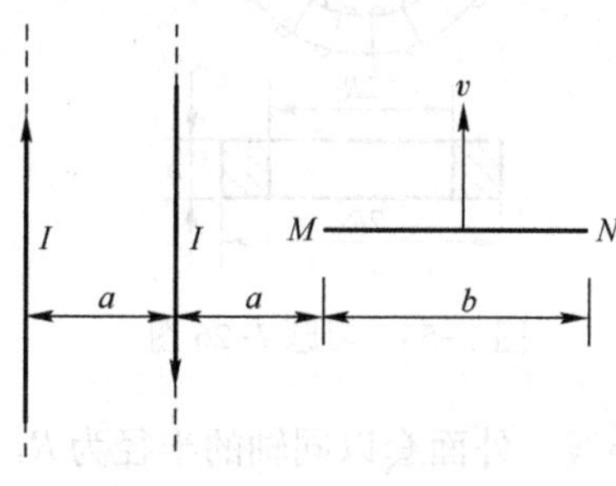

图 7-49　习题 7-19 图

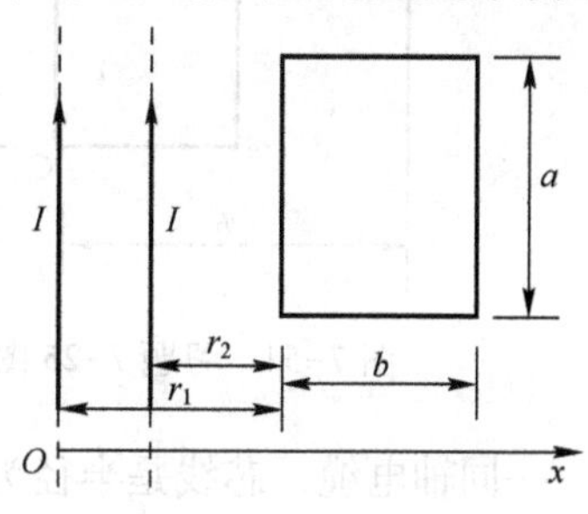

图 7-50　习题 7-20 图

7-21　如图 7-51 所示，在半径为 R 的圆筒内，有方向与轴线平行的均匀磁场 $\boldsymbol{B}$，以 1.0×10^{-2} T/s 的速率减少。a、b、c 各点离轴线距离均为 $r=5.0$ cm，试问：电子在各处获得多大的加速度？加速度的方向如何？

7-22　如图 7-52 所示，一半径为 r_2、电荷线密度为 λ 的带电环，里边有一半径为 r_1、总电阻为 R 的导体环，两环共面同心（$r_2\gg r_1$），当大环以变角速度 $\omega=\omega(t)$ 绕垂直于环面的中心轴旋转时，求小环中的感应电流，其方向如何？

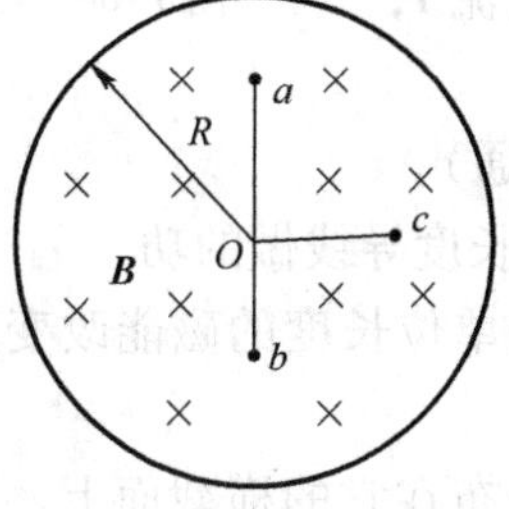

图 7-51　习题 7-21 图

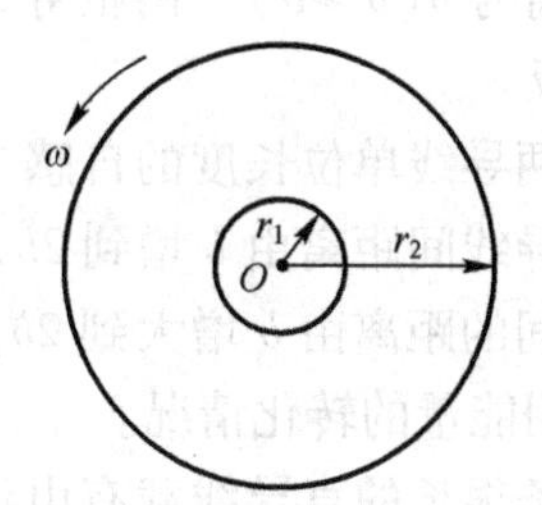

图 7-52　习题 7-22 图

7-23　如图 7-53 所示，真空中一长直导线通有电流 $I(t)=I_0e^{-\lambda t}$（式中，I_0、λ 为常量，t 为时间），有一带滑动边的矩形导线框与长直导线平行共面，二者相距 a。矩形线框的滑动边与长直导线垂直，它的长度为 b，并且以匀速 v（方向平行长直导线）滑动。若忽略线框中的自感电动势，并设开始时滑动边与对边重合，试求任意时刻 t 在矩形线框内的感应电动势和方向。

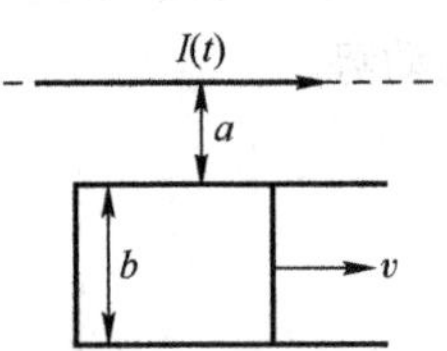

图 7-53　习题 7-23 图

7-24　两同轴长直螺线管，大管套着小管，半径分别为 a 和 b，长为 $L(L\gg a, a>b)$，匝数分别为 N_1 和 N_2，求互感 M。

7-25　如图 7-54 所示，一无限长直导线通有电流 $I=I_0e^{-3t}$，一矩形线圈与长直导线共面放置，其长边与导线平行。求：

（1）矩形线圈中感应电动势的大小及感应电流的方向。

（2）导线与线圈的互感。

7-26　真空矩形截面螺绕环的总匝数为 N，尺寸如图 7-55 所示，求它的自感。

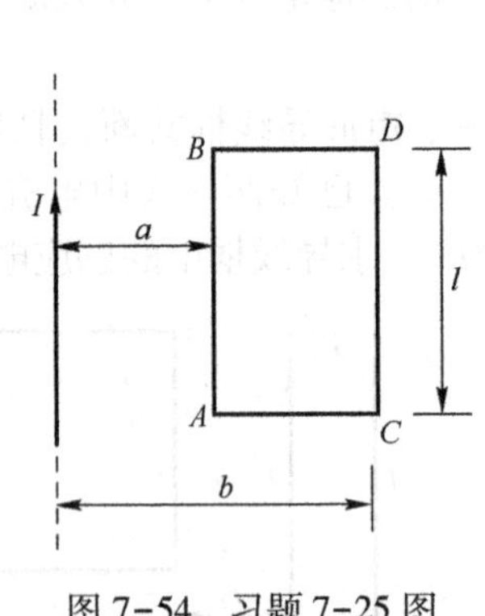

图 7-54　习题 7-25 图

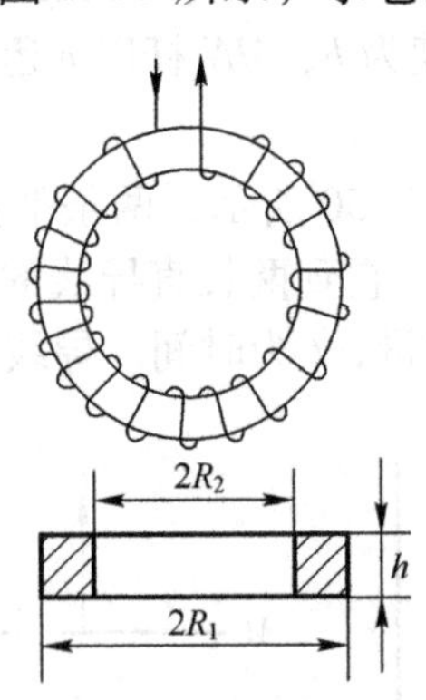

图 7-55　习题 7-26 图

7-27　一同轴电缆，芯线是半径为 R_1 的空心导线，外面套以同轴的半径为 R_2 的圆筒形金属网，芯线与网之间的绝缘材料的相对磁导率为 μ_r。试求单位长度电缆上的自感 L_0。

7-28　两个长度均为 l，横截面积均为 S 的同轴长直螺线管，匝数分别为 N_1、N_2，按如图 7-56 所示绕制，管内介质磁导率为 μ，求：

（1）两线圈的互感。

（2）两线圈的自感与互感的关系。

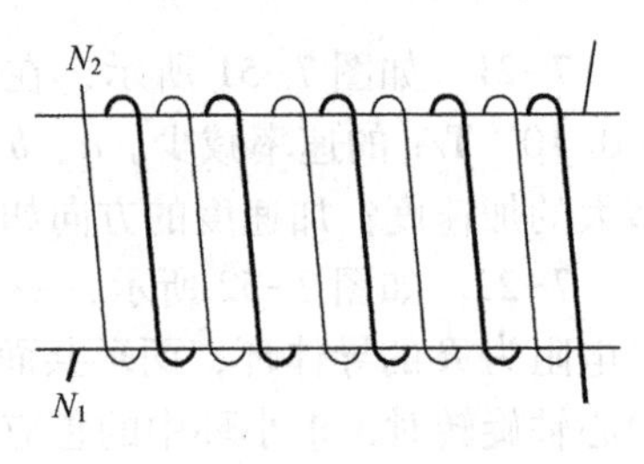

图 7-56　习题 7-28 图

7-29　两根长直导线平行放置，导线本身的半径为 a，两根导线间距离为 $b(b\gg a)$。两根导线中分别保持电流 I，两电流方向相反。

（1）求这两导线单位长度的自感（忽略导线内磁通）。

（2）若将导线间距离由 b 增到 $2b$，求磁场对单位长度导线做的功。

（3）导线间的距离由 b 增大到 $2b$，则对应于导线单位长度的磁能改变了多少，是增加还是减少？说明能量的转化情况。

7-30　一条很长的直导线载有电流 I，I 均匀地分布在它的横截面上。证明：这导线内部单位长度的磁场能量为$\dfrac{\mu_0 I^2}{16\pi}$。

7-31　图 7-57 所示为一环式螺线管，共 N 匝，截面为长方形，其尺寸如图所示。证明此螺线管的自感为 $L=\dfrac{\mu_0 N^2 h}{2\pi}\ln\dfrac{b}{a}$，试用能量方法证明这一结果。

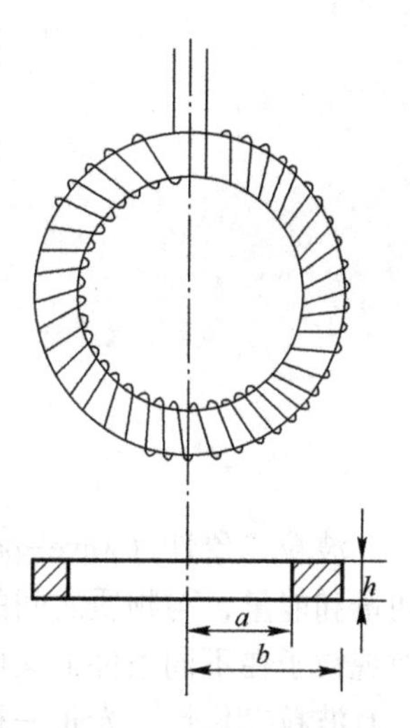

图 7-57　习题 7-31 图

7-32　对于在实验室中容易获得的电场和磁场的大小而言，磁场所储存的能量远大于电场。试对 $B=1.0\,\mathrm{T}$ 的均匀磁场和 $E=1.0\times10^5\,\mathrm{V/m}$ 的均匀电场进行计算来说明这一点。

7-33　空气平行板电容器极板为圆形导体片，半径为 R，放电电流为 $i=I_m e^{-\alpha t}$。若忽略边缘效应，求极板间与圆形导体片轴线的距离为 $r(r<R)$ 处的磁感应强度 $\boldsymbol{B}$。

7-34　真空中，半径为 $R=0.1\,\mathrm{m}$ 的两块圆板，构成平行板电容器。现给该电容器充电，使电容器的两极板间电场的变化率为 $\dfrac{\mathrm{d}E}{\mathrm{d}t}=10^8\,\mathrm{V\cdot m^{-1}\cdot s^{-1}}$。若忽略边缘效应，求：

（1）电容器两极板间的位移电流。

（2）电容器内与两板中心连线的距离为 $r=0.05\,\mathrm{m}$ 处的磁感应强度的大小。

7-35　一球形电容器，内导体半径为 R_1，外导体半径为 R_2，两球间充有相对电容率为 ε_r 的介质。在电容器上加电压，内球对外球的电压为 $U=U_0\sin\omega t$，假设 ω 不太大，以至于电容器电场分布与静态场情形近似相同，求介质中各处的位移电流密度，再计算通过半径为 r $(R_1<r<R_2)$ 的球面的总位移电流。

7-36　试确定哪一个麦克斯韦方程相当于或包括下列事实：

（1）电场线仅起始或终止于电荷或无穷远处。

（2）位移电流。

（3）在静电条件下，导体内不可能有任何电荷。

（4）一个变化的电场，必定有一个磁场伴随它。

（5）闭合面的磁通量始终为零。

（6）一个变化的磁场，必定有一个电场伴随着它。

（7）磁感应线是无头无尾的。

（8）通过一个闭合面的净电通量与闭合面内部的总电荷成正比。

（9）凡有电荷的地方就有电场。

（10）不存在磁单极子。

（11）凡有电流的地方就有磁场。

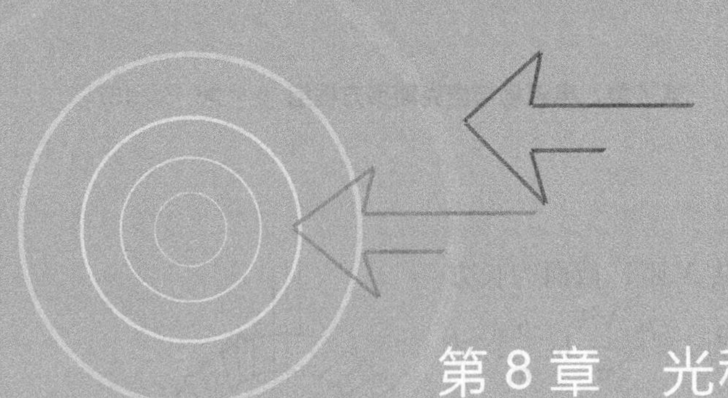

第 8 章　光和实物粒子的波粒二象性

波粒二象性（wave-particle duality）是微观粒子的基本属性之一。微观粒子具有质量、动量和能量，与物质之间的相互作用具有粒子碰撞的属性，这是粒子性的重要表现。而这些微观粒子在不同条件下又可以产生干涉现象或衍射现象，呈现出波动的特性。表明微观粒子具有波粒二象性。光是一种电磁波，满足某些条件的时候能够产生干涉和衍射现象，同时还可以产生偏振现象，说明光是横波。在解释光电效应和康普顿效应时，爱因斯坦提出的光子假说起到了重要作用，证明光具有粒子性。实物粒子的波动性和光的粒子性的相继被证实，为近代物理学的另一个分支——量子力学的建立奠定了基础。

8.1　光的波动性

8.1.1　光的干涉

干涉现象是波的重要特征之一，即当两列或几列相干波在空间相遇时，其合成波的波强呈现稳定的强弱分布，对光而言表现为或明或暗，即光的强度或强或弱，在空间有稳定分布的现象。为什么通常情况下两只灯泡照明时不会产生稳定的呈现强弱分布的光强呢？为什么即使在实验室用单色性很好的两个光源（如钠光灯）发出的光相遇，甚至是同一只钠光灯的两个发光点发出的光相遇时都看不到干涉现象呢？这是由光波特殊的发光机理所决定的，涉及光的相干性问题。

要使两列波在空间相遇时产生干涉现象，这两列波必须满足波的相干条件（coherent condition），即：两列波具有相同的频率、相同的振动方向和恒定的相位差。这些条件对机械波来说比较容易满足，但对光波而言就不那么容易实现。频率相同可以采用单色光源，但振动方向相同（对光来说振动方向是指电磁波中电场的方向）和相位差恒定，对两个独立的光源或者同一光源上两个发光点发出的光来说就很难做到了。这个问题与光源的发光机理密切相关。

1. 波的相干叠加

考虑频率相同、振动方向一致、初相位分别为 φ_1 和 φ_2 的两个相干波源。这两个相干波源发出的波（波函数用 Ψ 表示）可以分别表示为

$$\Psi_1 = A_1 \cos\left(\omega t - \frac{2\pi r_1}{\lambda} + \varphi_1\right)$$

$$\Psi_2=A_2\cos\left(\omega t-\frac{2\pi r_2}{\lambda}+\varphi_2\right)$$

式中，r_1 和 r_2 分别是空间某点 P 到波源 1 和波源 2 的距离，由这两个波源所产生的振动在 P 点的合振幅为

$$A=\sqrt{A_1^2+A_2^2+2A_1A_2\cos\Delta\varphi} \tag{8-1}$$

其中，$\Delta\varphi$ 为两列波在 P 点所产生的两个振动的相位差，$\Delta\varphi=\varphi_2-\varphi_1-2\pi\dfrac{r_2-r_1}{\lambda}$。由式（8-1）可见在相位差 $\Delta\varphi$ 为任意值的情况下，在 P 点这两个振动叠加时合振动的振幅不等于两个分振动的振幅之和。由于实际观察到的总是在较长时间内的平均强度，在某一个时间间隔 τ 内（其值远大于两个波的振动周期），合振动的平均相对强度与振幅的二次方的平均值成正比，可计算如下：

$$\begin{aligned}\bar{I}\propto\overline{A^2}&=\frac{1}{\tau}\int_0^\tau A^2\mathrm{d}t\\&=\frac{1}{\tau}\int_0^\tau(A_1^2+A_2^2+2A_1A_2\cos\Delta\varphi)\,\mathrm{d}t\\&=A_1^2+A_2^2+2A_1A_2\frac{1}{\tau}\int_0^\tau\cos\Delta\varphi\mathrm{d}t\end{aligned} \tag{8-2}$$

假定在观察的时间内，两个分振动各自继续进行并不中断（就是说两列波的波列足够长，至少在观察的时间内是连续的）。那么，对确定的 P 点来说，两个分振动的相位差 $\Delta\varphi$ 始终保持不变，与时间无关。在这个条件下，式（8-2）中最后一项的积分值为

$$\frac{1}{\tau}\int_0^\tau\cos\Delta\varphi\mathrm{d}t=\cos\Delta\varphi$$

在适当选择单位的情况下，可认为平均相对强度与振幅的二次方的平均值相等。于是 P 点合成波的强度为

$$\bar{I}=\overline{A^2}=A_1^2+A_2^2+2A_1A_2\cos\Delta\varphi$$

上式中由于 $\Delta\varphi$ 的值不变，所以在这种情况下 P 点的光强始终保持不变。当 $\Delta\varphi$ 的值是 2π 的整数倍时，P 点具有光强的最大值 $\bar{I}=(A_1+A_2)^2$。当 $\Delta\varphi$ 的值是 π 的奇数倍时，P 点的光强具有最小值 $\bar{I}=(A_1-A_2)^2$。其他位置处的光强介于最大值和最小值之间，空间的光强呈现稳定的强弱分布，这时两列光波在空间的叠加是相干叠加。

2. 波的非相干叠加

假定在观察的时间内，在 P 点的两个光振动时断时续，以致它们的初相位各自独立地做不规则的改变，概率均等地在观察的时间内多次历经从 $0\sim2\pi$ 之间的一切可能值，即 $\Delta\varphi=f(t)$，则有

$$\frac{1}{\tau}\int_0^\tau\cos\Delta\varphi\mathrm{d}t=0$$

从而 $\bar{I}=\overline{A^2}=A_1^2+A_2^2$，$P$ 点的合成波强度就是两列波各自的强度之和，并且与空间位置无关，所以在这种情况下整个空间的合成波强度没有稳定的强弱分布，这时两列波的叠加是非相干叠加。人们日常观察到的几个普通光源之间发出的光的叠加就属于这种情形。

普通光源的发光是光源中大量的原子或分子进行的一种微观过程，与原子中的电子

（或分子中的离子）的运动状态有关。按照近代物理学理论，一个孤立的原子，它的能量只允许处在一系列的分立能级 E_1、E_2、…、E_n 上。通常原子总是处在最低的能级 E_1 上，这种状态称为基态，基态是稳定态。如果在外界作用下，原子吸收了外界能量跃迁到较高的能级上，结果使该原子处于激发态。处于激发态的原子是不稳定的，原子在激发态停留的时间非常短，大约只有 10^{-8} s。然后，原子又回到基态，多余的能量以光的形式放出。

3. 光的杨氏双缝干涉

杨氏双缝（或双孔）是最典型的一种分波阵面干涉装置。1802 年，托马斯·杨（T. Young，1773—1829）采用了一种巧妙又简单的方法实现了两列相干的光波，并且最早以明确的形式确立了光波叠加原理，用光的波动性解释了光的干涉现象。这一实验的历史意义是重大的，他用强烈的单色光照射到开有单缝 S 的不透明的遮光板（光阑）上，后面置有另一块开有两个靠得很近狭缝 S_1 和 S_2 的光阑，如图 8-1 所示。杨氏利用惠更斯对光的传播所提出的子波假设解释了这个实验。他认为波面上的任一点都可以看作新的波源并由此发射子波，光的向前传播就是所有这些子波叠加的结果，这就是惠更斯原理。当普通光源（如钠光灯）照射狭缝 S 时，S 发出柱面波，放在后面的双缝屏上的 S_1 和 S_2 可以认为是两个子波的波源，因为它们都是从同一个光源 S 分割而来的，所以永远有一定的相位差。如果 S 位于 S_1 和 S_2 的中垂面上，那么 S_1 和 S_2 位于 S 发出的柱面波的同一个波阵面上，这时 S_1 和 S_2 的相位差等于零。需要说明的是，要想在观察屏上观察到清晰的干涉条纹，狭缝 S、S_1 和 S_2 都必须足够小并且相互平行。

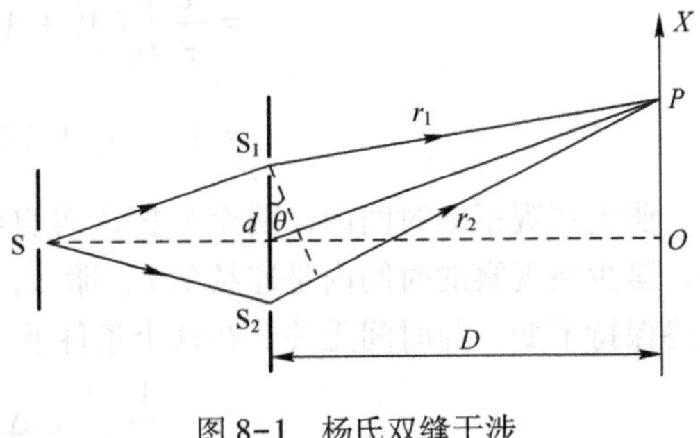

图 8-1　杨氏双缝干涉

现在讨论狭缝 S 位于双缝 S_1 和 S_2 的中垂面上的情形，这时 $SS_1 = SS_2$，设双缝之间的间距为 d，双缝屏到观察屏的距离为 D，且 $D \gg d$，取 S_1 和 S_2 的连线中垂线与观察屏的交点为 O 点，以 O 为原点沿屏向上为 x 轴，设 $OP = x$，则 S_1 和 S_2 到达 P 点的光程差

$$\delta = r_2 - r_1 \tag{8-3}$$

由几何关系

$$r_1^2 = D^2 + \left(x - \frac{d}{2}\right)^2$$

$$r_2^2 = D^2 + \left(x + \frac{d}{2}\right)^2 \tag{8-4}$$

以上两式相减得到

$$r_2^2 - r_1^2 = (r_2 - r_1)(r_2 + r_1) = 2xd$$

当 $D \gg d$ 时，$r_2 + r_1 \approx 2D$，则有

$$\delta = r_2 - r_1 = \frac{d}{D}x \tag{8-5}$$

设入射光的波长为 λ，由波的干涉理论可知：

当 $\delta = r_2 - r_1 = \pm 2k\dfrac{\lambda}{2} = \pm k\lambda\ (k = 0, 1, 2, \cdots)$ 时，干涉极大；当 $\delta = r_2 - r_1 = \pm(2k-1)\dfrac{\lambda}{2}\ (k = 1,$

2,3,…)时，干涉极小。

综合以上几式，可以得到杨氏干涉条纹在屏幕上各级干涉极大（即明纹中心）的位置为

$$x=\pm k\frac{D}{d}\lambda \quad (k=0,1,2,\cdots) \tag{8-6}$$

干涉极小（即暗纹中心）的位置为

$$x=\pm\left(k-\frac{1}{2}\right)\frac{D}{d}\lambda \quad (k=1,2,3,\cdots) \tag{8-7}$$

以上两式中 k 为干涉级次（order of interference），分别称为 k 级明纹或暗纹。

要注意的是以上两式给出的只是明纹和暗纹的中心位置，杨氏双缝干涉图样的光强分布是明纹中心处最强，然后逐渐减少，到暗纹中心处光强最弱。通常认为明纹的中心即是暗纹的边缘，同样，暗纹的中心也就是明纹的边缘。相邻两极大或极小值之间的间距称为干涉条纹间距，用 Δx 表示，它反映了条纹的疏密程度，由式（8-6）可知

$$\Delta x=x_{k+1}-x_k=\frac{D}{d}\lambda \tag{8-8}$$

可见当干涉装置和波长一定时，干涉条纹的间距 Δx 也一定，说明单色光入射时，杨氏干涉条纹是等间距的平行明暗条纹，如图 8-2 所示。而当 D 和 λ 一定时，干涉条纹间距与两狭缝间距 d 成反比，这就要求观察杨氏干涉条纹时两缝的间距不能过大，否则会因为条纹太密而无法分辨。

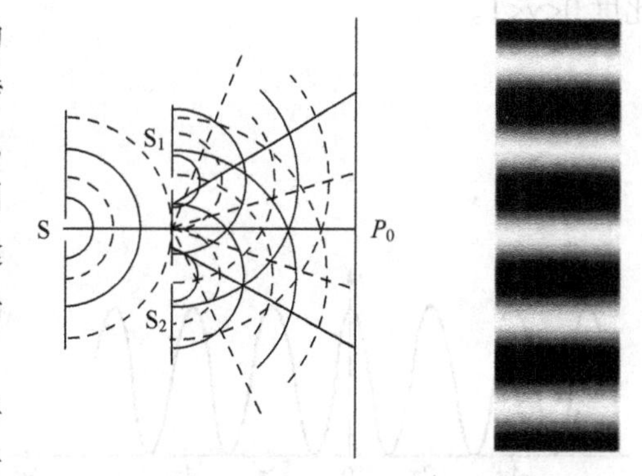

图 8-2 单色光杨氏干涉条纹

如果光源是复色光，那么每一波长的光都将形成一个干涉条纹，由式（8-8）可知，各个干涉条纹的宽度是不一样的，除了零级明纹外，其他条纹的明暗中心也都是错开的，这时的干涉条纹是一个彩色的图样，条纹的清晰度也随之下降。

杨氏双缝干涉条纹的光强分布由屏上任一点 P 的两个光振动的振幅和它们的相位差决定。当 $D\gg d$ 时，r_1 和 r_2 相差很小，可以认为在屏上同一点的两振幅相等，其相位差由光程差决定：

$$\Delta\varphi=\frac{2\pi}{\lambda}\delta\approx\frac{2\pi}{\lambda}\frac{d}{D}x \tag{8-9}$$

P 点的合振幅的二次方为

$$A^2=A_1^2+A_2^2+2A_1A_2\cos\Delta\varphi \tag{8-10}$$

令

$$A_1=A_2=A_0$$

则

$$I=2I_0+2I_0\cos\Delta\varphi=4I_0\cos^2\left(\frac{\pi dx}{\lambda D}\right) \tag{8-11}$$

其中，$I_0=A_0^2$。由此式可以画出光强分布曲线，其纵坐标是光强，横坐标是相位差 $\Delta\varphi$，如图 8-3 所示。

在上述的讨论中忽略了狭缝 S 的宽度，也就是说认为狭缝 S 在光波照射下可以看作一个理想的线光源，而实际问题中其宽度将不可避免地存在，实际上光波照射狭缝 S 形成的是一个有一定宽度的光源，光源的宽度将对观察屏上干射图像的清晰程度产生影响。这种具有一定宽度的光源 S 可以看成由许多不相干的线光源所组成，每一线光源发出的柱面波经过双缝屏上的狭缝 S_1 和 S_2 后，在观察屏上形成一套干涉条纹，不同的线光源形成的干涉条纹在观察屏上彼此有一定的平移（参照下面的例 8-2 分析），这时观察屏上的最小光强不再是零，如图 8-4 所示，结果是造成条纹清晰度下降。整个光源在观察屏上观察到的效果可以用干涉条纹的衬比度加以描述，干涉条纹的衬比度定义为

$$\gamma=\frac{I_{\max}-I_{\min}}{I_{\max}+I_{\min}}$$

式中，$I_{\max}$ 为明纹中心处的光强度；$I_{\min}$ 为暗纹中心处的光强度。当狭缝 S 可以被看作理想的线光源时，$I_{\min}=0$，则干涉条纹的衬比度 $\gamma=1$，这时候的条纹是最清晰的，在其他情形下衬比度 $0<\gamma<1$。

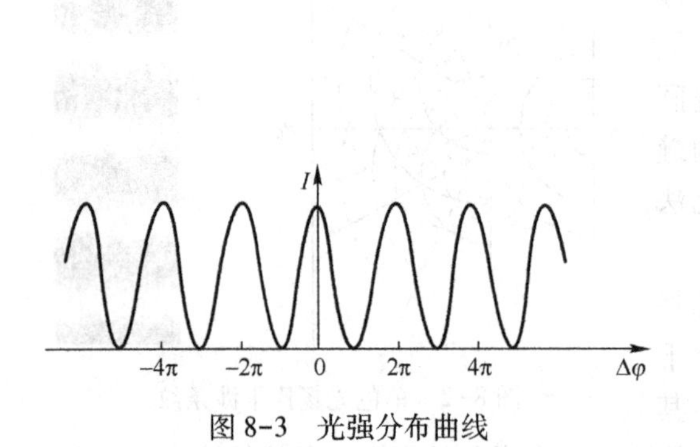

图 8-3　光强分布曲线

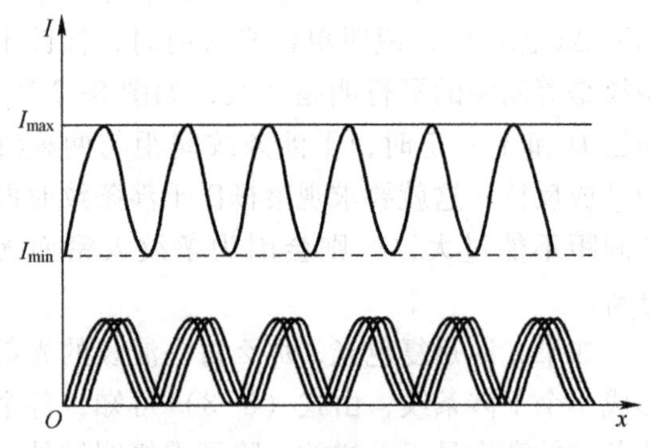

图 8-4　不同的线光源形成的干涉条纹

8.1.2　光的衍射

8.1.1 节讨论的光的干涉现象是光的波动性的特征之一，光波的另一个重要的特征是衍射（diffraction）。

1. 光的衍射现象

在日常生活中，人们对水波和声波的衍射现象是比较熟悉的，而光的衍射现象不易被人觉察。与此相反，光的直线传播现象给人的印象却很深。这是由于光的波长很短，并且普通光源不具有相干性的缘故。在实验中典型的衍射装置如图 8-5 所示。图中光源 S 采用高亮度的相干光（如激光），Σ 为具有狭缝状开口的障碍物（又叫衍射屏），E 为观察屏幕。实验结果将发现：当障碍物的缝宽 $a\gg\lambda$ 时，观察屏上得到的是狭缝的几何投影，慢慢地调节狭缝的宽度使其由宽变窄，几何投影也逐渐缩小，当缝宽窄到一定的程度($a\approx10^3\lambda$)时，投影变得模糊，并且在两侧出现若干平行的条纹，继续缩小缝宽，中央条纹的亮度减小，宽度反而增加，同时两侧条纹逐渐明显（见图 8-6），显然这时光不再遵循直线传播。这种光在

传播过程中遇到障碍物时偏离直线传播以及光的能量在空间不均匀分布的现象称为光的衍射。

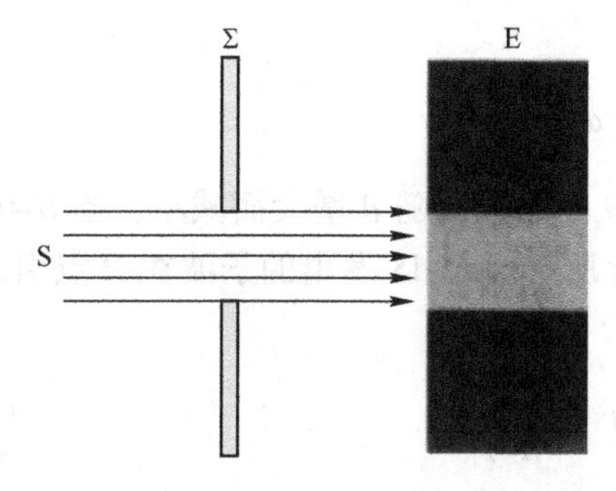

图 8-5　障碍物的缝宽 $a \gg \lambda$

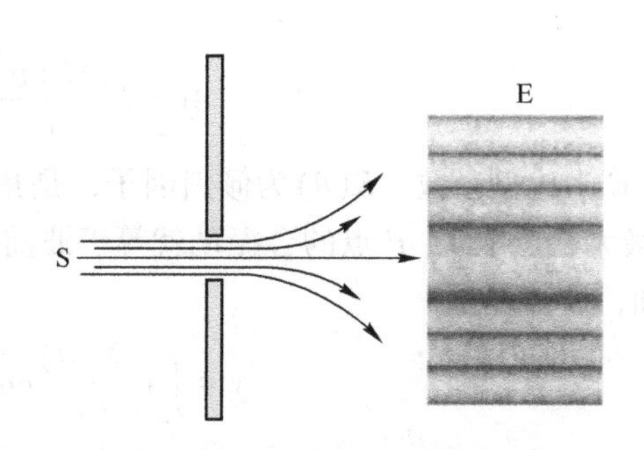

图 8-6　障碍物的缝宽变小后

从以上的实验分析可以得到光衍射现象的一些特点：

1）衍射发生时光波不仅绕过了障碍物使物体几何阴影边缘失去了清晰的轮廓，而且在边缘附近还出现了一系列明暗相间的条纹。这些现象表明几何阴影区和几何照明区的光强在衍射时发生了重新分布。衍射不仅是偏离直线传播的问题，它必然与某种复杂的干涉效应相联系。

2）光在哪个方向受到限制，条纹就向哪个方向展开，受到限制越强，条纹展开越宽。

通常按装置中光源、障碍物和观察屏三者之间距离的远近可以将光的衍射分为两类：第一类是菲涅耳衍射，其障碍物到光源和障碍物到屏之间的距离二者至少其中之一为有限远；第二类是夫琅禾费衍射，这时障碍物、光源、屏三者之间的距离都为无限远。而根据障碍物形状的不同又可将衍射分为圆孔衍射、矩形孔衍射、单缝衍射、双缝衍射等。

2. 惠更斯-菲涅耳原理

惠更斯（Huygens）在研究波的传播时曾指出：介质中波所到达的各点都可以看作发射子波的波源，其后任一时刻，这些子波的包络面就决定新的波面（称之为波前），这称为惠更斯原理。利用这一原理可以解释光遇到障碍物时绕过障碍物偏离直线传播的现象，但不能确定光波通过障碍物后沿不同方向传播的振幅，因而也不能解释衍射光场中为什么会发生光强的重新分布。

1918 年，菲涅耳（Fresnel）研究了光的干涉现象后，又吸取了惠更斯的子波概念，提出了“子波相干叠加”的概念。他用这一概念成功地解释了光衍射的成因，并成功地计算了一些不同障碍物的衍射场的光强分布，这一概念称为惠更斯-菲涅耳原理（Huygens-Fresnel principle）。这个原理可以概括为两点：

1）波面 Σ 上任一面元 dS（见图 8-7）都可看作一个子波源，它们都发出相干的球面子波。

2）波场中任一点 P 的振动是 Σ 上所有面元 dS 发出的子波在 P 点相干叠加的结果。

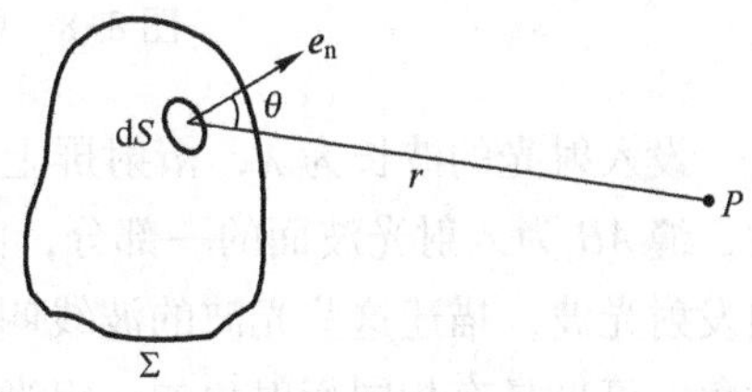

图 8-7　惠更斯-菲涅耳原理

根据以上原理，如果已知某时刻波前 Σ，则空间任意一点 P 的光振动就可由波前 Σ 上每个面元 dS 发出的子波在该点叠加后的合振动来表示。将 $t=0$ 时刻的波前 Σ 分成许多面元 dS，菲涅耳假

设面元 $\mathrm{d}S$ 发出的子波在 P 点引起的振动的振幅与 $\mathrm{d}S$ 成正比，与 P 点到 $\mathrm{d}S$ 的距离成反比，而且和倾角 θ 有关，若取 $t=0$ 时刻波前上各点的初相为零，则 $\mathrm{d}S$ 在 P 点引起的振动可表示为

$$\mathrm{d}y=C\frac{\mathrm{d}SK(\theta)}{r}\cos\left(\omega t-\frac{2\pi r}{\lambda}\right) \tag{8-12}$$

式中，C 为比例系数；$K(\theta)$ 为倾斜因子，是角度 θ 的函数，随 θ 增大而减小，当 $\theta=0$ 时，$K(\theta)$ 最大，可取 1。P 点的合振动就等于波前 Σ 上所有面元 $\mathrm{d}S$ 发出的子波在 P 点引起振动的叠加，有

$$y=\int_{\Sigma}C\frac{K(\theta)}{r}\cos\left(\omega t-\frac{2\pi r}{\lambda}\right)\mathrm{d}S \tag{8-13}$$

式（8-13）就是惠更斯-菲涅耳原理的数学表达式。

菲涅耳用倾斜因子来说明子波不能向后传播，他假设当 $\theta\geqslant\frac{\pi}{2}$ 时，$K(\theta)=0$，因而子波振幅为零。借助于惠更斯-菲涅耳原理，原则上可以定量地描述光通过各种障碍物所产生的各种衍射现象。但对一般的衍射问题，积分计算是相当复杂的。在光通过具有对称性的障碍物（如狭缝、圆孔等）时，用半波带法或振幅矢量法来研究更为方便，这样不仅可将积分运算转化为代数运算，且物理图像更清晰。下面将用菲涅耳半波带法和振幅矢量法来研究单缝夫琅禾费衍射（Fraunhofer diffraction of a single slit）现象。

3. 单缝夫琅禾费衍射

图 8-8 所示为单缝夫琅禾费衍射的实验示意图。从线光源 S 发出的光线经透镜 L_1 后变为平行光，再穿过细长狭缝屏 Σ 后经透镜 L_2 会聚，在置于焦平面的屏上可以观察到衍射图样。

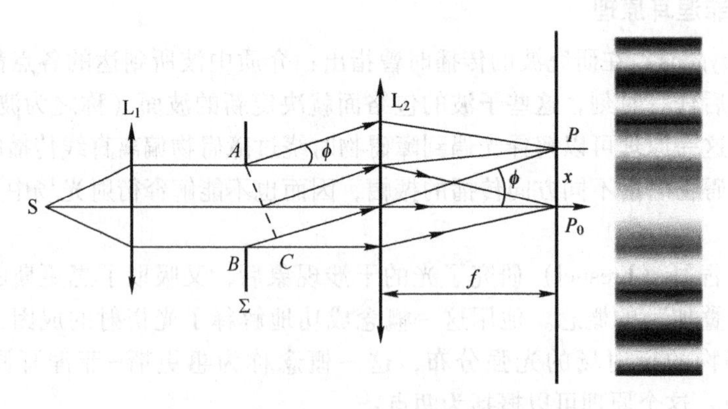

图 8-8　单缝夫琅禾费衍射的实验示意图

设入射光的波长为 λ，衍射屏上狭缝的宽度为 a。当 L_1 发出的平行光垂直入射到屏 Σ 时，缝 AB 为入射光波面的一部分，由惠更斯原理，其上每一点都可以看成子波源向各个方向发射光波，描述这些光波的波线叫衍射光线，衍射光线与缝平面法线之间的夹角 ϕ 叫衍射角。可见具有相同衍射角的一组光线经透镜 L_2 会聚于屏上同一点 P。

当衍射角 $\phi=0$，即衍射光线和入射光线同方向时，AB 为同相位面，其上每一子波源发出的光到达 P_0 点等光程，故各衍射线到达 P_0 点时同相位，它们因相互干涉而加强，在 P_0

处形成平行于狭缝 AB 的明纹，称为中央明纹。

当 ϕ 为其他任意值时，相同 ϕ 的衍射光线经透镜 L_2 会聚于屏上某点 P，由缝 AB 上各点发出的衍射光线到达 P 点的光程不等，其光程可以分析如下：过缝的上边缘 A 作平面 AC 与衍射光线垂直，由透镜的等光程性可知，从 AC 面上各点到达 P 点等光程，所以各衍射光线间的光程差就由它们从缝上的相应位置到 AC 面的光程差来决定。其中，A、B 两点衍射光线间的光程差为该方向的衍射光线之间的最大光程差

$$\delta_{\max}=BC=a\sin\phi \tag{8-14}$$

理论上，P 点的衍射光强可由惠更斯-菲涅耳积分公式进行计算。但是，菲涅耳却用巧妙的方法解释了屏上光强的强弱分布，这一方法叫菲涅耳半波带法。

做一组垂直于衍射光线（平行于 AC 面）且相互间距为 $\lambda/2$ 的平面，这些平面把狭缝分成许多等宽的狭带，这些狭带叫菲涅耳半波带，即如图 8-9 所示的 AA_1、A_1A_2。因各波带面积相等，它们在 P 点引起的光振动振幅近似相等。由于两相邻半波带上发出的子波到达 P 点光程差为 $\lambda/2$ 的点一一对应（图中 A 和 A_1、A_2 和 A_3 以及第一个半波带中间处和第二个半波带的中间处等），各对应点发出的一对子波在 P 点干涉相消，因而任意两相邻波带在 P 点的光振动完全抵消。如果对于某给定的衍射角 ϕ，缝 AB 刚好能分成偶数个半波带，即 $\delta_{\max}$ 为波长的整数倍，那么所有半波带在 P 点两两抵消，P 处为暗纹中心，如果缝 AB 可以被分成奇数个半波带，即 $\delta_{\max}$ 为半波长的奇数倍，则各半波带成对抵消后还剩下一个完整半波带，这时 P 处出现明纹中心。如果对应某 ϕ，AB 不能被分为整数个半波带，这时衍射光线经过透镜会聚后在观察屏上形成光强介于明纹中心和暗纹中心之间的中间区域。

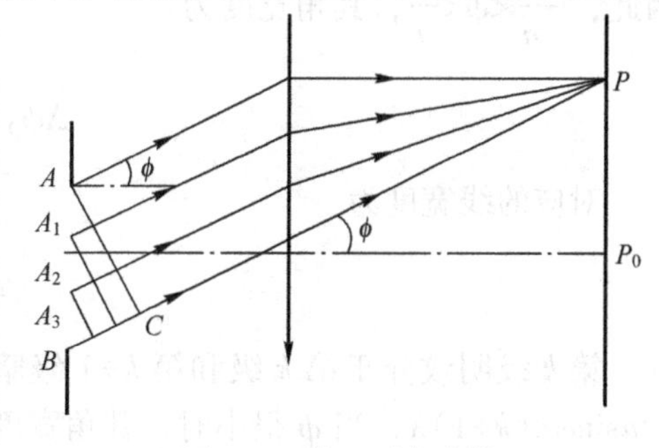

图 8-9　菲涅耳半波带

由于屏上各点与 ϕ 一一对应，不同 ϕ 又对应缝 AB 按半波带的分割情况，故随着 ϕ 的变化，衍射光线在屏上叠加结果也不同。当 ϕ 由小变大时，对应的衍射光线间的最大光程差逐渐增大，可分的半波带数目也由小到大变化，因而屏上由中央到两侧就呈现明暗条纹的间隔分布，形成单缝衍射图样。综合以上分析可得到夫琅禾费单缝衍射条纹的特点。

（1）条纹的中心位置　明纹中心位置满足

$$a\sin\phi=\pm(2k+1)\frac{\lambda}{2}\quad(k=1,2,3,\cdots) \tag{8-15}$$

会聚在明纹中心位置的衍射光线所对应的狭缝的半波带个数是奇数个，个数为 $2k+1$。

暗纹中心位置满足

$$a\sin\phi=\pm2k\frac{\lambda}{2}=\pm k\lambda\quad(k=1,2,3,\cdots) \tag{8-16}$$

会聚在暗纹中心位置的衍射光线所对应的狭缝的半波带个数是偶数个，个数为 $2k$。

中央明纹中心

$$\phi=0 \tag{8-17}$$

这时，衍射光线与入射光线的方向相同，在观察屏上 P_0 点会聚时所有光线相位相同，所以 P_0 点的光强干涉加强。

式（8-15）~式（8-17）中 k 为衍射级次，中央明纹即为零级明纹。其他的明纹和暗纹的衍射级次都是从第一级算起，正负号表示条纹以中央明纹为中心两边对称分布。

（2）条纹的宽度　各级条纹都有一定的宽度，把屏上相邻两暗纹中心之间的距离称为明纹的宽度 Δx，同样把相邻两明纹中心之间的间距叫暗纹的宽度。通常某一条纹的上下边缘对透镜 L_2 光心所张的角称为条纹的角宽度 $\Delta\phi$，如图 8-10 所示。在夫琅禾费衍射的情况下衍射角非常小，一般满足 $\sin\phi\approx\tan\phi\approx\phi$，显然条纹的角宽度和线宽度之间有

$$\Delta x=f\Delta\phi \tag{8-18}$$

式中，f 为透镜的焦距。

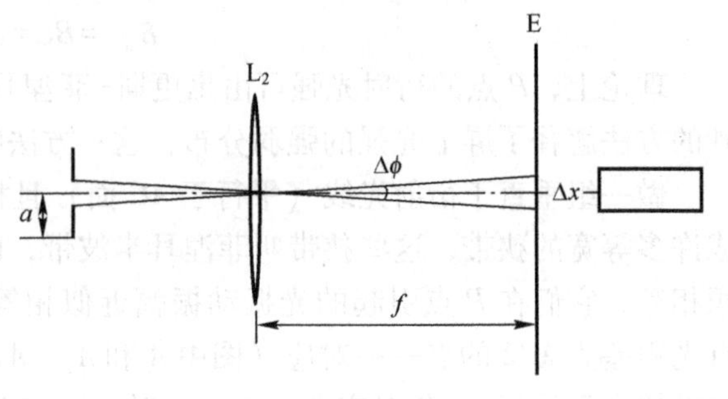

图 8-10　条纹的角宽度 $\Delta\phi$

中央明纹介于上下两个一级暗纹中心之间，一级暗纹的中心位置满足 $a\sin\phi_1=\pm\lambda$，因此经透镜会聚后会聚点落在中央明纹区域的衍射光线其衍射角必定满足：$-\lambda<a\sin\phi<\lambda$，当 ϕ 很小时，有 $\sin\phi\approx\phi$，因此，$-\dfrac{\lambda}{a}<\phi<\dfrac{\lambda}{a}$，其角宽度为

$$\Delta\phi_0=\frac{\lambda}{a}-\frac{-\lambda}{a}=\frac{2\lambda}{a} \tag{8-19}$$

对应的线宽度为

$$\Delta x_0=f\frac{2\lambda}{a} \tag{8-20}$$

第 k 级明纹介于第 k 级和第 $k+1$ 级暗纹之间，会聚在该区域衍射光线的衍射角满足：$k<a\sin\phi<(k+1)\lambda$，当 ϕ 很小时，其角宽度为

$$\Delta\phi=\frac{k+1}{a}\lambda-\frac{k}{a}\lambda=\frac{\lambda}{a} \tag{8-21}$$

线宽度为

$$\Delta x=f\frac{\lambda}{a} \tag{8-22}$$

以上结果与衍射级次无关，可见中央明纹的宽度是其他明纹的两倍。同样第 k 级暗纹介于第 $k-1$ 级和第 k 明纹之间，可以求得任何 k 级暗纹的宽度和除了中央明纹之外的其他明纹的宽度都相等。

（3）条纹随波长和缝宽的变化　当入射光波长一定时，由上述式（8-15）和式（8-17）的结果可以看出，缝宽 a 越小，衍射角 ϕ 越大，说明衍射越显著；反之缝宽 a 越大，衍射角 ϕ 越小，说明所有衍射条纹都向中央明纹中心 P_0 处靠近，当 $a\gg\lambda$ 时，$\dfrac{\lambda}{a}\to 0$，所有条纹的衍射角 $\phi\approx 0$，所有明纹的中心位置都在中央明纹中心位置处，屏上形成单一的条纹，该条纹就是光经过透镜后所成的几何像，这时光的传播遵循几何光学规律，所以几何光学是波动光学在 $\dfrac{\lambda}{a}\to 0$ 情况下的极限情形。

另外当缝宽不变时，各级条纹的角位置和角宽度将随波长而变化。如果用白光照射，因各种波长的中央明纹仍在屏中央，显然中央明纹仍为白色，但由中央至两侧的其他各级明纹

则会因波长不同而发生位置互相错开，呈现由紫到红的彩色衍射图样的现象，这种衍射图样就称为衍射光谱。

（4）条纹的光强分布　单缝夫琅禾费衍射的光强分布可以用振幅矢量法进行分析。该方法把波面分成无限个面积为无限小的窄条，其中 $\boldsymbol{A}_i$ 表示第 i 窄条在 P 点光振动振幅矢量，由所有窄条的振幅矢量合成而得的合矢量即为 P 点的合振幅：

$$\boldsymbol{A}=\sum_{i=1}^{N}\boldsymbol{A}_i \tag{8-23}$$

其中相邻两窄条发出的子波到达 P 点的光程差为

$$\delta=\frac{a\sin\phi}{N} \tag{8-24}$$

相应的相位差为

$$\Delta\varphi=\frac{2\pi}{\lambda}\delta=\frac{2\pi a\sin\phi}{N\lambda} \tag{8-25}$$

而第一个窄条的振幅矢量 $\boldsymbol{A}_1$ 和最后一个窄条的振幅矢量 $\boldsymbol{A}_N$ 的相位差为

$$N\Delta\varphi=\frac{2\pi a\sin\phi}{\lambda} \tag{8-26}$$

N 个振幅矢量合成的示意图如图 8-11 所示。

当 N 趋向无穷大时，$|\boldsymbol{A}|=LM$，并且可以认为各窄条在 P 点引起的振幅大小都相等，则 L 到 M 的弧长为 NA_1，对应的圆心角为 $N\Delta\varphi$，半径为

$$R=\frac{NA_1}{N\Delta\varphi}$$

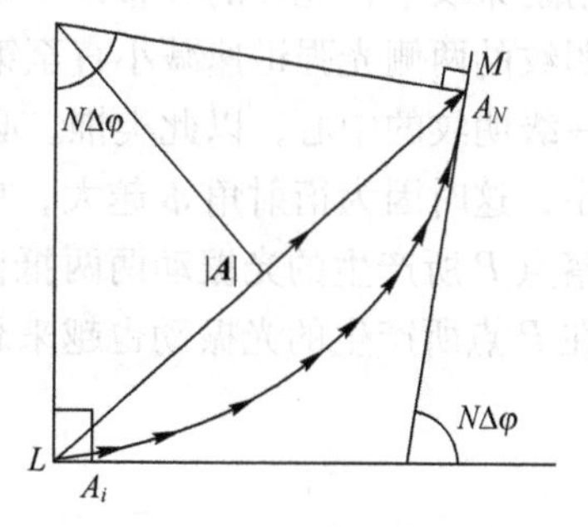

图 8-11　矢量合成示意图

由几何关系：

$$A=2R\sin\frac{N\Delta\varphi}{2}=NA_1\frac{\sin\frac{N\Delta\varphi}{2}}{\frac{N\Delta\varphi}{2}} \tag{8-27}$$

令

$$\mu=\frac{N\Delta\varphi}{2}=\frac{\pi a\sin\phi}{\lambda} \tag{8-28}$$

则

$$A=NA_1\frac{\sin\mu}{\mu} \tag{8-29}$$

P 点的光强为

$$I=N^2A_1^2\frac{\sin^2\mu}{\mu^2} \tag{8-30}$$

从式（8-30）出发，可以讨论单缝夫琅禾费衍射条纹的光强分布：

1）对中央明纹而言：$\phi\to0$ 时，$\mu\to0$，所以$\frac{\sin\mu}{\mu}\to1$，得到 P_0 处的振幅 $A_0=NA_1$，P_0 处的光强 $I_0=N^2A_1^2$。

2）当 ϕ 为任意其他的角度时有

$$\frac{I}{I_0}=\frac{A^2}{A_0^2}=\left(\frac{\sin\mu}{\mu}\right)^2 \tag{8-31}$$

暗纹中心满足 $I=0$，即

$$\mu=\frac{\pi a\sin\phi}{\lambda}=\pm\pi,\pm2\pi,\cdots,k\pi \tag{8-32}$$

所以暗纹中心位置为

$$a\sin\phi=\pm k\lambda,\quad 或\ N\Delta\varphi=\pm k\cdot2\pi\quad(k=1,2,3,\cdots) \tag{8-33}$$

而明纹的中心满足：

$$\sin\mu=\pm1,\quad \mu=\frac{\pi a\sin\phi}{\lambda}=\pm(2k+1)\frac{\pi}{2} \tag{8-34}$$

即

$$a\sin\phi=\pm(2k+1)\frac{\lambda}{2}\quad(k=1,2,3,\cdots) \tag{8-35}$$

由式（8-31）可以得到单缝夫琅禾费衍射的光强分布如图 8-12 所示，可以看出在单缝衍射条纹中，光强的分布并不是均匀的，中央明纹（即零级明纹）最亮同时也最宽，中央明纹的两侧光强迅速减小直至第一个暗纹的中心处光强变为零；其后光强又逐渐增大直至第一级明纹的中心，以此类推。必须要注意的是各级明纹的光强随着衍射级次的增大而逐渐减小，这时因为衍射角 ϕ 越大，单缝可以被分割的半波带个数越多，相邻的两个半波带在考察点 P 所产生的光振动两两抵消后，剩余的末被抵消部分的波带的面积越来越小，从而其在 P 点所产生的光振动也越来越弱。

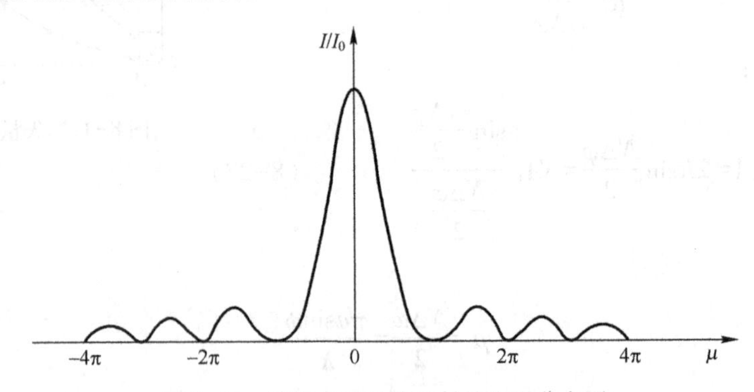

图 8-12　单缝夫琅禾费衍射的光强分布图

例 8-1　用波长为 $\lambda=632.8\,\text{nm}$ 的平行光垂直入射到单缝上，缝宽为 a，缝后放置一焦距 $f=40\,\text{cm}$ 的凸透镜，当 $a=0.1\,\text{mm}$ 或 $a=4.0\,\text{mm}$ 时，试求相应的在透镜焦平面上所形成的中央明纹的线宽度以及第一级明纹的位置。

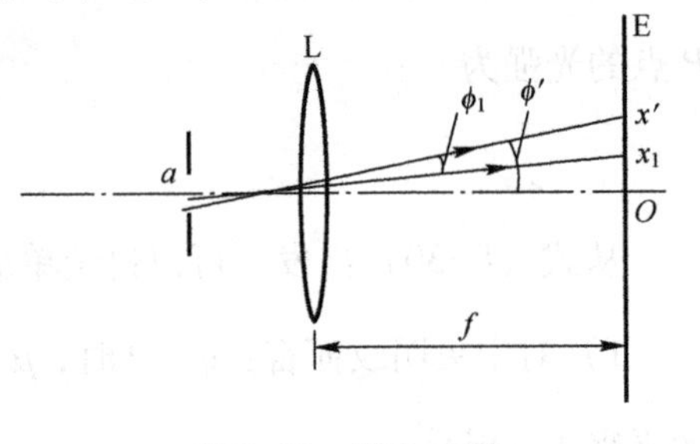

图 8-13　例 8-1 图

解： 中央明纹的线宽度 Δx_0 是焦平面上两个第一级暗纹间的距离，在 O 点上方的第一级暗纹中心位置满足：$a\sin\phi_1=\lambda$，在观察屏上的坐标为 $x_1=f\tan\phi_1$，如图 8-13 所示。

中央明纹的线宽度为

$$\Delta x_0 = 2x_1 = 2f\tan\phi_1 \approx 2f\sin\phi_1 = 2f\lambda/a$$

第一级明纹角位置 ϕ' 满足

$$a\sin\phi' = (2k+1)\frac{\lambda}{2}$$

在屏上的位置为

$$x' = \pm f\ \tan\phi' \approx \pm f\ \sin\phi' = \pm f\frac{3\lambda}{2a}$$

（1）当 $a=0.1\,\text{mm}$ 时，$\Delta x_0 = 2f\dfrac{\lambda}{a} = 5.1\text{mm}$，$x' \approx \pm 3.8\,\text{mm}$。

（2）当 $a=4.0\,\text{mm}$ 时，$\Delta x_0 = 2f\dfrac{\lambda}{a} \approx 0.13\text{mm}$，$x' \approx \pm 0.1\,\text{mm}$。

例 8-2　宽为 $a=0.6\,\text{mm}$ 的狭缝后 40 cm 处有一屏，以平行光照射狭缝，在离 O 点为 1.4 mm 的 P 点看到亮纹，如图 8-14 所示，试求：

（1）入射光的波长。

（2）P 点条纹的干涉级次。

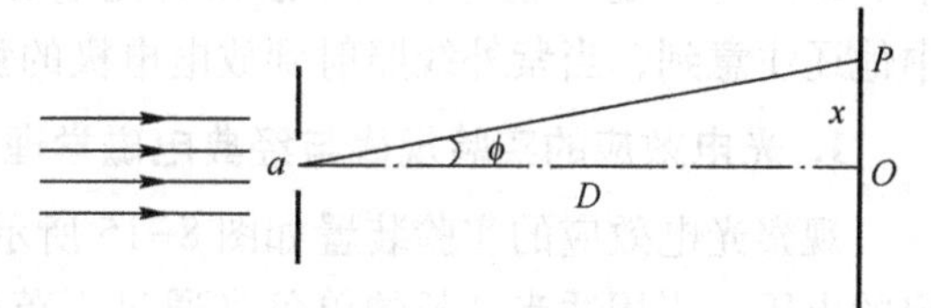

图 8-14　例 8-2 图

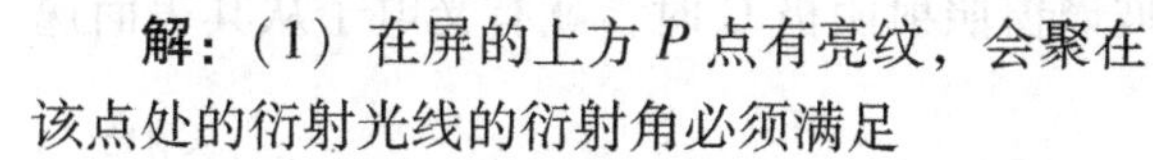

（3）对 P 点明纹而言，狭缝的波阵面可分为几个半波带？

解：（1）在屏的上方 P 点有亮纹，会聚在该点处的衍射光线的衍射角必须满足

$$a\sin\phi = (2k+1)\frac{\lambda}{2}$$

对 P 点由于满足 $x \ll D$，那么有

$$\sin\phi \approx \tan\phi = \frac{x}{D}$$

综合以上两式可以得到

$$(2k+1)\frac{\lambda}{2} = a\frac{x}{D}$$

所以

$$\lambda = \frac{2ax}{D(2k+1)} = \frac{4.2\times10^{-4}}{2k+1}\text{mm}$$

当 $k=1$ 时，$\lambda_1 = 1400\,\text{nm}$，该波长在远红外区域，不在可见光的范围内。

当 $k=2$ 时，$\lambda_2 = 840\,\text{nm}$，该波长在红外区域，同样不在可见光范围内。

当 $k=3$ 时，$\lambda_3 = 600\,\text{nm}$，该波长属于可见光范围内的黄光。

当 $k=4$ 时，$\lambda_4 = 466\,\text{nm}$，该波长属于可见光范围内的紫光。

当 $k \geqslant 5$ 时，计算结果表明波长都在紫外以后的区域，不在可见光的范围内。

所以，在 P 点看到的亮纹只能是黄光的第 3 级衍射光线或者是紫光的第 4 级衍射光线。

（2）明条纹对应的衍射级次为：黄光 $k=3$；紫光 $k=4$。

（3）明条纹对应的半波带数为 $2k+1$ 个，对应黄光的半波带为 7 个，对应紫光的半波带为 9 个。

8.2 光的粒子性

爱因斯坦以他对物理学的深刻洞察力，认识到普朗克对能量量子化假设的革命性意义，并继承和发展了普朗克的思想。普朗克把能量量子化的概念局限于谐振子及其与辐射场交换能量的机制，爱因斯坦则进一步指出，电磁场本身的能量也是量子化的。由此，爱因斯坦提出了光子假说，并成功地解释了光电效应。

8.2.1 光电效应与爱因斯坦光子假说

在物理学史上，1905 年常被称为“爱因斯坦年”。在这一年，爱因斯坦提出了狭义相对论的基本原理，发表了关于布朗运动的重要论文。也就在这一年，他提出光子假说，成功地解释了光电效应（photoelectric effect）。

在光的照射下，电子从金属表面逸出的现象称为光电效应，被发射出来的电子称为光电子。1887 年，德国物理学家赫兹在研究电磁波波动性质时，偶然发现了光电效应。在实验中他还注意到，当紫外线照射到放电电极的负极上时，放电就比较容易发生。

1. 光电效应的实验规律与经典电磁学理论的困难

观察光电效应的实验装置如图 8-15 所示。真空管中装有阴极 C 与阳极 A，两极间有一定的电压。当用适当波长的单色光通过石英玻璃窗照射阴极 C 时，就有光电子从其表面逸出，经电场作用，飞向阳极 A，形成光电流。

实验表明，光电效应有如下规律：

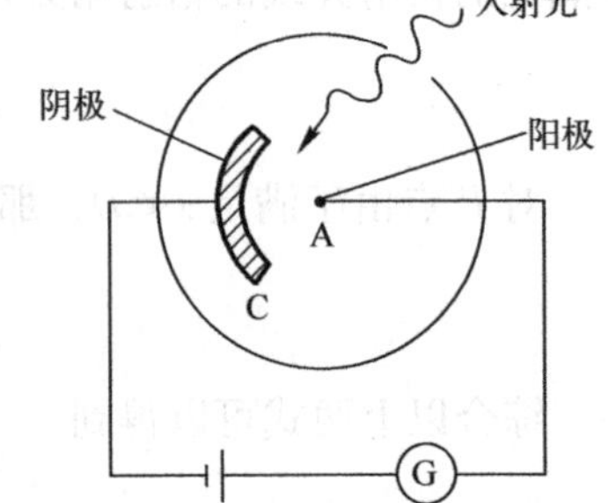

图 8-15 光电效应的实验装置

1）对应于每一种金属材料的电极，有一个确定的临界频率 ν_0，当入射光的频率 $\nu<\nu_0$ 时，无论光的强度多大，都不会观察到光电流。此临界频率称为光电效应的红限频率，相应的波长称为红限波长。碱金属及其合金的红限频率在可见光区，其他金属材料的红限频率在紫外区。

2）当入射光频率和光强一定时，光电流随加速电压的升高而增大，当电压升高到一定值时，光电流达到最大值 I_S，I_S 称为饱和电流。饱和电流的值与光强成正比。当加速电压减小到零并逐渐变负时，光电流并不为零，只有在反向电压等于 $-U_a$ 时，光电流才降为零。U_a 称为截止电压，或称为遏止电压，如图 8-16 所示。对同一种金属，截止电压与入射光的强度无关，只与入射光的频率有关。截止电压随入射光频率的增加而线性增加（见图 8-17）。光的强度只影响光电流的大小。根据能量分析可得，光电子逸出时的最大初动能与截止电压的关系为

$$E_{km}=\frac{1}{2}mv_m^2=eU_a \tag{8-36}$$

所以光电子的初动能与入射光的光强无关，只与入射光的频率有关。

3）当入射光的频率大于红限频率时，光电子的发射时间与光的强弱无关，只要光照射到金属表面，几乎立刻就能观察到光电子，实验测得的响应时间小于 10^{-9} s。

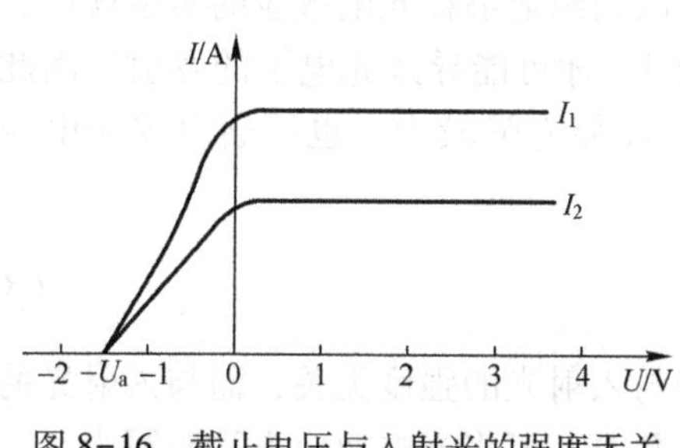

图 8-16　截止电压与入射光的强度无关

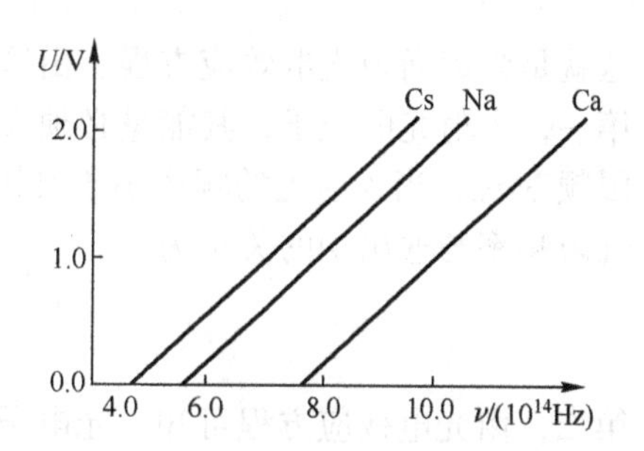

图 8-17　截止电压与入射频率

经典电磁学理论难以解释光电效应的上述实验规律。经典电磁学理论认为，光是电磁波，当光照射到金属表面时，金属中的电子将吸收入射光的能量，从而逸出金属表面。按照经典电磁学理论，无论入射光的频率是多少，只要其强度足以提供从金属表面放出电子所需的能量，就应该发生光电效应，不应存在红限频率。按照经典电磁学理论，光电子的初动能取决于入射光的强度，而与入射光的频率无关，暗淡的蓝光照射出的光电子，其能量不应该比强烈的红光照射出的光电子的能量大。按照经典电磁学理论，金属中的电子吸收入射光的能量，必须积累到一定量值才能从金属表面逸出，入射光越弱，能量积累的时间越长，因此在弱光照射下，光电子几乎不可能瞬时地发射。在光电效应面前，经典电磁学理论遇到了根本的困难。

2. 光子假说与爱因斯坦光电效应方程

1905 年，爱因斯坦发展了普朗克关于能量量子化的思想，提出光子假说，在理论上圆满地解释了光电效应。为此，他在 1921 年获得了诺贝尔物理学奖。

普朗克最初把他的能量量子化概念局限在黑体腔壁振子的能量发射和吸收机制上，他认为，光的能量在发射后是以波的形式连续地分布在空间中的。爱因斯坦注意到，如果振子只能按 $h\nu$ 的整数倍改变能量，那么，它怎么能够从能量连续分布的光波中吸收能量呢？爱因斯坦提出，电磁辐射能并不是像经典理论所假设的那样连续分布的，电磁辐射能在传播过程中也是以一份一份的集中形式存在的。爱因斯坦把这些不连续的能量子称为光量子，现称为光子（photon）。

辐射能是以不连续的方式在空间分布的，一束光就是一束以光速运动的光子流。爱因斯坦假设，单个光子的能量为

$$E=h\nu \tag{8-37}$$

式中，h 为普朗克常量；ν 为光的频率。因此，如果一束单色光频率为 ν，单位时间通过单位面积的光子数为 n，那么其强度为

$$I=nh\nu \tag{8-38}$$

运用光子假说，爱因斯坦对光电效应做了如下解释。爱因斯坦认为，光子的能量只能作为一个整体被一个电子全部吸收。在吸收的能量中，一部分能量被电子用来克服金属表面对它的阻力而做功，此功称为逸出功（work function），记为 A；如果电子在逸出前没有因为碰撞而损失能量，那么，其余部分的能量就是电子离开金属表面的最大初动能。根据能量守恒定律，应有

$$E_{km}=\frac{1}{2}mv_m^2=h\nu-A \tag{8-39}$$

这就是爱因斯坦光电效应方程。由这个方程可以圆满地解释光电效应的实验规律。

第一，入射光的光子，其能量必须大于逸出功 A，才可能导致光电子的发射。因此，存在红限频率 ν_0，当入射光的频率小于红限频率时，即使光强较大，也不会出现光电流。显然，红限频率与逸出功的关系为

$$\nu_0=\frac{A}{h} \tag{8-40}$$

第二，由光电效应方程可知，光电子的初动能与入射光的强度无关，而与入射光的频率有线性关系。利用光电子最大初动能与截止电压的关系，可将光电效应方程改写为

$$eU_{\mathrm{a}}=h\nu-A \tag{8-41}$$

即截止电压与入射光的强度无关，而与入射光的频率有线性关系。

第三，光子被电子吸收的过程需要的时间很短，因此光电子的发射几乎是一个瞬时发生的过程。

由于光电效应精确测量的困难，爱因斯坦的光量子理论直到 1916 年才由美国物理学家密立根（Millikan，1868—1953）在实验上全面证实。在此之前，普朗克等人均不赞同光子假说，密立根也对光子假说持强烈的怀疑态度（他实验的本来目的是希望证明经典理论的正确性）。密立根对光电效应进行了长达 10 年的细致实验研究，结果完全证实了爱因斯坦光电效应方程的正确性。他还利用在油滴实验中测得的元电荷值，直接从光电效应中测定了普朗克常量。1923 年，密立根获得了诺贝尔物理学奖。

最后要强调一点，光子在光电效应中是被电子吸收的，这就要求电子被束缚在原子或固体内，因为一个自由电子不能吸收光子且使能量和动量守恒，所以电子必须束缚的，束缚力可以将动量传递给原子或固体。由于原子或固体的质量远大于电子，因此它们能吸收大量动量而不获得相当大的能量，这也是光电效应方程保持有效的原因。

例 8-3 以波长为 200 nm，入射强度为 2 W/m² 的光照射铝的表面。已知从铝中移去一个电子所需要的能量为 4.2 eV，试求：

（1）对于铝，发生光电效应的红限波长。

（2）入射光子的能量、光电子的最大初动能以及光电流的截止电压。

（3）单位时间打到单位面积上的平均光子数。

（已知组合常量 $\hbar c=197.3\ \mathrm{eV\cdot nm}$，这里 $\hbar=h/(2\pi)$，为约化普朗克常量。）

解：（1）逸出功 $A=4.2\ \mathrm{eV}$，红限波长

$$\lambda_0=\frac{c}{\nu_0}=\frac{hc}{A}=\frac{2\pi\times197.3\ \mathrm{eV\cdot nm}}{4.2\ \mathrm{eV}}=295\ \mathrm{nm}$$

（2）入射光子的能量为

$$E=h\nu=\frac{hc}{\lambda}=\frac{2\pi\times197.3\ \mathrm{eV\cdot nm}}{200\ \mathrm{nm}}=6.2\ \mathrm{eV}$$

根据爱因斯坦光电效应方程，光电子的最大初动能为

$$E_{\mathrm{km}}=6.2\ \mathrm{eV}-4.2\ \mathrm{eV}=2.0\ \mathrm{eV}$$

光电流的截止电压为 2 V。

（3）因为入射光的强度 $I=nh\nu$，所以单位时间打到单位面积上的平均光子数为

$$n=\frac{I}{E}=\frac{2\ \mathrm{W/m^2}}{6.2\times1.60\times10^{-19}\ \mathrm{J}}=2\times10^{18}/(\mathrm{m^2\cdot s})$$

例 8-4　在一实验中，以频率为 ν_1 的单色光照射某金属表面，光电流的截止电压为 U_{a1}；改以频率为 ν_2 的单色光照射，截止电压为 U_{a2}。已知电子的电荷为 e，试用实验数据和 e，求出该金属的逸出功和普朗克常量。

解：由爱因斯坦光电效应方程可得

$$eU_{a1}=h\nu_1-A$$
$$eU_{a2}=h\nu_2-A$$

所以有

$$h=\frac{e(U_{a1}-U_{a2})}{\nu_1-\nu_2},\quad A=\frac{e(U_{a1}\nu_2-U_{a2}\nu_1)}{\nu_1-\nu_2}$$

8.2.2　康普顿效应

继光电效应之后，康普顿效应（Compton effect）是另一个表明光具有粒子性的重要实验证据。康普顿效应不仅进一步肯定了爱因斯坦的光量子理论，还证实了能量守恒和动量守恒定律在光子与电子相互作用的过程中依然严格成立。

1923年，美国物理学家康普顿（Compton，1892—1962）研究了当波长为 λ_0 的单色X射线投射到石墨晶体和其他材料上时产生的散射现象。康普顿散射实验的装置如图8-18所示。

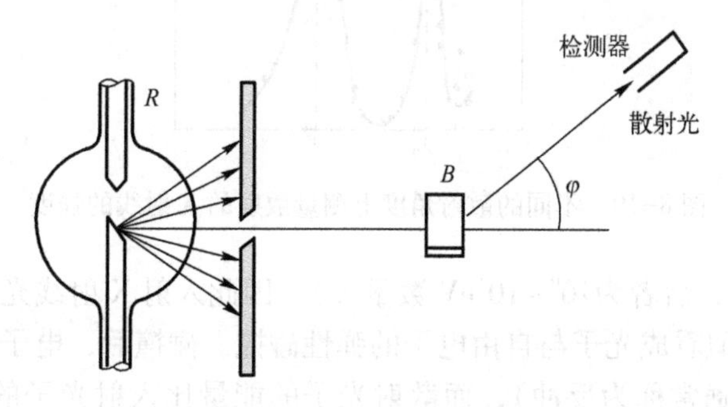

图8-18　康普顿散射实验的装置

康普顿在各种不同的散射角度上测量散射的X射线的强度随波长的分布（见图8-19）。他发现：

1）散射的X射线中出现波长变长的成分。散射光在两个波长处有强度峰值，其中一个峰对应的波长与入射的X射线的波长 λ_0 相同，另一个峰对应的波长 λ 大于入射的X射线的波长。

2）$\Delta\lambda=\lambda-\lambda_0$ 随着散射角 φ 的增大而增大，并且与入射的X射线的波长 λ_0 以及散射物质无关。

3）散射物质的相对原子质量越大，散射光中波长变长的散射线强度越小；散射物质相对的原子质量越小，散射光中波长变长的散射线强度越大。

这种波长改变的散射现象称为康普顿效应。如果把X射线看成经典的电磁波，那么散射波应该与入射波有相同的频率和波长。因此，用经典理论难以解释康普顿效应。

对康普顿效应的量子解释：康普顿应用光子的概念成功地解释了他所发现的效应。入射的X射线可看成一束光子流。由于入射X射线的光子比散射物质中外层电子的能量大得多

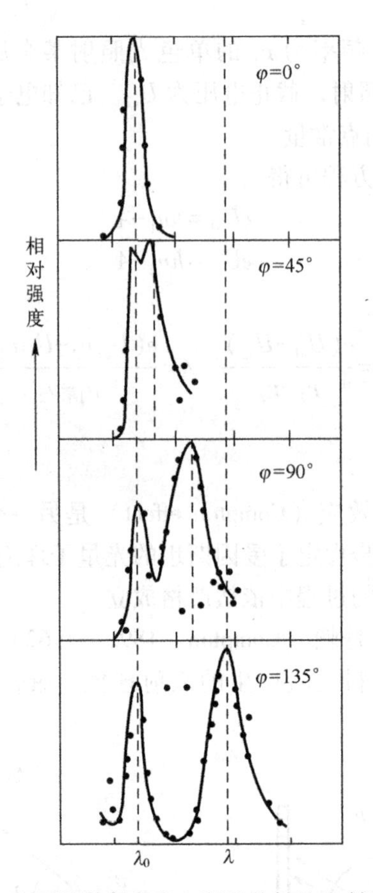

图 8-19　不同的散射角度上测量散射的 X 射线的强度

（前者为10^4eV 数量级，后者为10^0~10^1eV 数量级），因此入射 X 射线光子与散射物质中外层电子的相互作用可近似看成光子与自由电子的弹性碰撞。碰撞后，电子获得入射光子的一部分能量后高速射出（通常称为反冲），而散射光子的能量比入射光子的能量低，波长增大，因此散射光中出现波长变长的成分。

下面对波长变化进行定量计算。如图 8-20 所示，假设碰撞前电子是静止的（即不考虑电子的热运动），它的能量为 m_ec^2，动量为 0。入射 X 射线光子的能量为 $E_0=h\nu_0$，动量为 $\boldsymbol{p}_0$（其大小为 $p_0=E_0/c$）。设碰撞后电子的总能量为 E_e，动量为 $\boldsymbol{p}_e$，沿与入射光成 θ 的方向射出（此角即为电子的反冲角）。根据相对论中能量与动量的关系，可以得到

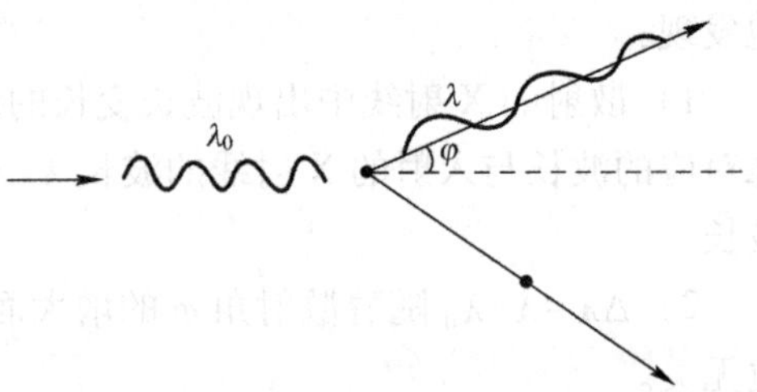

$$E_e^2=(m_ec^2)^2+(p_ec)^2$$

图 8-20　波长改变

设散射光子的能量为 $E=h\nu$，动量为 $\boldsymbol{p}$（其大小为 $p=E/c$），沿与入射光成 φ 的方向射出。根据能量和动量守恒定律可得

$$m_ec^2+E_0=E_e+E \tag{8-42}$$

$$\boldsymbol{p}_0=\boldsymbol{p}_e+\boldsymbol{p} \tag{8-43}$$

由式（8-42）得

$$E_e^2=(m_ec^2+E_0-E)^2=(m_ec^2)^2+(E_0-E)^2+2(E_0-E)m_ec^2$$

即

$$p_e^2=(p_0-p)^2+2(p_0-p)m_ec \tag{8-44}$$

由式（8-43）得

$$\boldsymbol{p}_e^2=(\boldsymbol{p}_0-\boldsymbol{p})^2=\boldsymbol{p}_0^2+\boldsymbol{p}^2-2\boldsymbol{p}_0\cdot\boldsymbol{p}$$

即

$$p_e^2=p_0^2+p^2-2p_0p\cos\varphi \tag{8-45}$$

由式（8-44）和式（8-45）两式可得

$$\frac{1}{p}-\frac{1}{p_0}=\frac{1}{m_ec}(1-\cos\varphi)$$

利用光子动量与波长的关系，最后得到

$$\Delta\lambda=\lambda-\lambda_0=\frac{h}{m_ec}(1-\cos\varphi) \tag{8-46}$$

式中，$h/(m_ec)$具有波长的量纲，称为电子的康普顿波长，记为λ_C，其值为0.002426 nm。式（8-46）称为康普顿散射公式。

式（8-46）表明，$\Delta\lambda$随散射角的增大而增大，与入射X射线的波长和散射物质无关。如果进一步考虑散射前电子是运动的（即考虑电子的热运动），还可以解释散射光峰值的宽度。如果考虑光子与原子内层电子发生碰撞的情况（由于内层电子与原子核的束缚很紧，这时光子实际与整个原子发生碰撞，反冲的是原子而不是电子），则可以说明散射光中波长不变的成分［在式（8-46）中用原子质量代替电子质量］。在原子序数大的原子中，内层电子占电子总数的比例大，光子被它们散射的概率大，因此相对原子质量越大的散射物质，其康普顿效应越不明显，相对原子质量越小的散射物质，其康普顿效应越明显。

例8-5 设波长为λ_0的X射线被散射，沿与入射方向成φ的方向射出。求：

（1）散射光子的波长。

（2）电子的反冲角与反冲能量。

解：（1）由康普顿公式，得散射光子的波长为

$$\lambda=\lambda_0+\Delta\lambda=\lambda_0+\lambda_C(1-\cos\varphi)$$

（2）由动量守恒定律，可得分量式为

$$p\cos\varphi+p_e\cos\theta=p_0$$
$$p\sin\varphi-p_e\sin\theta=0$$

所以有

$$\tan\theta=\frac{p\sin\varphi}{p_0-p\cos\varphi}=\frac{\sin\varphi}{\dfrac{\lambda}{\lambda_0}-\cos\varphi}=\frac{1}{\left(1+\dfrac{\lambda_C}{\lambda_0}\right)\tan\dfrac{\varphi}{2}}$$

由能量守恒定律，可得电子的反冲能量为

$$E_{ke}=h\nu_0-h\nu=\frac{hc}{\lambda_0}-\frac{hc}{\lambda_0+\lambda_C(1-\cos\varphi)}$$

例8-6 试对波长为0.030 nm的X射线与波长为500 nm的可见光，计算康普顿散射引起的波长最大偏移$\Delta\lambda$以及相对比值$\Delta\lambda/\lambda_0$。

解：康普顿散射引起的波长最大偏移为

$$\Delta\lambda=\lambda_C(1-\cos\pi)=2\lambda_C=0.00485\ \text{nm}$$

对波长为0.030 nm的X射线，$\Delta\lambda/\lambda_0=16.2\%$；对波长为500 nm的可见光，$\Delta\lambda/\lambda_0=0.00097\%$。可见，只有在X射线散射实验中，才开始观察到康普顿散射。

8.3 实物粒子的波动性

在光的波粒二象性的启示下，根据自然界具有对称性的考虑，德布罗意大胆地提出了物质波假说，他认为，波粒二象性并不是光和电磁辐射所独有的，实物粒子同样具有波粒二象性，正如电磁辐射的一个量子具有一个波伴随着它的运动，一个实物粒子同样有相应的物质波伴随着它的运动。具有波动性的电磁辐射在某些情况下会表现出粒子性，而在习惯上被当作经典微粒处理的实物粒子在某些情况下也会表现出波动性。

8.3.1 德布罗意的物质波假说

德布罗意采用了类比的方法，提出了当质量为m的自由粒子以速度v运动时，从粒子性方面来看，具有能量E和动量p；从波动性方面来看，具有波长λ和频率ν，这些物理量之间的关系与光的情况类似，即

$$\begin{cases}E=mc^2=h\nu\\p=mv=\dfrac{h}{\lambda}\end{cases}\tag{8-47}$$

式（8-47）称为德布罗意关系（de Broglie relation）。物质波又称德布罗意波（de Broglie wave）。

既然实物粒子具有波动性，它就应该在某些情况下表现出波的干涉、衍射等特性。根据物质波的假说，德布罗意提出了电子衍射的预言：从很小的孔穿过的电子束能够呈现衍射现象。他还建议用晶体对电子的衍射实验来证实物质波的存在。

德布罗意还应用物质波假说研究了以闭合轨道绕核运动的电子，推导出玻尔理论中的轨道角动量量子化条件，这是德布罗意关系成立的有力证据。德布罗意指出，在氢原子中做稳定的圆周运动的电子，其相应的物质波必须是一个驻波，电子绕核一周后，驻波应光滑地衔接。这就是说，电子轨道的周长应该是德布罗意波长的整数倍。设电子的德布罗意波长为λ，电子的轨道半径为r，那么

$$2\pi r=n\lambda$$

利用德布罗意关系$p=mv=\dfrac{h}{\lambda}$，容易得到

$$L=rmv=\frac{rh}{\lambda}=n\frac{h}{2\pi}=n\hbar$$

式中，L为角动量。这正是玻尔理论中的轨道角动量量子化条件。

1924年，德布罗意完成了他的博士论文《关于量子理论的研究》，总结了物质波的思想。但是，革命性的物质波理论最初并未受到物理学界的重视，许多人对德布罗意大胆的假说持怀疑态度。不久，法国著名物理学家朗之万（Langevin，1872—1946）将德布罗意论文

的复印本寄给爱因斯坦。爱因斯坦对德布罗意的工作给予了高度评价，认为这是“揭开了大幕的一角”。爱因斯坦在给德国物理学家玻恩的信中写道：“请读一读这篇论文！可能会感到这是一个疯子写的，但内容很充实。”德布罗意的论文经爱因斯坦推荐后引起广泛重视。正是在德布罗意物质波思想的深刻影响下，奥地利物理学家薛定谔（Schrödinger，1887—1961）建立了揭示微观物理世界物质运动基本规律的方程（量子力学的薛定谔波动方程）。

例 8-7　（1）试估算质量为 1000 kg、速度为 10 m/s 的汽车的德布罗意波长。

（2）试估算质量为 10^{-9} kg、速度为 10^{-2} m/s 的烟尘的德布罗意波长。

解：（1）$\lambda=\dfrac{h}{mv}=\dfrac{6.626\times10^{-34}}{1000\times10}\,\mathrm{m}=6.626\times10^{-38}\,\mathrm{m}$。

（2）$\lambda=\dfrac{h}{mv}=\dfrac{6.626\times10^{-34}}{10^{-9}\times10^{-2}}\,\mathrm{m}=6.626\times10^{-23}\,\mathrm{m}$。

由本题的结果可知，宏观物体的德布罗意波长远小于宏观物体的尺度。

例 8-8　（1）试估算动能为 100 eV 的电子的德布罗意波长。

（2）试估算动能为 1 GeV 的质子的德布罗意波长。

解：（1）本题中电子的动能远小于其静能，因此它的运动是非相对论性的。

$$\lambda=\frac{h}{p}=\frac{h}{\sqrt{2m_eE_k}}=\frac{6.626\times10^{-34}}{\sqrt{2\times9.11\times10^{-31}\times100\times1.6\times10^{-19}}}\,\mathrm{m}\approx1.23\times10^{-10}\,\mathrm{m}$$

从光的波动理论知道，当孔或屏的特征尺度（如缝宽）变得与光的波长可以比拟或小于光的波长时，容易观察到光的干涉和衍射现象。同样，要观察物质的波动现象，就需要适当小的孔或屏，即孔或屏的特征长度应与粒子的德布罗意波长相当或小于粒子的德布罗意波长。从本题的估算可以看出，动能为 100 eV 的电子的德布罗意波长与 X 射线的波长相当。利用晶体中的点阵作为衍射光栅可以观察到 X 射线的衍射现象。所以，德布罗意建议用电子在晶体上的衍射实验来验证电子的波动性。

（2）本题中质子的动能与其静能相当，它的运动是相对论性的。

$$E_k=E-m_pc^2$$

而

$$(pc)^2=E^2-(m_pc^2)^2$$

所以

$$(pc)^2=(E+m_pc^2)(E-m_pc^2)=E_k(E_k+2m_pc^2)$$

其德布罗意波长为

$$\lambda=\frac{h}{p}=\frac{hc}{pc}=\frac{hc}{\sqrt{E_k(E_k+2m_pc^2)}}$$

$$=\frac{2\pi\times197.3\times1.6\times10^{-19}\times10^{-9}}{\sqrt{10^9\times1.6\times10^{-19}\times[10^9\times1.6\times10^{-19}+2\times1.67\times10^{-27}\times(3\times10^8)^2]}}\,\mathrm{m}$$

$$\approx7.31\times10^{-16}\,\mathrm{m}=0.731\,\mathrm{fm}$$

8.3.2　德布罗意波的实验验证

可见光通过狭缝、圆孔产生衍射现象，而 X 射线却要通过晶格才可产生衍射。这是因为，只有当波长与缝宽相当时才能有明显的衍射。实物粒子的德布罗意波长远小于可见光，因此德布罗意在提出物质波假说后不久，就建议用电子束来照射晶体，观察电子的波动性。1927年，戴维孙和革末的电子衍射实验证实了德布罗意波的存在。

戴维孙-革末实验（Davisson-Germer experiment）的装置如图8-21所示。电子束被电压U加速，垂直投射到镍单晶表面，用探测器D在不同方向测量电子束的衍射强度。实验发现，当加速电压为54 V时，在散射角$\varphi=50°$处出现强度极大值（见图8-22）。

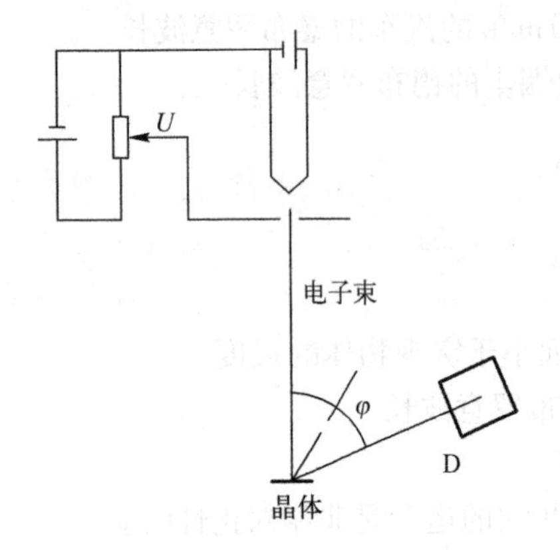

图8-21　戴维孙-革末实验

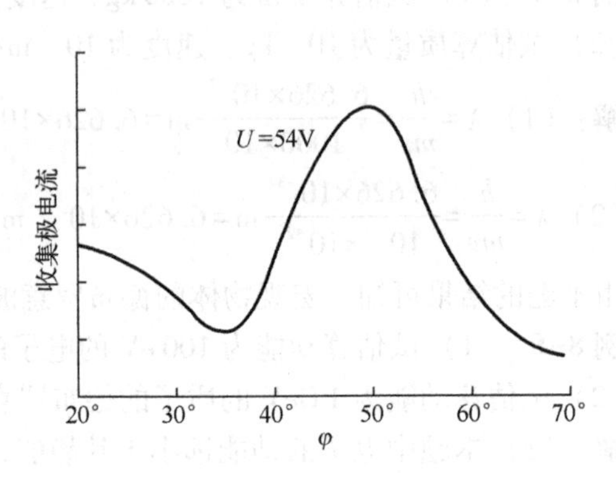

图8-22　极大值的出现

这个实验结果不能依据粒子运动来解释，但能用波的干涉来解释。如果认为电子具有波动性，那么按照衍射理论，当电子束以一定角度投射到晶体上时，只有在入射波的波长满足布拉格关系时，才能在反射方向上出现强度的极大值，即

$$2d\sin\theta=k\lambda\,(k=1,2,3,\cdots)\tag{8-48}$$

式中，d为晶面间距；θ为掠射角（见图8-23）。有效的晶面间距可以用X射线分析法得到，实验测得$d=0.091\ \mathrm{nm}$；因为散射角$\varphi=50°$，所以掠射角$\theta=90°-\varphi/2=65°$。取$k=1$，根据布拉格关系可以得到波长的实验值$\lambda=0.165\ \mathrm{nm}$。

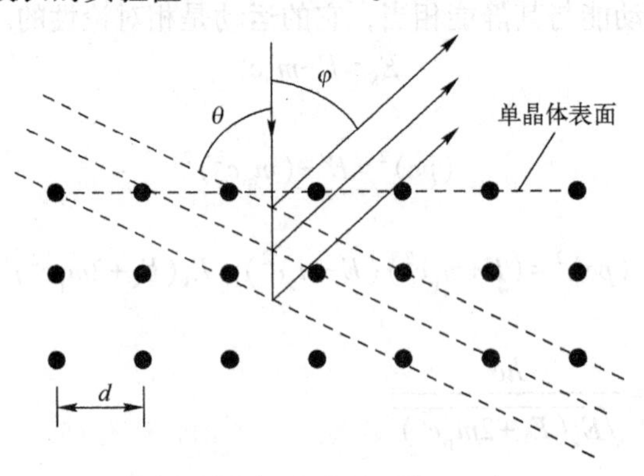

图8-23　掠射角为θ

另一方面，与动能为54 eV的电子相对应的物质波的波长可以用德布罗意关系计算：

$$\lambda=\frac{h}{p}=\frac{h}{\sqrt{2m_eE_k}}=\frac{6.626\times10^{-34}}{\sqrt{2\times9.11\times10^{-31}\times54\times1.6\times10^{-19}}}\ \mathrm{m}\approx0.167\ \mathrm{nm}$$

可见，理论计算的结果与实验值十分接近。戴维孙还通过改变加速电压来改变电子束的波长，观察到对应于 $k>1$ 的更高级强度极大，实验结果都与理论预言一致。

1927 年，G. P. 汤姆孙指出电子束在穿过薄膜时会产生衍射，并独立地详细验证了德布罗意关系。戴维孙-革末实验类似于 X 射线衍射实验中的劳厄实验（连续谱中的特殊波长从一大块单晶中的晶面上反射），而汤姆孙实验则类似于德拜的 X 射线粉末衍射法（固定的波长透过大量无规则排列的极小晶体）。汤姆孙在实验中用气体放电管产生的阴极射线照射极薄的金属箔，在屏上得到了衍射图样（见图 8-24）。有趣的是，G. P. 汤姆孙是电子的发现者 J. J. 汤姆孙的儿子，父亲因为证实电子是粒子而获诺贝尔奖，而儿子则因为证实电子是波动的而获诺贝尔奖。此后，人们陆续用干涉和衍射实验证实，不仅电子，质子、中子、原子、分子等实物粒子都具有波动性。这表明，物质波是普遍存在的，微观粒子无论其静止质量是否为零、是否带电，都具有波粒二象性。

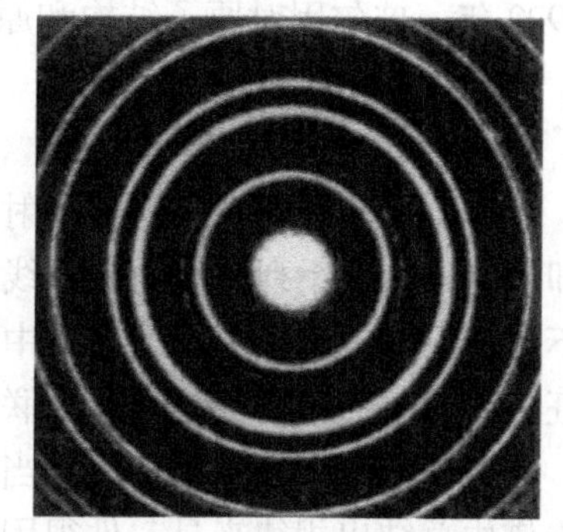

图 8-24　衍射图样

值得指出的是，为了寻找物质具有波动性的实验证据，必须使用长的德布罗意波长，即用质量和速率都小的粒子使其德布罗意波长 λ 进入可测的衍射范围。通常的物体由于动量大，相应的德布罗意波长很短，以至于它的波动现象实际上无法探测，因此粒子性占统治地位。相似地，必须使用很短的波长来寻找电磁辐射具有粒子性的实验证据。电磁辐射的粒子性在 X 射线和 γ 射线的范围内才在实验中显现出来，在长波范围用经典的波动理论足以解释实验结果。

波粒二象性理论的确立以及由此而形成的电子光学，还成为设计和制造电子显微镜（electron microscope）的基础。1931 年，德国柏林工业大学研制了第一台电子显微镜。目前，最先进的电子显微镜的放大倍数已达 200 万倍，而普通显微镜的放大倍数不超过 2000 倍。1986 年，电子显微镜的发明者鲁斯卡（Ruska，1906—1988）获得了诺贝尔物理学奖。

8.4 氢原子光谱与玻尔理论

每个化学元素都有一个独特的光谱（特征光谱）与之相联系，这是自然界最令人惊奇的现象之一。历史上，元素光谱（即原子光谱）是由德国物理学家基尔霍夫（Kirchhoff）和德国化学家本生（Bunsen）于 1859—1860 年首先发现的。此后，光谱学取得了很大发展，积累了原子光谱的大量实验数据，从有些实验数据中还归纳出经验公式。但是，对这些数据一直没有理论上的解释。

19 世纪末至 20 世纪初，随着电子、X 射线、放射性元素的发现，人们冲破了经典物理学中原子不可分、元素绝对不变等传统观念，开始探索原子内部的复杂结构。1909 年，英国物理学家卢瑟福（Rutherford，1871—1937）的 α 粒子散射实验打开了人类通向原子世界的大门。1910 年，卢瑟福提出原子的核式结构模型，成功地解释了 α 粒子散射实验的结果。但是，卢瑟福的原子核式模型从一开始就面临巨大的困难，不仅无法解释原子的线状光谱，而且无法说明原子的稳定性。

氢原子是自然界中最简单的原子，解释氢原子光谱是检验任何原子理论正确性的试金石。1913 年，丹麦物理学家玻尔（Bohr，1885—1962）将氢原子光谱实验规律、卢瑟福原子核式模型，以及普朗克、爱因斯坦的光量子理论结合起来，提出了原子的量子理论，成功地解释了氢原子的光谱。这标志着人类在认识微观世界的道路上迈出了重大意义的一步。1922 年，玻尔因对原子结构和原子辐射的研究的杰出贡献，获得了诺贝尔物理学奖。

8.4.1 氢原子光谱

实验表明，当原子受到辐射或与高能粒子碰撞而被激发时，所发射的光谱是线状光谱，即光谱是由一系列分立的光谱线组成的，每条谱线代表一种波长成分。光谱学实验还表明，不同的元素，其原子发射光谱中谱线的波长和强度分布是不同的，因此线状光谱是原子的特征之一，与原子内部结构密切联系。

原子光谱十分复杂，虽然当时实验上已精确测量了许多元素的原子光谱，但要从复杂的光谱中总结出规律来是一件很困难的事情。问题的突破是从氢原子光谱开始的。

1884 年，一位瑞士的中学教师巴耳末，在研究瑞典物理学家埃格斯特朗从氢气放电管中获得的氢原子的 4 条明亮的光谱线时发现，这 4 条光谱线的波长可以用一个简单的数学公式表示出来。他还发现，可以用这个经验公式表示当时已知的 14 条氢原子谱线的波长。1890 年，瑞典物理学家里德伯将此经验公式用波数（波长的倒数）来表示，于是巴耳末公式可以写为

$$\frac{1}{\lambda}=R_{\mathrm{H}}\left(\frac{1}{2^2}-\frac{1}{n^2}\right) \quad (n=3,4,5,\cdots) \tag{8-49}$$

式中，R_{H} 为氢原子的里德伯常量，$R_{\mathrm{H}}=1.0967758\times10^7\ \mathrm{m}^{-1}$。由巴耳末公式给出的这一系列谱线称为巴耳末线系。在卢瑟福模型被接受时已发现 30 多条巴耳末线，它们的波长全部与巴耳末公式符合得很好。此外，巴耳末公式还正确地总结出光谱线系的线系限，就是巴耳末线系中对应于 $n=\infty$ 的最短波长和对应于 $n=3$ 的最长波长（见图 8-25）。

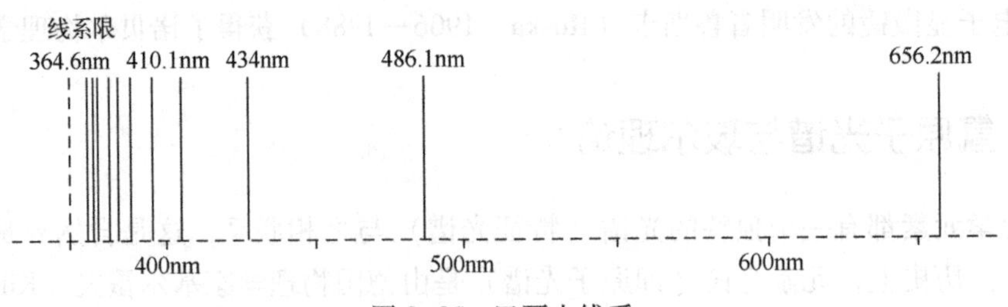

图 8-25 巴耳末线系

巴耳末公式暗示了氢原子还可能存在其他线系的谱线。推广的巴耳末公式给出了其他线系的谱线波长：

$$\frac{1}{\lambda}=R_{\mathrm{H}}\left(\frac{1}{m^2}-\frac{1}{n^2}\right) \quad (n=m+1,m+2,m+3,\cdots) \tag{8-50}$$

式（8-50）称为巴耳末-里德伯公式（Balmer-Rydberg formula）。20 世纪初，巴耳末-里德伯公式在较宽的光谱范围内获得了实验证实。其中：

1）$m=1$，$n\geqslant2$，对应莱曼系，在紫外区。

2）$m=2$，$n\geqslant3$，对应巴耳末系，在可见光区。

3）$m=3$，$n\geqslant4$，对应帕邢系，在近红外区。

4）$m=4$，$n\geqslant5$，对应布拉开系，在红外区。

5）$m=5$，$n\geqslant6$，对应普丰德系，在远红外区。

如果引入光谱项 $T(k)=R_{\mathrm{H}}/k^2$，还可以将巴耳末-里德伯公式写成

$$\frac{1}{\lambda}=T(m)-T(n) \tag{8-51}$$

即氢原子的每一条谱线都可以用两个光谱项的差来表示。

实验表明，在其他原子的发射光谱中也存在着类似的规律：发射光谱是线状光谱；谱线构成谱线系，波长可以用一个公式来表示；每一条谱线都可以表示成两个光谱项的差（当然，对不同的原子，光谱项的具体形式是不同的）。

巴耳末-里德伯公式出色地将氢原子光谱的大量实验数据概括为简明的数学表达式。但是，它仍然是一个经验公式。如何在理论上解释光谱的本质，揭示它与原子结构的关系，这是 20 世纪初物理学家面临的难题。

8.4.2　玻尔理论的基本假设

1911 年秋，年轻的丹麦物理学家玻尔（Bohr，1885—1962）赴英国剑桥大学学习和工作。同年 10 月，卢瑟福到剑桥参加卡文迪什实验室的年度聚餐会，并发表长篇演讲，论述自己的新发现，这给玻尔留下了深刻印象。1912 年 3～7 月，玻尔在曼彻斯特大学卢瑟福的实验室工作，这是他物理学生涯中最重要的转折点。在此期间，玻尔将卢瑟福的原子核式模型与物质的稳定性、普朗克量子假设、光谱的实验规律联系起来，逐渐形成了“分立定态”的概念。1913 年 7 月、9 月和 11 月，玻尔陆续发表了关于原子结构和氢原子光谱理论的三部曲《论原子和分子的构成》，建立了氢原子的玻尔理论。

玻尔在他的理论中提出 3 条基本假设：

1）定态假设。原子存在一系列具有确定能量的稳定状态，简称定态（stationary state），处于定态的原子不吸收或辐射能量。

2）跃迁假设。只有当原子从一个定态跃迁到另一个定态时，才会发射或吸收能量，而原子的能量变化等于它发射或吸收的光子的能量。也就是说，如原子在两个能量为 E_1 和 E_2 的定态间跃迁（设 $E_1>E_2$），若跃迁是从能量较高的 E_1 到能量较低的 E_2，则发射一个光子，有

$$E_1-E_2=h\nu \tag{8-52}$$

式中，ν 为发射的光子的频率；若跃迁是从能量较低的 E_2 到能量较高的 E_1，则要吸收一个频率为 ν 的光子。

3）轨道角动量量子化假设。原子处于定态时，电子在稳定的圆轨道上运动，其角动量（$L=mvr$）必为约化普朗克常量（$\hbar=h/(2\pi)$）的整数倍。即

$$L=n\hbar \tag{8-53}$$

定态概念是玻尔为解决原子稳定性问题而引入的。定态假设并不是对原子稳定性的一种解释，而只是对物质稳定性这一事实的认可。可以说，定态假设是玻尔原子理论的核心思想。在玻尔形成定态假设和跃迁假设的过程中，氢原子光谱的巴耳末公式给了他极大的启发。1913 年 2 月，玻尔在与一位光谱学家闲谈时得知氢原子光谱的巴耳末公式。玻尔后来回忆说：“我一看见巴耳末公式，整个问题对我来说就全部清楚了。”“事实上，接受了爱因

斯坦关于能量为 $h\nu$ 的光量子或光子的概念，人们不免就要假设，原子对辐射的每一次发射或吸收，都伴随着传递能量的一个过程，并将其解释为原子的某种稳定状态中或定态中的电子结合能。”

8.4.3 氢原子的能级和光谱

由玻尔的这3条假设，很容易求出氢原子的定态能量，并解释氢原子的光谱。玻尔认为，核外电子绕核做圆周运动，由于电子的质量远小于核的质量，因此在初步的考虑中，核的运动可以忽略（近似认为核静止不动，把核的质量看成无限大）。此外，玻尔还认为，电子的运动速度远小于光速，因此电子的运动可以看成是非相对论性的。

设电子的质量为 m_e，绕原子核做圆周运动的速率为 v，轨道半径为 r。按照经典力学，质子与电子之间的库仑作用力提供了圆周运动的向心力，即

$$\frac{e^2}{4\pi\varepsilon_0 r^2}=\frac{m_e v^2}{r} \tag{8-54}$$

按照轨道角动量量子化假设，电子在稳定的圆轨道上运动时，其角动量应满足

$$m_e vr=n\hbar \quad (n=1,2,3,\cdots) \tag{8-55}$$

由式（8-54）和式（8-55）可以得到氢原子中各稳定轨道的半径以及电子在各稳定轨道上运动的速率为

$$r_n=\frac{4\pi\varepsilon_0 n^2\hbar^2}{m_e e^2}=n^2\left(\frac{4\pi\varepsilon_0\hbar c}{e^2}\right)\left(\frac{\hbar}{m_e c}\right)=n^2\frac{\lambda\!\!\!^{-}_{\mathrm{C}}}{\alpha} \quad (n=1,2,3,\cdots) \tag{8-56}$$

$$v_n=\frac{n\hbar}{m_e r_n}=\frac{1}{n}\frac{e^2}{4\pi\varepsilon_0\hbar}=\frac{\alpha c}{n} \quad (n=1,2,3,\cdots) \tag{8-57}$$

式中，$\lambda\!\!\!^{-}_{\mathrm{C}}$ 为约化的康普顿波长，$\lambda\!\!\!^{-}_{\mathrm{C}}=\lambda_{\mathrm{C}}/(2\pi)$；$\lambda_{\mathrm{C}}=h/(m_e c)$；$\alpha$ 为精细结构常数，$\alpha=e^2/(4\pi\varepsilon_0\hbar c)$。由式（8-56）可知，电子只能处于一系列不连续的轨道上。当 $n=1$ 时，r_1 为氢原子电子的最小轨道半径，称为玻尔半径（Bohr radius），记为 a_0。显然，玻尔半径等于约化的电子康普顿波长的137倍，所以有

$$a_0=\frac{\lambda\!\!\!^{-}_{\mathrm{C}}}{\alpha}=137\times\frac{0.002426\ \mathrm{nm}}{2\pi}=0.0529\ \mathrm{nm}=0.529\ \text{Å},\quad r_n=n^2 a_0 \tag{8-58}$$

a_0 在数量级上与已知的氢原子在基态下的大小相符。事实上，这是第一次在理论上解释了为什么原子的大小是埃的数量级。此外，式（8-57）说明电子的运动速率与量子数 n 成反比，即电子在最小轨道半径上的运动速率最大，其大小为光速的1/137，因此，对电子的运动做非相对论近似是合理的。

由于假设核静止不动，因此原子的总能量等于电子的动能与势能的和，即

$$E=E_{\mathrm{k}}+E_{\mathrm{p}}=\frac{1}{2}m_e v^2-\frac{e^2}{4\pi\varepsilon_0 r} \tag{8-59}$$

把式（8-56）和式（8-57）代入式（8-59），可以得到当电子在量子数为 n 的轨道上运动时，氢原子的能量为

$$E_n=-\frac{1}{n^2}\left(\frac{m_e e^4}{8\varepsilon_0^2 h^2}\right)=-\frac{1}{2}m_e\left(\frac{\alpha c}{n}\right)^2=-\frac{1}{n^2}\left(\frac{\alpha^2 m_e c^2}{2}\right) \quad (n=1,2,3,\cdots) \tag{8-60}$$

由此可见，氢原子的能量只能取一系列不连续的值，即能量是量子化的。这种量子化的

能量值称为能级（energy level）。当 $n=1$ 时，电子处在第一轨道，能量处于最低值，此时原子的状态称为基态（ground state）；量子数大于 1 的各稳定态，其能量大于基态，称为激发态（excited state）；氢原子是一个束缚系统，其总能量是负的。容易得到

$$E_1=-\frac{\alpha^2}{2}m_ec^2=-\frac{1}{2\times137^2}\times0.511\,\mathrm{MeV}=-13.6\,\mathrm{eV},\quad E_n=\frac{E_1}{n^2} \tag{8-61}$$

按照跃迁假设，原子中的电子从较高的能级 E_{n_i} 跃迁到较低的能级 E_{n_f} 时，所发射的光子的能量为 $h\nu=E_{n_i}-E_{n_f}$，波数（波长的倒数）为

$$\frac{1}{\lambda}=\frac{m_ec\alpha^2}{2h}\left(\frac{1}{n_f^2}-\frac{1}{n_i^2}\right) \tag{8-62}$$

显然，式（8-62）与巴耳末-里德伯公式形式上相同。两者相比较可知，对应于原子核质量的无限大所得到的里德伯常量，其理论值为

$$R_\infty=\frac{m_ec\alpha^2}{2h}=1.0973732\times10^7\ \mathrm{m^{-1}} \tag{8-63}$$

这与实验值 $1.0967758\times10^7\ \mathrm{m^{-1}}$ 已符合得很好。

如果进一步考虑原子核的运动（即考虑原子核的实际有限质量），则里德伯常量表达式中的自由电子质量 m_e 应该用折合质量来代替，即

$$\mu=\frac{m_e}{1+m_e/m_\mathrm{N}}$$

式中，m_N 为核的质量。将这一修正考虑在内，那么玻尔理论预言的氢原子里德伯常量与实验值符合得更好：

$$R_\mathrm{H}=\frac{R_\infty}{1+m_e/m_\mathrm{p}}\approx\frac{1836}{1837}R_\infty=1.09678\times10^7\ \mathrm{m^{-1}}$$

根据玻尔理论，氢原子的发射光谱是氢原子从能量较高的激发态跃迁到能量较低的激发态或基态时辐射的谱线。莱曼系对应于电子从各个高能态向基态（$n=1$）跃迁时辐射的谱线；巴耳末系对应于电子从各个高能态向第一激发态（$n=2$）跃迁时辐射的谱线；其他各线系的形成可以依次类推（见图 8-26）。

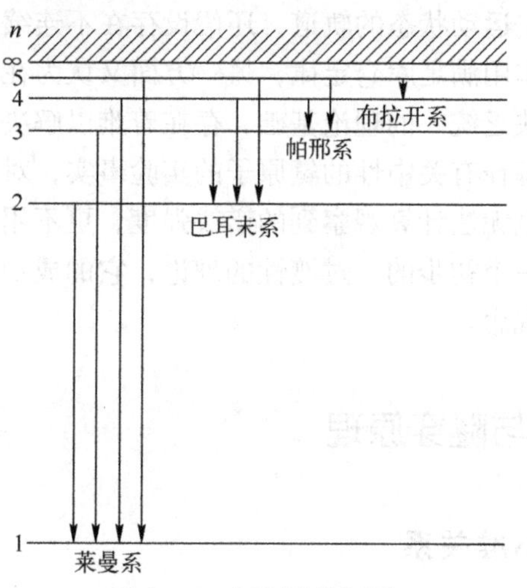

图 8-26 氢原子能级图

例 8-9 求氢原子巴耳末系中最长的波长和最短的波长。

解：（1）巴耳末系中波长最长的谱线对应于 $n=3$ 的能级到 $n=2$ 的能级的跃迁。

由 $E_3=-13.6\,\text{eV}/3^2$，$E_2=-13.6\,\text{eV}/2^2$，得

$$\Delta E=E_3-E_2=1.89\,\text{eV}$$

则巴耳末系中波长最长的谱线为

$$\lambda=\frac{hc}{\Delta E}=\frac{2\pi\hbar c}{\Delta E}=\frac{2\pi\times 197.3\,\text{eV}\cdot\text{nm}}{1.89\,\text{eV}}=656\,\text{nm}$$

（2）巴耳末系中波长最短的谱线对应于 $n=\infty$ 的能级到 $n=2$ 的能级的跃迁。

由 $E_\infty=0$，$E_2=-13.6\,\text{eV}/2^2$，得

$$\Delta E=E_\infty-E_2=3.4\,\text{eV}$$

则巴耳末系中波长最短的谱线为

$$\lambda=\frac{hc}{\Delta E}=\frac{2\pi\hbar c}{\Delta E}=\frac{2\pi\times 197.3\,\text{eV}\cdot\text{nm}}{3.4\,\text{eV}}=364\,\text{nm}$$

例 8-10 氢原子从 $n=1$ 的能态被激发到 $n=4$ 的能态。

（1）计算氢原子必须吸收的能量。

（2）若原子回到其 $n=1$ 的能态，则可能发射几种不同的谱线？

解：（1）利用 $E_n=\dfrac{E_1}{n^2}$关系，可得

$$\Delta E=(-13.6\,\text{eV}/4^2)-(-13.6\,\text{eV})=12.75\,\text{eV}$$

（2）利用能级图容易得到，可能发射的不同谱线数为 $\mathrm{C}_4^2=6$。

8.4.4 玻尔理论的成功和局限

玻尔理论不仅成功地解释了氢原子光谱，还可以正确地解释类氢离子的光谱规律，它也存在深刻的矛盾和严重的不足。

首先，这一理论是经典理论加上量子条件的混合物，并不是微观体系的一种严密的物理理论。它一方面把微观粒子看作经典力学的质点，用牛顿定律来计算电子的轨道，另一方面又加上量子条件来限定稳定运动状态的轨道，还假设存在不连续的跃迁过程；它一方面认为氢原子中核与电子的静电作用满足库仑定律，另一方面又认为在定态时电子绕核运动不发射电磁波。因此，玻尔理论缺乏统一的理论基础，存在着难以解决的内在矛盾。

其次，玻尔理论不能解释有关中性的氦原子的实验事实，对复杂原子更是无能为力。即使对氢原子，用玻尔理论也无法计算观察到的谱线强度，更不用说解释谱线的精细结构了。

因此，玻尔理论只是一个初步的、过渡性的理论，它的成功在于引进了量子概念，不足在于仍保留了经典物理的观念。

8.5 测不准关系与隧穿原理

8.5.1 微观粒子的测不准关系

在经典力学中，一个质点（宏观物体或粒子）在任何时刻都具有完全确定的位置、动

量、能量和角动量等，而且一旦知道了某一时刻的位置和动量，则在一般情况下，任意时刻该质点的位置和动量原则上都可以较精确地加以预言。但是对于微观粒子而言，由于微观粒子都具有波粒二象性，因此它的某些成对的物理量不可能同时具有确定的量值。例如，位置坐标和动量、角坐标和角动量、能量和时间等，其中一个物理量值确定得越准确，另一个量的不确定程度就越大。这一规律直接来源于粒子的波粒二象性，因此借助电子的单缝衍射实验来加以说明。

图 8-27 所示为电子的单缝衍射示意图，其中单缝宽为 Δx，现有一束电子沿 y 轴方向射向狭缝，在缝后放置照相底片以记录电子落在底片上的位置。由于电子可以从缝上的任一点通过该狭缝，对于某一给定电子，在该电子通过狭缝时无法确定它到底从哪一点通过，因此电子在通过狭缝时其在 x 方向的位置的不确定度就是缝宽 Δx。由于电子具有波动性，底片上将呈现出与光通过单缝时相似的电子单缝衍射图样，电子流强度的分布示意图已经在图 8-27 中标注。显然，电子在通过狭缝的时候其横向动量也有一个不确定量 Δp_x，该不确定量可通过分析衍射电子的分布来进行估计。衍射条纹表明，如果通过狭缝的电子其 x 方向动量的不确定量 Δp_x 为零，将只能观测到与缝同宽的一条明条纹，而实际衍射条纹要比缝宽大得多，因此 Δp_x 为一非零值。为简单起见，先考虑到达单缝衍射中央明条纹区的电子。类似于光的单缝衍射，由单缝衍射公式可得中央明条纹的半角宽度应满足

$$\Delta x\sin\varphi=\lambda$$

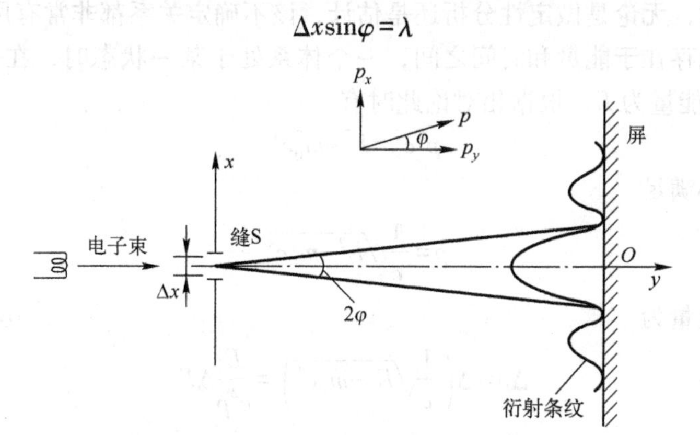

图 8-27　电子的单缝衍射实验

由图 8-27 可知，在中央明纹区域中 x 方向的动量的不确定量即为该动量在此区域中的最大值，即

$$\Delta p_x=p_x=p\sin\varphi$$

将上述两式联立可得

$$\Delta p_x=p\frac{\lambda}{\Delta x}$$

由式（8-47）可知

$$\Delta p_x=p\frac{\lambda}{\Delta x}=\frac{h}{\lambda}\frac{\lambda}{\Delta x}=\frac{h}{\Delta x}$$

当考虑一级以上的条纹时，有 $\Delta x\sin\varphi>\lambda$，相应地，此时动量的不确定量满足

$$\Delta x\Delta p_x>h$$

这是粗略估算的结果。德国物理学家海森伯根据量子力学推导出，对于一个粒子的位置坐标

的不确定量 Δx 和同一时刻下该粒子的动量在同一方向上的不确定量 Δp_x，这两个量的乘积应满足

$$\Delta x \Delta p_x \geqslant \frac{\hbar}{2} \tag{8-64}$$

式（8-64）称为海森伯的不确定关系（uncertainty relation），习惯上也被称为测不准关系。类似地，对于其他方向的分量，有

$$\Delta y \Delta p_y \geqslant \frac{\hbar}{2} \tag{8-65}$$

$$\Delta z \Delta p_z \geqslant \frac{\hbar}{2} \tag{8-66}$$

不确定关系说明微观粒子的位置坐标和同一方向的动量不可能同时进行准确的测量。如果要用坐标和动量这些概念来同时描述微观粒子，那只能是一定范围内的近似。因此，对于具有波粒二象性的微观粒子，不可能用某一时刻的位置和动量来描述其运动状态，轨道的概念已经失去了意义，经典力学的规律也已经不再适用。如果在所讨论的具体问题中，粒子坐标和动量的不确定量相对很小，说明此时粒子的波动性不显著，或者说实际上观测不到，这种情况下经典力学的规律仍然适用。不确定关系反映了微观粒子运动的基本规律。在处理微观世界中的现象时，无论是做定性分析还是估计，该不确定关系都非常有用。

不确定关系也存在于能量和时间之间，一个体系处于某一状态时，在一段时间 Δt 内该粒子的动量为 p，能量为 E，根据相对论此时有

$$p^2c^2 = E^2 - m_0^2c^4$$

即此时动量的大小满足

$$p = \frac{1}{c}\sqrt{E^2 - m_0^2c^4}$$

而其动量的不确定量为

$$\Delta p = \Delta\left(\frac{1}{c}\sqrt{E^2 - m_0^2c^4}\right) = \frac{E}{c^2p}\Delta E$$

在 Δt 时间内，粒子可能发生的位移为 $v\Delta t = \frac{p}{m}\Delta t$。该位移就是在这段时间内粒子位置坐标的不确定量，即

$$\Delta x = \frac{p}{m}\Delta t$$

将上述两式相乘，再对照不确定关系有

$$\Delta x \Delta p = \frac{E}{mc^2}\Delta E \Delta t = \Delta E \Delta t \geqslant \frac{\hbar}{2}$$

即此时类似于式（8-64），在同一时刻下，该体系时间的不确定量和能量的不确定量的乘积满足

$$\Delta E \Delta t \geqslant \frac{\hbar}{2} \tag{8-67}$$

上式被称为能量和时间的不确定关系。将其应用于原子系统可以讨论原子各激发态能级宽度 ΔE 和该能级平均寿命 Δt 之间的关系。通常将原子处于某激发能级的平均时间 Δt 称为平均

寿命（mean life-time），根据能量和时间的不确定关系，在该 Δt 时间内，原子的能量状态并非完全确定，它有一个弥散 $\Delta E \geqslant \frac{\hbar}{2\Delta t}$，称为该原子的能级宽度（width of energy level）。显然，平均寿命越长的能级越稳定，能级宽度 ΔE 越小，能量也就越确定。只有当平均寿命 Δt 为无限长时，该原子的能量状态才是完全确定的，即只有当 $\Delta t \to \infty$ 时，才有 $\Delta E = 0$。由于能级有一定的宽度，因此两个能级间跃迁所产生的光谱线也就具有一定的宽度。对于某一激发态而言，当其平均寿命越长时，能级宽度越小，跃迁到基态所发射的光谱线的单色性也就越好。

例 8-11　设子弹的质量为 10 g，枪口的直径为 5 mm，试用不确定关系计算子弹射出枪口时的横向速度。

解： 枪口直径可以当作子弹射出枪口时的位置不确定量 Δx，所以由式（8-64）可得

$$\Delta x m \Delta v_x \geqslant \frac{\hbar}{2}$$

取等号计算，可得

$$\Delta v_x = \frac{\hbar}{2m\Delta x} = \frac{1.05\times10^{-34}}{2\times0.01\times0.005}\ \mathrm{m/s} = 1.05\times10^{-30}\ \mathrm{m/s}$$

此即为子弹的横向速度。相对于子弹每秒几百米的飞行速度而言，该速度引起的运动方向的偏转是微不足道的。因此，对于类似于子弹这种宏观粒子，其波动性很不显著，对于射击时的瞄准也不会带来任何实际的影响。

例 8-12　假定原子中的电子在某激发态的平均寿命 $\tau = 10^{-8}$ s，该激发态的能级宽度是多少?

解： 根据能量和时间的不确定关系式（8-67）有

$$\Delta E \geqslant \frac{\hbar}{2\tau} = \frac{1.05\times10^{-34}}{2\times10^{-8}}\ \mathrm{J} = 5.25\times10^{-27}\ \mathrm{J}$$

8.5.2 微观粒子的隧穿原理

关于自由粒子在遇到势垒（potential barrier）时的运动情况，只考虑一个一维方势垒的情况，如图 8-28 所示。

此时该势场被分为 3 个区，其中Ⅰ区和Ⅲ区的势能为零，而Ⅱ区的势能为 V_0。当入射粒子的能量 $E<V_0$ 时，按照经典力学的观点，粒子将不能进入势垒而完全被弹回，只有能量 $E>V_0$ 的粒子才能越过势垒到达 $x>a$ 的区域。但从量子力学的观点来看，考虑到粒子的波动性，无论粒子的能量是大于 V_0 还是小于 V_0，都有一定的概率穿透势垒，也有一定的概率被反射。我们只计算 $E<V_0$ 时的情况。

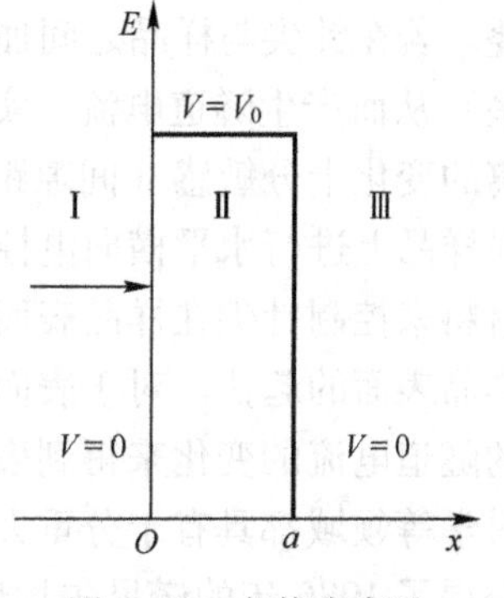

图 8-28　方势垒穿透

首先求解势垒外部的定态薛定谔方程的解。Ⅰ区的粒子有通过势垒区而进入Ⅲ区的可能。图 8-29 表明了在势垒贯穿过程的波动图像。

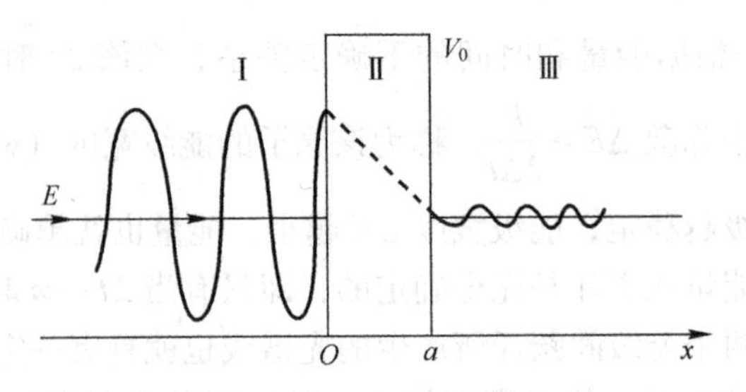

图 8-29　势垒贯穿过程的波动图像

既然Ⅰ区的粒子有通过势垒区而进入Ⅲ区的可能，经计算可得到粒子通过势垒区而进入Ⅲ区的概率为

$$P=e^{-\frac{2a}{\hbar}\sqrt{2m(V_0-E)}} \tag{8-68}$$

由式（8-68）可以看出，势垒高度 V_0 超过粒子的能量 E 越大，粒子穿透的概率越小；势垒的宽度 a 越大，粒子通过的概率也越小。

由以上的结果可以看出，按照量子力学，即使粒子的能量 E 小于势垒的高度 V_0，在一般情况下仍然有粒子穿透势垒。这种粒子能穿透比自己动能更高的势垒的现象称为隧道效应（tunnel effect）。隧道效应在经典概念下是无法理解的，它是微观粒子具有波动性的表现。当然隧道效应也只是在一定的条件下才比较显著。例如，当势垒高度比粒子的能量高 1 MeV 时，α 粒子穿过宽度 $a=10^{-14}$ m 势垒时透射系数的数量级为 10^{-4}，而当势垒的宽度 a 变为 10^{-13}m 时，此时透射系数的量级变为 10^{-38}！由此可见对于宏观物体，隧道效应实际上已经没有意义，此时量子概念过渡到了经典概念。隧道效应不仅在固体物体、放射性衰变等方面有重要应用，而且在高新技术领域有着广泛而重要的应用。1981 年，格尔德·宾宁（Gerd K. Binnig）及亨利希·罗勒（Heinrich Rohrer）等利用电子的隧道效应研制成功了扫描隧道显微镜（scanning tunneling microscope，STM），利用这种显微镜不仅能够得到 0.1nm 量级高分辨率的表面原子排布图像，而且还可以用来搬动单个原子，按人们的需要来进行排列，实现了对单个原子的人为操纵。我们知道，由于电子的隧道效应，金属中的电子并不完全局限于表面边界之内，电子密度也并不在表面边界处突变为零，而是在表面以外呈指数形式衰减，衰减长度为 1nm 左右。因此，只要将原子线度的极细探针以及被研究的材料表面作为两个电极，当样品与针尖的距离非常接近时（1 nm 左右），它们的表面电子云就可能发生重叠。若在针尖与样品之间加一微小的电压，电子就会穿越两电极间的空气或液体间隙（势垒）从而产生隧道电流。实验发现，该隧道电流的大小对针尖与样品表面原子间的间隙距离的变化十分敏感（间隙距离减小 0.1nm，隧道电流就会增加 1 个数量级）。实验时使针尖在样品上进行水平横向电控扫描，利用电子反馈线路来控制隧道电流的恒定，利用压电陶瓷材料来控制针尖在样品表面上的扫描，则探针在垂直于样品方向上的高低变化，就反映出了样品表面的起伏。对于表面起伏不大的样品，也可以通过控制针尖高度守恒扫描，由记录到的隧道电流的变化来得到表面态密度的分布。STM 的发明对表面科学、材料科学甚至生命科学等领域都具有十分重大的意义。因研制扫描隧道显微镜，格尔德·宾宁及亨利希·罗勒获得了 1986 年的诺贝尔物理学奖。

8.6 原子中的电子和原子的壳层结构

在 8.4 节中讨论了波尔的氢原子理论存在着一定的局限性，当量子力学诞生以后，人们对原子能级结构的研究进一步精确化，使得人们对氢原子能级结构的认识更加科学。

量子力学是描述微观粒子运动规律的系统理论。自从 1924 年德布罗意提出微观粒子的波粒二象性假说以后，人们开始对微观粒子的本性进行研究。1926 年，薛定谔提出波动力学，建立了一个量子体系下物质波的运动方程。它与 1925 年由海森伯等提出的矩阵力学一起构成了量子力学最初的两种不同形式。薛定谔后来证明了波动力学与矩阵力学是同一种力学规律的两种不同表述，二者是完全等价的，都属于非相对论性的量子力学。直到 1928 年，狄拉克把量子力学和狭义相对论结合起来，创立了相对论量子力学，量子力学的体系才基本完成。量子力学的建立，不仅使人们对物质结构的认识从宏观到微观产生了一个大飞跃，而且它还大大推动了新技术的发明，促进了生产力的发展。本节从微观粒子的波动性出发，绕开波函数和求解薛定谔方程的复杂运算，介绍原子中的电子和原子的壳层结构。

8.6.1 薛定谔方程求解得到的氢原子的能级结构

1. 能量量子化和主量子数

求解薛定谔方程，可得氢原子能级是量子化的，即

$$E_n=-\frac{1}{n^2}\left(\frac{me^4}{8\varepsilon_0^2h^2}\right) \tag{8-69}$$

式中，n 为主量子数（principle quantum number），$n=1,2,3,\cdots$。这一结果与由玻尔理论得到的能级是一致的。所不同的是玻尔理论是人为地加上量子化假设，而量子力学却是求解方程所得的必然结果。$n=1$ 时，氢原子处于基态；$n>1$ 时，氢原子处于激发态。

2. 角动量量子化和角量子数

求解角函数部分方程和径向部分方程，可得氢原子中电子绕核运动的角动量也是量子化的，即

$$L=\sqrt{l(l+1)}\,\hbar \tag{8-70}$$

式中，l 为轨道角动量量子数，简称角量子数或轨道量子数（orbital quantum number），$l=0,1,2\cdots,n-1$。然而，量子力学的结论与玻尔理论不同，尽管二者都指出轨道角动量是分立的、量子化的，但二者的差别在于，量子力学得出角动量最小值为零，而玻尔理论的最小值为 $h/(2\pi)$，但实验证明式（8-70）是正确的。

3. 角动量的空间量子化和磁量子数

求解角函数部分方程，可得角动量 L 在某特定方向（如氢原子在外磁场中运动，并取 z 轴为外磁场方向）上的分量（或投影）为

$$L_z=m_l\hbar \tag{8-71}$$

式中，m_l 为轨道角动量磁量子数，简称磁量子数（magnetic quantum number），$m_l=0,\pm1,\pm2,\cdots,\pm l$。这就是说角动量矢量在空间的方位不是任意的，它在某特定方向（磁场方向或转轴方向）上的分量是量子化的。这通常称角动量空间量子化。对于一定的角量子数 l，m_l 可

取 $2l+1$ 个值，这表明角动量在空间的取向只有 $2l+1$ 种可能。图 8-30 画出了 $l=1$ 和 $l=2$ 的电子轨道角动量空间取向量子化的示意图。

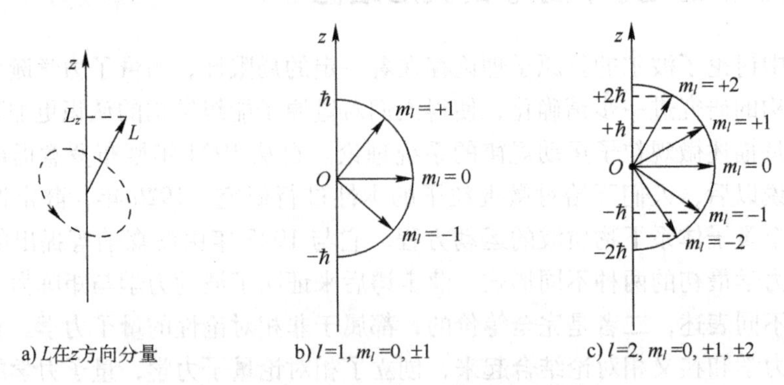

图 8-30 电子轨道角动量空间量子化

综上所述，氢原子中电子的定态量是用一组量子数 n、l、m_l 来描述的。在通常情况下，电子（指系统）的能量主要取决于主量子数 n，与角量子数 l 只有微小关系，在无外磁场时，电子能量与磁量子数 m_l 无关。因此电子的状态可以用 n、l 来表示，习惯上常用 s，p，d，f，…分别表示 $l=0,1,2,\cdots$ 的状态，而具有角量子数 $l=0,1,2,\cdots$ 的电子通常分别称为 s 电子、p 电子、d 电子等。由此可以看出，对应一个主量子数 n，角量子数 l 可以取 n 个值；对应一个 l 值，磁量子数 m_l 又可取 $2l+1$ 个值，所以对每一个 n 值（即能量值），氢原子中电子的状态数目为

$$\sum_{l=0}^{n}(2l+1)=n^2 \tag{8-72}$$

将一个能量值（能级）对应一个以上状态的情况称为简并，一个能级对应的状态的数目称为简并度（de-generacy），可见氢原子的能级是 n^2 度简并的。

通过求解电子在原子核外各处出现的概率，可确定电子出现机会最多的地方。例如，处于基态（$n=1$）的氢原子，电子虽可出现在核外空间的任一位置上，但电子在 $r_1=5.29\text{nm}$ 处，其概率为最大。此处的半径称为最概然半径（most probable radius），这与玻尔理论中氢原子的第一玻尔轨道半径正好相吻合。也就是说，玻尔轨道从量子力学观点来看，并不是电子的运动轨道，而只是表示电子出现机会最多的地方。

图 8-31 所示为基态氢原子中电子的概率分布。图中描绘浓密的地方，表示电子出现的机会多，而稀疏处表示电子出现的机会少。这个图也被称作电子云，应该注意，电子云并不表示电子真的像一团云雾弥漫在核外空间，更不能误认为一个黑点就表示一个电子，它仅是一种形象化的描述。

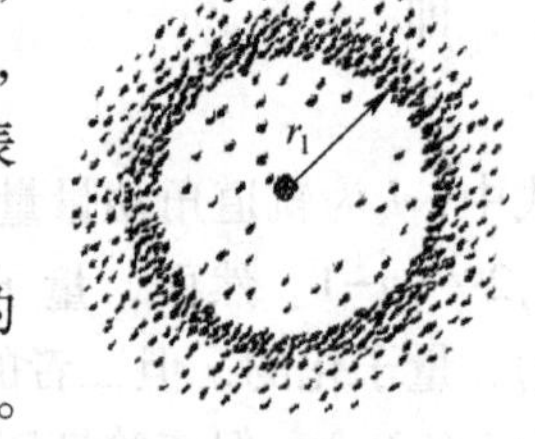

图 8-31 基态氢原子中电子的概率分布

8.6.2 电子的自旋和施特恩-格拉赫实验

1921 年，施特恩（Stern，1888—1969）和格拉赫（Gerlach，1899—1979）为了验证索末菲的空间量子化假设，在德国汉堡大学做了一个实验。其实验装置如图 8-32a 所示，图中 O 为银原子射线源，产生的银原子射线通过狭缝 S_1 和 S_2 后进入不均匀的强磁场区域，然后

打在照相底板 E 上。整个装置放在真空容器中以减少外来影响。

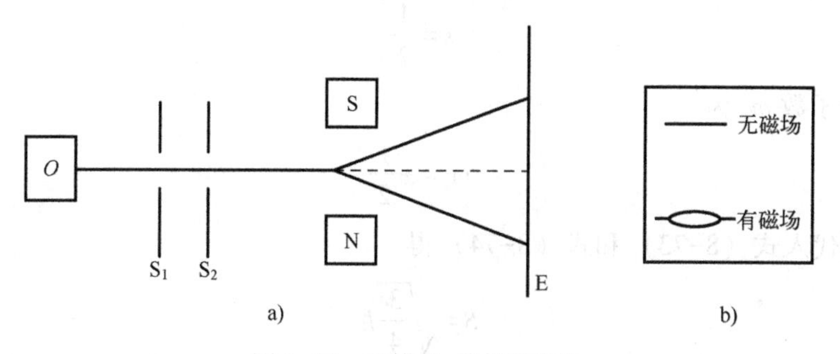

图 8-32 施特恩-格拉赫实验

实验发现，在不加外磁场时，底板 E 上呈现一条正对狭缝的银原子沉积，如图 8-32b 所示，加上磁场后呈上下两条沉积，这说明原子束在经过非均匀磁场区时分为两束。这一现象证实了原子具有磁矩，且磁矩在外磁场中只有两种可能取向，即磁矩的空间取向是量子化的。

然而，进一步的实验发现，对于 Li（锂）、Na（钠）、Ag（银）等原子在同样实验条件下，在照相底板 E 上确实得到了两条沉积，而对于 Zn（锌）、Hg（汞）、O（氧）等原子在同样条件的实验中却得到不同的沉积，这一矛盾的结果是空间量子化理论所不能解释的。按空间量子化理论，当 l 一定时，磁矩应有 $2l+1$ 个空间取向，即有奇数个空间取向，这样照相底板上沉积应为奇数条，这在 Hg、O、Zn 等原子的实验中得到证实。而 Li、Na、Ag 等原子为什么只有两条沉积呢？

为了能够说明和解释上述实验结果，1925 年荷兰物理学乌伦贝克（Uhlenbeck）和古兹密特（Goudsmit）在分析原子光谱实验的基础上，提出了电子具有自旋运动的假设，即电子在原子中一方面绕原子核旋转而具有轨道角动量，同时自身还做自旋运动并具有自旋角动量，这现象可借用的经典模型就是太阳系中地球的运动。当然，电子具有自旋仅是电子的基本内在属性之一，所以，通常将电子的自旋角动量和自旋磁矩称为内禀角动量（intrinsic angular momentum）和内禀磁矩（intrinsic magnetic moment）。他们根据实验结果又指出，电子的自旋角动量和自旋磁矩是空间量子化的，而在外磁场中也是空间量子化的且只有两种取向，即若设电子自旋角动量 S 的大小为

$$S=\sqrt{s(s+1)}\frac{h}{2\pi}=\sqrt{s(s+1)}\hbar \tag{8-73}$$

式中，s 为自旋量子数（spin quantum number）。自旋角动量 S 在外磁场方向（设为 z 方向）上的分量 S_z 为

$$S_z=m_s\frac{h}{2\pi}=m_s\hbar \tag{8-74}$$

式中，m_s 为自旋磁量子数（spin magnetic quantum number）。仿照轨道角动量在外磁场中分量 L_z 空间量子化，M_s 所取量值应和 m_l 相似，共有 $2s+1$ 个值，但考虑到施特恩-格拉赫实验指出 S_z 只有两个值，这样令

$$2s+1=2$$

即得自旋量子数为

$$s=\frac{1}{2}$$

从而自旋磁量子数 m_s 为

$$m_s=\pm\frac{1}{2}$$

将 s、m_s 分别代入式（8-73）和式（8-74）得

$$S=\sqrt{\frac{3}{4}}\hbar \tag{8-75}$$

$$S_z=\pm\frac{1}{2}\hbar \tag{8-76}$$

电子自旋概念引入后，使原子光谱的双线结构得以完满解释。事实证明，质子、中子和光子也都有自旋存在，但它们的自旋量子数并不都等于$\frac{1}{2}$，自旋现象的发现是人类对微观粒子认识的一大进步。

8.6.3 描述多电子原子中电子状态的 4 个量子数

除了氢原子和类氢离子外，其他元素的原子都有两个或两个以上电子。对于这些多电子原子中的电子，每个电子不仅受到原子核的作用，电子之间还有电磁相互作用，自旋与轨道运动间也有相互作用。因此，一般而言，一个电子的状态不再能代表多电子原子的状态。

但是，如果对多电子原子中的电子间相互作用采取合理简化和近似，把其中每个电子看作氢原子中的单电子，在由原子核和其余电子所形成的球对称势场中运动，那么量子力学理论表明，原子中每个电子的量子状态仍然可用一组量子数 n、l、m_l、m_s 来表征，相应地仍然可以用 4 个物理量来描述原子中电子的运动状态。

1）原子中电子的能量 E 和主量子数 n。主量子数 n 大体上决定原子中电子的能量，对于给定的 n、不同的 l，能量略有不同。

$$E=E(n,l)\quad(n=1,2,3,\cdots,\ l=0,1,2,3,\cdots,n-1)$$

2）电子轨道角动量 L 和角量子数 l。

$$L=\sqrt{l(l+1)}\,\hbar\quad(l=0,1,2,3,\cdots,n-1)$$

3）电子轨道角动量 L 在外磁场方向的分量 L_z 和磁量子数 m_l。

$$L_z=m_l\hbar\quad(m_l=0,\pm1,\pm2,\cdots,\pm l)$$

4）电子自旋角动量 S 在外磁场方向的分量 S_z 和自旋磁量子数 m_s。

$$S_z=m_s\hbar\quad\left(m_s=\pm\frac{1}{2}\right)$$

于是，原子中每个电子的量子状态均可用一组量子数（n、l、m_l、m_s）来描述和表征，从而能全面地决定原子的状态。相应地，原子的能量为其中各个电子能量的总和。

下面将根据 4 个量子数对原子中电子运动状态的限制和原子中电子分布的原理，来确定原子的核外电子的分布情况。

8.6.4　泡利不相容原理

玻尔在提出氢原子的量子理论之后，曾按照周期性的经验规律及光谱性质致力于元素周期表的解释。1925 年，瑞士籍奥地利物理学家泡利（Pauli）在分析了大量原子能级数据基础上，为解释元素的周期性提出：在同一个原子中，不可能有两个或两个以上的电子处于完全相同的量子态，即不可能具有完全相同的 4 个量子数（n、l、m_l、m_s），这就是泡利不相容原理（Pauli exclusion principle），它是理解原子结构和元素周期表的重要理论基础，是量子力学的一条基本原理。

根据泡利不相容原理，当主量子数 n 给定后，角量子数 l 的可能值为 $0,1,2,\cdots,n-1$，共 n 个；当 l 给定后，磁量子数 m_l 的可能值为 $0,\pm1,\pm2,\cdots,\pm l$，共 $2l+1$ 个；当 n、l、m_l 都给定后，自旋磁量子数 m_s 取$\pm\frac{1}{2}$两个可能值。因此，可以算出在原子中具有相同主量子数 n 的电子数目（或电子的状态数）最多为

$$z_n=\sum_{l=0}^{n-1}2(2l+1)=\frac{2+2(2n-1)}{2}n=2n^2 \tag{8-77}$$

1916 年，柯塞尔（Kossel）提出了形象化的原子壳层结构模型。他认为，主量子数 n 相同（即能量相同）的电子处于同一主壳层，简称壳层（shell）。对应主量子数 $n=1,2,3,4,\cdots$ 的壳层分别用大写字母 K，L，M，N，…来表示。在同一壳层内，又按角量子数 l 的不同而分为若干支壳层（subshell），并分别用小写字母 s，p，d，f，…分别表示 $l=0,1,2,3,\cdots$ 的支壳层。通常用并排写出的数字（代表 n 值）和字母（代表 l 值）来表示。例如，1s 表示 $n=1$ 和 $l=0$ 的支壳层；2p 表示 $n=2$ 和 $l=1$ 的支壳层；3d 表示 $n=3$ 和 $l=2$ 的支壳层。当一个原子中每一个电子的量子数 n 和 l 都确定下来后，则称该原子具有某一确定的电子组态（electron configuration）。例如，Ca 的电子排布方式为

$$1s^2 2s^2 2p^6 3s^2 3p^6 4s^2$$

此即 Ca 的电子组态。为简单起见，一般电子的排布方式只写出价电子，如 Ca 的电子组态可用 $4s^2$ 表示。

8.6.5　能量最低原理

根据泡利不相容原理知道每个壳层（或支壳层）中所能容纳的最多电子数（见表 8-1）后，电子将以何种顺序填充这些壳层呢？下面介绍电子排布所遵循的能量最低原理。

表 8-1　各主壳层可能容纳的电子数

支壳层 n 值	0s 支壳层	1p 支壳层	2d 支壳层	3f 支壳层	4g 支壳层	5h 支壳层	6i 支壳层	主壳层容纳电子数 z_n
1，K 壳层	2	—	—	—	—	—	—	2
2，L 壳层	2	6	—	—	—	—	—	8
3，M 壳层	2	6	10	—	—	—	—	18

（续）

支壳层 n 值	0s 支壳层	1p 支壳层	2d 支壳层	3f 支壳层	4g 支壳层	5h 支壳层	6i 支壳层	主壳层容纳电子数 z_n
4，N 壳层	2	6	10	14	—	—	—	32
5，O 壳层	2	6	10	14	18	—	—	50
6，P 壳层	2	6	10	14	18	22	—	72
7，Q 壳层	2	6	10	14	18	22	26	98

所谓能量最低原理是指原子处于正常稳定状态时，每个电子总是趋向占有最低的能级。由于能量主要取决于主量子数 n，n 越小，能量也越低。因此，离核最近的壳层首先被电子填满。然而，由于能级的高低也还和角量子数 l 有关，所以，从 $n=4$ 的 N 壳层（即元素周期表第四周期）开始，就有先填 n 较大而 l 较小的支壳层，后填 n 较小而 l 较大的支壳层的反常情况出现。我国科学家徐光宪根据大量实验事实总结出一条规律：即对于原子的外层电子，能量的高低可以用 $n+0.7l$ 值的大小来衡量。该值越大，则能级越高。例如，5s 和 4d 两个状态，5s 的 $n+0.7l=5+0.7\times0=5$，而 4d 的 $n+0.7l=4+0.7\times2=5.4$，故有

$$E(4\mathrm{d})>E(5\mathrm{s})$$

显然，电子要先填 5s 态而后才能填 4d 态。

分析表明，当支壳层完全填满时，该元素的原子特别的稳定。由于此时各支壳层的电子都成对，故各支壳层的自旋角动量为零。相应地，此时总的轨道角动量也为零。这就使得该原子很难与其他原子结合而显得特别稳定。He、Ne、Kr 等原子就是实例。

8.6.6 元素周期表

自从 1869 年门捷列夫提出和创立按原子量的次序排列的元素周期表后，经 1913 年莫塞莱（Moseley）、1925 年泡利和我国科学家徐光宪等的不断探究，同时也随着新元素的不断发现，根据目前的资料，元素周期表见表 8-2，同时给出了元素的电子组态。从表中可以看到，第 1 周期填充的是 1s 支壳层，只包含 2 个元素；第 2 和第 3 周期分别填充 2s、2p 和 3s、3p 支壳层，各包含 8 个元素；第 4 和第 5 周期分别填充 4s、3d、4p 和 5s、4d、5p 支壳层，各包含 18 个元素，其中电子逐渐填充 d 支壳层的 2×8 个元素称为过渡元素（transition element）；第 6 周期分别填充 6s、4f、5d、6p 支壳层，包含 32 个元素，其中有 24 个过渡元素，电子逐渐填充 4f 支壳层的 14 个元素称为镧系元素（lanthanide element），它们与钪、钇、镧一起统称为稀土元素（rare-earth element）；第 7 周期分别填充 7s、5f、6d、7p 支壳层，所包含元素都是不稳定的，其中电子逐渐填充 5f 支壳层的 14 个元素称为锕系元系（actinide element）。自然界存在的元素到铀（$Z=92$）为止，比铀更重的元素都是人工合成的。

表 8-2 元素周期表

元 素 周 期 表

原子序数 — 92；元素符号，红色指放射性元素 — U；元素名称，注 * 的是人造元素 — 铀；价层电子排布，括号指可能的电子排布 — $5f^36d^17s^2$；相对原子质量（加括号的数据为该放射性元素半衰期最长同位素的质量数）— 238.0

非金属元素　金属元素　过渡元素　稀有气体元素

周期	I A 1	II A 2	III B 3	IV B 4	V B 5	VI B 6	VII B 7	VIII 8	9	10	I B 11	II B 12	III A 13	IV A 14	V A 15	VI A 16	VII A 17	0 18	电子层	0族电子数
1	1 **H** 氢 $1s^1$ 1.008																	2 **He** 氦 $1s^2$ 4.003	K	2
2	3 **Li** 锂 $2s^1$ 6.941	4 **Be** 铍 $2s^2$ 9.012											5 **B** 硼 $2s^22p^1$ 10.81	6 **C** 碳 $2s^22p^2$ 12.01	7 **N** 氮 $2s^22p^3$ 14.01	8 **O** 氧 $2s^22p^4$ 16.00	9 **F** 氟 $2s^22p^5$ 19.00	10 **Ne** 氖 $2s^22p^6$ 20.18	L K	8 2
3	11 **Na** 钠 $3s^1$ 22.99	12 **Mg** 镁 $3s^2$ 24.31											13 **Al** 铝 $3s^23p^1$ 26.98	14 **Si** 硅 $3s^23p^2$ 28.09	15 **P** 磷 $3s^23p^3$ 30.97	16 **S** 硫 $3s^23p^4$ 32.06	17 **Cl** 氯 $3s^23p^5$ 35.45	18 **Ar** 氩 $3s^23p^6$ 39.95	M L K	8 8 2
4	19 **K** 钾 $4s^1$ 39.10	20 **Ca** 钙 $4s^2$ 40.08	21 **Sc** 钪 $3d^14s^2$ 44.96	22 **Ti** 钛 $3d^24s^2$ 47.87	23 **V** 钒 $3d^34s^2$ 50.94	24 **Cr** 铬 $3d^54s^1$ 52.00	25 **Mn** 锰 $3d^54s^2$ 54.94	26 **Fe** 铁 $3d^64s^2$ 55.85	27 **Co** 钴 $3d^74s^2$ 58.93	28 **Ni** 镍 $3d^84s^2$ 58.69	29 **Cu** 铜 $3d^{10}4s^1$ 63.55	30 **Zn** 锌 $3d^{10}4s^2$ 65.38	31 **Ga** 镓 $4s^24p^1$ 69.72	32 **Ge** 锗 $4s^24p^2$ 72.63	33 **As** 砷 $4s^24p^3$ 74.92	34 **Se** 硒 $4s^24p^4$ 78.96	35 **Br** 溴 $4s^24p^5$ 79.90	36 **Kr** 氪 $4s^24p^6$ 83.80	N M L K	8 18 8 2
5	37 **Rb** 铷 $5s^1$ 85.47	38 **Sr** 锶 $5s^2$ 87.62	39 **Y** 钇 $4d^15s^2$ 88.91	40 **Zr** 锆 $4d^25s^2$ 91.22	41 **Nb** 铌 $4d^45s^1$ 92.91	42 **Mo** 钼 $4d^55s^1$ 95.96	43 **Tc** 锝 $4d^55s^2$ [98]	44 **Ru** 钌 $4d^75s^1$ 101.1	45 **Rh** 铑 $4d^85s^1$ 102.9	46 **Pd** 钯 $4d^{10}$ 106.4	47 **Ag** 银 $4d^{10}5s^1$ 107.9	48 **Cd** 镉 $4d^{10}5s^2$ 112.4	49 **In** 铟 $5s^25p^1$ 114.8	50 **Sn** 锡 $5s^25p^2$ 118.7	51 **Sb** 锑 $5s^25p^3$ 121.8	52 **Te** 碲 $5s^25p^4$ 127.6	53 **I** 碘 $5s^25p^5$ 126.9	54 **Xe** 氙 $5s^25p^6$ 131.3	O N M L K	8 18 18 8 2
6	55 **Cs** 铯 $6s^1$ 132.9	56 **Ba** 钡 $6s^2$ 137.3	57~71 **La~Lu** 镧系	72 **Hf** 铪 $5d^26s^2$ 178.5	73 **Ta** 钽 $5d^36s^2$ 180.9	74 **W** 钨 $5d^46s^2$ 183.8	75 **Re** 铼 $5d^56s^2$ 186.2	76 **Os** 锇 $5d^66s^2$ 190.2	77 **Ir** 铱 $5d^76s^2$ 192.2	78 **Pt** 铂 $5d^96s^1$ 195.1	79 **Au** 金 $5d^{10}6s^1$ 197.0	80 **Hg** 汞 $5d^{10}6s^2$ 200.6	81 **Tl** 铊 $6s^26p^1$ 204.4	82 **Pb** 铅 $6s^26p^2$ 207.2	83 **Bi** 铋 $6s^26p^3$ 209.0	84 **Po** 钋 $6s^26p^4$ [209]	85 **At** 砹 $6s^26p^5$ [210]	86 **Rn** 氡 $6s^26p^6$ [222]	P O N M L K	8 18 32 18 8 2
7	87 **Fr** 钫 $7s^1$ [223]	88 **Ra** 镭 $7s^2$ [226]	89~103 **Ac~Lr** 锕系	104 **Rf** 𬬻* $(6d^27s^2)$ [265]	105 **Db** 𬭊* $(6d^37s^2)$ [268]	106 **Sg** 𬭳* [271]	107 **Bh** 𬭛* [270]	108 **Hs** 𬭶* [277]	109 **Mt** 鿏* [276]	110 **Ds** 𫟼* [281]	111 **Rg** 𬬭* [280]	112 **Cn** 鿔* [285]	113 **Nh** 鿭* [284]	114 **Fl** 𫓧* [289]	115 **Mc** 镆* [288]	116 **Lv** 𫟷* [293]	117 **Ts** 鿬* [294]	118 **Og** 鿫* [294]	Q P O N M L K	8 18 32 32 18 8 2

镧系	57 **La** 镧 $5d^16s^2$ 138.9	58 **Ce** 铈 $4f^15d^16s^2$ 140.1	59 **Pr** 镨 $4f^36s^2$ 140.9	60 **Nd** 钕 $4f^46s^2$ 144.2	61 **Pm** 钷* $4f^56s^2$ [145]	62 **Sm** 钐 $4f^66s^2$ 150.4	63 **Eu** 铕 $4f^76s^2$ 152.0	64 **Gd** 钆 $4f^75d^16s^2$ 157.3	65 **Tb** 铽 $4f^96s^2$ 158.9	66 **Dy** 镝 $4f^{10}6s^2$ 162.5	67 **Ho** 钬 $4f^{11}6s^2$ 164.9	68 **Er** 铒 $4f^{12}6s^2$ 167.3	69 **Tm** 铥 $4f^{13}6s^2$ 168.9	70 **Yb** 镱 $4f^{14}6s^2$ 173.1	71 **Lu** 镥 $4f^{14}5d^16s^2$ 175.0
锕系	89 **Ac** 锕 $6d^17s^2$ [227]	90 **Th** 钍 $6d^27s^2$ 232.0	91 **Pa** 镤 $5f^26d^17s^2$ 231.0	92 **U** 铀 $5f^36d^17s^2$ 238.0	93 **Np** 镎 $5f^46d^17s^2$ [237]	94 **Pu** 钚 $5f^67s^2$ [244]	95 **Am** 镅* $5f^77s^2$ [243]	96 **Cm** 锔* $5f^76d^17s^2$ [247]	97 **Bk** 锫* $5f^97s^2$ [247]	98 **Cf** 锎* $5f^{10}7s^2$ [251]	99 **Es** 锿* $5f^{11}7s^2$ [252]	100 **Fm** 镄* $5f^{12}7s^2$ [257]	101 **Md** 钔* $(5f^{13}7s^2)$ [258]	102 **No** 锘* $(5f^{14}7s^2)$ [259]	103 **Lr** 铹* $(5f^{14}6d^17s^2)$ [262]

8.7 本章小结与教学要求

1）深刻理解光的波粒二象性和实物粒子的波动性以及爱因斯坦光子假说。

2）掌握氢原子的能级和光谱、玻尔的氢原子理论的基本假设的成功和局限性。

3）理解微观粒子的测不准关系与隧穿原理的近代物理思想。

4）掌握原子的壳层结构和薛定谔方程得到的氢原子的能级结构，理解电子的自旋属性。

5）了解描述多电子原子中电子状态的4个量子数、泡利不相容原理、能量最低原理和元素周期表。

习 题

8-1 在如图8-33所示的瑞利干涉仪中，T_1、T_2是两个长度为l的气室，波长为λ的单色光的缝光源S放在透镜L_1的前焦面上，在双缝S_1和S_2处形成两个同相位的相干光源，用目镜E观察透镜L_2焦平面C上的干涉条纹。当两气室均为真空时，观察到一组干涉条纹。在向气室T_2中充入一定量的某种气体的过程中，观察到干涉条纹移动了M条。试求出该气体的折射率n（用已知量M、λ和l表示）。

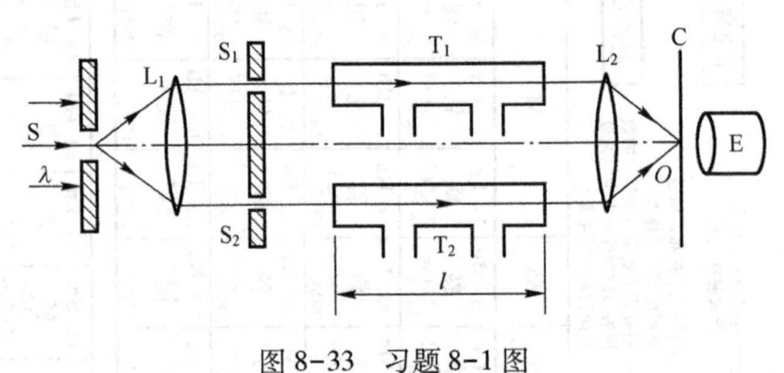

图8-33 习题8-1图

8-2 在杨氏干涉实验中，用$\lambda=632.8\,\text{nm}$的氦氖激光束，垂直照射间距为1.14 mm的两个小孔，小孔至屏幕的垂直距离为1.50 m。试求在下列两种情况下屏幕上干涉条纹的间距：

（1）整个装置放在空气中。

（2）整个装置放在折射率$n=1.33$的水中。

8-3 在杨氏双缝实验中，设两缝之间的距离为0.2 mm。在距双缝1 m远的屏上观察干涉条纹，若入射光是波长为400~760 nm的白光，问屏上离零级明纹20 mm处，哪些波长的光最大限度地加强？

8-4 在双缝干涉实验中，波长$\lambda=550\,\text{nm}$的单色平行光垂直入射到缝间距$a=2\times10^{-4}\,\text{m}$的双缝上，屏到双缝的距离$D=2\,\text{m}$。求：

（1）中央明纹两侧的两条第10级明纹中心的间距。

（2）用一厚度$e=6.6\times10^{-5}\,\text{m}$、折射率$n=1.58$的玻璃片覆盖一缝后，零级明纹将移到原来的第几级明纹处？

8-5　在双缝干涉实验装置中，屏到双缝的距离 D 远大于双缝之间的距离 d。整个双缝装置放在空气中。对于钠黄光，$\lambda=589.3\,\mathrm{nm}$，产生的干涉条纹相邻两明条纹的角距离（即相邻两明条纹对双缝中心处的张角）为 $0.20°$。

（1）对于什么波长的光，这个双缝装置所得相邻两明条纹的角距离将比用钠黄光测得的角距离大 10%？

（2）假想将此整个装置浸入水中（水的折射率 $n=1.33$），相邻两明条纹的角距离有多大？

8-6　在双缝干涉实验中，单色光源 S_0 到两缝 S_1 和 S_2 的距离分别为 l_1 和 l_2，并且 $l_1-l_2=3\lambda$，λ 为入射光的波长，双缝之间的距离为 d，双缝到屏幕的距离为 $D(D\gg d)$，如图 8-34 所示，试求：

（1）零级明纹到屏幕中央 O 点的距离。

（2）相邻明条纹间的距离。

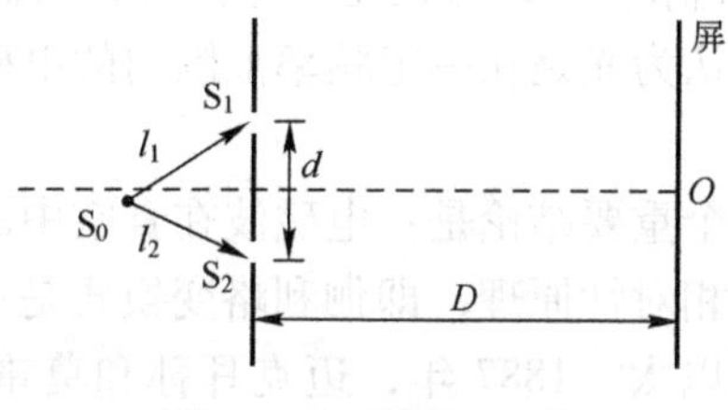

图 8-34　习题 8-6 图

8-7　考虑到相对论效应，试求实物粒子的德布罗意波长表达式，设 E_k 为粒子的动能，m_0 为粒子的静止质量。

8-8　已知电子静止质量 $m_e=9.11\times10^{-31}\,\mathrm{kg}$，当静止的电子被电势差 $U=100\,\mathrm{kV}$ 的电场加速时，如果考虑相对论效应，试计算其德布罗意波的波长。若不用相对论计算，则相对误差是多少？

8-9　已知某电子的德布罗意波长和光子的波长相同。

（1）它们的动量大小是否相同，为什么？

（2）它们的能量是否相同，为什么？

8-10　子弹质量 $m=40\,\mathrm{g}$，速率 $v=100\,\mathrm{m/s}$。试问：为什么子弹的物质波其波动性不能通过衍射效应显示出来？

8-11　试求下列两种情况下，电子速度的不确定量：

（1）电视显像管中电子的加速电压为 $9\,\mathrm{kV}$，电子枪枪口直径取 $0.10\,\mathrm{mm}$。

（2）原子中的电子（原子的线度为 $10^{-10}\,\mathrm{m}$）。

第 9 章　爱因斯坦时空观和相对论动力学基础

麦克斯韦电磁场理论预言了电磁波的存在。通过测量，人们还发现电磁波在真空中的传播速度是一个常量，且 $c=1/(\varepsilon_0\mu_0)^{1/2}$，与光速十分接近，人们相继又发现电磁波的一些性质与光波完全相同，于是有人认为光是在一定频率范围内的电磁波，并认为作为光波载体的“以太”，也是电磁波的载体。

麦克斯韦电磁场理论的一个重要结论是：电磁波在真空中的速度是一个与参考系无关的常量，这一结论对经典力学的相对性原理，即伽利略变换式是不可理解的。为了解决这个矛盾，人们做了很多工作来寻找以太。1887 年，迈克耳孙和莫雷为此做了一个具有历史意义的判别性实验，证明了以太是不存在的。

爱因斯坦在坚信电磁场理论正确性的基础上，摆脱了经典力学时空观的束缚，革命性地提出了以光速不变原理和“普遍的”相对性原理为基础的狭义相对论。狭义相对论正确地说明了电磁现象，精准描述了力学规律，对研究高能物理和“微观”粒子做出了重要贡献。

9.1　伽利略变换和经典力学的绝对时空观

9.1.1　伽利略变换和经典力学的相对性原理

力学中讨论了物体在不同的惯性参考系中的速度、加速度的关系，这里再做进一步讨论。

如图 9-1 所示，有两个惯性参考系 $S(Oxyz)$ 和 $S'(O'x'y'z')$，它们的对应坐标轴相互平行，且 S'系相对 S 系以速度 v 沿 Ox 轴的正方向运动。开始时，两惯性参考系重合。由经典力学可知，在时刻 t，点 P 在这两个惯性参考系中的位置坐标有如下对应关系：

$$\begin{cases}x'=x-vt\\y'=y\\z'=z\end{cases}\tag{9-1}$$

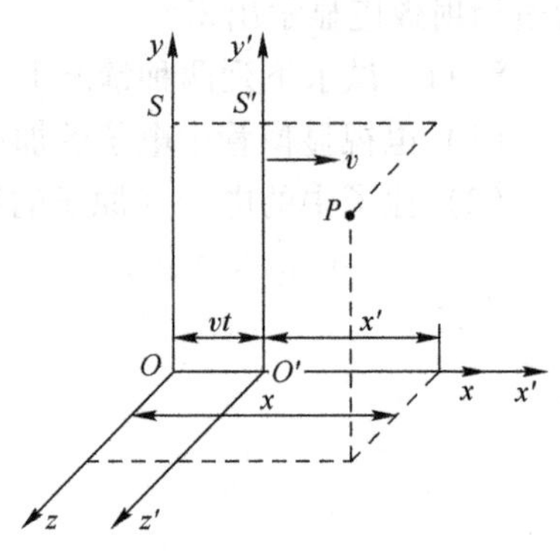

图 9-1　惯性系 S'以速度 v 相对惯性系 S 运动

这就是经典力学中的伽利略位置坐标变换公式。若在惯性系 S'中沿 Ox'轴放置一根细棒，此棒两端点在 S'系和

S 系中的坐标分别为 x_1'、x_2' 和 x_1、x_2，则它们之间的关系可由式（9-1）给出：

$$x_1 = x_1' + vt,\quad x_2 = x_2' + vt$$

于是，有

$$x_2 - x_1 = x_2' - x_1'$$

上式表明，由惯性系 S 和 S' 分别量度同一物体的长度时，所得的量值是相同的，与两惯性系的相对速度 v 无关。也就是说，经典力学认为：空间的量度是绝对的，与参考系无关。

此外，在经典力学中，时间的量度也是绝对的，与参考系无关。一事件在 S' 系中所经历的时间与 S 系中所经历的时间间隔相同，即 $\Delta t' = \Delta t$。因此，如果把经典力学中的绝对时间也考虑进来，并以两惯性参考系相重合的时刻作为在两参考系中计时的起点，那么，式（9-1）应写成如下形式：

$$\begin{cases} x' = x - vt \\ y' = y \\ z' = z \\ t' = t \end{cases} \quad 或 \quad \begin{cases} x = x' - vt \\ y = y' \\ z = z' \\ t = t' \end{cases} \tag{9-2}$$

这些变换式就叫作伽利略时空变换。它以数学形式表述了经典力学的时空观。把式（9-2）中的前三式对时间求一阶导数，就得到经典力学中的速度变换式为

$$\begin{cases} u_x' = u_x - v \\ u_y' = u_y \\ u_z' = u_z \end{cases} \tag{9-3a}$$

式中，u_x'、u_y'、u_z' 为点 P 对于 S' 系的速度分量；u_x、u_y、u_z 为点 P 对于 S 系的速度分量。式（9-3a）为点 P 在 S 系和 S' 系中的速度变换关系，叫作伽利略速度变换。其矢量形式为

$$\boldsymbol{u}' = \boldsymbol{u} - \boldsymbol{v} \tag{9-3b}$$

$\boldsymbol{v}$ 是牵连速度，$\boldsymbol{u}$ 和 $\boldsymbol{u}'$ 分别为点 P 在 S 系和 S' 系的速度。显然，式（9-3b）表明，在不同的惯性系中质点的速度是不同的。

把式（9-3a）对时间求导数，得到经典力学中的加速度变换法则为

$$\begin{cases} a_x' = a_x \\ a_y' = a_y \\ a_z' = a_z \end{cases} \tag{9-4a}$$

其矢量形式为

$$\boldsymbol{a}' = \boldsymbol{a} \tag{9-4b}$$

式（9-4b）表明，在惯性系 S 和 S' 中，点 P 的加速度是相同的，即在伽利略变换里，对不同的惯性系而言，加速度是个不变量。由于经典力学认为质点的质量是与运动状态无关的常量，所以由式（9-4）可知，在两个相互做匀速直线运动的惯性系中，牛顿运动定律的形式也应是相同的，即

$$\begin{cases} F = ma \\ F' = ma' \end{cases} \tag{9-5}$$

上述结果表明，当由惯性系 S 变换到惯性系 S' 时，S' 系牛顿运动方程的形式不变，即牛顿运动方程对伽利略变换式来讲是不变式。由此不难推断，对于所有的惯性系，牛顿力学的

规律都应具有相同的形式。这就是经典力学的相对性原理。应当指出，经典力学的相对性原理在宏观、低速的范围内，与实验结果是一致的。

9.1.2 经典力学的绝对时空观

经典力学认为空间只是物质运动的“场所”，是与其中的物质完全无关而独立存在的，并且是永恒不变、绝对静止的。因此，空间的量度就应与惯性系无关，是绝对不变的。另外，经典力学还认为，时间也是与物质运动无关的，而在永恒、均匀地流逝着，时间是绝对的。因此，对于不同的惯性系，就可以用同一时间（$t'=t$）来讨论问题。举例来说，对于一个惯性系，两件事是同时发生的，那么从另一个惯性系来看，也应该是同时发生的，而事件所持续的时间间隔，无论从哪个惯性系来看都是相同的。然而实践已证明，绝对时空观是不正确的，相对论否定了这种绝对时空观，并建立了新的时空概念。

9.2 狭义相对论的基本原理和洛伦兹变换

9.2.1 狭义相对论的基本原理

爱因斯坦在深入研究经典力学和麦克斯韦电磁场理论的基础上，认为相对性原理具有普适性，无论是对经典力学或者是对麦克斯韦电磁场理论都适用。他还认为相对于以太的绝对运动是不存在的，光速是一个常量，与惯性系的选取无关，并于1905年提出了两条狭义相对论的基本假说。

1）爱因斯坦相对性原理。物理定律在所有的惯性系中都具有相同的形式，即所有的惯性参考系对运动的描述都是等效的，即不论在哪一个惯性系中做实验都不能确定该惯性系的运动。换言之，对运动的描述只有相对意义，绝对静止的参考系是不存在的。

2）光速不变原理。真空中的光速是常量，它与光源或观测者的运动无关，即不依赖于惯性系的选择。

这两条原理非常简明，但它们的意义非常深远，是狭义相对论的基础。狭义相对论和量子论是20世纪初物理学的两项最伟大、最深刻的变革，它以极大的创新性促进了20世纪科学技术尤其是能源科学、材料科学、生命科学和信息科学等的巨大发展，并将在今后继续产生重大影响。

应当指出，爱因斯坦提出的狭义相对论的基本原理，是与伽利略变换（或经典力学时空观）相矛盾的。例如，对一切惯性系，光速都是相同的，这就与伽利略速度变换公式相矛盾。机场照明跑道的灯光相对于地球以速度 c 传播，若从相对于地球以速度 v 运动着的飞机上看，按光速不变原理，光仍是以速度 c 传播的。而按伽利略变换，则当光的传播方向与飞机的运动方向一致时，从飞机上测得的光速应为 $c-v$；当两者的方向相反时，飞机上测得的光速则应为 $c+v$。但这与实际观测是相矛盾的。当然，狭义相对论的这两条基本原理的正确性，最终是以由它们所导出的结果与实验事实相符得到了验证。

9.2.2 洛伦兹变换

伽利略变换与狭义相对论的基本原理不相容，因此需要寻找一个满足狭义相对论基本原理的变换式。

洛伦兹（Lorentz，1853—1928）是荷兰物理学家，洛伦兹变换式是洛伦兹在1904年研究电磁场理论时提出的，当时未给予正确解释。1905年爱因斯坦从狭义相对论基本原理出发，独立地导出了这个变换式，但是这个变换式通常仍以洛伦兹命名。

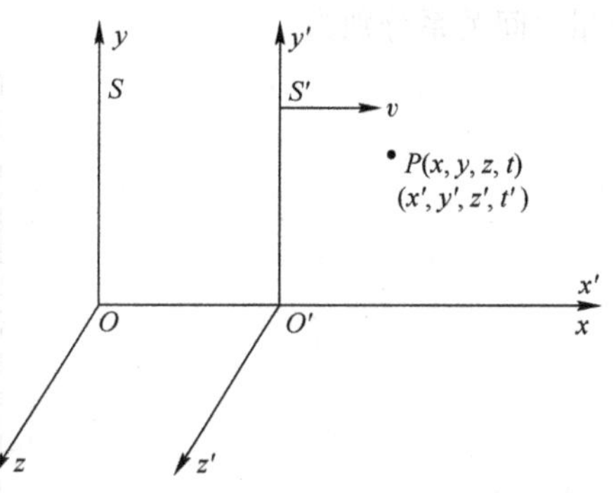

图 9-2　洛伦兹变换用图

设有两个惯性系 S 和 S'，其中惯性系 S' 沿 xx' 轴以速度 v 相对惯性系 S 运动，如图9-2所示。以两个惯性系的原点相重合的瞬时作为计时的起点。若有一个事件发生在点 P，从惯性系 S 测得点 P 的坐标是（x，y，z），时间是 t；而从惯性系 S' 测得点 P 的坐标是（x'，y'，z'），时间是 t'。在伽利略变换中 $t=t'$，即事件发生的时间是与惯性系的选取无关的。这是伽利略变换采纳的一条直接来自日常经验的定则，然而由狭义相对论的相对性原理和光速不变原理，可导出该事件在两个惯性系 S 和 S' 中的时空坐标变换式如下：

$$\begin{cases} x'=\dfrac{x-vt}{\sqrt{1-\beta^2}}=\gamma(x-vt) \\ y'=y \\ z'=z \\ t'=\dfrac{t-\dfrac{vx}{c^2}}{\sqrt{1-\beta^2}}=\gamma\left(t-\dfrac{vx}{c^2}\right) \end{cases} \tag{9-6}$$

式中，$\beta=v/c$；$\gamma=1/\sqrt{1-\beta^2}$；$c$ 为光速。从式（9-6）可解得 x、y、z 和 t，即得逆变换为

$$\begin{cases} x=\dfrac{x'+vt'}{\sqrt{1-\beta^2}}=\gamma(x'+vt') \\ y=y' \\ z=z' \\ t=\dfrac{t'+\dfrac{vx'}{c^2}}{\sqrt{1-\beta^2}}=\gamma\left(t'+\dfrac{vx'}{c^2}\right) \end{cases} \tag{9-7}$$

式（9-6）是洛伦兹变换，式（9-7）是洛伦兹逆变换。应当注意，在洛伦兹变换式中，t 和 t' 都依赖于空间的坐标，即 t 是 t' 和 x' 的函数，t' 是 t 和 x 的函数。这与伽利略变换式迥然不同。

容易看出，当惯性系 S' 相对于惯性系 S 的速度 v 远小于光速 c 时，$\beta=v/c\ll1$，洛伦兹变换式就转换为伽利略变换式。由此，在物体的运动速度远小于光速时，洛伦兹变换与伽利略变换是等效的，可见伽利略变换只适用于低速运动的物体。

9.2.3　洛伦兹速度变换

利用洛伦兹时空坐标变换可以得到洛伦兹速度变换，以替代伽利略速度变换式。图9-2

中的惯性参考系 S' 以速度 v 相对于 S 沿 xx' 轴运动。从 S 系来看，点 P 的速度为 $\boldsymbol{u}$（u_x，u_y，u_z）；从 S' 系来看，其速度为 $\boldsymbol{u}'$（u'_x，u'_y，u'_z）。通过对式（9-6）求微商，可得它们的速度分量之间关系分别为

$$\begin{cases} u'_x = \dfrac{u_x - v}{1 - \dfrac{v}{c^2}u_x} \\ u'_y = \dfrac{u_y}{\gamma\left(1 - \dfrac{v}{c^2}u_x\right)} \\ u'_z = \dfrac{u_z}{\gamma\left(1 - \dfrac{v}{c^2}u_x\right)} \end{cases} \tag{9-8}$$

式（9-8）为洛伦兹速度变换式，还可以写出式（9-8）的逆变换式，即

$$\begin{cases} u_x = \dfrac{u'_x + v}{1 + \dfrac{v}{c^2}u'_x} \\ u_y = \dfrac{u'_y}{\lambda\left(1 + \dfrac{v}{c^2}u'_x\right)} \\ u_z = \dfrac{u'_z}{\gamma\left(1 + \dfrac{v}{c^2}u'_x\right)} \end{cases} \tag{9-9}$$

将式（9-9）与式（9-3）相比较可以看出，相对论力学中的速度变换公式与经典力学中的速度变换公式不同，不仅速度的 x 分量要变换，而且 y 分量和 z 分量也要变换。但在 $v \ll c$ 的情况下，式（9-8）将转换为式（9-3）。所以式（9-3）仅适用于低速运动的物体。

现在不妨来对比一下，经典力学与相对论力学是如何看待光在真空中的速度的。设一光束沿 xx' 轴运动，已知光对 S 系的速度是 c，即 $u_x = c$。那么，根据洛伦兹速度变换式，光对 S' 系的速度为

$$u'_x = \frac{u_x - v}{1 - \dfrac{u_x v}{c^2}} = \frac{c - v}{1 - \dfrac{cv}{c^2}} = c$$

也就是说，光对于 S 系和对于 S' 系的速度相等。这个结论显然与伽利略速度变换的结果不同，但符合光速不变原理。

9.3 狭义相对论的时空观

运用洛伦兹变换式可以得到许多令人惊奇的重要结论，这些结论后来被近代高能物理中许多实验所证实。例如，物体的长度随进行量度的惯性系的不同而不同，某一过程所经历的时间间隔也随惯性系而异，以及动量与速度的关系和质能关系等都有不同的表现形式。下面

首先讨论同时的相对性，然后讨论长度的收缩和时间的延缓。

9.3.1　同时的相对性

在经典力学中，时间是绝对的。如两事件在惯性系 S 中是被同时观察到的，那么在另一惯性系 S'中也是同时观察到的。但是狭义相对论则认为，这两个事件在惯性系 S 中观察时是同时的，但在惯性系 S'中观察，一般来说就不再是同时的。这就是狭义相对论的同时的相对性。

下面介绍两个爱因斯坦的用逻辑推理说明同时相对性的实验。

如图 9-3 所示，设想有一车厢以速率 v 相对地面惯性系 S 沿 Ox 轴运动。在车厢正中间的灯 P 闪了一下后，有光信号同时向车厢两端的镜面 A 和 B 传去，且 $PA=PB$。现在要问：分别从地面惯性系 S 的观测者和随车厢一起运动的惯性系 S'的观测者来看，这两个光信号达到 A 和 B 的时间间隔是否相等，先后次序是否相同？显然，对 S'系观测者来说，光向 A 和 B 的传播速度是相同的，光信号应该同时到达 A 和 B。可是对 S 系来说情况就不一样了，A 是以速度 v 迎向光（灯 P 发出的光）运动的，而 B 则以速度 v 背离光运动，所以光信号到达 A 比到达 B 要早一些。可见，从点 P 发出的光信号到达 A 和到达 B 这两个事件所经历的时间，是与所选取的惯性系有关的。

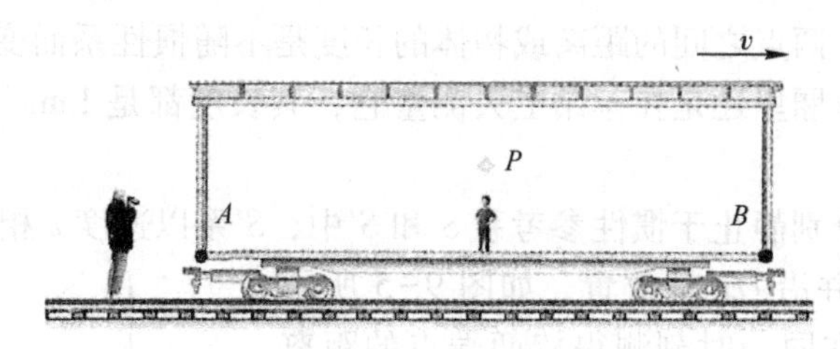

图 9-3　同时相对性的思想实验之一

如图 9-4 所示，一车厢以速度 v 相对地面沿直线运动。设想有两个闪电同时击中车厢的两端，并在地面上和车厢内留下痕迹，地面上的痕迹为 A 和 B。车厢内的痕迹为 A'和 B'。若车厢内观察者 O'位于 A'和 B'的中点，而地面的观察者 O 位于 A 和 B 的中点，闪电在地面和车厢两端造成的痕迹所发出的光信号，使这两个事件都被观察者 O 和 O'所观测到了。

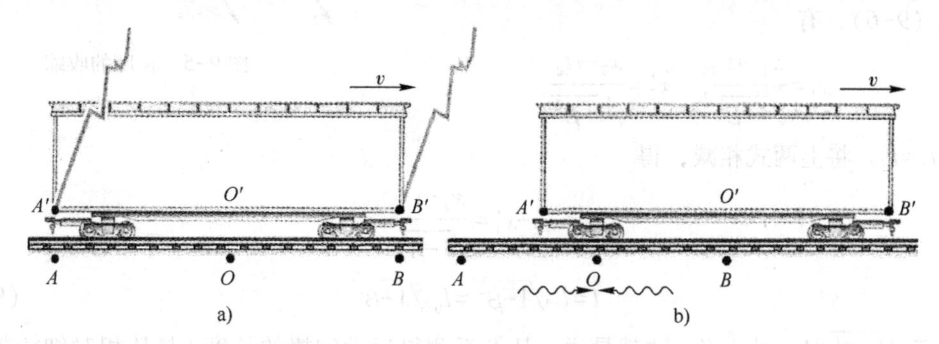

图 9-4　同时相对性的思想实验之二

如果对地面观测者 O 来说，从 A 和 B 发来的两个光信号，同时被观测到了，则观测者 O 理所当然地会认为这两起电击是同时发生的，因为两个光信号以相同的速度传播了相同的距离。然而，对于车厢中的观察者 O'来说，却有不同的结论。由于 O'是随车厢一起运动的，故由 A'发出的光信号在到达观察者 O'之前，B'发出的光信号已经先到达 O'处了。

总之，从上述两个思想实验可以明白，两个事件在一个惯性系中是同时的，一般来说在另一个惯性系中却是不同时的，不存在与惯性系无关的所谓绝对时间。这就是同时的相对性。它是由相对性原理和光速不变原理导出的必然结论之一。

同时的相对性也可由洛伦兹变换式求得。设在惯性系 S'中，不同地点 x_1' 和 x_2' 同时发生两个事件，即 $\Delta t'=t_2'-t_1'=0$，$\Delta x'=x_2'-x_1'$。由式（9-7）可得

$$\Delta t=\frac{\Delta t'+\frac{v}{c^2}\Delta x'}{\sqrt{1-\beta^2}}$$

现在 $\Delta t'=0$，$\Delta x'\neq 0$，所以 $\Delta t\neq 0$。这表明不同地点发生的两个事件，对于 S'系的观察者来说是同时发生的，而对 S 系的观察者来说不是同时发生的。“同时”具有相对意义，它与惯性系有关。只有在 S'系中同一地点（$\Delta x'=0$）同时（$\Delta t'=0$）发生的两事件，S 系才会认为该两事件也是同时发生的。

9.3.2 长度的收缩

在伽利略变换中，两点之间的距离或物体的长度是不随惯性系而变的。例如长为 1m 的尺子，不论在运动的车厢里还是在车站上去测量它，其长度都是 1 m。在洛伦兹变换中，情况就不同了。

设有两个观察者分别静止于惯性参考系 S 和 S'中，S'系以速度 v 相对 S 系沿 Ox 轴运动。一细棒静止于 S'系中并沿 Ox'轴放置，如图 9-5 所示。考虑到棒的长度应是在同一时刻测得棒两端点的距离，S'系中观察者若同时测得棒两端点的坐标为 x_1' 和 x_2'，则棒长为 $l'=x_2'-x_1'$。通常把观察者相对棒静止时所测得的棒的长度称为棒的固有长度 l_0，在此处 $l'=l_0$。而 S 系中的观察者则认为棒相对 S 系运动，并同时测得其两端点的坐标为 x_1 和 x_2，即棒的长度为 $l=x_2-x_1$。利用洛伦兹变换式（9-6），有

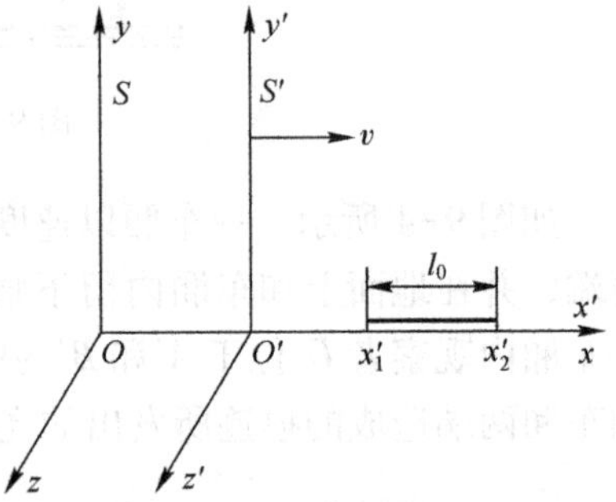

图 9-5 长度的收缩

$$x_1'=\frac{x_1-vt_1}{\sqrt{1-\beta^2}},\quad x_2'=\frac{x_2-vt_2}{\sqrt{1-\beta^2}}$$

式中，$t_1=t_2$。将上两式相减，得

$$x_2'-x_1'=\frac{x_2-x_1}{\sqrt{1-\beta^2}}$$

即

$$l=l'\sqrt{1-\beta^2}=l_0\sqrt{1-\beta^2} \tag{9-10}$$

由于$\sqrt{1-\beta^2}<1$，故 $l<l'$。这就是说，从 S 系测得运动细棒的长度 l 是从相对细棒静止的 S'系中所测得的长度 l'的$\sqrt{1-\beta^2}$。物体的这种沿运动方向发生的长度收缩称为洛伦兹收缩。容易证明，若棒静止于 S 系中，则从 S'系测得棒的长度只有其固有长度的$\sqrt{1-\beta^2}$。

在经典物理学中棒的长度是绝对的，与惯性系的运动无关。而在狭义相对论中，同一根

棒在不同的惯性系中测量所得的长度不同。物体相对观察者静止时，其长度的测量值最大，而当它相对于观察者以速度 v 运动时，在运动方向上物体长度要缩短，其测量值只有固有长度的 $\sqrt{1-\beta^2}$。

从表面上看，棒的相对收缩不符合日常经验，这是因为在日常生活和技术领域中所遇到的运动，都比光速要小得多。对于这些运动，由于 $\beta \ll 1$，式（9-10）可简化为

$$l' \approx l$$

这就是说，对于相对运动速度较小的惯性参考系来说，长度可以近似看作一绝对量。在地球上，宏观物体所达到的最大速度一般为若干千米每秒，此最大速度与光速之比的数量级为 10^{-5} 左右。在这样的速度下，长度相对收缩的数量级约为 10^{-10}，故仍然可以忽略不计。

例 9-1　设想有一光子火箭，相对地球以速率 $v=0.95c$ 做直线运动。若以火箭为参考系测得火箭长为 15 m。问以地球为参考系，此火箭有多长？

解： 由式（9-10）有

$$l=15\sqrt{1-0.95^2}\ \text{m}=4.68\ \text{m}$$

即从地球测得光子火箭的长度只有 4.68 m。

例 9-2　如图 9-6 所示，假如有一长为 1 m 的棒静止地放在 $O'x'y'$ 平面内。在 S' 系的观察者测得此棒与 $O'x'$ 轴成 45°。试问从 S 系的观察者来看，此棒的长度以及棒与 Ox 轴的夹角是多少？设想 S' 系以速率 $v=\sqrt{3}c/2$ 沿 Ox 轴相对 S 系运动。

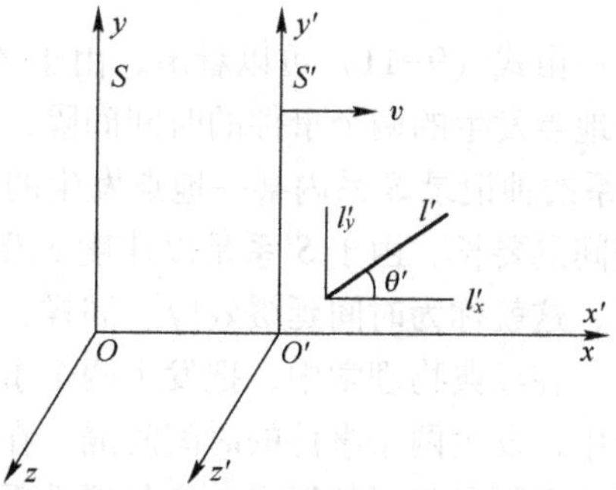

解： 设棒静止于 S' 系的长度为 l'，它与 $O'x'$ 轴的夹角为 θ'。此棒长在 $O'x'$ 和 $O'y'$ 轴上的分量分别为

$$l'_x=l'\cos\theta',\quad l'_y=l'\sin\theta'$$

由于 S' 系沿 Oy 轴相对 S 系的速度为零，故从 S 系的观察者来看，此棒长在 Oy 轴上分量 l_y 与 l'_y 相等，保持不变，即

$$l_y=l'_y=l'\sin\theta'$$

图 9-6　例 9-2 图

而棒长在 Ox 轴上的分量（即与速度 v 的方向平行的分量），由式（9-10）有

$$l_x=l'_x\sqrt{1-\beta^2}=l'\sqrt{1-\beta^2}\cos\theta'$$

因此，从 S 系中的观察者来看，棒的长度为

$$l=\sqrt{l_x^2+l_y^2}=l'\sqrt{1-\beta^2\cos^2\theta'}$$

而棒与 Ox 轴的夹角，则由下式确定：

$$\tan\theta=\frac{l_y}{l_x}=\frac{l'\sin\theta'}{l'\sqrt{1-\beta^2}\cos\theta'}=\frac{\tan\theta'}{\sqrt{1-\beta^2}}$$

由题意知，$\theta'=45°$，$l'=1\ \text{m}$，$v=\sqrt{3}c/2$，所以有

$$l=l'\sqrt{1-\beta^2\cos^2\theta'}=0.79\ \text{m}$$

$$\tan\theta=\frac{\tan\theta'}{\sqrt{1-\beta^2}}=2,\quad \theta=63.43°$$

可见，从 S 系的观察者来看，运动着的棒不仅长度要收缩，而且还要转向。

9.3.3 运动时间间隔的膨胀

在狭义相对论中，如同长度不是绝对的，时间间隔也不是绝对的。设在 S'系中有一只静止的钟，有两个事件先后发生在同一地点 x'，此钟记录的时刻分别为 t'_1 和 t'_2，于是在 S'系中的钟所记录两事件的时间间隔为 $\Delta t'=t'_2-t'_1$，常称为固有时 Δt_0。而相对 S'系的速率为 v 沿 x'轴运动的 S 系中的钟所记录的时刻分别为 t_1 和 t_2，即钟所记录两事件的时间间隔为 $\Delta t=t_2-t_1$，Δt 常称为运动时间。根据洛伦兹变换式（9-7）可得

$$t_1=\gamma\left(t'_1+\frac{x'v}{x^2}\right)$$

$$t_2=\gamma\left(t'_2+\frac{x'v}{x^2}\right)$$

于是

$$\Delta t=t_2-t_1=\gamma(t'_2-t'_1)=\gamma\Delta t'$$

或

$$\Delta t=\frac{\Delta t'}{\sqrt{1-\beta^2}}=\frac{\Delta t_0}{\sqrt{1-\beta^2}} \tag{9-11}$$

由式（9-11）可以看出，由于$\sqrt{1-\beta^2}<1$，故 $\Delta t>\Delta t'$。这就是说，在 S'系中所记录的某一地点发生的两个事件的时间间隔，小于由 S 系所记录的该两事件的时间间隔。换句话说，S 系的钟记录 S'系内某一地点发生的两个事件的时间间隔，比 S'系的钟所记录该两事件的时间间隔要长，由于 S'系是以速度 v 沿 xx'轴方向相对 S 系运动，因此可以说运动着的钟走慢了，这就称为时间延缓效应。同样，从 S'系看 S 系的钟，也认为运动着的 S 系的钟走慢了。

在经典物理学中，把发生两个事件的时间间隔，看作量值不变的绝对量。而在狭义相对论中，发生两个事件的时间间隔，在不同的惯性系中是不相同的。这就是说，两事件之间的时间间隔是相对的概念，它与惯性系有关。只有在运动速度 $v\ll c$ 时，$\beta\ll1$，式（9-11）才简化为

$$\Delta t'\approx\Delta t$$

也就是说，对于缓慢运动的情形来说，两事件的时间间隔近似为一绝对量。所以在低速情况下，是很难看到时间延缓效应的。

综上所述，狭义相对论指出了时间和空间的量度与惯性参考系的选择有关。

时间与空间是相互联系的，并与物质有着不可分割的联系。不存在孤立的时间，也不存在孤立的空间。时间、空间与运动三者之间的紧密联系，深刻地反映了时空的性质，这是正确认识自然界甚至人类社会所应持有的基本观点。所以说，狭义相对论的时空观为科学的、辩证的世界观提供了物理学上的论据。

例 9-3 设想有一光子火箭以 $v=0.95c$ 的速率相对地球做直线运动。若火箭上宇航员的计时器记录他观测星云用了 10 min，则地球上的观察者测得此事用了多少时间？

解： 由式（9-11）可得

$$\Delta t=\frac{\Delta t'}{\sqrt{1-\beta^2}}=\frac{10}{\sqrt{1-0.95^2}}\text{min}=32.03\text{ min}$$

即地球上的计时器记录宇航员观测星云用了 32.03 min，似乎是运动的钟走得慢了。

9.3.4　关于时间延缓和长度收缩的实验证明

在低速运动的经典力学中，时间延缓和长度收缩是不可想象的，但在高能粒子物理中却得到了实验证明。

从宇宙空间进入大气层的宇宙射线可以产生两种 μ 子（μ^+和 μ^-），其静质量是电子的 207 倍，它是不稳定的粒子，在自发衰变时，可蜕变为一个电子 e^-（或一个正电子 e^+）、一个中微子 v 和一个反中微子$\bar{v}$，即

$$\mu^{\pm} \rightarrow e^{\pm} + v + \bar{v}$$

μ 子的衰变规律与放射性元素的衰变规律相同，如果 $t=0$ 时，有 N_0个 μ 子，则在时刻 t 时，μ 子的数目为

$$N = N_0 e^{-t/T_0}$$

T_0叫作平均寿命。据测试，μ 子的平均寿命约为 2.15×10^{-6} s。平均寿命的物理意义是：在 $t=T_0$时，未衰变的粒子数与原粒子数之比为 1/e。

从测试中知道，μ 子以 $v=2.994\times10^8$ m/s 即 $0.998c$ 的速度向地球运动。如按经典力学的时空观，可算得 μ 子在平均寿命 $T_0=2.15\times10^{-6}$ s 的时间内所经历的路程为 $y_0=vT_0=643.7$ m。然而，从地球上实验室参考系测得 μ 子在其平均寿命的时间内，由地球上空到达地面所经历的路程，却为 643.7 m 的十多倍。由经典力学计算所得的值与实验室参考系所测得的值相差如此之大，应怎样解释呢?

下面先从狭义相对论的时间延缓效应来说明。

设有一个惯性参考系 S'，μ 子静止于这个参考系中，S' 系以速率 $v=0.998c$ 竖直向下朝着地球参考系 S（即实验室参考系）运动。在 μ 子衰变过程中，从 S'系来看，其平均寿命为 T_0，这就是固有时间。然而，从 S 系来看其平均寿命则为 T，由式（9-11）有

$$T = \frac{T_0}{\sqrt{1-\frac{v^2}{c^2}}} = \frac{2.15\times10^{-6}}{\sqrt{1-\left(\frac{0.998c}{c}\right)^2}}\ \text{s} = 3.40\times10^{-5}\ \text{s}$$

可见，$T/T_0\approx16$。这就是说，从实验室参考系 S 测到 μ 子的平均寿命 T，约是静止参考系 S'测到的 μ 子的平均寿命 T_0的 16 倍。因此，从实验室参考系 S 来看，μ 子在平均寿命 T 时间内，相对于地球所经过的路程应为

$$y = vT = (2.994\times10^8)\times(3.40\times10^{-5})\ \text{m} = 1.02\times10^4\ \text{m}$$

这个值是 643.7 m 的 16 倍。它与实验测得的结果是相符的。

下面从狭义相对论的长度收缩效应来说明。

同上面一样，S'系中的 μ 子以速率 $v=0.998c$ 竖直向下朝着地球参考系 S 运动。在 μ 子衰变过程中，从 S'系看来，地球在 T_0时间内以速率 v 朝着 μ 子运动的距离 $y_0=vT_0=643.7$ m。根据长度收缩效应，y_0是从 S 系测得的该路程 y 的$\sqrt{1-\beta^2}$。换句话说，按照式（9-10），y 与 y_0的关系为

$$y_0 = y\sqrt{1-v^2/c^2}$$

于是

$$y = \frac{y_0}{\sqrt{1-v^2/c^2}}$$

即 S 系（实验参考系）测得 μ 子在 T 时间内以速率 v 朝地球运动的路程为

$$y=\frac{643.7}{\sqrt{1-\left(\frac{0.998c}{c}\right)^2}}\text{ m}=1.02\times10^4\text{ m}$$

这与考虑时间延缓效应得出的结果是相同的。

从上述所讨论的 μ 子衰变的例子来看，时间延缓和长度收缩这两个相对论效应是协调一致的，都符合实验事实，而且当 S' 系相对于 S 系的速度越接近于光速时，这两个效应就越显著。

9.4 相对论的质量、动量和能量

9.4.1 相对论的质量

牛顿第二定律是质点动力学的基本方程，动量守恒、能量守恒等定律都是由它衍生而来的。牛顿第二定律的表达式为

$$a=\frac{\boldsymbol{F}}{\boldsymbol{m}} \tag{9-12}$$

式中，$\boldsymbol{m}$ 为惯性质量是不随物体运动状态而改变的物理量；$\boldsymbol{F}$ 为物体所受到的合外力；a 为物体的加速度。按照这个公式，物体在恒外力作用下，必然产生恒定的加速度。那么物体在不断地加速下，总有那么一个时刻能够使得物体的速度超过光速！这与相对论理论中关于光速是极限速度的理论相矛盾。

在经典力学中，F 定义为物体动量对时间的变化率，这里仍然沿用这个概念。同样地，也沿用经典力学中关于动量的定义 $p=mv$。既然式（9-12）在高速情况下不再合适，也就是说在相对论情况下

$$\boldsymbol{F}=\frac{\mathrm{d}(m\boldsymbol{v})}{\mathrm{d}t}\neq\left[m\boldsymbol{a}=m\frac{\mathrm{d}\boldsymbol{v}}{\mathrm{d}t}\right]$$

按照上式，必然要求质量 m 也随物体的运动状态而变，下面引入相对论质量（relativistic mass）与速度的关系。

来看下面的一个例子，如图 9-7 所示，设在惯性参考系 k 有一个质量为 M 的物体，初始时保持静止，在某一时刻该物体分裂为完全相同的两块 A 和 B，二者分别沿 x 轴的正方向和负方向运动，根据动量守恒定律可知，二者的速度大小相等记为 u。假设此时有一个惯性参考系 k'相对参考系 k 以速率 u 沿 x 轴正方向运动，则根据洛伦兹速度变换，在参考系 k'下 A 和 B 的速度大小分别为

$$\begin{cases} v'_{\mathrm{A}}=\dfrac{v_{\mathrm{A}}-u}{1-\dfrac{u}{c^2}v_{\mathrm{A}}}=-\dfrac{2u}{1+\dfrac{u^2}{c^2}} \\ v'_{\mathrm{B}}=\dfrac{v_{\mathrm{B}}-u}{1-\dfrac{u}{c^2}v_{\mathrm{B}}}=0 \end{cases} \tag{9-13}$$

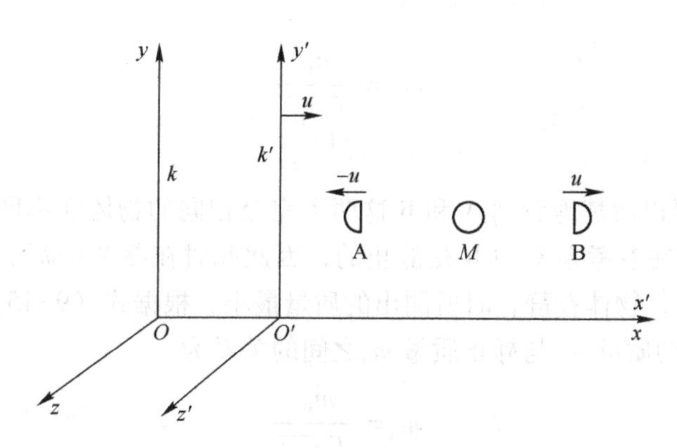

图 9-7　相对论质量-速度关系图

同样地，在参考系 k'下观察原来分裂前的物体，由于该物体相对参考系 k 静止，因此该物体同样相对参考系 k'以速度$-u$ 运动。由于动量守恒定律在相对论情形下也同样适用，因此根据动量守恒定律，在参考系 k'下有

$$M\cdot(-u)=m_{\mathrm{A}}\left(-\frac{2u}{1+\dfrac{u^2}{c^2}}\right)+0$$

在这里，认为物体在分裂过程中没有质量的损失，也就是说，存在 $M=m_{\mathrm{A}}+m_{\mathrm{B}}$。如果按照经典理论认为质量与速度无关，也就是说 A 和 B 的质量相等，则此时上式就不再成立了，也就是整个体系的动量就不再守恒，因此为了使动量守恒定律成立就必然要求质量要与速度有关。根据上式，两边消去 u，并考虑 $M=m_{\mathrm{A}}+m_{\mathrm{B}}$，可以得出

$$m_{\mathrm{A}}+m_{\mathrm{B}}=\frac{2m_{\mathrm{A}}}{1+\dfrac{u^2}{c^2}}$$

因此，可以得到 A 和 B 二者质量之间的关系为

$$m_{\mathrm{B}}=m_{\mathrm{A}}\frac{1-\dfrac{u^2}{c^2}}{1+\dfrac{u^2}{c^2}}\tag{9-14}$$

根据式（9-13）中参考系 k'中 A 的速度与 u 的关系，可以用 A 的速度来替代式（9-14）中的 u，由式（9-13）变形得到

$$\frac{v'_{\mathrm{A}}}{c^2}u^2+2u+v'_{\mathrm{A}}=0$$

解方程得

$$u=\frac{v'_{\mathrm{A}}}{c^2}\left(\sqrt{1-\frac{v'^2_{\mathrm{A}}}{u^2}}-1\right)$$

代入式（9-14）后，化简有

$$m_A = \frac{m_B}{\sqrt{1-\frac{u^2}{c^2}}} \qquad (9\text{-}15)$$

由式（9-15）可以清楚地看到 A 和 B 这两个完全相同的物体在不同的速度状态……量产生了差别。由于在参考系 k'中 B 是静止的，因此此时在参考系 k'下测出的 B 的质……为静质量（rest mass），物体在静止时所测出的质量最小，根据式（9-15），对于一个以速度 u 运动的粒子，其运动质量 m_u与静止质量 m_0之间的关系为

$$m_u = \frac{m_0}{\sqrt{1-\frac{u^2}{c^2}}} \qquad (9\text{-}16)$$

式（9-16）即狭义相对论的质速关系式。由此可见，质点的质量已经不再是一个与质点运动速率无关的量，而将随运动速率的增大而不断增大。当质点运动速率 $u \ll c$ 时，这就回到了牛顿力学所讨论的范畴，即质点的运动质量和静止质量基本相等，其质量已经不随其运动速率变化而变化，当质点运动速率 $u>c$ 时，此时由式（9-16）得出的质量是一个虚数，这就失去了实际意义，因此式（9-16）也同样说明了真空中的光速 c 是一切物体运动速率的极限。最后对于光子，其速率 $u=c$，根据式（9-16）可知其静止质量为零。所以，光子的静止质量为零。

9.4.2 相对论的动量

在经典力学中，速度为 v、质量为 m 的质点的动量表达式为

$$\boldsymbol{p} = m\boldsymbol{v} \qquad (9\text{-}17)$$

对于一个由许多质点组成的系统，其动量为

$$\boldsymbol{p} = \sum_i \boldsymbol{p}_i = \sum_i m_i \boldsymbol{v}_i$$

在没有外力作用于系统的情况下，系统的总动量是守恒的，即

$$\sum_i m_i \boldsymbol{v}_i = 常矢量$$

由于在经典力学中，质点的质量是不依赖于速度的常量，而且在不同惯性系中质点的速度变换遵循伽利略变换，因此经典力学中的动量守恒定律是建立在伽利略速度变换和质量与运动速度无关的基础之上的。

但是在狭义相对论中，惯性系间的速度变换是遵守洛伦兹变换的，这时若使动量守恒表达式在高速运动情况下仍然保持不变，就必须对式（9-17）所给出的动量表达式进行修正，使之适合洛伦兹速度变换式。按照狭义相对论的相对性原理和洛伦兹速度变换式，当动量守恒表达式在任意惯性系中都保持不变时，质点的动量表达式应为

$$\boldsymbol{p} = \frac{m_0 \boldsymbol{v}}{\sqrt{1-(\boldsymbol{v}/c)^2}} = \gamma m_0 \boldsymbol{v} \qquad (9\text{-}18)$$

式中，m_0为质点静止时的质量；$\boldsymbol{v}$为质点相对某惯性系运动时的速度。当质点的速率远小于光速，即 $v \ll c$ 时，有 $\gamma \approx 1$，$p \approx m_0 v$，这与经典力学的动量表达式（9-12）是相同的。式（9-18）为相对论动量表达式。

9.4.3　质量与能量的关系

当有外力 $\boldsymbol{F}$ 作用于质点时，由相对论性动量表达式，可得

$$F=\frac{\mathrm{d}\boldsymbol{p}}{\mathrm{d}t}=\frac{\mathrm{d}}{\mathrm{d}t}(m\boldsymbol{v})=\frac{\mathrm{d}}{\mathrm{d}t}\left[\frac{m_0\boldsymbol{v}}{(1-\beta^2)^{1/2}}\right] \tag{9-19}$$

式（9-19）为相对论力学的基本方程式。由式（9-19）出发，可以得到狭义相对论中另一重要的关系式——质量与能量关系式。

如同经典力学那样，元功仍定义为 $\mathrm{d}W=\boldsymbol{F}\cdot\mathrm{d}\boldsymbol{r}$。为使讨论简单，设一质点在变力的作用下，由静止开始沿 x 轴做一维运动。当质点的速率为 v 时，它所具有的动能等于外力所做的功，即

$$E_\mathrm{k}=\int F_x\mathrm{d}x=\int\frac{\mathrm{d}p}{\mathrm{d}t}\mathrm{d}x=\int v\mathrm{d}p=\int\frac{1}{2m}\mathrm{d}(p^2)$$

又因为

$$m=\frac{m_0}{\sqrt{1-\dfrac{u^2}{c^2}}}$$

所以有

$$m^2c^2-m^2v^2=m_0^2c^2$$

即

$$m^2c^2-p^2=m_0^2c^2$$

两边微分得

$$\mathrm{d}(p^2)=2mc^2\mathrm{d}m$$

将此式代入动能公式中，得

$$E_\mathrm{k}=\int\mathrm{d}E_\mathrm{k}=\int\frac{1}{2m}\cdot2mc^2\mathrm{d}m=\int_{m_0}^{m}c^2\mathrm{d}m=mc^2-m_0c^2$$

考虑到初始时刻动能是 0，最后得到

$$E_\mathrm{k}=mc^2-m_0c^2 \tag{9-20}$$

式（9-20）为相对论性动能表达式，它是质点运动时的能量与静止能量之差。它与经典力学的动能表达式毫无相似之处。然而，在 $v\ll c$ 的极限情况下，有 $(1-v^2/c^2)^{-1/2}\approx(1+v^2/2c^2)$。把它代入式（9-20），得

$$E_\mathrm{k}=m_0\left(1-\frac{v^2}{c^2}\right)^{-1/2}c^2-m_0c^2=\frac{1}{2}m_0v^2$$

这正是经典力学的动能表达式。可见，经典力学的动能表达式是相对论力学动能表达式在物体的运动速度远小于光速的情形下的近似。

此外，由式（9-20）可得

$$mc^2=E_\mathrm{k}+m_0c^2$$

爱因斯坦对此做出了具有深刻意义的说明：他认为 mc^2 是质点运动时具有的总能量，而 m_0c^2 为质点静止时具有的静能量。这样，上式表明质点的总能量等于质点的动能和其静能量之和，或者说质点的动能是其总能量与静能量之差。表 9-1 给出了一些微观粒子和轻核的静能量。

表 9-1 一些微观粒子和轻核的静能量

粒　　子	符　　号	静能量/MeV
光子	γ	0
电子（或正电子）	e^-（或 e^+）	0. 511
μ 子	$\mu^{\pm}$	105. 700
π 介子	$\pi^{\pm}$	139. 600
	π^0	135. 000
质子	P	938. 272
中子	n	939. 565
氘核	^2H	1875. 613
氚核	^3H	2808. 921
氦核（α 粒子）	^4He	3727. 379

从相对论的观点来看，质点的能量等于其质量与光速的二次方的乘积，若以符号 E 代表质点的总能量，则有

$$E=mc^2 \tag{9-21}$$

这就是质能关系式。它是狭义相对论的一个重要结论，具有重要的意义。式（9-21）指出，质量和能量这两个重要的物理量之间有着密切的联系。如果一个物体或物体系统的能量有 ΔE 的变化，则无论能量的形式如何，其质量必有相应的改变，其值为 Δm。它们之间的关系为

$$\Delta E=(\Delta m)c^2 \tag{9-22}$$

在日常现象中，观测系统能量的变化并不难，但其相应的质量变化却极微小，不易觉察到。例如，1 kg 水由 0℃ 被加热到 100℃ 时所增加的能量为 $\Delta E=4.18\times10^3\times100\,\text{J}=4.18\times10^5\,\text{J}$，而质量相应地只增加了 $\Delta m=\dfrac{\Delta E}{c^2}=4.6\times10^{-12}\,\text{kg}$。

可是在研究核反应时，实验却完全验证了质能关系式。

1932 年，英国物理学家考克饶夫（Cockcroft，1897—1967）和爱尔兰物理学家瓦尔顿（Walton，1903—1995）利用他们所设计的质子加速器进行了人工核蜕变实验，他们因此于 1951 年获得诺贝尔物理学奖，这也是质能关系获得实验验证的第一例。在实验中，他们使加速的质子束射到威耳孙云室内的锂靶上，锂原子核俘获一个质子后成为不稳定的铍原子核，然后又蜕变为两个氦原子核，并在接近于 180°的角度下，以很高的速度飞出（见图 9-8）。这个核反应可写为

$${}^7_3\text{Li}+{}^1_1\text{H}\rightarrow{}^8_4\text{Be}\rightarrow{}^4_2\text{He}+{}^4_2\text{He} \tag{9-23}$$

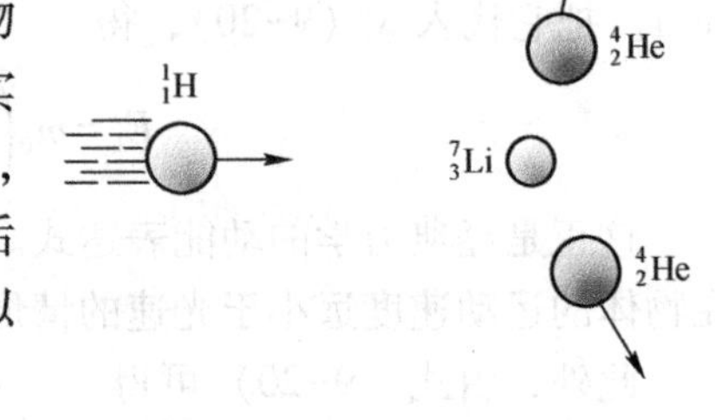

图 9-8 锂原子的核反应

经实验测量两个氦原子核（即 α 粒子）的总动能为 17. 3 MeV（$1\,\text{MeV}=1.60\times10^{-13}\,\text{J}$），这个总动能就是核反应后两个 α 粒子所具有的动能之和 E_k。由式（9-22）知，两个 α 粒子的质量比其静质量增加了

$$\Delta m=\frac{E_{\mathrm{k}}}{c^2}=\frac{17.3\times 1.60\times 10^{-13}}{(3.0\times 10^8)^2}\mathrm{kg}=3.08\times 10^{-29}\ \mathrm{kg}$$

如果原子核的质量用原子质量单位 u㊀表示，则

$$\Delta m=\frac{3.08\times 10^{-29}}{1.66\times 10^{-27}}\mathrm{u}=0.01855\,\mathrm{u} \tag{9-24}$$

另一方面，由质谱仪测得质子（$_1^1\mathrm{H}$）、锂原子核（$_3^7\mathrm{Li}$）和氦原子核（$_2^4\mathrm{He}$）的静质量分别为

$$m_{\mathrm{H}}=1.00728\,\mathrm{u},\quad m_{\mathrm{Li}}=7.01601\,\mathrm{u},\quad m_{\mathrm{He}}=4.00151\,\mathrm{u}$$

那么在核反应后，两个 α 粒子的质量增加量为

$$\Delta m=(1.00783\,\mathrm{u}+7.01601\,\mathrm{u})-2\times 4.00260\,\mathrm{u}=0.01864\,\mathrm{u} \tag{9-25}$$

比较式（9-24）和式（9-25），可见理论计算与实验结果是相符的（相对误差<0.5%）。后来，人们又做了许多有关核反应方面的实验，都得出了与理论相符合的结果。所有这类实验一再验明了质能关系的正确性，以及狭义相对论的基本原理的正确性。顺便提醒一下，上述实验还表明，系统在经历某一过程的前后，其能量和质量是分别守恒的，而且两者密不可分，也可以说相对论把经典力学中两条孤立的守恒定律结合成了统一的质能守恒定律。

9.4.4 质能公式在原子核裂变和聚变中的应用

如同核反应一样，在原子核的裂变（如原子弹）和聚变（如氢弹）过程中，都会有大量的能量被释放出来，并遵守能量守恒定律。所释放的能量可用相对论的质能关系进行计算。

1. 核裂变

有些重原子核能分裂成两个较轻的核，同时释放出能量，这个过程称为裂变。其中典型的是铀原子核$_{92}^{235}\mathrm{U}$ 的裂变。$_{92}^{235}\mathrm{U}$ 中有 235 个核子，其中 92 个为质子，143 个为中子。在热中子的轰击下，$_{92}^{235}\mathrm{U}$ 裂变为 2 个新的原子核和 2 个中子，并释放出能量 Q，其反应式为

$$_{92}^{235}\mathrm{U}+_0^1\mathrm{n}\rightarrow _{54}^{139}\mathrm{Xe}+_{38}^{95}\mathrm{Sr}+2_0^1\mathrm{n}$$

实际上，Q 是在核裂变过程中，铀原子核与生成的原子核和中子之间的能量之差。在这种情况下，生成物的总质量比$_{92}^{235}\mathrm{U}$ 的质量要减少 0.22 u。因此，由质能公式可知，1 个$_{92}^{235}\mathrm{U}$ 在裂变时释放的能量为

$$Q=\Delta E=(\Delta m)c^2=(0.22\times 1.66\times 10^{-27})\times(3.0\times 10^8)^2\ \mathrm{J}$$
$$=3.3\times 10^{-11}\ \mathrm{J}\approx 200\ \mathrm{MeV}$$

这个能量值看似很小，其实不然，因为 1 g $_{92}^{235}\mathrm{U}$ 的原子核数约为 $6.02\times 10^{23}/235=2.56\times 10^{21}$。所以，1 g $_{92}^{235}\mathrm{U}$ 的原子核全部裂变时所释放的能量可达 $3.3\times 10^{-11}\times 2.56\times 10^{21}\,\mathrm{J}=8.5\times 10^{10}\ \mathrm{J}$。值得注意的是，在热中子轰击$_{92}^{235}\mathrm{U}$ 核的生成物中有多于一个的中子；若它们被其他铀核所俘获，将会发生新的裂变。这一连串的裂变称为链式反应，利用链式反应可制成各种型号和用途的反应堆。世界第一座链式裂变反应堆于 1943 年建成，1945 年制造出第一颗原子弹，

㊀ 原子和原子核的质量单位通常用“原子质量单位”，其符号为 u。它的定义是：一个原子质量单位等于一个处于基态的$^{12}\mathrm{C}$ 中性原子静质量的 1/12。一般计算时，取 $1\,\mathrm{u}=1.66\times 10^{-27}\ \mathrm{kg}$。

1954 年建成第一座核电站。

2. 轻核聚变

轻核聚变有许多种，它们都是由轻核结合在一起形成较大的核，同时还有能量被释放出来的过程。一个典型的轻核聚变是两个氘核（^2_1H，氢的同位素）聚变为氦核（^4_2He），其反应式为

$$^2_1H+^2_1H \rightarrow ^4_2He+n+3.27\ MeV$$

式中，n 为中子；3.27 MeV 为在核聚变过程中释放出的能量。

应当强调指出，似乎聚变过程释放的能量比裂变过程释放的能量要小，其实不然。因为氘核的质量轻，1 g ^2_1H 的原子核数约为 10^{23} 数量级，所以就单位质量而言，轻核聚变释放的能量要比重核裂变释放的能量大许多。

虽然轻核聚变能释放出巨大的能量，为建造轻核聚变反应堆发电厂提供了美好的前景，但是要实现受控轻核聚变，必须要克服两个^2_1H 核之间的库仑排斥力。据计算，只有当^2_1H 具有 10 keV 的动能时，才可以克服库仑排斥力引起的障碍，这就是说只有当温度达到 10^8 K 时，才能使^2_1H 的动能具有 10 keV，从而实现两轻核的聚变。在恒星（如太阳）内部的温度已超过 10^8 K，所以在太阳内部充斥着等离子体（带正、负电的粒子群），进行着剧烈的核聚变。太阳内部的核聚变为地球上的生命提供了强大的能量，这是因为太阳的强大的引力能把 10^8 K 高温的等离子体控制在太阳的内部。氢弹爆炸无可辩驳地证明了氢同位素聚变热核反应。然而，在地球上的实验室里想把等离子体控制在一定的区域内却要困难得多。

9.5 动量与能量的关系

相对论动量 p、静能量 E_0和总能量 E 之间的关系，是非常重要的关系。

由前述可知，在相对论中，静质量为 m_0、运动速度为 v 的质点的总能量和动量，可由下列公式表示：

$$E=mc^2=\frac{m_0c^2}{\sqrt{1-v^2/c^2}},\quad P=mv=\frac{m_0v}{\sqrt{1-v^2/c^2}}$$

由这两个公式中消去速度 v 后，将得到动量和能量之间的关系为

$$(mc^2)^2=(m_0c^2)^2+m^2v^2c^2$$

由于 $p=mv$，$E_0=m_0c^2$和 $E=mc^2$，所以上式可写成

$$E^2=E_0^2+p^2c^2 \tag{9-26}$$

这就是相对论性动量和能量关系式。为便于记忆，它们间的关系可用图 9-9 的三角形表示出来。

如果质点的能量 E 远远大于其静能量 E_0，即 $E \gg E_0$，那么式（9-26）可近似写成

$$E=pc \tag{9-27}$$

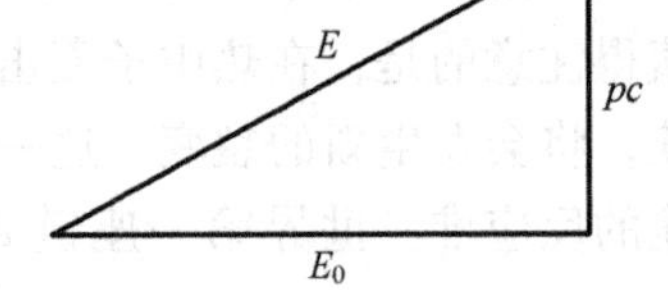

图 9-9 相对论动量、总能量和静能量间的关系

当然，此式也可以表述像光子这类静质量为零的粒子的能量和动量之间的关系。我们知道，频率为 ν 的光束，其光子的能量为 $h\nu$。于是，由式（9-27）可得光子的动量为

$$p=\frac{E}{c}=\frac{h\nu}{c}=\frac{h}{\lambda} \tag{9-28}$$

式中，λ 为此光束的波长。这就说，光子的动量与光的波长成反比。由此，人们对光的本性的认识又深入了一步。

上面叙述了狭义相对论的时空观和相对论力学的一些重要结论。狭义相对论的建立是物理学发展史上的一个里程碑，具有深远的意义。它揭露了空间和时间之间，以及时空和运动物质之间的深刻联系。这种相互联系，把经典力学中认为互不相关的绝对空间和绝对时间，结合成为一种统一的运动物质的存在形式。

与经典物理学相比较，狭义相对论更客观、更真实地反映了自然的规律。目前，狭义相对论不但已经被大量的实验事实所证实，而且已经成为研究宇宙学、粒子物理以及反应堆中能量的释放、带电粒子加速器的设计等问题的基础。当然，随着科学技术的不断发展，一定还会有新的、目前尚不知道的事实被发现，甚至还会有新的理论出现。然而，以大量实验事实为根据的狭义相对论在科学中的地位是无法否定的。这就像在低速、宏观物体的运动中，经典力学仍然是十分精确的理论那样。

例 9-4 一质子以速度 $v=0.80c$ 运动。求其总能量、动能和动量。

解： 从表 9-1 知道，质子的静能量为 $E_0=m_0c^2=938\ \mathrm{MeV}$，所以质子的总能量为

$$E=mc^2=\frac{m_0c^2}{(1-v^2/c^2)^{1/2}}=\frac{938}{(1-0.8^2)^{1/2}}\mathrm{MeV}=1563\ \mathrm{MeV}$$

质子的动能为

$$E_{\mathrm{k}}=E-m_0c^2=1563\ \mathrm{MeV}-938\ \mathrm{MeV}=625\ \mathrm{MeV}$$

质子的动量为

$$p=mv=\frac{m_0v}{(1-v^2/c^2)^{1/2}}=\frac{1.67\times10^{-27}\times0.8\times3\times10^8}{(1-0.8^2)^{1/2}}\mathrm{kg\cdot m\cdot s^{-1}}$$

质子的动能也可这样求得

$$pc=\sqrt{E^2-(m_0c^2)^2}=\sqrt{1563^2-938^2}\ \mathrm{MeV}=1250\ \mathrm{MeV}$$

注意，MeV/c 中 “c” 是作为光速的符号而不是数值，在核物理中经常用 MeV/c 作为动量的单位。

例 9-5 已知一个氚核（$^3_1\mathrm{H}$）和一个氘核（$^2_1\mathrm{H}$）可聚变成一个氦核（$^4_2\mathrm{He}$），并产生一个中子（$^1_0\mathrm{n}$）。试问在这个核聚变中有多少能量被释放出来。

解： 上述核聚变的反应式为

$$^2_1\mathrm{H}+^3_1\mathrm{H}\rightarrow{}^4_2\mathrm{He}+^1_0\mathrm{n}$$

从表 9-1 可以知道氘核和氚核的静能量之和为

$$(1875.613+2808.921)\ \mathrm{MeV}=4684.534\ \mathrm{MeV}$$

而氦核和中子的静能量之和为

$$(3727.379+939.565)\ \mathrm{MeV}=4666.944\ \mathrm{MeV}$$

可见，在氘核和氚核聚变为氦核的过程中，静能量减少了

$$\Delta E=(4684.534-4666.944)\ \mathrm{MeV}=17.59\ \mathrm{MeV}$$

上述核反应发生在太阳内部的聚变过程中，由此可见，太阳因不断辐射能量而使其质量不断减小。

9.6 本章小结与教学要求

1）了解狭义相对论的诞生背景以及狭义相对论的基本原理，理解狭义相对论的时空观的同时的相对性、长度的收缩、运动时间间隔的膨胀和高速运动的质量的增加。

2）掌握相对论的质量、动量和能量之间的关系。

3）掌握质能公式在原子核裂变和聚变中的应用。

习　题

9-1　有下列几种说法：

(1) 两个相互作用的粒子系统对某一惯性系满足动量守恒，对另一个惯性系来说，其动量不一定守恒；

(2) 在真空中，光的速度与光的频率、光源的运动状态无关；

(3) 在任何惯性系中，光在真空中沿任何方向的传播速率都相同。

上述说法中正确的是（　　）。

A. 只有（1）、(2）是正确的　　B. 只有（1）、(3）是正确的

C. 有（2）、(3）是正确的　　D. 三种说法都是正确的

9-2　按照相对论的时空观，下列叙述中正确的是（　　）。

A. 在一个惯性系中，两个同时的事件，在另一惯性系中一定是同时事件

B. 在一个惯性系中，两个同时的事件，在另一惯性系中一定是不同时事件

C. 在一个惯性系中，两个同时又同地的事件，在另一惯性系中一定是同时同地事件

D. 在一个惯性系中，两个同时不同地的事件，在另一惯性系中只可能同时但不同地

E. 在一个惯性系中，两个同时不同地的事件，在另一惯性系中只可能同地但不同时

9-3　有一细棒固定在 S' 系中，它与 Ox' 轴的夹角 $\theta'=60°$，如果 S' 系以速度 u 沿 Ox 方向相对 S 系运动，S 系中观察者测得细棒与 Ox 轴的夹角（　　）。

A. 等于 60°

B. 大于 60°

C. 小于 60°

D. 当 S' 系沿 Ox 正方向运动时大于 60°，而当 S' 系沿 Ox 负方向运动时，小于 60°

9-4　一飞船的固有长度为 L，相对于地面以速度 v_1 做匀速直线运动，从飞船中的后端向飞船中的前端的一个靶子发射一颗相对于飞船的速度为 v_2 的子弹。在飞船上测得子弹从射出到击中靶的时间间隔是（　　）。

A. $\dfrac{L}{v_1+v_2}$　　B. $\dfrac{L}{v_1-v_2}$　　C. $\dfrac{L}{v_2}$　　D. $\dfrac{L}{v_1\sqrt{1-(v_1/c)^2}}$

9-5　设 S' 系以速率 $v=0.60c$ 相对于 S 系沿 xx' 轴运动，且在 $t=t'=0$ 时，$x=x'=0$。

(1) 若有一事件，在 S 系中发生于 $t=2.0\times10^{-7}$ s，$x=50$ m 处，则该事件在 S' 系中发生于何时刻？

(2) 如有另一事件发生于 S 系中 $t=3.0\times10^{-7}$ s，$x=10$ m 处，在 S' 系中测得这两个事件

的时间间隔为多少？

9-6　设有两个参考系 S 和 S'，它们的原点在 $t=0$ 和 $t'=0$ 时重合在一起。有一事件，在 S'系中发生在 $t'=8.0\times10^{-8}$ s，$x'=60$ m，$y'=0$，$z'=0$ 处，若 S'系相对于 S 系以速率 $v=0.60c$ 沿 xx'轴运动，该事件在 S 系中的时空坐标为多少？

9-7　一列火车长 0.30 km（火车上观察者测得），以 100 km/h 的速度行驶，地面上的观察者发现有两个闪电同时击中火车前后两端。火车上的观察者测得两闪电击中火车前后两端的时间间隔为多少？

9-8　在惯性系 S 中，某事件 A 发生于 x_1处，2.0×10^{-6} s 后，另一事件 B 发生于 x_2处，已知 $x_2-x_1=300$ m。问：（1）能否找到一个相对 S 系做匀速直线运动的参照系 S'，在 S'系中，两事件发生于同一地点？（2）在 S'系中，上述两事件之间的时间间隔为多少？

9-9　设在正负电子对撞机中，负电子和正电子以速度 $0.9c$ 相向飞行，它们之间的相对速度为多少？

9-10　设想有一粒子以 $0.05c$ 的速率相对实验室参考系运动。此粒子衰变时发射一个电子，电子的速率为 $0.8c$，电子速度的方向与粒子运动方向相同。试求电子相对实验室参考系的速度。

9-11　设在宇宙飞船中的观察者测得脱离它而去的航天器相对它的速度为 1.2×10^8 m/s。同时，航天器发射一枚空间火箭，航天器中的观察者测得此火箭相对它的速度为 1.0×10^8 m/s。问：（1）火箭相对宇宙飞船的速度为多少？（2）如果以激光光束来替代空间火箭，此激光光束相对宇宙飞船的速度又为多少？请将上述结果与伽利略速度变换所得结果相比较，并理解光速是物体速度的极限。

9-12　以速度 v 沿 x 方向运动的粒子，在 y 方向上发射一光子，求地面观察者测得的光子的速度。

9-13　火箭相对于地面以 $v=0.6c$（c 为真空中光速）匀速向上飞离地球。在火箭发射 $\Delta t=10$ s 后（火箭上的钟），该火箭向地面发射一导弹，其速度相对于地面为 $v_1=0.3c$，问火箭发射后多长时间（地球上的钟）导弹到达地球？计算中假设地面不动。

9-14　设想地球上有一观察者测得一宇宙飞船以 $0.6c$ 的速率向东飞行，5.0 s 后该飞船将与一个以 $0.8c$ 的速率向西飞行的彗星碰撞。试问：（1）飞船中的人测得彗星将以多大的速率向它运动？（2）以飞船中的钟来看，还有多少时间容许它离开航线，以避免与彗星碰撞？

9-15　在惯性系 S 中观察到有两个事件发生在同一地点，其时间间隔为 4.0 s，从另一惯性系 S 中观察到这两个事件的时间间隔为 6.0 s，试问从 S'系测量到这两个事件的空间间隔是多少？设 S'系以恒定速率相对 S 系沿 xx'轴运动。

9-16　在惯性系 S 中，有两个事件同时发生在 xx'轴上相距为 10×10^3 m 的两处，从惯性 S'系观测到这两个事件相距为 2.0×10^3 m，试问由 S'系测得此两事件的时间间隔为多少？

9-17　在 S 系中有一原长为 10 的棒沿 x 轴放置，并以速率 u 沿 xx'轴运动。若有一 S'系以速率 v 相对 S 系沿 xx'轴运动，试问在 S'系中测得此棒的长度为多少？

9-18　若从一惯性系中测得宇宙飞船的长度为其固有长度的一半，试问宇宙飞船相对此惯性系的速度为多少（以光速 c 表示）？

9-19　一固有长度为 4.0 m 的物体，若以速率 $0.6c$ 沿 x 轴相对某惯性系运动，试问从该惯性系来测量，此物体的长度为多少？

9-20　两艘飞船相向运动，它们相对地面的速率都是 v。在 A 船中有一根米尺，米尺顺着飞船的运动方向放置。问 B 船中的观察者测得该米尺的长度是多少？

9-21　设一宇航飞船相对地球以 $9.8\mathrm{m/s^2}$ 的恒加速度沿地球径向背离地球而去，试估计由于谱线的红移，经多少时间飞船的宇航员用肉眼观察不到地球上的霓虹灯发出的红色信号。

9-22　若一电子的总能量为 5.0 MeV，求该电子的静能、动能、动量和速率。

9-23　一被加速器加速的电子，其能量为 3.00×10^9 eV。试问：(1) 这个电子的质量是其静质量的多少倍？(2) 这个电子的速率为多少？

9-24　在美国费米实验室中能产生 1.0×10^{12} eV 的高能质子，问该质子的速度约为多大？

9-25　在电子的湮没过程中，一个负电子和一个正电子相碰撞而消失，并产生电磁辐射，假定正负电子在湮没前均静止，由此估算辐射的总能量 E。

9-26　若把能量 0.5×10^6 eV 给予电子，且电子垂直于磁场运动，则其运动径迹是半径为 2.0 cm 的圆。问：(1) 该磁场的磁感强度 B 有多大？(2) 这电子的动质量为静质量的多少倍？

9-27　如果将电子由静止加速到速率为 $0.1c$，需对它做多少功？如将电子由速率为 $0.8c$ 加速到 $0.9c$，又需对它做多少功？

9-28　在惯性系中，有两个静止质量都是 m_0 的粒子 A 和 B，它们以相同的速率 v 相向运动，碰撞后合成一个粒子，求这个粒子的静止质量 m_0。

参 考 文 献

[1] 赵凯华，陈熙谋. 新概念物理教程：电磁学［M］. 3版. 北京：高等教育出版社，2023.
[2] 王少杰，顾牡，吴天刚. 新编基础物理学：下册［M］. 2版. 北京：科学出版社，2014.
[3] 邵小桃，李一玫，王国栋. 电磁场与电磁波：M+Book［M］. 2版. 北京：清华大学出版社，2021.
[4] 杨儒贵. 电磁场与电磁波［M］. 2版. 北京：高等教育出版社，2010.
[5] 施建青. 大学物理学：下册［M］. 2版. 北京：高等教育出版社，2019.
[6] 谢处方，饶克谨，杨显清，等. 电磁场与电磁波［M］. 5版. 北京：高等教育出版社，2019.
[7] 赵近芳，王登龙. 大学物理简明教程［M］. 4版. 北京：北京邮电大学出版社，2021.